JN016738

問題解決のための「アルゴリズム×数学」が基礎からしっかり身につく本

Mathematics × Algorithm

米田優峻
Masataka Yoneda

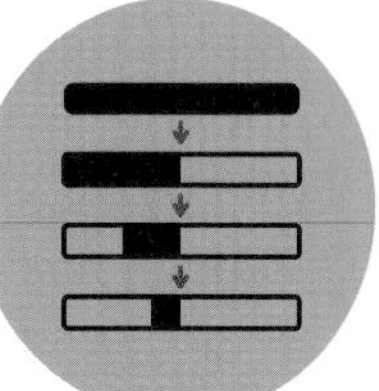

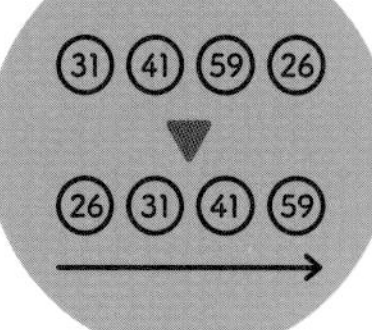

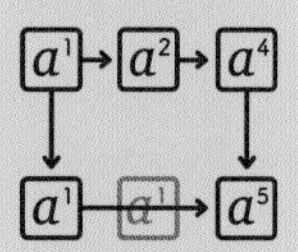

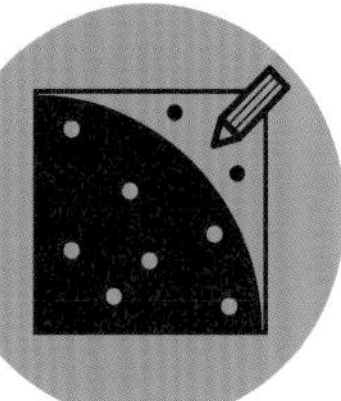

技術評論社

● 重要なURLまとめ ●

本書サポートページ
https://gihyo.jp/book/2022/978-4-297-12521-9

本書記載の情報の修正・訂正・補足については、上記サポートページで行います。

著者GitHubページ
https://github.com/E869120/math-algorithm-book

例題・演習問題の解答プログラムは、誌面にはC++のサンプルのみを掲載しています。上記GitHubページには、C++のプログラムに加え、Python・Java・Cのプログラムを掲載しています。また、演習問題の解答についても、同様に上記ページに掲載します。

自動採点システム
https://atcoder.jp/contests/math-and-algorithm

本書で扱うプログラミング問題について、プログラムが正しいかどうかを判定するための自動採点システムです。プログラムを提出する前に、AtCoderに登録する必要があります（登録は無料です）。登録については、以下の記事の1.3節を参考にしてください。

- **レッドコーダーが教える、競プロ・AtCoder上達のガイドライン【初級編：競プロを始めよう】**
  https://qiita.com/e869120/items/f1c6f98364d1443148b3

■ご購入前にお読みください

- 本書に記載された内容は、情報の提供のみを目的としています。したがって、本書を用いた開発、制作、運用は、必ずお客様自身の責任と判断によって行ってください。これらの情報による開発、制作、運用の結果について、技術評論社および著者はいかなる責任も負いません。
- 本書記載の情報は2021年11月現在のものを掲載しております。インターネットのURLなどは、ご利用時には変更されている場合もあります。
- ソフトウェアに関する記述は、とくに断りのないかぎり、2021年11月時点での最新バージョンをもとにしています。ソフトウェアはバージョンアップされる場合があり、本書での説明とは機能内容などが異なってしまうこともあり得ます。
- 本書はアルゴリズムの解説を目的の1つとしていますが、すべてのアルゴリズムを取り上げているわけではありません。とくに、資格試験（基本情報技術者試験、応用情報技術者試験など）の出題範囲に含まれるアルゴリズムを網羅しているわけではない点にはご注意ください。本書で取り上げているアルゴリズムについては、1.4節をご覧ください。
- 本書は、小学校算数の知識を前提としています。難易度の高い章までしっかり理解するためには、中学数学程度の知識を持っていることが望ましいです。また、プログラミングに触れたことがあり、1つ以上のプログラミング言語で基礎的な文法を習得していることが望ましいです。詳しくは1.3.3項をご覧ください。

以上の注意事項をご承諾いただいたうえで、本書をご利用願います。これらの注意事項をお読みいただかずに、お問い合わせいただいても、技術評論社および著者は対処しかねます。あらかじめご承知おきください。

はじめに

皆さんは、コンピュータと聞いてどのような印象を浮かべるでしょうか。現代社会はさまざまな場面でコンピュータの恩恵を受けているため、「計算がとても速く万能である」というイメージを持っているかもしれません。しかし実際は、どんなに大量の計算処理でも一瞬で行えるとは限りません。

このため、問題を解く手順、すなわちアルゴリズムが大切になります。アルゴリズムを知っていると、さまざまな問題をより少ない計算処理で解決できるようになるため、筆者としては多くの人にアルゴリズムを知っていただきたいという思いがあります。一方、アルゴリズムを原理から理解し、そして応用できるようになるためには、数学的な知識と考察に基づく思考力も大切です。

そこで、本書はアルゴリズムと数学を同時に学ぶことができる構成にしました。アルゴリズムを取り扱う書籍はほかにも多数ありますが、類書のほとんどが高校数学の履修を前提としているか、多くのアルゴリズムを表面的になぞるにとどめて深入りしないかのいずれかです。しかし、本書は有名なアルゴリズムの紹介に終始せず、それに関連する数学的知識、そしてアルゴリズム効率化に応用可能な数学的考察を丁寧に解説していることが最大の特徴です。

本書は、「数学に苦手意識があるけれど、この機に数学とアルゴリズムを学び、プログラミングなどに応用できるようにしたい」「数学は苦手ではないが、これまでに学んだ数学の知識を元にして、応用可能な形でアルゴリズムを理解したい」という両方の目的で利用できる内容となっています。それは、以下の３つの工夫により実現しています。

- 多数の図を用いるなどして初学者にも読みやすい工夫を施している。
- 全200問の例題・演習問題が掲載されており、知識がしっかり身につきやすい。
- 数学的知識に関しては、中学レベルから大学教養レベルまでの範囲の中から、アルゴリズムで大切なところだけに絞って解説している。

ほかにもプログラミングコンテスト対策などの目的にも十分利用できるでしょう。いずれにしても、本書を読み終わったときには、皆さんが有益な知識を得ていることに違いありません。この本が今後何らかの形で皆さんの役に立ち、そして何より楽しんで読んでいただけることを願います。

では、始めましょう。

2021年12月2日　米田優峻

目次

CONTENTS

第3章 基本的なアルゴリズム 69

第4章 発展的なアルゴリズム 131

CONTENTS

第5章 問題解決のための数学的考察

CONTENTS

第1章

アルゴリズムと数学の密接なかかわり

1.1 アルゴリズムとは

アルゴリズムは**「問題を解くための手順」**のことです。カタカナ6文字で、なんだか抽象的で難しい言葉のように感じるかもしれませんが、実は非常に身近にあるものです。例として、1から100までの整数をすべて足す問題を考えてみましょう。

1.1.1 アルゴリズムの例①：1つずつ足していく

最も単純な方法は、下図の通り「1 + 2 = 3」「3 + 3 = 6」「6 + 4 = 10」… といったように1つずつ足していく方法です。小学校3年生で習う足し算を繰り返すだけですが、これも立派なアルゴリズムです。しかし、この方法で電卓を使わずに計算してみてください。99回の足し算を行う必要があり、計算が得意な人でも5分以上かかると思います。

1 + 2 = 3	351 + 27 = 378	1326 + 52 = 1378	2926 + 77 = 3003
3 + 3 = 6	378 + 28 = 406	1378 + 53 = 1431	3003 + 78 = 3081
6 + 4 = 10	406 + 29 = 435	1431 + 54 = 1485	3081 + 79 = 3160
10 + 5 = 15	435 + 30 = 465	1485 + 55 = 1540	3160 + 80 = 3240
15 + 6 = 21	465 + 31 = 496	1540 + 56 = 1596	3240 + 81 = 3321
21 + 7 = 28	496 + 32 = 528	1596 + 57 = 1653	3321 + 82 = 3403
28 + 8 = 36	528 + 33 = 561	1653 + 58 = 1711	3403 + 83 = 3486
36 + 9 = 45	561 + 34 = 595	1711 + 59 = 1770	3486 + 84 = 3570
45 + 10 = 55	595 + 35 = 630	1770 + 60 = 1830	3570 + 85 = 3655
55 + 11 = 66	630 + 36 = 666	1830 + 61 = 1891	3655 + 86 = 3741
66 + 12 = 78	666 + 37 = 703	1891 + 62 = 1953	3741 + 87 = 3828
78 + 13 = 91	703 + 38 = 741	1953 + 63 = 2016	3828 + 88 = 3916
91 + 14 = 105	741 + 39 = 780	2016 + 64 = 2080	3916 + 89 = 4005
105 + 15 = 120	780 + 40 = 820	2080 + 65 = 2145	4005 + 90 = 4095
120 + 16 = 136	820 + 41 = 861	2145 + 66 = 2211	4095 + 91 = 4186
136 + 17 = 153	861 + 42 = 903	2211 + 67 = 2278	4186 + 92 = 4278
153 + 18 = 171	903 + 43 = 946	2278 + 68 = 2346	4278 + 93 = 4371
171 + 19 = 190	946 + 44 = 990	2346 + 69 = 2415	4371 + 94 = 4465
190 + 20 = 210	990 + 45 = 1035	2415 + 70 = 2485	4465 + 95 = 4560
210 + 21 = 231	1035 + 46 = 1081	2485 + 71 = 2556	4560 + 96 = 4656
231 + 22 = 253	1081 + 47 = 1128	2556 + 72 = 2628	4656 + 97 = 4753
253 + 23 = 276	1128 + 48 = 1176	2628 + 73 = 2701	4753 + 98 = 4851
276 + 24 = 300	1176 + 49 = 1225	2701 + 74 = 2775	4851 + 99 = 4950
300 + 25 = 325	1225 + 50 = 1275	2775 + 75 = 2850	4950 + 100 = 5050
325 + 26 = 351	1275 + 51 = 1326	2850 + 76 = 2926	計算回数 99 回

1.1.2 アルゴリズムの例②：変形を行って一気に計算する

次に、別のアルゴリズム（計算の手順）を考えてみましょう。1から100までの数は「1と100」「2と99」「3と98」…「50と51」といったように、「合計が101となる50個のペア」に分解することができます。そうすると、求める答えが101 × 50 = 5050であることが簡単に分かります。算数の「式」の形で表すと、

$$
\begin{aligned}
&1 + 2 + 3 + 4 + \cdots + 100 \\
&= (1 + 100) + (2 + 99) + (3 + 98) + (4 + 97) + \cdots + (50 + 51) \\
&= 101 + 101 + 101 + 101 + \cdots + 101 \\
&= 101 \times 50 \\
&= 5050
\end{aligned}
$$

となります。アルゴリズムの例①では99回の計算が必要であったところを「101 × 50」の1回だけに削減することができているので、こちらのほうが**効率の良いアルゴリズム**であるといえます。

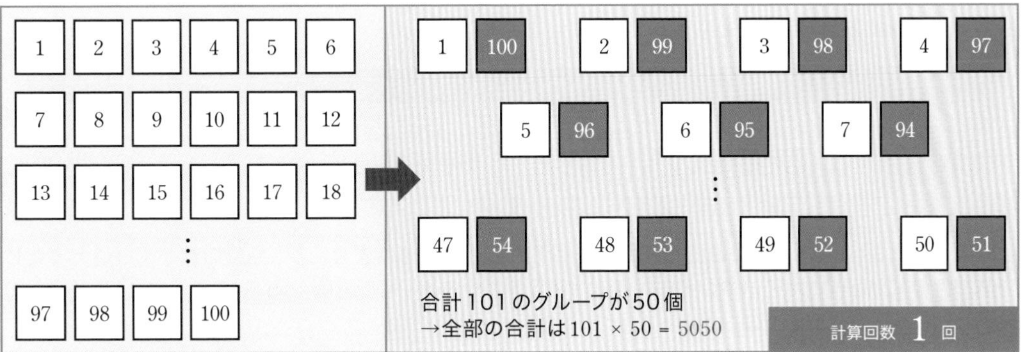

合計101のグループが50個
→全部の合計は101 × 50 = 5050
計算回数 1 回

1.1.3 さまざまな問題を解くアルゴリズムがある

ここまで扱ったものは単純な計算問題ですが、アルゴリズムの適用範囲はさらに広いです。たとえば以下のように、生活の中にあるさまざまな問題を解くことができます。

- 東京駅から新大阪駅までの最短経路を求める（➡4.5節）
- 500円以内の買い物で、最も多くのカロリーを摂取する方法を求める（➡3.7節）
- ある一定期間における遊園地の合計来館者数を高速に計算する（➡4.2節）
- 期末試験の結果を成績順に並び替える（➡3.6 節）
- 最も少ない枚数の紙幣で代金を支払う方法を求める（➡5.9 節）
- できるだけ多くの映画を見る方法を求める（➡5.9 節）
- 辞書で"technology"の意味を調べる（➡2.4節）

特に最後の辞書の例は身近です。たとえば最初のページから順に、「a→aardvark→aback→abacus→abalone→abandon→…」といったように単語を1つずつ調べていくと、technologyを見つけるのに何十分もかかってしまいます。そこで効率的に調べるために、「ある程度の位置を予測して探索範囲を絞りながら調べていく」などの手法を使うことができます。

1.1.4 アルゴリズムの改良が大切

アルゴリズムは世の中の問題を解くために必要ですが、どんなアルゴリズムでも良いというわけではありません。たとえば本節冒頭の「アルゴリズムの例①」のように非効率的なものでは、たくさんのデータを処理するのに時間がかかってしまいます。

現代のコンピュータは人間よりも格段に速く計算を行うことができますが、それにも限界があります。たとえば標準的な家庭用PCの場合、(測り方や演算の種類によりますが) 1秒当たり10億回程度しか計算することができません。これだけ速く計算ができれば、どんな解き方でも一瞬で解けそうですが、必ずしもそうとは限りません。

計算回数の"爆発"

計算回数が非常に大きくなる例として、以下の問題が挙げられます。単純な解き方として、すべての選び方を順番に試してみる方法が考えられます。

あるコンビニには以下の60個の品物が売られています。500円以内で買い物をするとき、最大で何kcalを摂取することができますか。

品物	品物1	品物2	品物3	…	品物60
値段	120円	164円	128円	…	277円
カロリー	144kcal	174kcal	211kcal	…	319kcal

同様の問題を2.4節で扱うので、現時点で理解する必要はありませんが、品物の数が1つ増えるだけで選び方の数が2倍になります。そして品物が60個になると、選び方は115京個（1兆の1150000倍）以上となり、それらを全部調べると大変です。

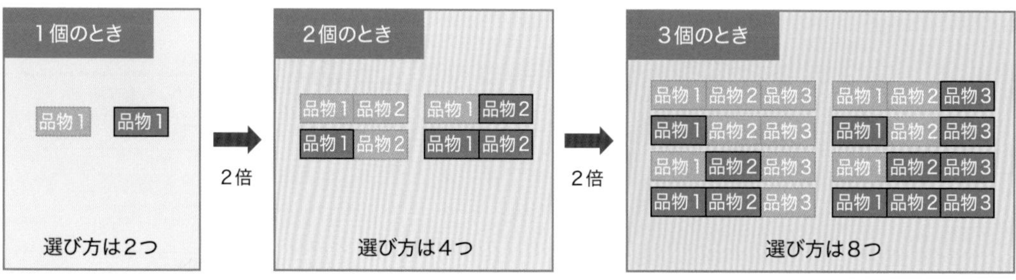

より良いアルゴリズムに改良することが大切

このような問題では、コンピュータの計算速度の限界を簡単に超えてしまいます。そのため、より少ない計算回数で同じ結果が得られるアルゴリズムに改良することが求められる場合があります。世の中の多くの問題は、すでに知られたアルゴリズムを応用することで効率的に解けるため、典型的なアルゴリズムを学んでいくことが大切です。

1.2 なぜアルゴリズムに数学が必要か

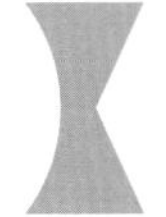

1.1節では、アルゴリズムとその重要性について記しました。しかし、アルゴリズムを学んでいくためには、前提となる数学的知識・数学的考察も大切です。本節では3つのポイントに分けて、数学が大切である理由を説明します。

1.2.1 アルゴリズムの理解と数学

まず、アルゴリズムそのものを理解するために数学が必要です。身近な例として、「円周率$\pi \fallingdotseq 3.14$の値をできるだけ良い精度で求めよ」という問題を考えてみましょう。

実は、一辺が1cmの正方形領域上に点をランダムに打ち、左下角を中心とする半径1cmの円内に入った点の割合に4を掛ければ、円周率の近似値が計算できます。たとえば下図の場合、20個中16個が円内に入っているため、計算される値は$16 \div 20 \times 4 = 3.2$であり、ほぼ正確です。

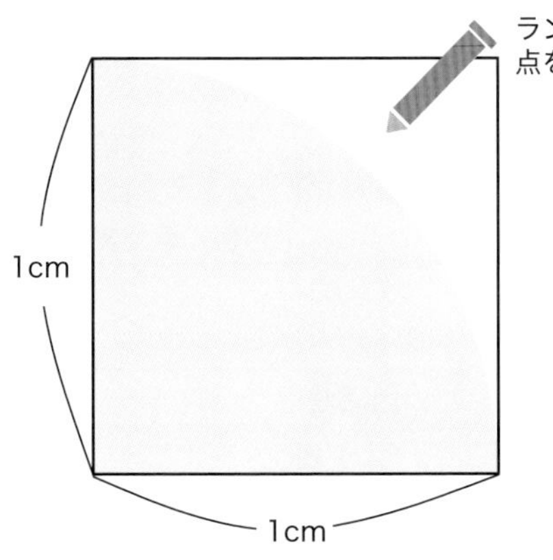

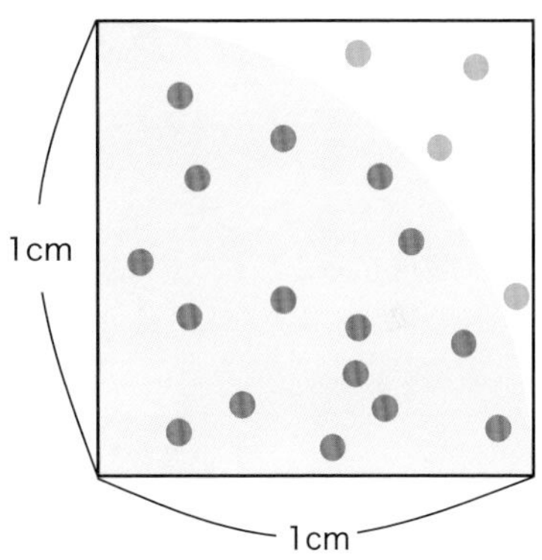

しかし、なぜこのような簡単なアルゴリズムで、ほぼ正確な値が計算できるのでしょうか。その理由を理解するためには、数学の分野の1つである統計学の基本を知っていなければなりません。本書で学習する他のアルゴリズムについても同じことがいえます。たとえば動的計画法（➡3.7節）の背景には「数列の漸化式」があり、幅優先探索（➡4.5節）の背景には「グラフ理論」があります。

1.2.2 アルゴリズム性能評価と数学

次に、アルゴリズムの性能を見積もるためには「計算回数」あるいは「計算量」という概念が重要になってきますが、これらを理解するためにも数学が必要です。

たとえば1.1節では「1から100までの整数をすべて足してください」という問題を取り上げました。そして1つずつ足していくと99回の計算が必要であり、非効率的であることを説明しました。これを「1から1000までの整数をすべて足してください」という問題に変えた場合、1つずつ足していくと999回の計算が必要です。

しかし、多くのプログラミングの問題では、100や1000だけでなくどのような場合でも正しく動作することが求められるため、100や1000という数を文字Nで置きかえて、「1からNまでの整数をすべて足してください」といった形で問題が書かれることもあります。このとき、計算回数をNの式で表すと$N-1$回になりますが、この時点で中学校で学ぶ文字式と関数を使っています（➡2.1節／2.3節）。

また、現時点で理解している必要はありませんが、1.1.4項で紹介したように、アルゴリズムによっては計算回数が2^Nのような指数関数、$\log N$のような対数関数になる場合があります（➡2.4節）。これらは高校で学ぶ内容ですが、アルゴリズムを使いこなすには、増加速度などそれぞれの特徴も理解しなければなりません。

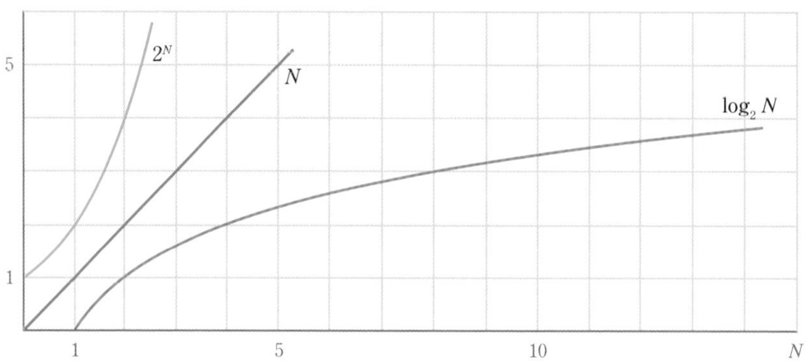

1.2.3 論理的思考力と数学

最後に、より良いアルゴリズムを思いつく力を向上させるには、物事を筋道立てて考える論理的思考力や考察力が必要です。たとえば1.1節で紹介した計算問題では、「合計が101となるペアに分割する」といった考察が必要でした。他にも、下図のように数をブロックとしてみなし、適切に等積変形を行うなどの考察を使うこともできます。

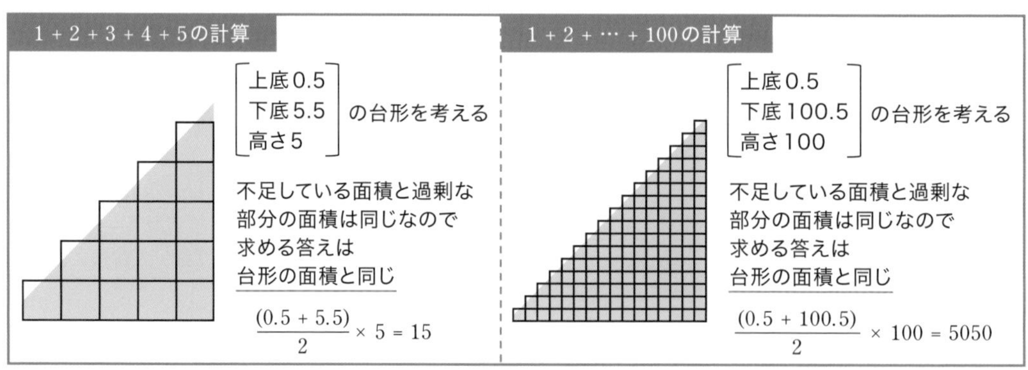

これらは、数学を一通り学ぶとある程度身に付けることができるほか、アルゴリズムを用いた問題解決にあたっては、典型的な思考の道筋があります。たとえば、以下のものが有名です。

- 規則性を考える（➡5.2節）
- いくつかの簡単な問題に分解する（➡5.6節）
- 条件を適切に言い換える（➡5.10節）
- 状態数を考える（➡5.10節）

本書では数学的知識のみならず、このような「数学的考察」についても扱います。楽しみにしてください。

1.3 本書の構成／本書による学習について

ここでは、本書の第2章以降の内容について簡単に紹介するとともに、推奨する読み進め方について取り上げます。第2章以降の内容は以下の通りです。

1.3.1 本書の構成

本書は数学とアルゴリズムを同時に学べる構成となっており、第5章の数学的考察編を除いて難易度順に並べられています。

第2章

第2章では、アルゴリズムを学ぶために必要となる基礎的な数学の知識を整理します。たとえば、プログラムを組むために大切となる2進法やビット演算、プログラムの計算回数を見積もるために大切となる指数関数や対数関数、アルゴリズムの性能を示すものさしとなるランダウのO記法などが取り上げられています。

第3章・第4章

第3章・第4章では、二分探索、ソート、モンテカルロ法、動的計画法、グラフ探索、ユークリッドの互除法、エラトステネスのふるい、数値計算、計算幾何など、さまざまなアルゴリズムを紹介します。前提となる数学的知識は、必要になったときに図を用いて丁寧に解説しているため、特に第3章は数学に苦手意識を持つ人でも安心して読み進めることが可能な構成となっています。

第5章

第5章では、打って変わって典型的な数学的考察パターンを9個のポイントに分けて整理します。アルゴリズムを用いた問題解決ができるようになるためには、ただ数学の知識を増やしたり、いろいろなアルゴリズムを理解したりするだけでは不十分です。では何が大切であるのかというと、解法を思いつく力です。この章では、いくつかの具体例を用いて、アルゴリズムにおける思考の王道を解説します。

最終確認問題

最後に、30問の「最終確認問題」で、本書で学んだ内容を振り返ります。

1.3.2 本書の学習順序

本書の学習順序としてはさまざまなものが考えられますが、筆者が勧める3つの例を次ページの図に示します。

3章と4章は「アルゴリズムを紹介している」という点で共通していますが、数学的な難易度は4章よりも5章のほうが易しいため、数学に苦手意識のある人は5章を先に読むことをお勧めします。

一方、数学が苦手ではない人にとっては、中学数学レベルから解説されている2章は簡単に感じると思います。ですから、2章はいったん読み飛ばし、必要になったときに辞書的に使う形にしても構いません。しかし、2.4節の「計算回数の見積もり」は、数学的知識ではなくアルゴリズムに直接関わる知識であるため、読んでおくことをお勧めします。

なお、3・4章と5章の大部分が内容的に独立しているため、必ずしも順番に読む必要はありません。

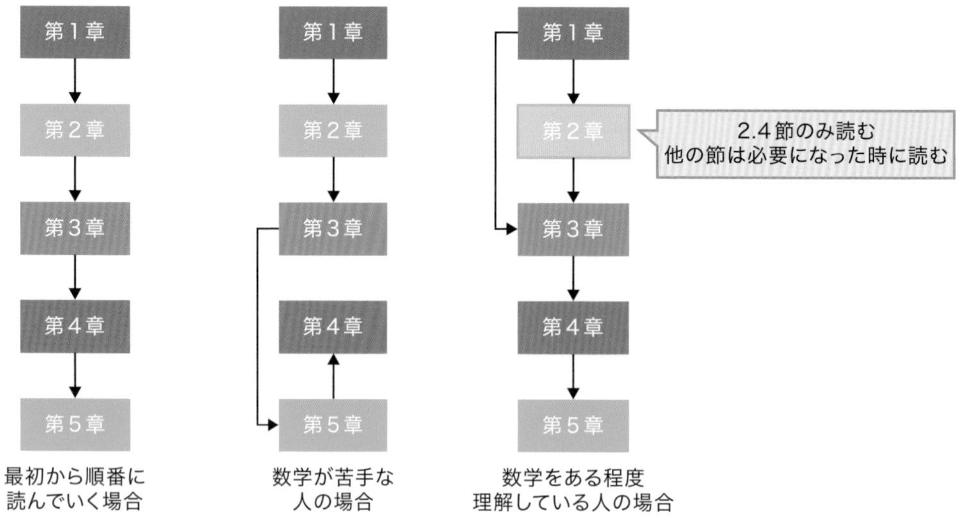

1.3.3 前提となる知識

本書は小学校算数の知識を前提としています。2章では中学校1年レベルの数学から丁寧に解説していますが、文字式などの抽象的な概念に慣れるには少し時間がかかるため、4章などの難易度の高い章までしっかり理解したいのであれば、中学数学程度の知識を持っていることが望ましいです。

また、本書ではいくつかのソースコードを掲載しているため、プログラミングに触れたことがあり、1つ以上のプログラミング言語で基礎的な文法を習得していることが望ましいです。具体的には、以下を含む基本的なプログラムを書けることが1つの目安となります。

- 入出力
- 基本的な型（整数・小数・文字列）
- 基本的な演算（+・−・*・/・=など）
- 条件分岐（if文）
- 繰り返し処理（for文・while文）
- 配列・二次元配列

プログラミングの基本文法を知らない方は、本書を読み進める前に、以下の便利な練習用サイトで学習することをおすすめします（どちらも無料で登録できます）。

APG4b（https://atcoder.jp/contests/APG4b）

日本最大級のプログラミングコンテストサイトAtCoderが提供するC++学習用コンテンツです。とても丁寧な解説が用意されていることが特徴です。このコンテンツで学習する場合、第1章・2.01節・2.02節・2.03節（全4章中）まで進めれば十分な前提知識が身につきます。

ITP1（https://onlinejudge.u-aizu.ac.jp/courses/lesson/2/ITP1/all）

会津大学のオンラインジャッジAOJが提供するプログラミング入門用コンテンツです。C++だけでなく、Python・Javaなどの解説も用意されていることが特徴です。このコンテンツで学習する場合、トピック#9（全11トピック中）まで進めれば十分な前提知識が身につきます。

1.3.4 例題・節末問題・最終確認問題

本書で扱う問題の形式

本書で扱う問題には、プログラムを使わずに手で解く「手計算問題」と、正しい答えを出すプログラムを書く「プログラミング問題」の２種類があります。プログラミング問題は、原則として以下の形式で書かれています。

問題ID：001

りんごが5個あり、みかんがN個あります。整数Nが与えられるので、りんごとみかん合わせて何個あるかを出力するプログラムを作成してください。

制約：整数Nは1以上100以下（$1 \leqq N \leqq 100$）

実行時間制限：1秒

なお、各項目は以下のような情報を持ちます。

- **制約**：どの程度の大きさのデータを扱うかを表す。詳しくは 2.1.3項〜2.1.5項「本書の問題文の形式について」を参照。
- **実行時間制限**：何秒以内で実行が終わるプログラムが要求されているかを示している。詳しくは 2.4節「計算回数の見積もり」を参照。
- **問題ID**：本書に対応している自動採点システムにおける問題番号（001〜104）を示している。詳しくは後述する「自動採点システムについて」を参照。

節末問題・最終確認問題

アルゴリズムと数学に関する内容を理解するためには、実際に手を動かして問題を解くことが大切です。本書では節ごとに「節末問題」を数問用意しているほか、本書の最終盤に「最終確認問題」が全部で30問掲載されていますので、ぜひ活用してください。ページ数の都合上、演習問題の解答は著者のGitHubページに掲載しています。

- https://github.com/E869120/math-algorithm-book

問題の難易度

節末問題、最終確認問題は、以下の6つの難易度に分類されています。星2つまではアルゴリズム初学者でもぜひ解いていただきたいです。星5つ以上の問題は全体の約10％、「†」と表示されている問題は全体の約2％を占めています。

難易度	難易度の目安
★	基本公式の理解を確認する問題です。5分以内で終わります
★★	解説した内容の理解を確認する問題です。プログラミング問題はこれ以上の難易度になります
★★★	初学者にとっては、このあたりから急激に難しくなっていきます
★★★★	この難易度の問題を解くと、解説したテーマに対する理解が格段に深まります
★★★★★	数学とアルゴリズムに慣れている人でも苦戦するような難問です
†	未解決問題です

自動採点システム

本書で扱う「プログラミング問題」については、自分のプログラムが正しいかどうかを判定するための**自動採点システム**が用意されています。WebサイトのURLは以下の通りです。ぜひ活用してください。

- https://atcoder.jp/contests/math-and-algorithm

自動採点システムは、基本的に下図のようにして使います。なお、プログラムを提出する前にAtCoderに登録する必要があることに注意してください（無料で登録できます）。登録方法は筆者が投稿したWeb記事『レッドコーダーが教える、競プロ上達ガイドライン』の1.3節をご覧ください。

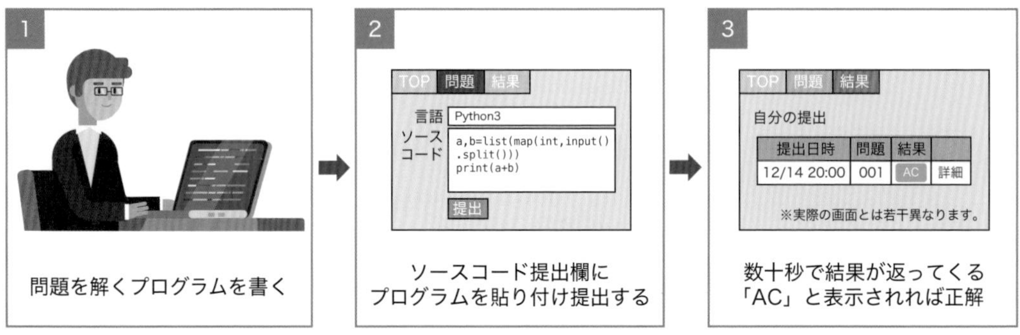

1.3.5 本書に掲載されているソースコードについて

ページ数の都合上、本書ではC++のソースコードのみを掲載しています。その他のプログラミング言語でアルゴリズムを学習したい人も少なくないと思うので、著者のGitHubではC++、Python、Java、Cの4つのプログラミング言語での実装例を掲載しています（節末問題の解答プログラムについても同様です）。URLは以下の通りです。

- https://github.com/E869120/math-algorithm-book

なお、使う機能は基本的なもののみに絞っているため、C++、Python、Java、C以外の言語でプログラムを書いている人でも無理なく読むことができます。

1.3.6 本書を終えた後は

本書はアルゴリズムと数学を分かりやすく解説することに重点を置いており、すべてのアルゴリズムを網羅しているわけではありません。本書を読み終えた後は、より難易度の高い本を読んだり、アルゴリズムの問題を解いたりすることで、スキルを向上していただきたいです。詳しくは、巻末の「推薦図書」を参考にしてください。

本書をきっかけに楽しいアルゴリズムの世界に入っていき、さまざまな知見を得ることを期待します。

1.3.7 注意事項

本書ではアルゴリズムと数学両方に関する事柄が記されています。数学は厳密に議論される学問というイメージが強いですが、本書は初学者に対する分かりやすさに重点を置いているため、多少厳密とはいえない部分があることに注意してください。なお、特に注意が必要な部分は脚注などで適宜断ります。

1.4 本書で扱うアルゴリズム

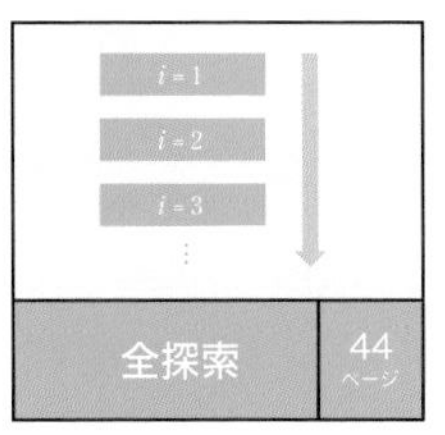
全探索
44 ページ

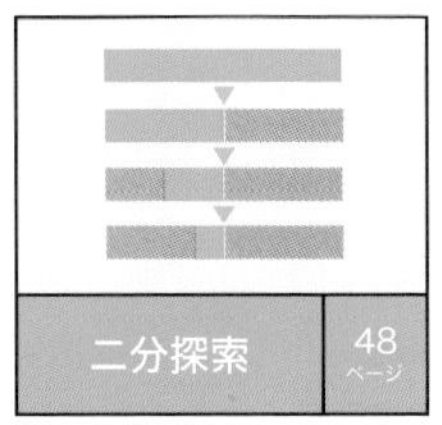
二分探索
48 ページ

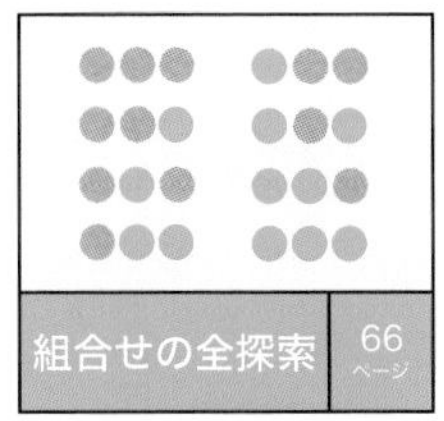
組合せの全探索
66 ページ

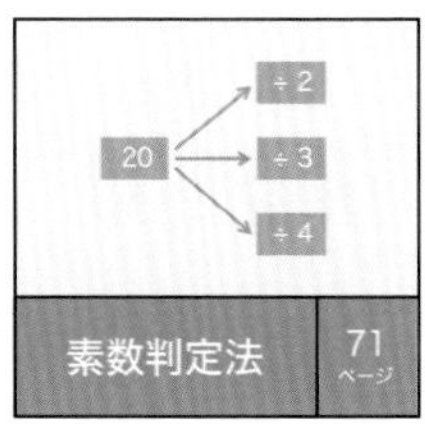
20
÷2
÷3
÷4
素数判定法
71 ページ

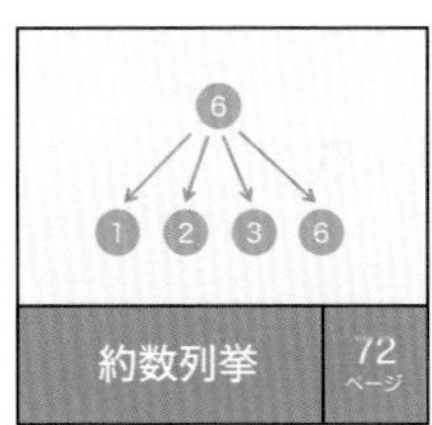
6
1
2
3
6
約数列挙
72 ページ

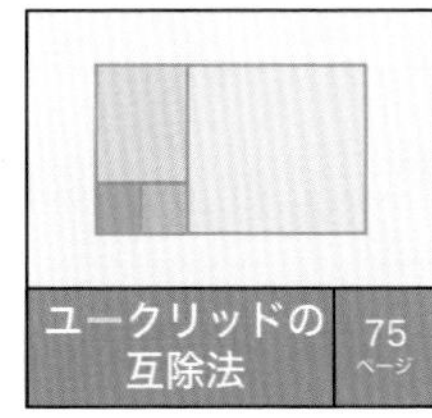
ユークリッドの互除法
75 ページ

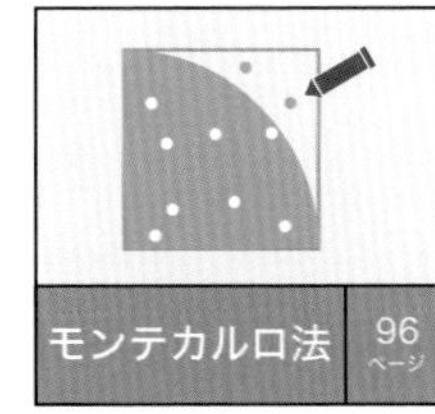
モンテカルロ法
96 ページ

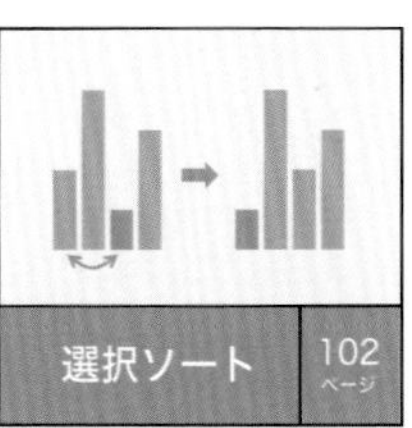
選択ソート
102 ページ

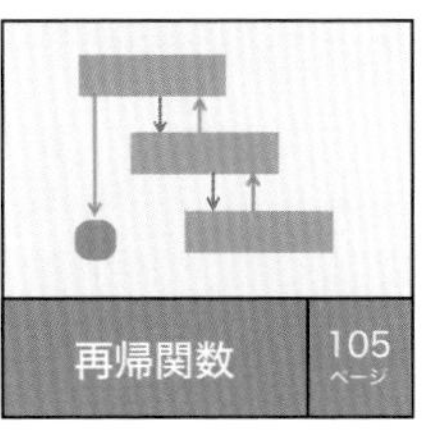
再帰関数
105 ページ

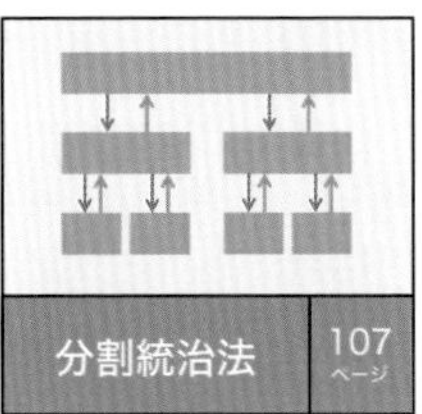
分割統治法
107 ページ

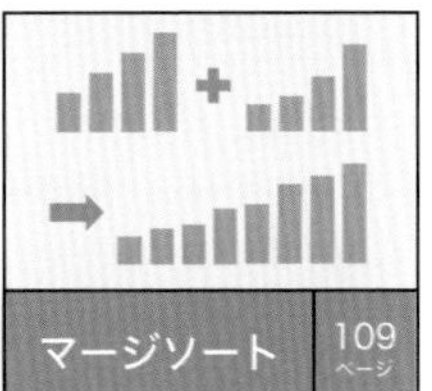
マージソート
109 ページ

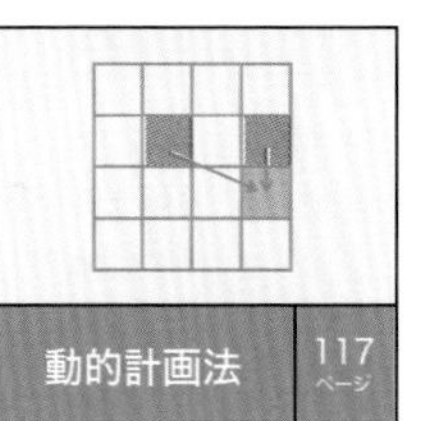
動的計画法
117 ページ

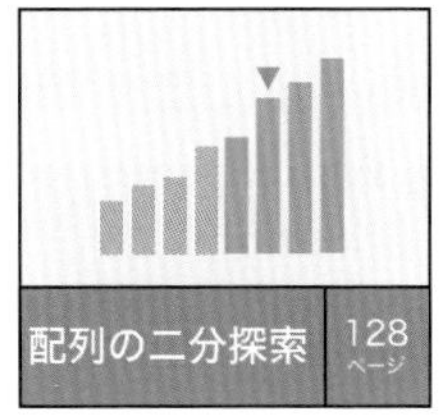
配列の二分探索
128 ページ

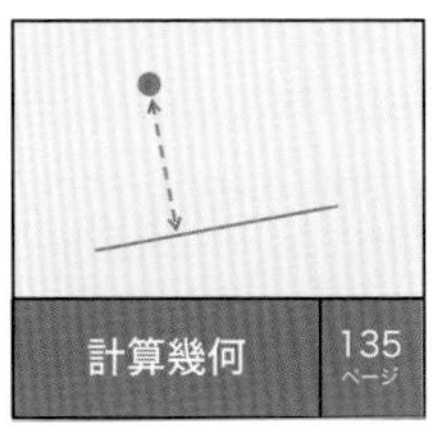
計算幾何
135 ページ

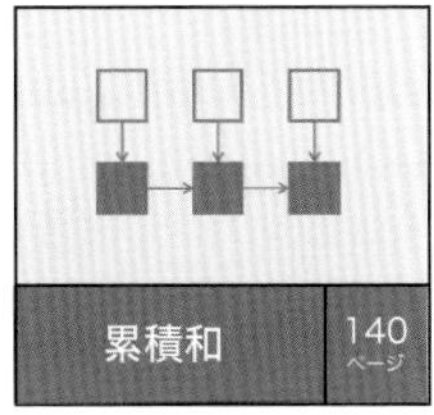
累積和
140 ページ

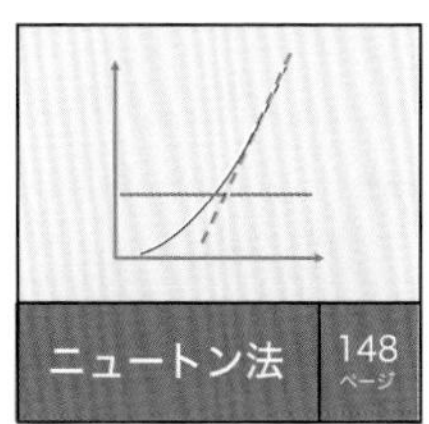
ニュートン法
148 ページ

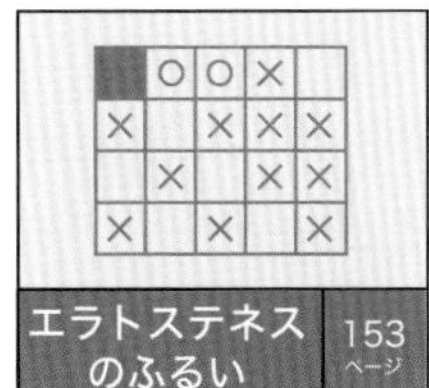
エラトステネスのふるい
153 ページ

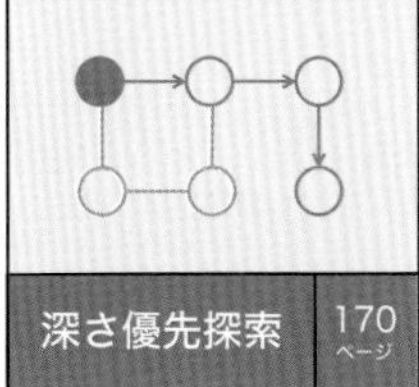
深さ優先探索
170 ページ

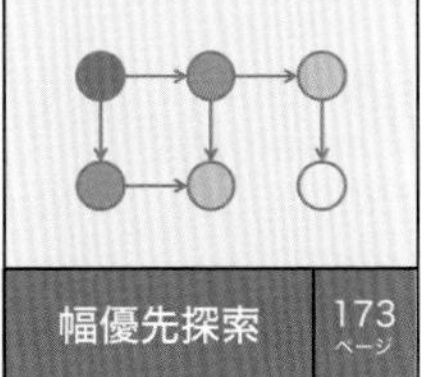
幅優先探索
173 ページ

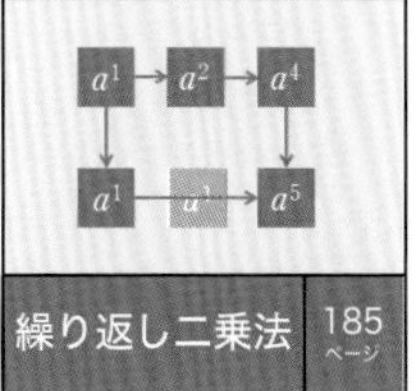
繰り返し二乗法
185 ページ

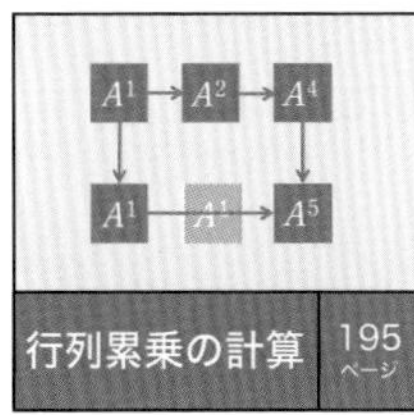
行列累乗の計算
195 ページ

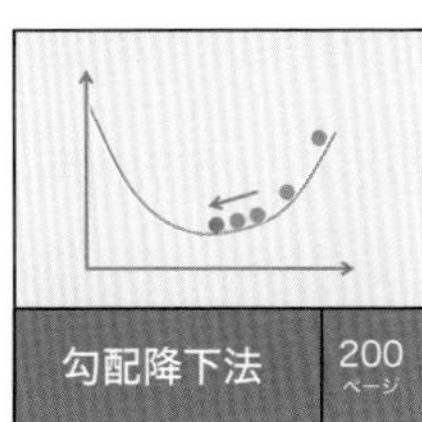
勾配降下法
200 ページ

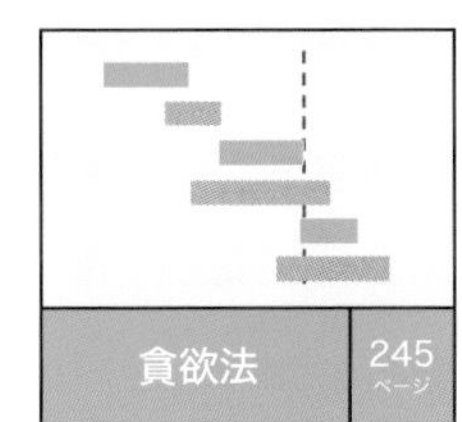
貪欲法
245 ページ

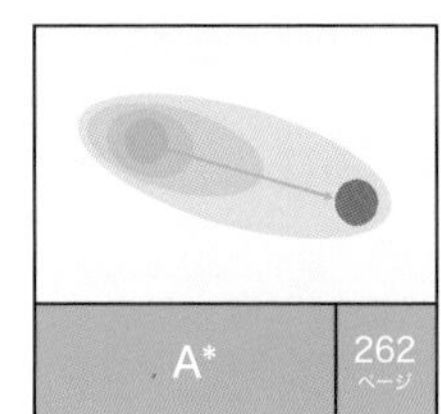
A*
262 ページ

本書で扱う数学的知識と数学的考察

第2章

アルゴリズムのための数学の基本知識

2.1 数の分類・文字式・2進法

本節の前半では、本書の問題文や解説を読むにあたって大切な数の分類と文字式について、後半ではプログラムを書くときに大切な2進法について解説します。どちらも2.2節以降で何回も使うので、しっかり理解しておきましょう。

2.1.1 整数・有理数・実数

まず、数の種類として以下の5つを覚えておきましょう。

種類	説明	例
整数	小数点が付かない数	$-29, 0, 36, \frac{1}{7}, \frac{2}{3}, \frac{141}{100}, \pi$
有理数	「整数÷整数」の形で表せる数	$-29, 0, 36, \frac{1}{7}, \frac{2}{3}, \frac{141}{100}, \pi$
実数	数直線上に表せるすべての数（下図参照）	$-29, 0, 36, \frac{1}{7}, \frac{2}{3}, \frac{141}{100}, \pi$
正の数	0より大きい数	$-29, 0, 36, \frac{1}{7}, \frac{2}{3}, \frac{141}{100}, \pi$
負の数	0未満の数	$-29, 0, 36, \frac{1}{7}, \frac{2}{3}, \frac{141}{100}, \pi$

有理数には整数が含まれ、実数には整数と有理数が含まれることに注意してください。たとえば36という整数は$\frac{36}{1}$という形でも表すことができます。また、一般に負でない整数のことを**非負整数**、正の整数のことを**自然数**[注2.1.1]と呼ぶことがあります。プログラミングの文脈でもたびたび出現するので、覚えておきましょう。

なお、実数ではない数の例として$2i, -5i$などの虚数が挙げられますが、本書で扱う場面はありません。ここまでたくさんの用語が続きましたので、下図でイメージを確認しましょう。

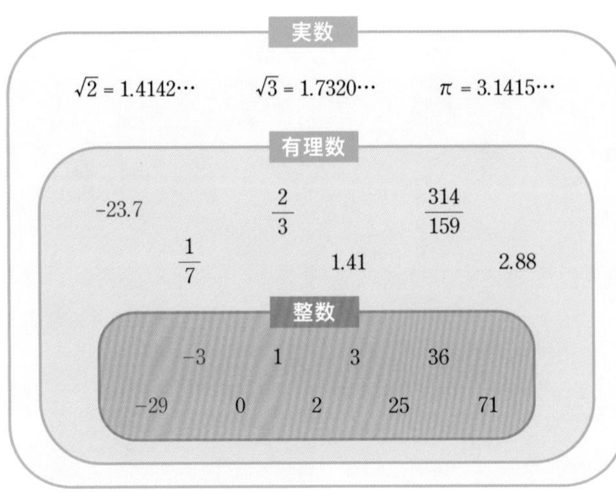

円周率πは整数÷整数で表せないので
有理数ではないが、
数直線上に表せるので実数

$\pi = 3.1415\cdots$

−1　0　1　2　3　4

※$\sqrt{2}$のような表記は2.2節を参照
※赤字は負の数

注2.1.1　中学・高校数学では「1以上を自然数」としますが、大学数学以降では0を自然数に含める場合があります。

2.1.2 文字式

りんごが5個あり、みかんがいくつかあるとき、みかんの個数と果物の合計個数の関係を式で表してみましょう。たとえばみかんが2個であるとき$5+2=7$個、4個であるとき$5+4=9$個となります。しかし、このままではみかんの具体的な個数が分かっている場合にしか関係を表すことができません。

そこでみかんの個数をxと置くと、合計個数は$5+x$個と表すことができます。分からない人は、小学校算数で○などの記号を使って5＋○個のように表したことを思い出しましょう。

このように、x, y, z, a, bなどの文字を使って表した式を**文字式**といいます。文字式を使うと物事の関係が一目で分かるだけでなく、文字に具体的な値を代入する（入れてみる）と、さまざまなケースでの答えが計算できるといった利点があります。

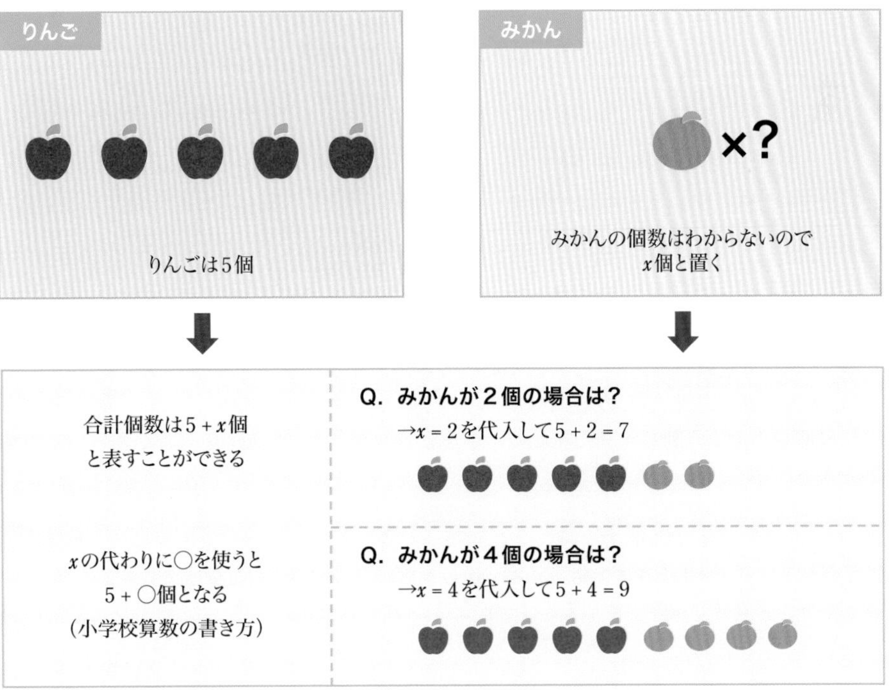

その他の文字式の例として、以下のものが挙げられます。

$$50+x \quad 100-y \quad a+b \quad 100a \quad 2a+3b \quad x+y+z \quad xyz$$

このような文字式を書く際には、以下のような「書き方のルール」があるので、覚えておきましょう[注2.1.2]。

- **ルール1**：掛け算記号×は省略する
  例）「aかけるb」を表すとき、　[×] $a \times b$　[○] ab
- **ルール2**：数と文字の掛け算は数を先に書く
  例）「aかける2」を表すとき、　[×] $a2$　[○] $2a$
- **ルール3**：1と文字の掛け算は文字だけを書く

注2.1.2　なお、これはプログラミングを使わずに数式を書く際の規則であり、たとえばプログラミングでは2 ＊ xのような表記が普通であることに注意してください。また、本書で数式を記す際も、状況に応じて「$a \times b$」のように×を使って書く場合があります。

例)「aかける1」を表すとき、　[×] $1a$　[○] a

- **ルール4：-1と文字の掛け算は文字にマイナスを付ける**
  例)「aかける-1」を表すとき、[×] $-1a$ [○] $-a$

2.1.3 本書の問題文の形式について①

問題を解くアルゴリズムを設計するというのは、単に1つのケースに対する答えを求めるのではなく、さまざまなケースに対して正しく答えを求めるための手順を与えるということです。

そのため、対象とするケースの範囲を明確に記述するために、本書を含む多くの教材では、以下のように文字式を使って問題文が書かれることがあります。

> 問題ID：001
>
> りんごが5個あり、みかんがN個あります。整数Nが与えられるので、りんごとみかんを合わせて何個あるかを出力するプログラムを作成してください。
>
> **制約**：整数Nは1以上100以下 ($1 \leqq N \leqq 100$)
>
> **実行時間制限**：1秒

この問題文は、「整数Nを入力として受け取り、$5+N$の値を出力するプログラムを書いてください」という意味です。たとえば、

- $N=2$が入力された場合、プログラムは$5+2=7$を出力する必要がある
- $N=4$が入力された場合、プログラムは$5+4=9$を出力する必要がある
- **1以上100以下という制約を満たすどのような整数Nが入力されたとしても、正しい出力を行う必要がある**

ということです。仮にどれか1つのケースでも間違った答えを出力してしまった場合、本書に対応している自動採点システム (➡**1.3節**) では不正解 (正しくないプログラム) となってしまいます。

この問題を解くプログラムの例として、**コード2.1.1**が考えられます[注2.1.3]。あまり見慣れない問題文の形式かもしれませんが、本書を読み進めていくうちに、自然に慣れていくと思います。

コード2.1.1　みかんとりんごの合計個数を出力するプログラム

```
#include <iostream>
using namespace std;

int main() {
    int N;
    cin >> N; // 入力部分
    cout << 5 + N << endl; // 出力部分
    return 0;
}
```

2.1.4 本書の問題文の形式について②

2.1.2項ではx, y, z, a, bなどを使った文字式を紹介しましたが、扱う文字の数が多い場合、数列 (➡**2.5.4項**) のように番号を振ってA_1, A_2, A_3と区別することがあります。次の文章を考えてみましょう。

注2.1.3　1.3節で述べた通り、本書ではページ数の都合上C++のプログラムしか掲載していませんが、GitHubではPython・Java・Cのプログラムも見ることができます。

- 太郎君はA_1個、次郎君はA_2個、三郎君はA_3個、四郎君はA_4個のリンゴを持っている。合計で$A_1 + A_2 + A_3 + A_4$個のリンゴがある。

この文章の意味は、以下の文章の意味と同じです。

- 太郎君はa個、次郎君はb個、三郎君はc個、四郎君はd個のリンゴを持っている。合計で$a + b + c + d$個のリンゴがある。

これはプログラミングの問題でも同様です。多くの値が入力される問題では、たとえば以下のような形で問題文が書かれることがあります。

問題ID：002

3つの整数A_1, A_2, A_3が与えられます。
$A_1 + A_2 + A_3$を出力するプログラムを作成してください。

制約：整数A_1, A_2, A_3は1以上100以下（$1 \leqq A_1, A_2, A_3 \leqq 100$）

実行時間制限：1秒

この問題は、入力として受け取る3つの整数が1以上100以下であるどのようなケースでも、3つの整数の総和$A_1 + A_2 + A_3$を出力する、**コード2.1.2**のようなプログラムを書くことを要求しています。たとえば、$A_1 = 10, A_2 = 20, A_3 = 50$のとき、$10 + 20 + 50 = 80$を出力しなければなりません。なお、$A_1 = 101, A_2 = 50, A_3 = -20$のような、制約に反する入力は与えられません。

コード2.1.2　3つの整数の合計を出力するプログラム

```
#include <iostream>
using namespace std;

int main() {
    int A[4];
    cin >> A[1] >> A[2] >> A[3]; // 入力部分
    cout << A[1] + A[2] + A[3] << endl; // 出力部分
    return 0;
}
```

2.1.5 本書の問題文の形式について③

本書の問題形式に慣れるため、もう1つ例を挙げましょう。ここで$A_1, A_2, \dots, A_N$という表記がありますが、途中を省略しているだけです。たとえば$N = 5$の場合、「A_1, A_2, A_3, A_4, A_5が与えられるので、$A_1 + A_2 + A_3 + A_4 + A_5$を出力してください」ということです。

問題ID：003

整数NとN個の整数$A_1, A_2, \dots, A_N$が与えられます。
$A_1 + A_2 + \cdots + A_N$を出力するプログラムを作成してください。

制約：$1 \leqq N \leqq 50$
整数$A_1, A_2, \dots, A_N$は1以上100以下（$1 \leqq A_i \leqq 100$）

実行時間制限：1秒

この問題は、まず整数Nを入力として受け取った後、N個の整数を入力し、これらの総和を出力する**コード2.1.3**のようなプログラムを書くことを要求しています。たとえば$N = 5, (A_1, A_2, A_3, A_4, A_5) = (3, 1, 4, 1, 5)$のとき、$3 + 1 + 4 + 1 + 5 = 14$を出力しなければなりません。

制約欄の$1 \leqq A_i \leqq 100$という表記について気になった人もいると思いますが、ここでは「すべてのiについてA_iが1以上100以下」、つまり$A_1, A_2, \ldots, A_N$すべてが1以上100以下であるという意味です。本書で扱うプログラミング問題の制約セクションでは、似たような表記を使う場合がありますが、基本的に「この文字に関わるすべての入力が≦などで表される制約を満たす」と思っておけば良いです。

コード2.1.3　N個の整数の合計を出力するプログラム

```
#include <iostream>
using namespace std;

int main() {
    int N, A[59];
    int Answer = 0;
    cin >> N;
    for (int i = 1; i <= N; i++) {
        cin >> A[i];
        Answer += A[i];
    }
    cout << Answer << endl;
    return 0;
}
```

なお、これ以降の問題文では、文章を簡潔にするため、「整数A_1, A_2, A_3が与えられます」のようなことを明示しない場合がありますが、原則として関係するすべての変数が与えられると考えて良いです。入力形式の詳細は、本書に対応する自動採点システム（➡**1.3節**）のウェブサイトをご覧ください。

2.1.6　2進法とは

次に2進法について解説します。皆さんは日常的に0から9までの10種類の数字によって数を表す**10進法**を使っていますが、コンピュータの内部では0と1の2種類の数字だけで数を表す**2進法**を使って計算が行われます。10進法では「10」になると繰り上がりが発生する一方、2進法では「2」になると繰り上がりが発生します。たとえば、

- 「10001」に1を足すと「10010」（下1桁［けた］について繰り上がり）
- 「10101」に1を足すと「10110」（下1桁について繰り上がり）
- 「10111」に1を足すと「11000」（下3桁について繰り上がり）
- 「11111」に1を足すと「100000」（下5桁について繰り上がり）

となります。これは10進法における以下の足し算と同じようなものです。2進法で右から1が連続している部分を、全部9に置き換えると分かりやすいと思います。

- 「10009」に1を足すと「10010」
- 「10109」に1を足すと「10110」
- 「10999」に1を足すと「11000」
- 「99999」に1を足すと「100000」

この規則に従って、0から119までの数を数えてみると、次ページの表の通りになります。

10進法	2進法	10進法	2進法	10進法	2進法	10進法	2進法	10進法	2進法
0	0	24	11000	48	110000	72	1001000	96	1100000
1	1	25	11001	49	110001	73	1001001	97	1100001
2	10	26	11010	50	110010	74	1001010	98	1100010
3	11	27	11011	51	110011	75	1001011	99	1100011
4	100	28	11100	52	110100	76	1001100	100	1100100
5	101	29	11101	53	110101	77	1001101	101	1100101
6	110	30	11110	54	110110	78	1001110	102	1100110
7	111	31	11111	55	110111	79	1001111	103	1100111
8	1000	32	100000	56	111000	80	1010000	104	1101000
9	1001	33	100001	57	111001	81	1010001	105	1101001
10	1010	34	100010	58	111010	82	1010010	106	1101010
11	1011	35	100011	59	111011	83	1010011	107	1101011
12	1100	36	100100	60	111100	84	1010100	108	1101100
13	1101	37	100101	61	111101	85	1010101	109	1101101
14	1110	38	100110	62	111110	86	1010110	110	1101110
15	1111	39	100111	63	111111	87	1010111	111	1101111
16	10000	40	101000	64	1000000	88	1011000	112	1110000
17	10001	41	101001	65	1000001	89	1011001	113	1110001
18	10010	42	101010	66	1000010	90	1011010	114	1110010
19	10011	43	101011	67	1000011	91	1011011	115	1110011
20	10100	44	101100	68	1000100	92	1011100	116	1110100
21	10101	45	101101	69	1000101	93	1011101	117	1110101
22	10110	46	101110	70	1000110	94	1011110	118	1110110
23	10111	47	101111	71	1000111	95	1011111	119	1110111

2.1.7 2進法→10進法の変換

次に、2進法を10進法に変換するにはどうすれば良いのでしょうか。2.1.6項のようにゼロから1つずつ数を足していくと時間がかかってしまいますが、実は位の性質を使うと、効率的に変換することができます。

ここで10進法の仕組みから解説しましょう。10進法では下から順に一の位、十の位、百の位、千の位、といったように桁に位が付けられ、「位とその桁の数の掛け算」の合計が元々の整数になります。下図は314と2037の場合の例を示しています。

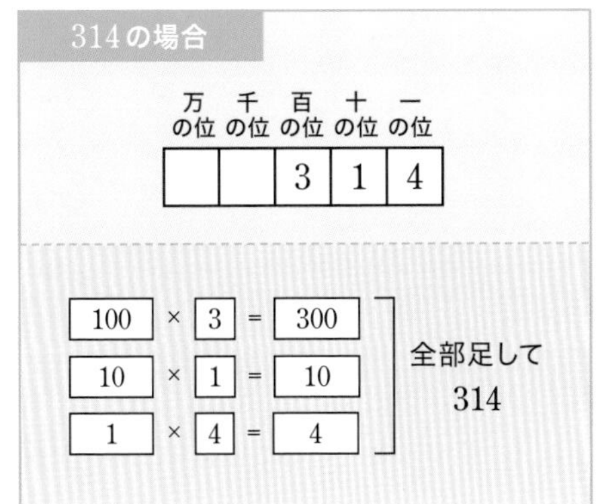

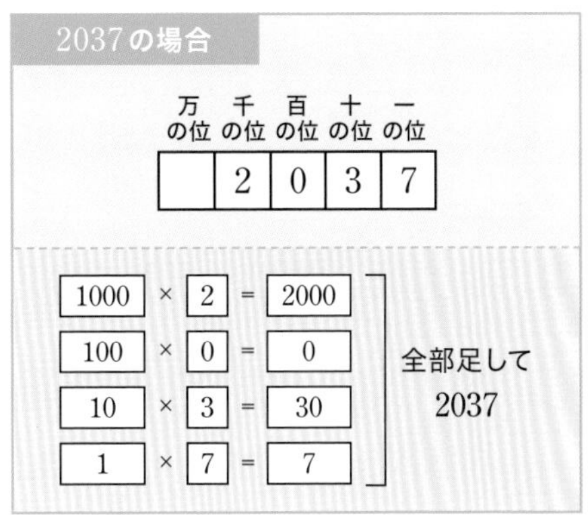

2進法も同じような仕組みで動いています。1を倍々していくと1→2→4→8→…となるので、1の位、2の位、4の位、8の位、といったように桁に位を付けることを考えましょう。このとき、「位とその桁の数の掛け算」の合計が2進法を10進法に変換した値になります。たとえば1011を10進法に変換した値は11、11100を10進法に変換した値は28です。

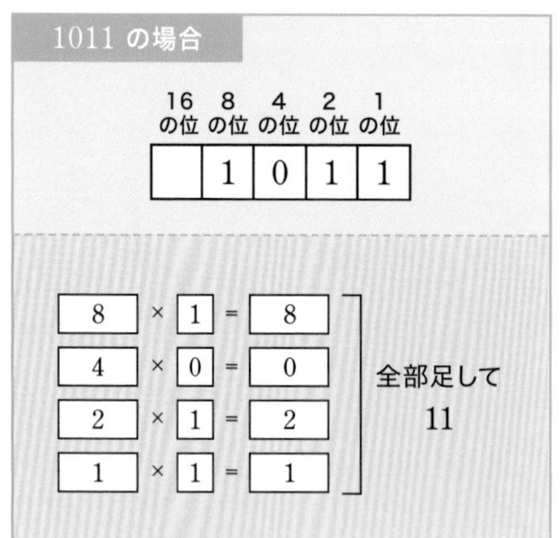

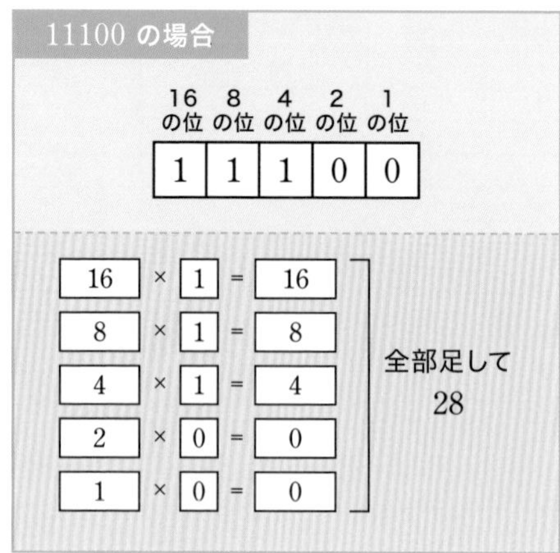

2.1.8 3進法などについて

2.1.6項・2.1.7項では10進法と2進法について扱いましたが、それ以外の場合（3進法・4進法）でも同じようなことが言えます。

まず、3進法は0, 1, 2の組み合わせで数を表現する方法であり、「3」になると繰り上がりが発生します。そこで、1に3を掛け続けると1→3→9→27→81→ … となるので、1の位、3の位、9の位、27の位といった規則で桁に位を付けることを考えましょう。このとき、「位とその桁の数の掛け算」の合計が3進法を10進法に変換した値になります。

たとえば3進法の1212を10進法に変換した値は50です。また、3進法で「abc」[注2.1.4]と書かれる数を10進法に変換した値は $9a+3b+c$ です。

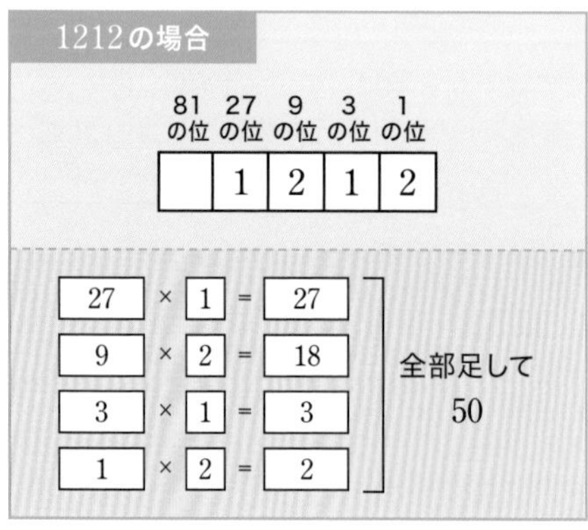

10進法	3進法
0	0
1	1
2	2
3	10
4	11
5	12
6	20
7	21
8	22
9	100
10	101
11	102
12	110

10進法	3進法
13	111
14	112
15	120
16	121
17	122
18	200
19	201
20	202
21	210
22	211
23	212
24	220
25	221

次に、4進法は0, 1, 2, 3の組み合わせで数を表現する方法であり、「4」になると繰り上がりが発生します。そこで、1に4を掛け続けると1→4→16→64→256→ … となるので、1の位、4の位、16の位、64の位といった規則で桁に位を付けることを考えましょう。このとき「位とその桁の数の掛け算」の合計が4進法を10進法に変換した値になります。

たとえば4進法の2231を10進法に変換した値は173です。5進法、6進法なども同様に定義され、同じような方法で10進法に変換することができます。

注2.1.4　ここでは、文字式の積$a \times b \times c$ではなく、単純にa、b、cの数字がその順に並んだ数のことを指します。

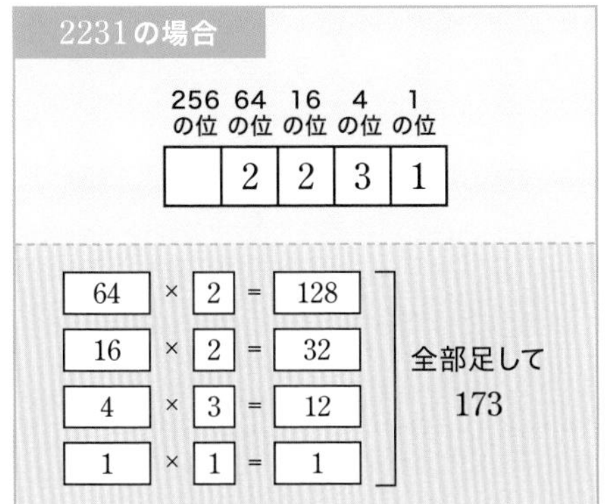

10進法	4進法
0	0
1	1
2	2
3	3
4	10
5	11
6	12
7	13
8	20
9	21
10	22
11	23
12	30

10進法	4進法
13	31
14	32
15	33
16	100
17	101
18	102
19	103
20	110
21	111
22	112
23	113
24	120
25	121

2.1.9 10進法から2進法などへの変換

下図のように「数がゼロになるまで2で割った余りを書いていき、それを下から読む」ことで10進法を2進法に変換することができます。

10進法を2進法以外に変換するときも同じような方法が使えます。たとえば3進法の場合、数がゼロになるまで3で割った余りを書いていき、それを下から読めば良いです。下図右側の例のように、10進法を同じ10進法に変換する場合でも上手くいきます。

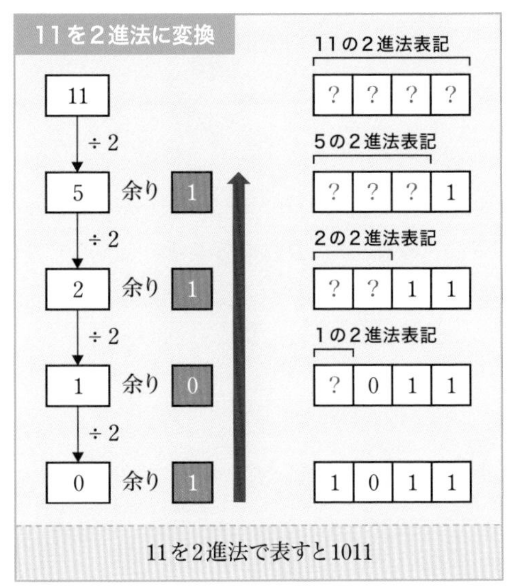

11を2進法で表すと1011

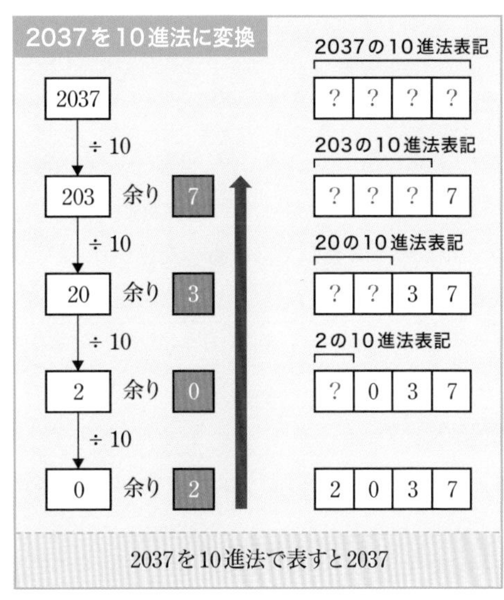

2037を10進法で表すと2037

少し難しいですが、この方法で上手くいく理由は、2進法の未計算部分に着目すると理解しやすいです。上図の左側の例について順を追って説明すると、以下のようになります。

- 最初に11 ÷ 2は5余り1と計算しており、11を2進法で表記した値「1011」の上3桁が、5を2進法で表記した値「101」と一致する
- 次に5 ÷ 2は2余り1と計算しており、11を2進法で表記した値「1011」の上2桁が、2を2進法で表記した値「10」と一致する
- 次に2 ÷ 2は1余り0と計算しており、11を2進法で表記した値「1011」の上1桁が、1を2進法で表記した値「1」と一致する

最後に、10進整数Nを入力し、2進整数に変換した値を出力するプログラムの例として、**コード2.1.4**が考えられます。ここで`N % 2`や`N / 2`などの「2」の値をすべて「3」に変えたうえで適切に場合分けを行うと、3進整数に変換することもできます。4進法などその他の場合も同様です。

コード2.1.4　10進法を2進法に変換するプログラム

```
#include <iostream>
#include <string>
using namespace std;

int N;
string Answer = ""; // string は文字列型

int main() {
    cin >> N; // 入力部分
    while (N >= 1) {
        // N % 2 は N を 2 で割った余り（例:N=13 の場合 1）
        // N / 2 は N を 2 で割った値の整数部分（例:N=13 の場合 6）
        if (N % 2 == 0) Answer = "0" + Answer;
        if (N % 2 == 1) Answer = "1" + Answer;
        N = N / 2;
    }
    cout << Answer << endl; // 出力部分
    return 0;
}
```

節末問題

問題2.1.1 ★

以下の数のうち整数であるものをすべて選んでください。また、正の整数であるものをすべて選んでください。

$$-100 \quad -20 \quad -1.333 \quad 0 \quad 1 \quad \pi \quad \frac{84}{11} \quad 12.25 \quad 70$$

問題2.1.2 ★

$A = 25, B = 4, C = 12$とします。$A + B + C$の値、ABCの値を計算してください。

問題2.1.3 問題ID：004 ★★

1以上100以下の整数A_1, A_2, A_3を入力し、$A_1 A_2 A_3$の値を出力するプログラムを作成してください。たとえば$A_1 = 2$、$A_2 = 8$、$A_3 = 8$のとき、128と出力すれば正解です。

問題 2.1.4 ★

以下の問題を手計算で解いてください。

1. 1001（2進法表記）を10進法に変換してください。
2. 127（10進法表記）を2進法・3進法に変換してください。

2.2 基本的な演算と記号

皆さんは小学校で四則演算（+, −, ×, ÷）を習ったと思いますが、他にもいろいろな演算や記号があります。有名な例として、剰余・絶対値・累乗・ルートなどが挙げられます。また、コンピュータは電気的に動いているため、on/offの情報（ビット）を情報の最小単位とし、2進法を用いて計算が行われます。そこでビットごとに論理演算を行う、AND・OR・XORなどの「ビット演算」が重要になってきます。本節ではこれらについて解説します。

2.2.1 剰余（mod）

aをbで割った余りのことを$a \bmod b$と書きます。たとえば、

- $8 \bmod 5 = 3$（8÷5は1余り3）
- $869 \bmod 120 = 29$（869 ÷ 120は7余り29）

です。C++・Pythonなどでは、次ページの**コード2.2.1**のように`a % b`という形式で計算できます。

2.2.2 絶対値（abs）

aの符号（プラス・マイナス）の部分を消した数のことをa**の絶対値**といい、$|a|$と書きます。すなわちaが0以上の場合$|a| = a$、aが負の場合$|a| = -a$となります。たとえば、

- $|-20| = 20$
- $|-45| = 45$
- $|15| = 15$
- $|0| = 0$

です。C++・Pythonなどでは、**コード2.2.1**のように`abs(a)`を用いて計算できます。

2.2.3 累乗（pow）

aをb回掛けた値をa**の**b**乗**といい、a^bと書きます。たとえば、

- $10^2 = 10 \times 10 = 100$
- $10^3 = 10 \times 10 \times 10 = 1000$
- $10^4 = 10 \times 10 \times 10 \times 10 = 10000$
- $3^2 = 3 \times 3 = 9$
- $3^3 = 3 \times 3 \times 3 = 27$
- $3^4 = 3 \times 3 \times 3 \times 3 = 81$

です。特に、aの2乗は$a^2 = a \times a$です。C++では**コード2.2.1**のように`pow(a, b)`、Pythonでは`a ** b`という形式で計算できます。

2.2.4 ルート(sqrt)

0以上の実数aに対し、$x^2 = a$となるような非負の実数xを**ルートa**といい、$\sqrt{a}$と書きます[注2.2.1]。言い換えると、面積aの正方形の一辺の長さが$\sqrt{a}$です。たとえば、

- $\sqrt{4} = 2$ (面積4の正方形の一辺の長さは2であるため)
- $\sqrt{9} = 3$ (面積9の正方形の一辺の長さは3であるため)
- $\sqrt{1.96} = 1.4$ (面積1.96の正方形の一辺の長さは1.4であるため)
- $\sqrt{2} = 1.414213\cdots$ (面積2の正方形の一辺の長さは約1.414213であるため)

です。最後の例のように、$\sqrt{a}$の値が有理数 (➡**2.1.1項**) にならない場合があることに注意してください。C++では**コード2.2.1**のように`sqrt(a)`、Pythonでは`math.sqrt(a)`を用いて計算できます。

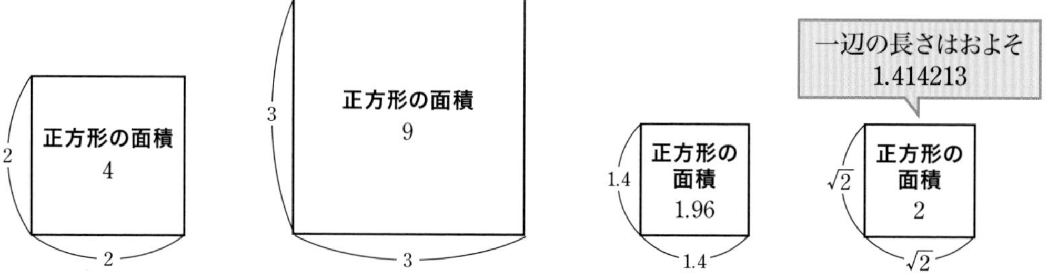

また、ルートは3乗以上にも拡張でき、0以上の実数a、自然数bに対し、$x^b = a$となるような非負の実数xを$\sqrt[b]{a}$と書きます[注2.2.2]。具体例は以下の通りです。

- $\sqrt[3]{8} = 2$ ($2^3 = 8$であるため)
- $\sqrt[4]{16} = 2$ ($2^4 = 16$であるため)
- $\sqrt[5]{32} = 2$ ($2^5 = 32$であるため)
- $\sqrt[3]{343} = 7$ ($7^3 = 343$であるため)

コード2.2.1　mod・abs・pow・sqrtの実装

```
#include <iostream>
#include <cmath>
using namespace std;

int main() {
    // 四則演算
    printf("%d\n", 869 + 120); // 989 と出力
    printf("%d\n", 869 - 120); // 749 と出力
    printf("%d\n", 869 * 120); // 104280 と出力
    printf("%d\n", 869 / 120); // 7 と出力 (ここでは整数部分のみを出力することに注意)

    // 剰余 (mod)
    printf("%d\n", 8 % 5); // 3 と出力
    printf("%d\n", 869 % 120); // 29 と出力
```

次ページ

注2.2.1　補足説明として、$x^2 = a$となるような数を「aの平方根」といいます。ルートと似た概念ですが、平方根には負の数も含まれることに注意してください。例えば9の平方根は−3と3です。

注2.2.2　厳密には、bが奇数の場合はaが負の場合も定義できますが、本書では詳しく扱わないことにします。また、$x^b = a$となるような数xを「aのb乗根」といいます。

```
    // 絶対値 (abs)
    printf("%d\n", abs(-45)); // 45 と出力
    printf("%d\n", abs(15)); // 15 と出力

    // 累乗 (pow)
    printf("%d\n", (int)pow(10.0, 2.0)); // 100 と出力
    printf("%d\n", (int)pow(3.0, 4.0)); // 81 と出力

    // ルート (sqrt)
    printf("%.5lf\n", sqrt(4.0)); // 2.00000 と出力
    printf("%.5lf\n", sqrt(2.0)); // 1.41421 と出力
    return 0;
}
```

2.2.5 ビット演算の前に：論理演算とは

ビット演算に入る前に、まずは基礎となる論理演算について解説します。
論理演算は、0（FALSE）または1（TRUE）をとる値の間で行われる演算であり、以下の3種類が有名です。

- a AND b：a, bの両方が1であれば1、そうでなければ0
- a OR b：a, bの少なくとも片方が1であれば1、そうでなければ0
- a XOR b：a, bのうち一方だけが1であれば1、そうでなければ0

下図は論理演算のイメージを示しています。ANDは1になる条件が最も厳しいです。

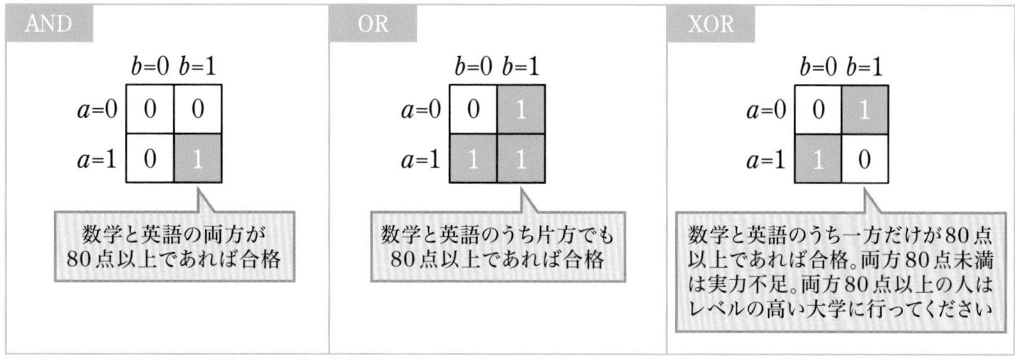

2.2.6 ビット演算の流れ

次に、本節のメイントピックである「ビット演算」について解説します。**ビット演算**は主にコンピュータ上で行われる演算の1つであり、AND演算・OR演算・XOR演算の3つについては、以下のような流れで計算が行われます。

1. 整数（通常は10進法）を2進法に変換する
2. 桁（1の位・2の位・4の位・8の位…）ごとに論理演算を行う
3. 論理演算の結果を整数（通常は10進法）に変換する

2.2.7項から2.2.9項にかけて、具体的な例をいくつか紹介します。

2.2.7 ビット演算の例①：AND演算

AND演算は、2進法表現の各桁ごとに論理演算のANDを行うものです。たとえば11 AND 14の値は以下のようにして計算されます。

- 11を2進法に変換すると「1011」となる
- 14を2進法に変換すると「1110」となる
- 1の位（下から1桁目）に対するAND：1 AND 0 = 0である
- 2の位（下から2桁目）に対するAND：1 AND 1 = 1である
- 4の位（下から3桁目）に対するAND：0 AND 1 = 0である
- 8の位（下から4桁目）に対するAND：1 AND 1 = 1である
- 計算結果を上の桁から順にまとめると「1010」となり、これを10進法に変換すると10である
- よって、11 AND 14 = 10である

その他の具体例と計算のイメージは下図の通りです。**ビット演算では、通常の足し算のような繰り上がり処理が発生しない**ことに注意してください。

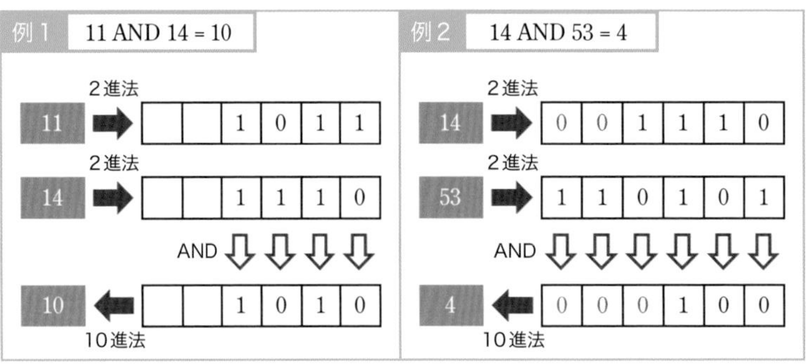

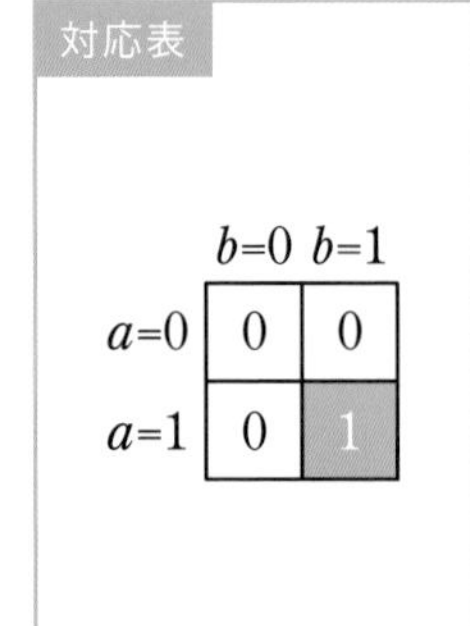

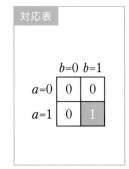

2.2.8 ビット演算の例②：OR演算

OR演算は、2進法表現の各桁ごとに論理演算のORを行うものです。たとえば11 OR 14 = 15です。計算のイメージは下図の通りです。

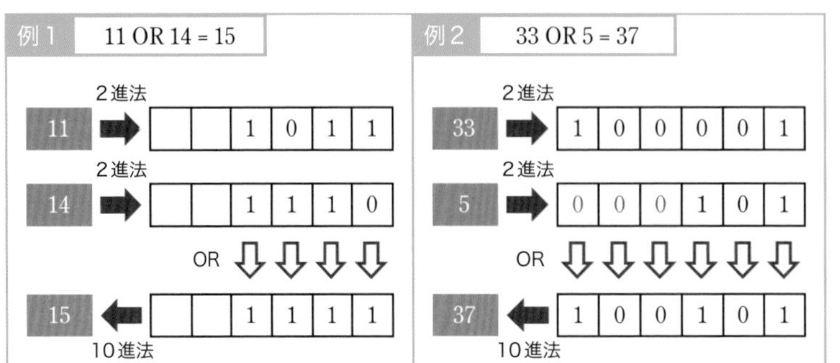

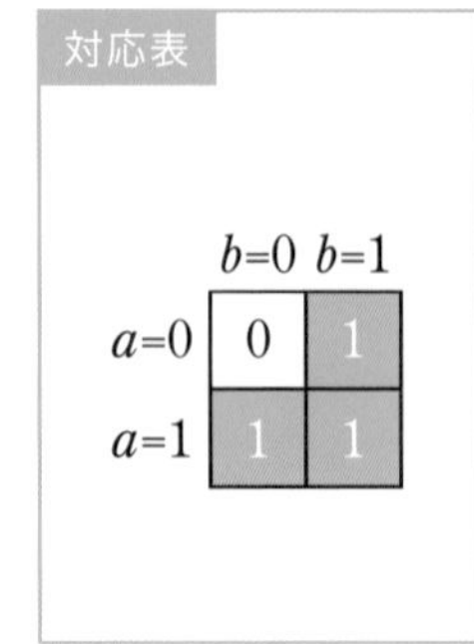

2.2.9 ビット演算の例③：XOR演算

XOR演算は、2進法表現の各桁ごとに論理演算のXORを行うものです。たとえば11 XOR 14 = 5です。計算のイメージは下図の通りです。

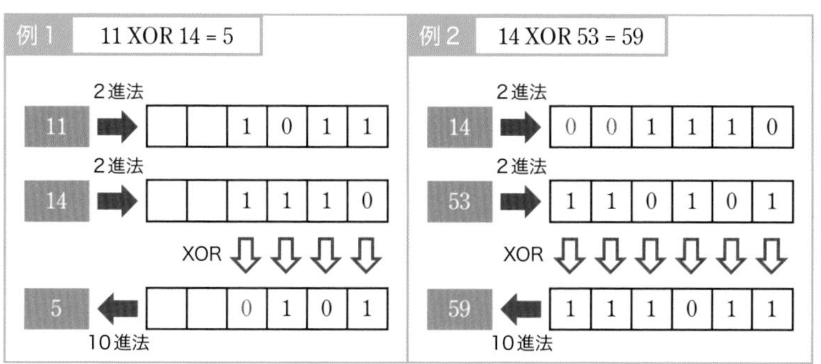

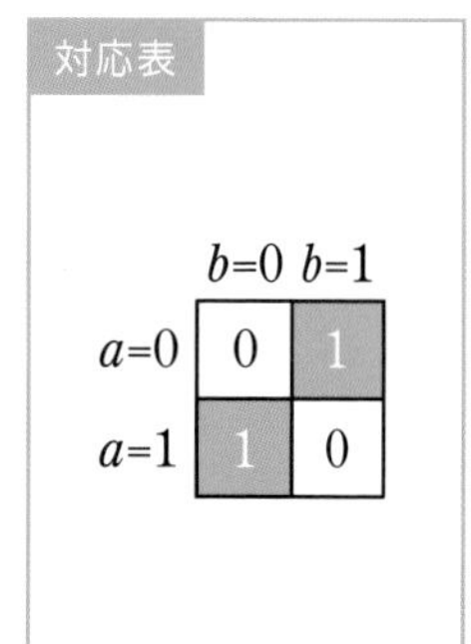

2.2.10 ビット演算の実装

C++などのプログラミング言語では、ビット演算を行うためにわざわざ10進法を2進法に変換する必要はありません。四則演算と同じように、次表の通り1つの記号を使うことで実装できます。

AND	OR	XOR
&	|	^
例：(11 & 14) = 10	例：(11 | 14) = 15	例：(11 ^ 14) = 5

コード2.2.2は整数a, bを入力して、1行目にa AND b、2行目にa OR b、3行目にa XOR bを出力するプログラムです。たとえば$a = 11, b = 14$が入力された場合、1行目から順に「10、15、5」と出力されます。

コード2.2.2 ビット演算の実装

```
#include <iostream>
using namespace std;

int main() {
    int a, b;
    cin >> a >> b; // a と b を入力する
    cout << (a & b) << endl; // a AND b の値を出力する
    cout << (a | b) << endl; // a OR b の値を出力する
    cout << (a ^ b) << endl; // a XOR b の値を出力する
    return 0;
}
```

2.2.11 3つ以上のAND・OR・XOR

2.2.6項〜2.2.10項では2つの整数に対するAND・OR・XORを紹介しましたが、3つ以上の整数のAND・OR・XORも計算することができます。具体的な手順は次ページのようになります。

3つの整数に対する演算の場合

3つの整数a, b, cに対するAND・OR・XORは、「まず2つの値に対してビット演算を行い、次にその結果と残り1つの値に対してビット演算を行う」という流れで計算されます。数式を用いて表すと、以下のようになります。

- a AND b AND c = (a AND b) AND c = a AND (b AND c)
- a OR b OR c = (a OR b) OR c = a OR (b OR c)
- a XOR b XOR c = (a XOR b) XOR c = a XOR (b XOR c)

ここで、**どのような順序で計算しても計算結果は変わりません**。たとえば、$a = 11, b = 27, c = 40$の場合、下図のようにすべての結果が同じになります。

ANDの場合	ORの場合	XORの場合
❶ (11 AND 27) AND 40 = 11 AND 40 = 8	❶ (11 OR 27) OR 40 = 27 OR 40 = 59	❶ (11 XOR 27) XOR 40 = 16 XOR 40 = 56
❷ 11 AND (27 AND 40) = 11 AND 8 = 8	❷ 11 OR (27 OR 40) = 11 OR 59 = 59	❷ 11 XOR (27 XOR 40) = 11 XOR 51 = 56

4つ以上の整数に対する演算の場合

4つ以上の整数に対する演算でも、どのような順序で計算しても計算結果は変わりません。したがって、N個の整数$A_1, A_2, A_3, \dots, A_N$に対するビット演算は、たとえば以下のようにして行うことができます。

- **AND演算**：$(((A_1 \text{ AND } A_2) \text{ AND } A_3) \text{ AND } A_4) \text{ AND } \cdots A_N$
- **OR演算**：$(((A_1 \text{ OR } A_2) \text{ OR } A_3) \text{ OR } A_4) \text{ OR } \cdots A_N$
- **XOR演算**：$(((A_1 \text{ XOR } A_2) \text{ XOR } A_3) \text{ XOR } A_4) \text{ XOR } \cdots A_N$

もちろん、他の順序で計算しても同じ結果となります。たとえば12 XOR 23 XOR 34 XOR 45の値は5通りの方法で計算できますが、計算結果はすべて20です。

1
((12 XOR 23) XOR 34) XOR 45
= (27 XOR 34) XOR 45
= 57 XOR 45
= 20

2
(12 XOR 23) XOR (34 XOR 45)
= 27 XOR (34 XOR 45)
= 27 XOR 15
= 20

3
(12 XOR (23 XOR 34)) XOR 45
= (12 XOR 53) XOR 45
= 57 XOR 45
= 20

4
12 XOR ((23 XOR 34) XOR 45)
= 12 XOR (53 XOR 45)
= 12 XOR 24
= 20

5
12 XOR (23 XOR (34 XOR 45))
= 12 XOR (23 XOR 15)
= 12 XOR 24
= 20

3つ以上のAND・OR・XORに対する性質

3つ以上の整数に対するAND・OR・XOR演算を行うとき、各桁について以下の面白い性質が成り立ちます。

- AND 演算：すべての数についてその桁が1であれば、計算結果は1。そうでなければ0
- OR 演算：どれか1つの数についてその桁が1であれば、計算結果は1。そうでなければ0
- XOR 演算：その桁が1である数が奇数個あれば、計算結果は1。そうでなければ0

たとえば12 XOR 23 XOR 34 XOR 45の場合、4の位・16の位のみ奇数個が1となっています。また、計算結果である20も、4の位・16の位のみ1となっています。

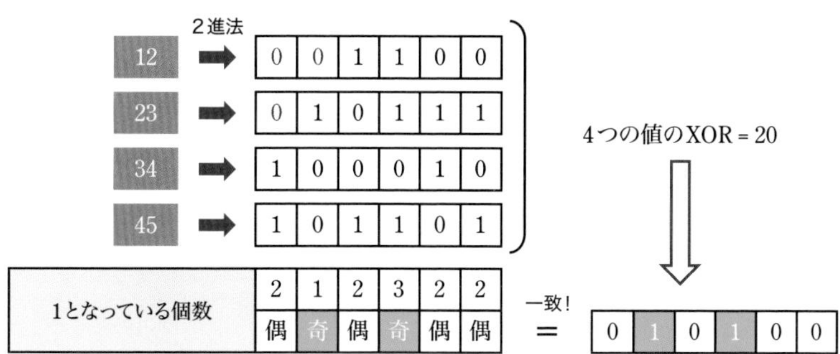

2.2.12 ビット演算の例④：左シフトと右シフト

左シフト演算・右シフト演算は整数a, bに対する演算であり、aを2進法で表したときのビットをb個左／右にずらすものです。

シフト演算の仕様はプログラミング言語によって異なりますが、たとえばC++の場合、次表に示すように1つのデータ（int型など）における桁数が2進法で8〜64桁と決まっています。このため、シフト演算を行うと「あふれたビット」が発生し、これらは消されることに注意してください。次ページの図は、8桁の2進整数00101110に対するシフト演算の例を示しています。

整数型	C++の場合の例	2進法での桁数	<参考>符号付きの場合の範囲
8ビット整数	char型	8桁	-2^7以上2^7-1以下
16ビット整数	short型	16桁	-2^{15}以上$2^{15}-1$以下
32ビット整数	int型	32桁	-2^{31}以上$2^{31}-1$以下
64ビット整数	long long型	64桁	-2^{63}以上$2^{63}-1$以下

C++では、左シフトは`(a << b)`、右シフトは`(a >> b)`といった形で実装することができます。たとえば`(46 << 1) = 92`、`(46 >> 2) = 11`です。また、`(1 << N)`は2^Nを表し、組合せの全探索（➡**コラム2**）や繰り返し二乗法（➡**4.6.8項**）などで使います[注2.2.3]。

注2.2.3　符号付き整数は一番上の桁で符号を表すため、たとえば`int`型などの32ビット符号付き整数に対して`(1 << 31)`という演算を行っても$2^{31}=2147483648$にはならず、-2147483648になります。また、厳密にはシフトの方法として論理シフト・算術シフトの2種類がありますが、本書では詳しく扱わないことにします。なお、C++の場合、全部のビットがあふれる左シフト・右シフトを行った場合の挙動は未定義です。

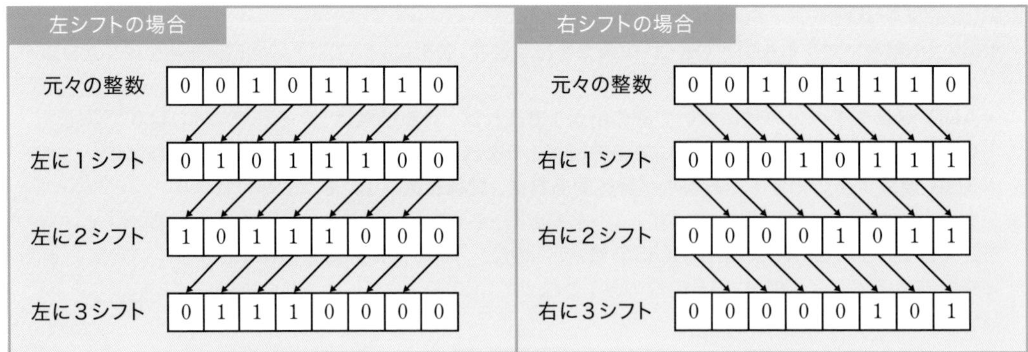

節末問題

問題2.2.1 ★

1万・1億・1兆はそれぞれ10の何乗ですか。

問題2.2.2 ★

1. $\sqrt{841}$の値を計算してください。また、29^2の値を計算してください。
2. $\sqrt[5]{1024}$の値を計算してください。また、4^5の値を計算してください。

問題 2.2.3 ★

1. 13 AND 14、13 OR 14、13 XOR 14をそれぞれ計算してください。
2. 8 OR 4 OR 2 OR 1を計算してください。

問題 2.2.4 問題ID：005 ★★

N個の整数$a_1, a_2, a_3, \dots, a_N$が与えられます。$(a_1 + a_2 + a_3 + \cdots + a_N) \bmod 100$の値を出力するプログラムを作成してください。

2.3 いろいろな関数

アルゴリズムを学ぶにあたって、関数を知ることは大切です。たとえばアルゴリズムの計算回数として「多項式関数」「指数関数」「対数関数」といったものが出現する場合があります。本節では、関数とは一体どういうものなのかを解説した後、アルゴリズムで重要な関数をリストアップします。

2.3.1 関数とは

関数とは、入力が決まると出力の値が１つに決まる関係のことを指します。何か数を入力すると、それに対応する数が出てくる機械のようなイメージです。たとえば下図の例１は、入力した数の２乗を返す関数です。3を入力すると9を返し、10を入力すると100を返します。

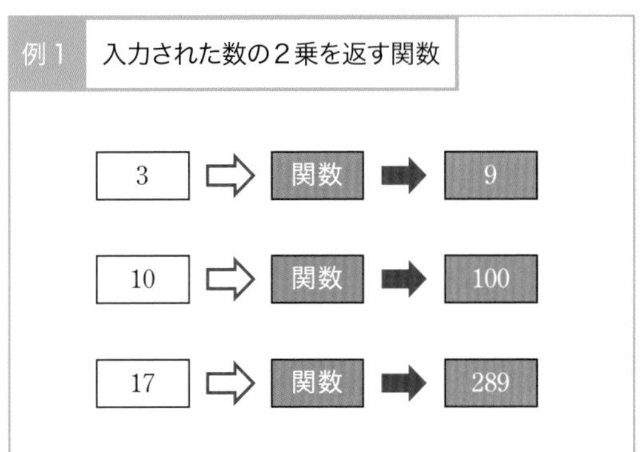

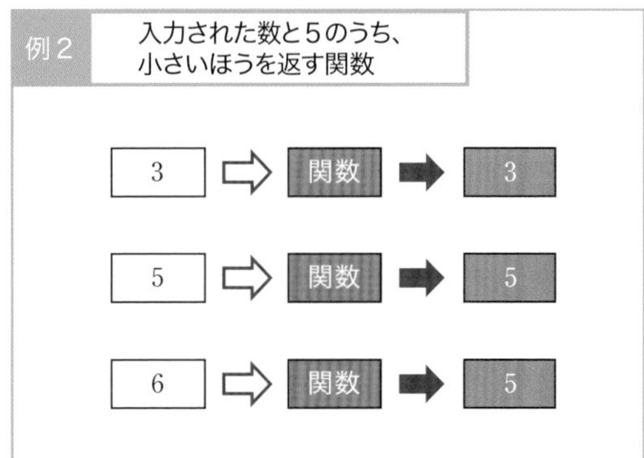

数学では、例１のような関数を$y=x^2$と書きます。機械に入力される数をxと表し、出てくる数をyと表します。つまり「xを入力するとyが返ってくる」という関係を表しています。

また、yの代わりに$f(x)$を使って、$f(x)=x^2$のように書く場合もあります。このとき、xに具体的な数値を入れた形式で書くこともあり、たとえば$f(10)=100, f(17)=289$です。本書では状況に応じて使い分けることにします。

2.3.2 関数の例：水槽に入っている水の量

関数は身近な場面でも利用されます。たとえば容積が５リットルの水槽があって、毎分１リットルの割合で水を入れることを考えましょう。水を入れ始めてから５分経つまでは水があふれず、経過時間をx分とするときxリットルの水が入っています。一方、５分後以降は水があふれ、５リットルで止まってしまいます。

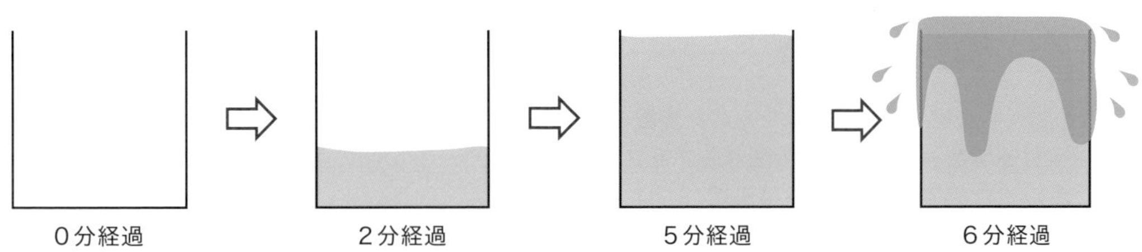

そこで、水を入れ始めてからの経過時間をx分、水の量をyリットルとするとき、それらの関係を表した関数は$y = \min(x, 5)$となります。以下の表は、経過時間に対する水の量の変化を示しています。

なお、$\min(a, b)$はaとbのうち小さいほうを返す関数です。似たような関数として、aとbのうち大きいほうを返す関数$\max(a, b)$があります。

経過時間x	0	1	2	3	4	5	6	7	8	9	…
水の量y	0	1	2	3	4	5	5	5	5	5	…

2.3.3 関数のグラフの前に：座標平面とは

関数のグラフの前に、まずは前提知識となる座標平面について解説します。

座標平面は、点の位置を座標で表す平面のことであり、以下の手順で作られます。

- まず、横方向に数直線を１本引き、x軸とする
- 次に、縦方向に数直線を１本引き、y軸とする。そのときx軸とy軸は直角に交わる
- x軸とy軸の交点を「原点」とする

そこで、原点から右方向にa進んだ後、上方向にb進んだ点を**座標(a, b)**とします。たとえば、

- 座標$(4, 5)$は原点から右方向に4進んだ後、上方向に5進んだ点
- 座標$(3, -3)$は原点から右方向に3進んだ後、下方向に3進んだ点
- 座標$(-5, -1)$は原点から左方向に5進んだ後、下方向に1進んだ点

です。a, bが負の数の場合、方向が逆転することに注意してください。

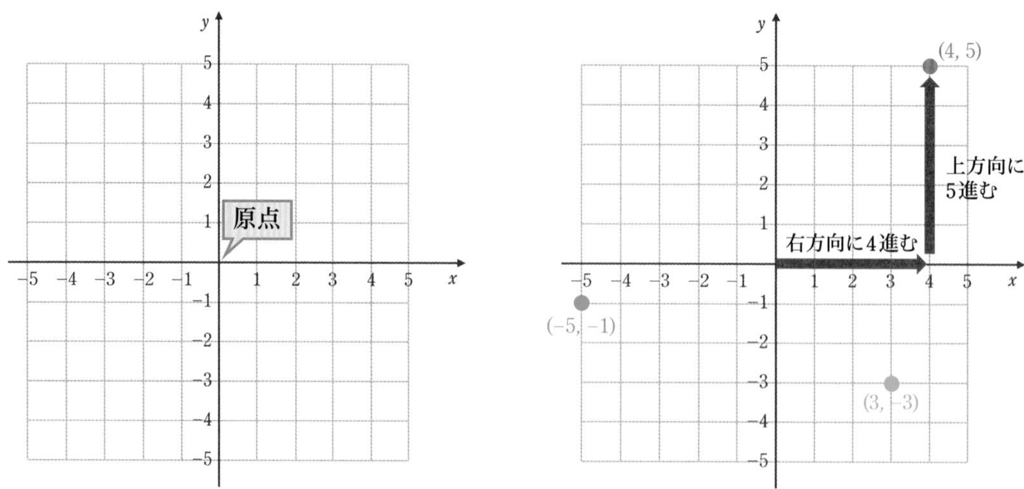

2.3.4 関数のグラフ

x, yの関係を座標平面上に表したものを**関数のグラフ**といいます。たとえば2.3.2項で紹介した水槽の例における関数$y = \min(x, 5)$の関係をグラフで表すと、次ページの図のようになります。たとえば$x = 3$のとき$y = 3$なので、このグラフは座標$(3, 3)$を通ります。

関数をグラフで表すと、xとyの関係が一目で分かるほか、xがどのくらいの値のときにyが増加してい

るかなどの特徴が見えてきます。

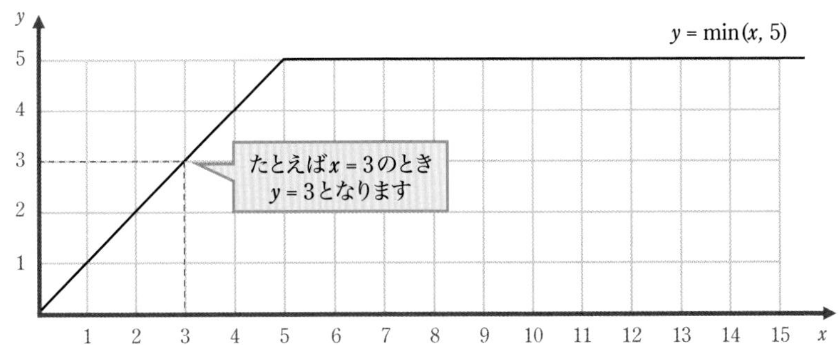

2.3.5 いろいろな関数①：一次関数

ここから2.3.11項までは、アルゴリズムやプログラミングで利用される関数をいくつか紹介します。まず、$y = ax + b$の形で表される、以下のような関数を**一次関数**といいます。

- $y = x + 1$
- $y = 3x$
- $y = 314x - 159$

下図に示すように、一次関数のグラフは直線です。また、xの値が1増えると必ずyの値がaだけ増え、このことを「一次関数の傾きがaである」といいます。たとえば関数$y = 3x$の傾きは3です（$3x$などといった文字式の書き方は➡ **2.1節**に戻って確認しましょう）。

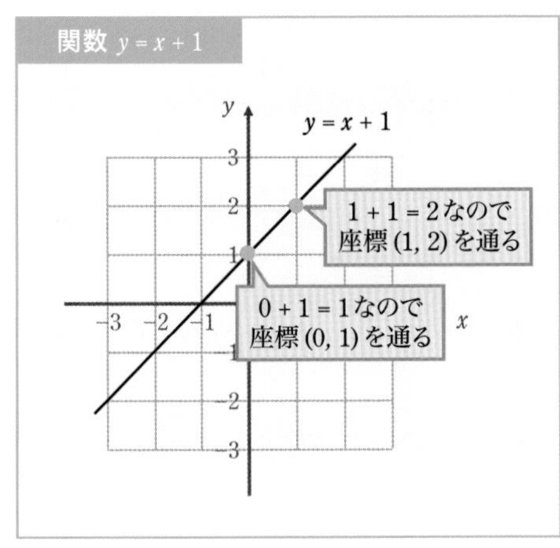

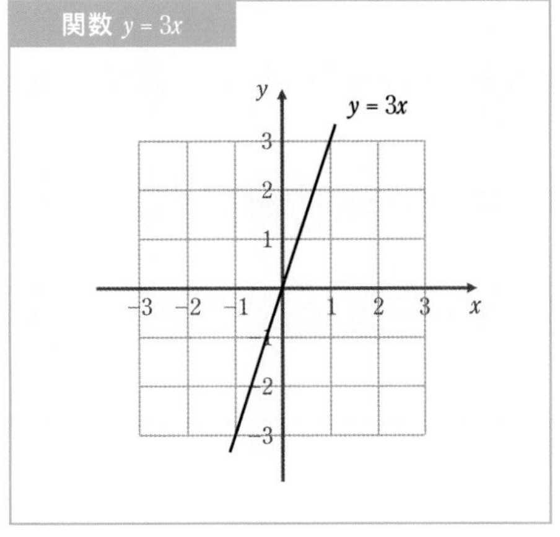

2.3.6 いろいろな関数②：二次関数

次に、$y = ax^2 + bx + c$の形で表される、以下のような関数を**二次関数**といいます。x^2のような累乗の表記が分からない人は、➡ **2.2節**に戻って確認しましょう。

- $y = x^2$
- $y = x^2 - 1$

- $y = 0.1x^2$
- $y = -31x^2 + 41x - 59$

下図は二次関数のグラフの例を示しています。一般に、aの値が正であるとき、二次関数は物を投げたときの軌道（放物線）を上下逆にしたような形になっています。すなわち、ある一定まではyの値が減少しますが、その後増加に転じます。なお、$a = 0$のときは一次関数になることに注意してください。

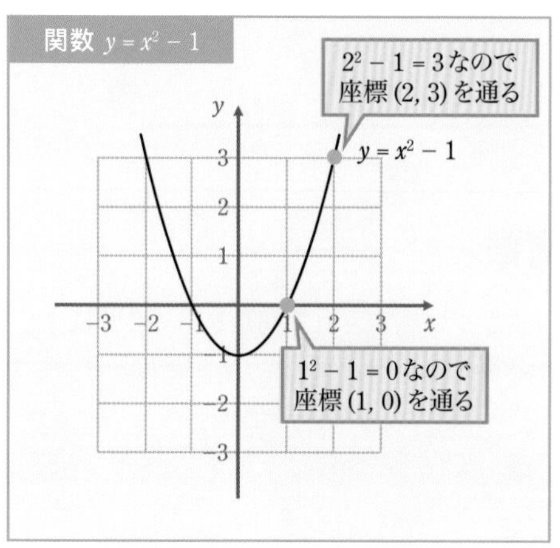

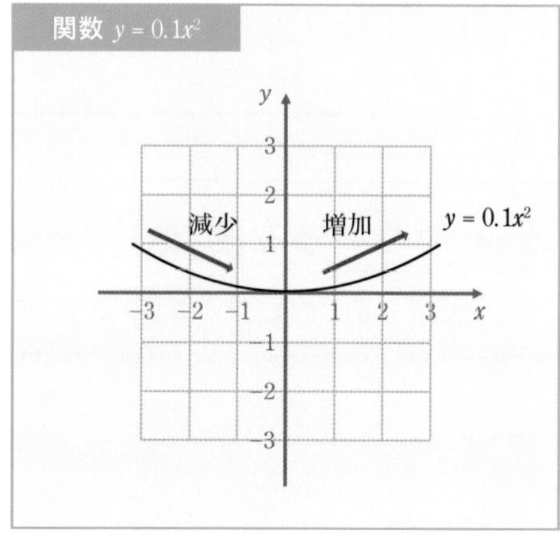

2.3.7 いろいろな関数③：多項式と多項式関数

一次関数ではxまで、二次関数ではx^2まで出現しましたが、x^3以上にも範囲を広げた以下のような関数を**多項式関数**といいます。また、「y =」の部分を取り去り、文字式の形で表したものを**多項式**といいます。特に、$y = x^3$や$y = 314x^4$など、足し算記号を使わずに書ける多項式を**単項式**といいます[注2.3.1]。

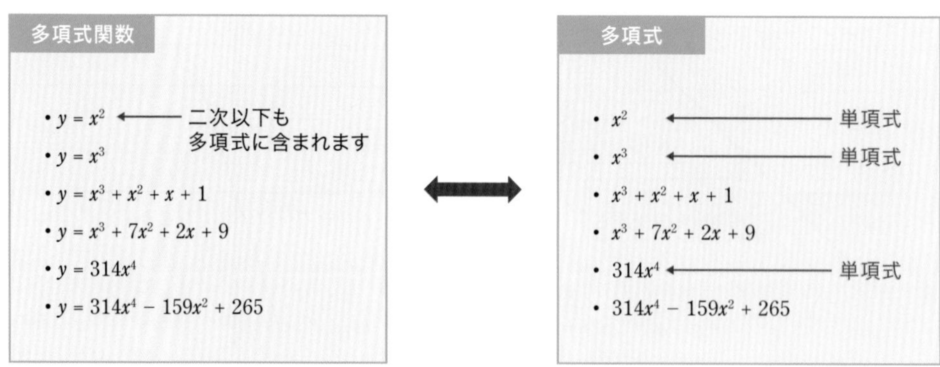

数式を用いて表すと、非負整数nに対し、多項式は次式で表されます。

$$\bigcirc x^n + \cdots + \bigcirc x^3 + \bigcirc x^2 + \bigcirc x + \bigcirc$$

次に、多項式に関する用語を整理します。まず、多項式を構成するひとつひとつの単項式のことを**項**といい、x^kを含むものを**k次の項**といいます。特に0次の項を**定数項**、次数[注2.3.2]が最大となる項（n次の項）を**最**

注2.3.1　厳密には$(2i+1)x^2$のように複素数の足し算を使った単項式もありますが、本書では詳しく扱わないことにします。
注2.3.2　掛け合わされている文字の個数です。たとえば$3x^5$はxで5回掛けられているので次数は5です。

高次の項といいます。

また、それぞれの項から数だけを取り出したものを**係数**といいます。x^3のように数が付けられていない項の場合、係数は1です。ここまでたくさんの用語が続きましたので、下図でイメージをつかんでおきましょう。多項式x^3+7x^2+2x+9の場合の例を示しています。

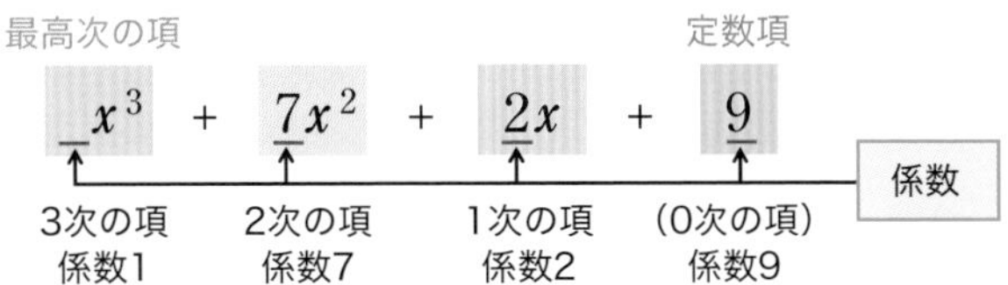

2.3.8 指数関数の前に：べき乗の拡張

2.2節では「a^b はaをb回掛けた数」としてbが自然数の場合の累乗（べき乗）を解説しましたが、以下の公式を使うと、bが負の数や小数の場合にもべき乗を計算することができます。

- **公式1**：非負整数nに対し、$a^{-n}=\frac{1}{a^n}$
  例：$10^{-2}=\frac{1}{10^2}=\frac{1}{100}$
- **公式2**：自然数n, mに対し、$a^{\frac{n}{m}}=\sqrt[m]{a^n}$
  例：$32^{0.4}=\sqrt[5]{32^2}=\sqrt[5]{1024}=4$

これだけだとよく分からない人もいると思うので、直感的な説明をしましょう。

公式1の直感的な説明

たとえば10^nを計算するとき、**10を掛けるとnの値が1増える一方、10で割るとnの値が1減ります**（例：$10^2\times10=10^3$、$10^3\div10=10^2$）。そこで$10^1=10$を10で割ると$10^0=1$となり、これをさらに10で割ると$10^{-1}=0.1$となります。また、10^0から10でn回割ると10^{-n}となり、この値は$\frac{1}{10^n}$と一致します（下図参照）。

公式2の直感的な説明

べき乗は掛け算に関する演算であり、**同じ数を掛けると同じ数だけ指数（べき乗の右肩の小さい部分）**が増えます。たとえば2^1に4を掛け続けると、$2^1\rightarrow2^3\rightarrow2^5\rightarrow2^7\rightarrow\cdots$と、指数が2ずつ増加します。これは、指数が整数でなくても同じことがいえます。

たとえば$32^0\rightarrow32^{0.2}\rightarrow32^{0.4}\rightarrow32^{0.6}\rightarrow32^{0.8}\rightarrow32^1$は指数が0.2ずつ増加するため、一定の値$a$を掛け続けるものであってほしいです。このとき、$32^0$ (=1) にaを5回掛け続けると32^1 (=32) となるため、$a^5=32$、すなわち$a=\sqrt[5]{32}=2$です。このことから、$32^{0.2}=2, 32^{0.4}=4$などが計算できます。

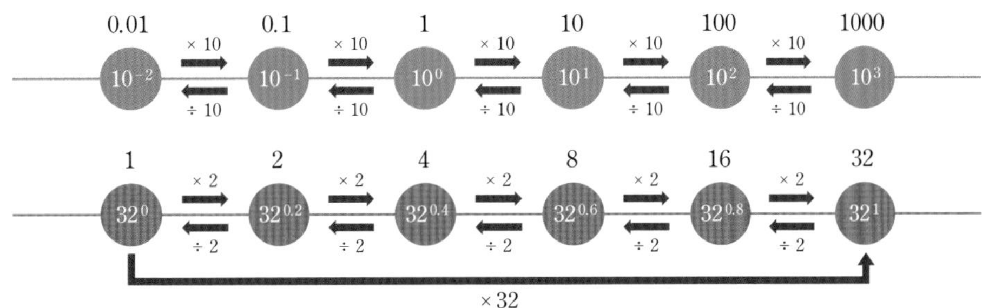

2.3.9 いろいろな関数④：指数関数

$y = a^x$ の形で表される関数を**指数関数**といい、aを**指数関数の底**、xを**指数**といいます。下図は関数$y = 2^x$ のグラフであり、たとえば$x = 3$のとき$2^x = 8$であるため、座標(3, 8)を通っています。また、このグラフはxの値が増加するとyの値も増加する、すなわち**単調増加である**という性質があります。

なお、xが自然数でない場合のa^xの値は2.3.8項で解説した通りです（xが無理数の場合は2.3.8項の2つの公式から計算することはできませんが、関数のグラフがなめらかになるように、自然に定義されます）。

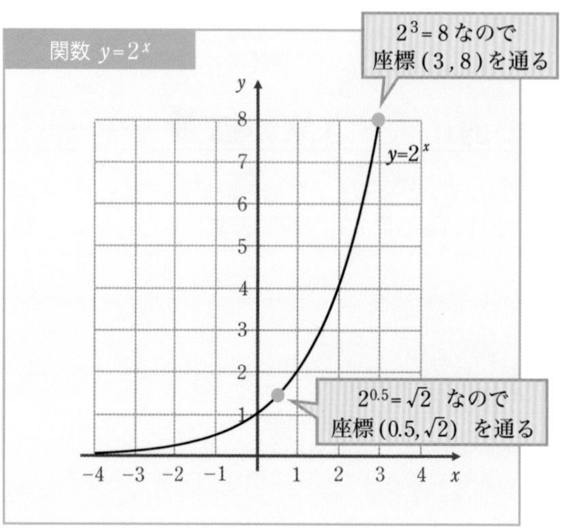

次に、指数関数では以下の4つの重要な公式（**指数法則**）が成り立ちます。計算回数の見積もりなど、アルゴリズムのさまざまな場面で使えるので、覚えておきましょう。特に1つ目の公式は、2.3.8項で述べた「同じ数を掛けると同じ数だけ指数が増える性質」に対応します。

- **公式1**：$a^m \times a^n = a^{m+n}$
  例）$2^5 \times 2^4 = 2^9$
- **公式2**：$a^m \div a^n = a^{m-n}$
  例）$2^9 \div 2^5 = 2^4$
- **公式3**：$(a^m)^n = a^{mn}$
  例）$(2^5)^3 = 2^5 \times 2^5 \times 2^5 = 2^{15}$
- **公式4**：$a^m b^m = (ab)^m$
  例）$2^5 \times 3^5 = 6^5$

2.3.10 いろいろな関数⑤：対数関数

まず、**対数**$\log_a b$は指数をひっくり返したものであり、aを何乗したらbになるかを表します。たとえば10を3乗すると$10 \times 10 \times 10 = 1000$になるので、$\log_{10} 1000 = 3$です。他の具体例は以下の通りです。

- $2^0 = 1$なので、$\log_2 1 = 0$
- $2^1 = 2$なので、$\log_2 2 = 1$
- $2^2 = 4$なので、$\log_2 4 = 2$
- $2^3 = 8$なので、$\log_2 8 = 3$
- $2^4 = 16$なので、$\log_2 16 = 4$

- $2^5 = 32$なので、$\log_2 32 = 5$
- $10^{0.30102999\cdots} = 2$なので、$\log_{10} 2 = 0.30102999\cdots$

ここで、$\log_a b$のaを**底**、bを**真数**といいます。底が1以外の正の数であり、真数が正の数である場合にしか、対数を計算することができません。

底としては10と2がよく利用されます。底が10であるような対数$\log_{10} x$を**常用対数**といい、xを10進法で表したときのおおよその桁数を示します。底が2であるような対数$\log_2 x$は、二分探索法（➡**2.4.7項**）の計算回数など、アルゴリズムの文脈で頻出です。

次に、$y = \log_a x$の形で表される関数を**対数関数**といいます。下図は$y = \log_{10} x$のグラフであり、xの値が増えてもyの値があまり増加しないなどの特徴があります。

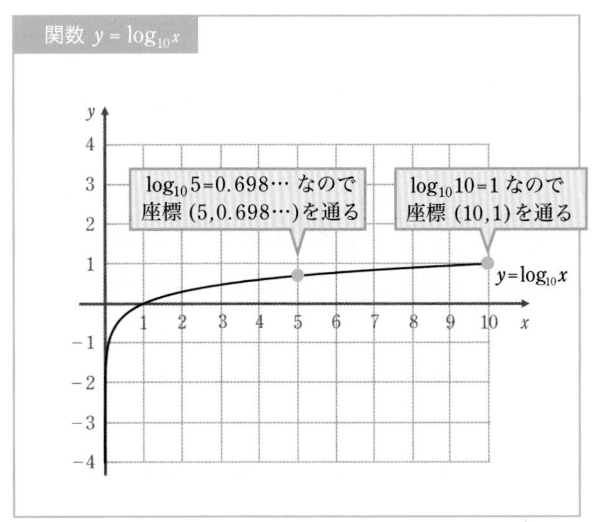

対数関数では以下の４つの重要な公式が成り立ちます。2.4節で紹介する計算量オーダーの解析にも使えるので、ぜひ覚えておきましょう。イメージが湧かない人は、コンピュータの電卓機能などでいろいろな値を当てはめて計算してみてください。なお、公式４は**底の変換公式**といいます。

- **公式１**：$\log_a MN = \log_a M + \log_a N$
  例）$\log_{10} 1000 = \log_{10} 100 + \log_{10} 10$
- **公式２**：$\log_a \frac{M}{N} = \log_a M - \log_a N$
  例）$\log_{10} 100 = \log_{10} 1000 - \log_{10} 10$
- **公式３**：$\log_a M^r = r \log_a M$
  例）$\log_2 1000 = 3 \log_2 10$
- **公式４**：$\log_a b = \log_c b \div \log_c a \ (c > 0, c \neq 1)$
  例）$\log_4 128 = \log_2 128 \div \log_2 4$

2.3.11 いろいろな関数⑥：床関数・天井関数・ガウス記号

床関数$\lfloor x \rfloor$はx以下で最大の整数yを返す関数であり、たとえば$\lfloor 6.5 \rfloor = 6$、$\lfloor 10 \rfloor = 10$、$\lfloor -2.1 \rfloor = -3$です。床関数は**ガウス記号**$[x]$を使って書かれる場合があります。

一方、**天井関数**$\lceil x \rceil$はx以上で最小の整数yを返す関数であり、たとえば$\lceil 6.5 \rceil = 7$、$\lceil 10 \rceil = 10$、$\lceil -2.1 \rceil = -2$です。床関数と天井関数はxが負の数のとき、単純な小数点以下切り捨て・切り上げにならないことに注意してください。

次に、それぞれの関数のグラフは下図のように階段状になっています。緑色の丸（●）は境界を含むこと、白色の丸（○）は境界を含まないことを表します。

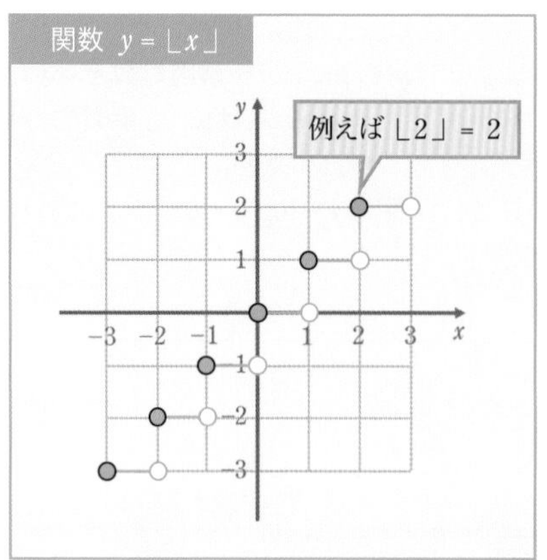

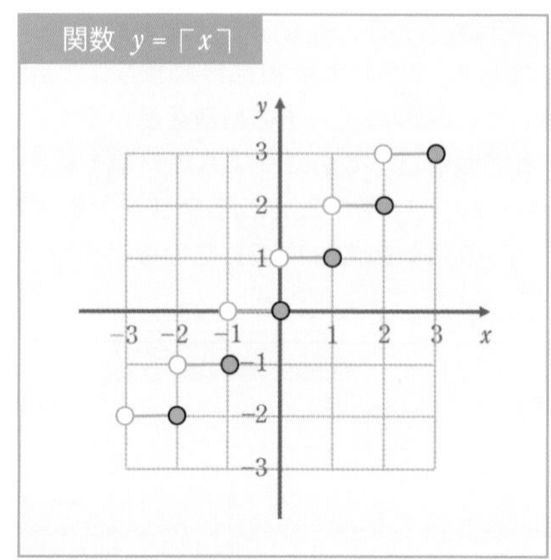

2.3.12 注意点：プログラミングの関数との違い

指数関数・対数関数・三角関数など、数学における関数は、入力の値xと出力の値yを対応付けるものでした。一方、C++などを含む多くのプログラミング言語では、コード2.3.1のfunc1のように入力がなかったり、func2のように入力が同じでも答えが変わる場合があることに注意してください。

コード 2.3.1　プログラミングにおける関数の例

```
#include <iostream>
using namespace std;

int cnt = 1000;

int func1() {
    return 2021;
}
int func2(int pos) {
    cnt += 1;
    return cnt + pos;
}
int main() {
    cout << func1() << endl; // 「2021」と出力
    cout << func2(500) << endl; // 「1501」と出力
    cout << func2(500) << endl; // 「1502」と出力
    return 0;
}
```

2.3.13 desmos.com でグラフを描いてみよう！

本節ではいろいろな種類の関数を扱ってきましたが、関数の性質をより深く理解するためには、慣れることが一番重要です。式を入力すると自動的にグラフが描画されるdesmos.comというウェブサイトがあるので、いろいろなグラフを描いて遊んでみましょう。

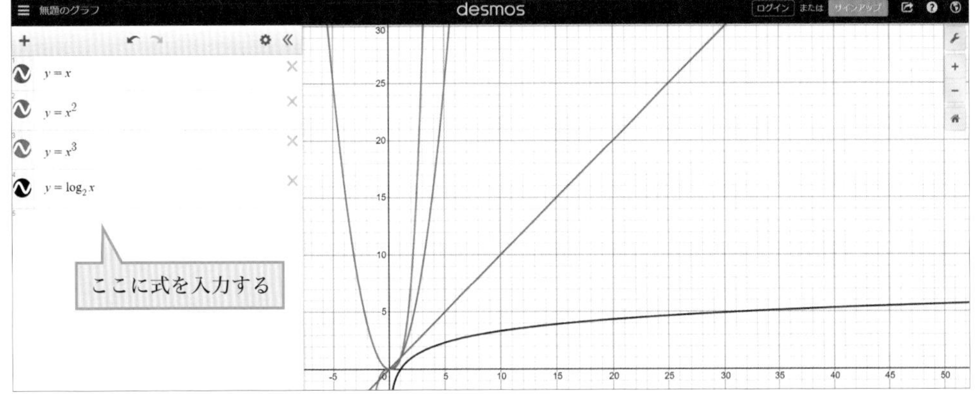

節末問題

問題2.3.1 ★

$f(x) = x^3$ で表される関数があります。$f(1), f(5), f(10)$ の値をそれぞれ計算してください。

問題2.3.2 ★

1. $\log_2 8$ を計算してください。
2. $100^{1.5}$ を計算してください。
3. $\lfloor 20.21 \rfloor, \lceil 20.21 \rceil$ を計算してください。

問題2.3.3 ★

次の関数のグラフを描いてください。

1. $y = 2x + 3$
2. $y = 10^x$
3. $y = \log_4 x$
4. $y = \frac{\log_2 x}{2}$

問題2.3.4 ★★

1. 関数 $f(x) = 2^x$ とするとき、$f(20)$ の値を計算してください。
2. $2^{10} = 1024$ は1000と近いことから、2^{20} の値がおよそ 10^6 であることを確認してください。指数法則 (➡2.3.9項) を使っても構いません。

問題2.3.5 ★★

1. 関数 $g(x) = \log_{10} x$ とするとき、$g(1000000)$ の値を計算してください。
2. 対数関数の公式 (➡2.3.10項) を使って、$\log_2 16N - \log_2 N$ の値を計算してください。ただし N を正の整数とします。

問題2.3.6 ★★

地震のマグニチュードは、その地震のエネルギーの大きさを対数で表した値です。マグニチュードが1増えるたびにエネルギーは約32倍（正確には$\sqrt{1000}$倍）になることが知られています。

ここではマグニチュードが1増えるたびにエネルギーがちょうど32倍になるとするとき、以下の問いに答えてください。

1. マグニチュード6.0の地震は、マグニチュード5.0の地震の何倍のエネルギーがありますか。
2. マグニチュード7.3の地震は、マグニチュード5.3の地震の何倍のエネルギーがありますか。
3. マグニチュード9.0の地震は、マグニチュード7.2の地震の何倍のエネルギーがありますか。

問題2.3.7 ★★★

正の整数xを2進法（➡2.1.6項）で表したときの桁数をyとします。yをxの式で表してください。

問題2.3.8 ★★★★

desmos.comでいろいろなグラフを描き、以下の条件をすべて満たす関数$y = f(x)$を1つ見つけてください。

- すべての実数aについて、$0 < f(a) < 1$である。
- $f(x)$は単調増加な関数である。

2.4 計算回数を見積もろう ～全探索と二分探索～

2.3節では多項式関数・指数関数・対数関数など、いろいろな関数を学びました。ここまでは数学の話題が中心でしたが、いよいよアルゴリズムの話題に入ります。本節では計算量（計算回数など）を見積もる方法について解説し、計算量の評価で重要な「O記法」の概念を導入します。

2.4.1 導入：計算回数の重要性

皆さんは「コンピュータ」という言葉を聞いてどのようなイメージを思い浮かべるでしょうか。人間より圧倒的に計算速度が速く、いろいろな問題を解決できる万能な機械という印象を持っている人も多いでしょう。実際、人間が1時間かかる計算を、コンピューターはわずか100万分の1秒といった非常に短い時間で終わらせてしまいます。

しかし、コンピュータの計算速度にも限界があり、一般の家庭用コンピュータの場合、1秒間に約10億回（10^9回[注2.4.1]）しか計算できないことが知られています。2.4.6項で述べるような「効率の悪いアルゴリズム」を使うと、少しデータサイズが大きくなれば簡単に計算回数が1京回（10^{16}回）を超え、残念ながら何時間待っても計算結果が出ません。そのとき、頑張って書いた長大なプログラムが無駄になってしまうことでしょう（➡1.1節）。

したがって、プログラムを書く前に「どの程度の計算回数になるか」「実際に動かしたらどの程度の時間で計算が終わりそうか」を評価することが重要になってきます。

2.4.2 計算回数とは

計算回数は「答えが出るまでに行う演算の回数」です。たとえば、$1+2+3+4+5+6$を単純に1つずつ足していく方法で計算するときには、以下の5回の足し算を行うため、計算回数は**5回**です。

- $1+2=3$
- $3+3=6$
- $6+4=10$
- $10+5=15$
- $15+6=21$

また、同じような方法で$1+2+3+4+5+6+7+8$を計算すると**7回**、$1+2+3+4+5+6+7+8+9+10$を計算すると**9回**の足し算を行います。

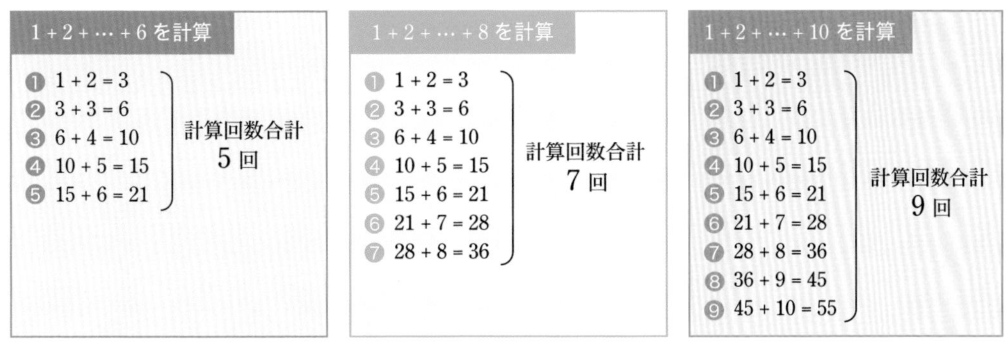

注2.4.1　実行環境やプログラミング言語によって数倍～数十倍異なる場合がありますが、本書の自動採点システムや著者環境の場合、C++では1秒当たり10^9回程度の単純な演算を行うことができます。

さて、文字式を用いてこれを一般化してみましょう。整数Nが分かっているとき、1から$2N$までの整数をすべて足した値を求めるには、何回の計算が必要でしょうか。

前の例と同じように1つずつ足していく方法で計算すると、$2N-1$回の計算を行います。各Nに対する計算回数は以下の通りです。

N	1	2	3	4	5	6	7	…
計算回数	1	3	5	7	9	11	13	…

このようにシンプルな問題であれば正確な計算回数が分かるかもしれませんが、現実のプログラミングの問題はもっと複雑であり、$2N-1$の「-1」や「Nに付いている2」のような細かい部分まで正確に見積もるのは極めて困難です。また、極限までプログラムを高速化しようとする場面を除き、$2N$回と$3N$回の違いはあまり重要ではありません。

そこで、**「ざっくりN回の計算を行っている」**といったように、大まかな計算回数だけを見積もる考え方があります。これは本節後半で紹介する「ランダウのO記法」と関連します。

2.4.3 計算回数の例①：定数時間

これから2.4.7項までは、計算回数という概念に慣れるために、具体的な例をいくつか紹介します。まずは以下の問題を考えましょう。

問題ID：006

整数Nが与えられます。$2N+3$の値を出力するプログラムを作成してください。
たとえば$N=100$の場合、203と出力すれば正解です。

制約：$1 \leqq N \leqq 100$

実行時間制限：1秒

この問題は、**コード2.4.1**のように整数Nを入力し、`2 * N + 3`の値を出力するプログラムを書くことで解けます。それではプログラムの計算回数を見積もってみましょう。入出力を除くと、プログラムは以下のような計算処理を行っています。

1. まず、`2 * N`を計算する
2. 次に、1.の結果と3を足し算する

合計2回の計算を行っていますが、大まかな回数のみを考える場面では2回も1回もそれほど変わらないので、計算回数は**「ざっくり1回である」**ということができます。このような計算回数になるアルゴリズムは**定数時間**であるといい、実行時間が入力データによらないなどの特徴があります。

コード2.4.1 $2N+3$の値を出力するプログラム

```
#include <iostream>
using namespace std;

int main() {
    int N;
    cin >> N;
    cout << 2 * N + 3 << endl;
    return 0;
}
```

2.4.4 計算回数の例②：線形時間

次に、以下の問題を考えましょう。

問題ID：007

整数N, X, Yが与えられます。N以下の正の整数の中でXの倍数またはYの倍数であるものの個数を出力するプログラムを作成してください。
たとえば$N = 15, X = 3, Y = 5$の場合、15以下の正の整数の中で3の倍数または5の倍数であるものは3, 5, 6, 9, 10, 12, 15の7個であるため、7と出力すれば正解です。

制約：$1 \leqq N \leqq 10^6, 1 \leqq X < Y \leqq 10^6$

実行時間制限：1秒

この問題を解く方法として、たとえば「1はXまたはYの倍数であるかどうか」「2はXまたはYの倍数であるかどうか」…「NはXまたはYの倍数であるかどうか」といった感じで1つずつ調べていくことが考えられます。このアルゴリズムは**コード2.4.2**のように実装できます。

それでは計算回数を理論的に見積もってみましょう。`for`文ループの添字`i`が取り得る値は$1, 2, 3, \ldots, N$のN種類であるため、**「計算回数はざっくりN回である」**ということができます[注2.4.2]。

このような計算回数になるアルゴリズムは（Nに関して）**線形時間**であるといい、入力データの大きさが10倍、100倍に増えると実行時間が約10倍、100倍になるといった特徴があります。なお、一重の`for`文ループは、このような計算回数になることが多いです。

コード2.4.2　XまたはYの倍数の個数を出力するプログラム

```
#include <iostream>
using namespace std;

int main() {
    // 入力
    int N, X, Y;
    cin >> N >> X >> Y;

    // 答えを求める
    int cnt = 0;
    for (int i = 1; i <= N; i++) {
        if (i % X == 0 || i % Y == 0) cnt++; // mod の計算は 2.2 節参照
    }

    // 出力
    cout << cnt << endl;
    return 0;
}
```

注2.4.2　厳密には、1回のループでは`i % X`、`i % Y`の2つの計算を行っているため、計算回数を$2N$回と見積もることも可能ですが、いずれの場合も「ざっくりN回」であることには変わりありません。

2.4.5 計算回数の例③：全探索の計算回数

次に、以下の問題を考えましょう。

問題ID：008

赤・青のカードが各1枚ずつあり、あなたはそれぞれのカードに1以上N以下の整数を1つ書き込みます。カードに書かれた整数の合計がS以下となるような書き方がいくつあるか、出力するプログラムを作成してください。

たとえば$N=3, S=4$の場合、6と出力すれば正解です。下図に示すように全部で9通りの書き方がありますが、それらのうち合計が4以下となるものは6通りです。

制約：$1 \leqq N \leqq 1000, 1 \leqq S \leqq 2000$

実行時間制限：2秒

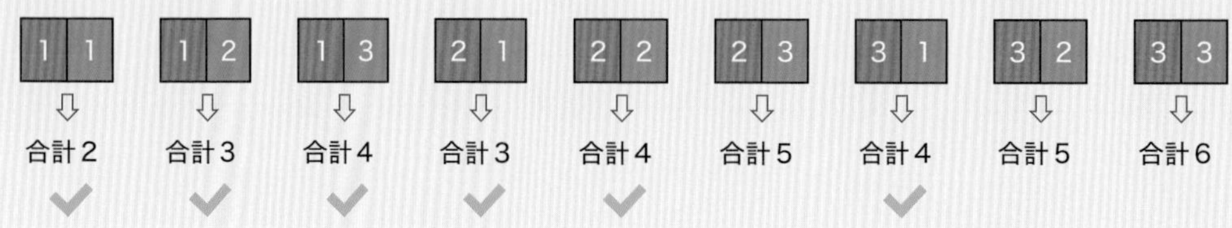

この問題を解くにあたって重要な知識を１つ紹介しましょう。一般に、あり得るすべてのパターンをしらみつぶしに調べる方法を**全探索**（ぜんたんさく）といいます。全探索は最もシンプルなアルゴリズムの１つであるため、問題を解く際には、まず全探索をしても現実的な時間で実行が終わるのかどうかを検討することが大切です。

さて、今回の２枚のカードの問題を全探索で解くことを考えます。カードの書き方のパターン数をNの式で表すとN^2通りであるため、計算回数は**「ざっくりN^2回である」**ということができます。N^2通りになる理由は、下図のようにカードの書き方を正方形状に並べたときの大きさが$N \times N$になることを考えると、理解しやすいです。

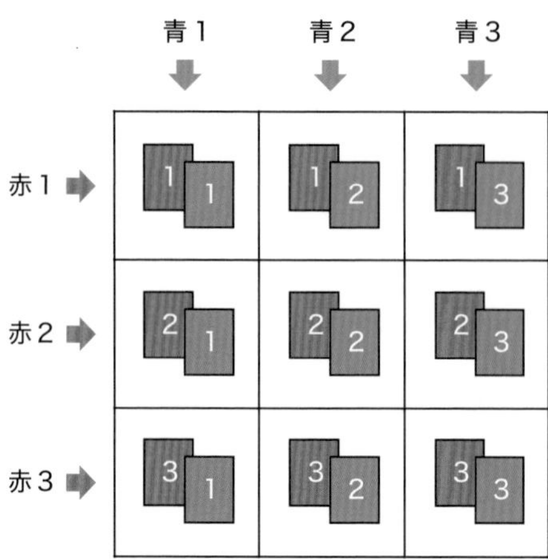

ここで本問題の制約は$N \leqq 1000$であるため、最大でざっくり$1000 \times 1000 = 10^6$回の計算を行う必要があります。一方、家庭用コンピュータの計算速度は１秒当たり10^9回程度であるため、**コード2.4.3**のような実装をすると、本問題の実行時間制限である２秒以内にプログラムの実行が終了するといえます。

プログラムの実行時間は、このような方法で見積もることができるのです。

コード 2.4.3　2枚のカードの全探索

```
#include <iostream>
using namespace std;

int N, S;
long long Answer = 0;

int main() {
    // 入力
    cin >> N >> S;

    // 答えを求める
    for (int i = 1; i <= N; i++) {
        for (int j = 1; j <= N; j++) {
            if (i + j <= S) Answer += 1;
        }
    }

    // 出力
    cout << Answer << endl;
    return 0;
}
```

計算回数がざっくりN^2回となるアルゴリズムは、入力データの大きさが10, 100倍に増えると実行時間が約100, 10000倍になるといった特徴があります。以下の表はNに対するN^2の値を示したものであり、10^6以上となる部分は黄色で、10^9以上となる部分は赤色で塗っています。コンピュータの計算速度を考慮すると、$N = 10000$程度であれば1秒以内で計算が終わるものの、$N = 100000$以上になると時間がかかってしまうことが分かります。なお、二重のfor文ループは、このような計算回数になることが多いです。

N	探索パターン数	N	探索パターン数	N	探索パターン数
1	1	21	441	41	1,681
2	4	22	484	42	1,764
3	9	23	529	43	1,849
4	16	24	576	44	1,936
5	25	25	625	45	2,025
6	36	26	676	46	2,116
7	49	27	729	47	2,209
8	64	28	784	48	2,304
9	81	29	841	49	2,401
10	100	30	900	50	2,500
11	121	31	961	100	10,000
12	144	32	1,024	200	40,000
13	169	33	1,089	500	250,000
14	196	34	1,156	1,000	1,000,000
15	225	35	1,225	3,000	9,000,000
16	256	36	1,296	10,000	100,000,000
17	289	37	1,369	30,000	900,000,000
18	324	38	1,444	100,000	10,000,000,000
19	361	39	1,521	300,000	90,000,000,000
20	400	40	1,600	1,000,000	1,000,000,000,000

2.4.6 計算回数の例④：全探索と指数時間

次に、少し設定を変えた以下の問題を考えましょう。

問題ID：009

N枚のカードが並べられています。左からi番目$(1 \leqq i \leqq N)$のカードには整数A_iが書かれています。カードの中からいくつかを選んで、合計がちょうどSとなるようにする方法はありますか。
たとえば以下の入力の場合、カード1・3を選べば合計が11になるので答えはYesです。

- $N = 3$
- $S = 11$
- $(A_1, A_2, A_3) = (2, 5, 9)$

制約：$1 \leqq N \leqq 60, 1 \leqq A_i \leqq 10000, 1 \leqq S \leqq 10000$

実行時間制限：1秒

そこで2.4.5項と同様、カードの選び方を全探索することを考えます。このとき、調べるべきパターン数はどれくらいになるのでしょうか。実際に数えてみましょう。

たとえば$N = 1$の場合は「カード1を選ぶ」「カード1を選ばない」の **2通り**を調べれば良いです。また、下図に示すように、$N = 2$の場合は **4通り**、$N = 3$の場合は **8通り**を調べる必要があります。この程度の探索パターン数であれば、手計算でも容易に問題を解くことができるでしょう。

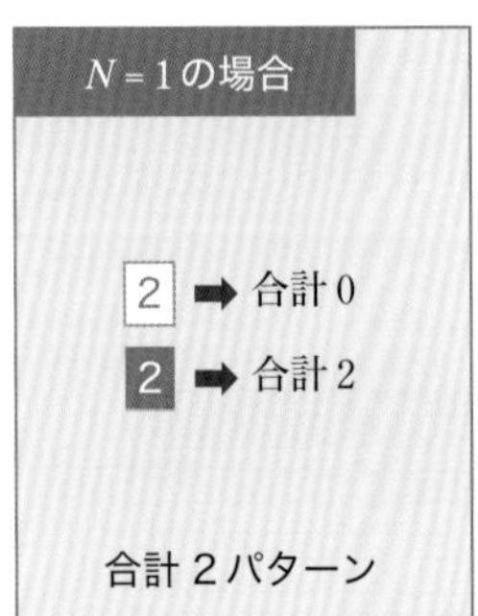

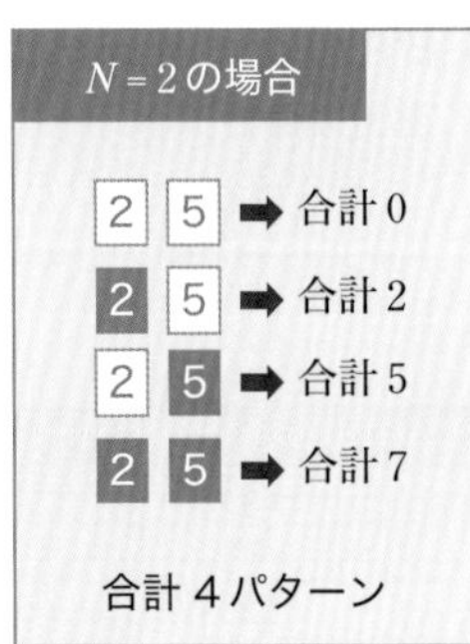

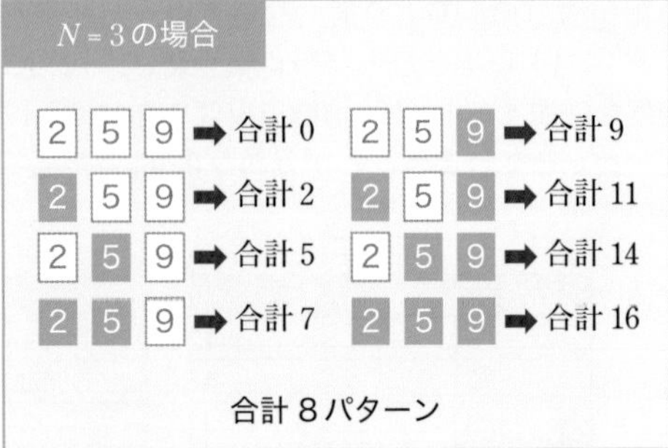

しかし、カードの枚数が少し増えると、急激にパターン数が増加します。次ページの図は$N = 4, 5$の場合の選び方の例を示しており、$N = 4$の場合は **16通り**、$N = 5$の場合は **32通り**を調べなければなりません。この時点で、手計算で問題を解くのはかなり面倒でしょう。

それでは、探索パターン数をNの式で表してみましょう。Nが1ずつ増えると2→4→8→16→32→…と倍々に増えるので、Nに対するパターン数は以下の式で表されます。

$$2 \times 2 \times 2 \times \cdots \times 2 = 2^N$$

したがって、この問題を全探索で解いたときの計算回数は **「ざっくり2^N回である」** ということができます[注2.4.3]。なお、2^N通りになる理由は、積の法則（➡ **3.3.2項**）を適用させると理解できますが、第2章では詳しく扱わないことにします。

注2.4.3　たとえばコラム2に掲載されているビット全探索など、実装によっては、計算回数がざっくり$N \times 2^N$回となります。

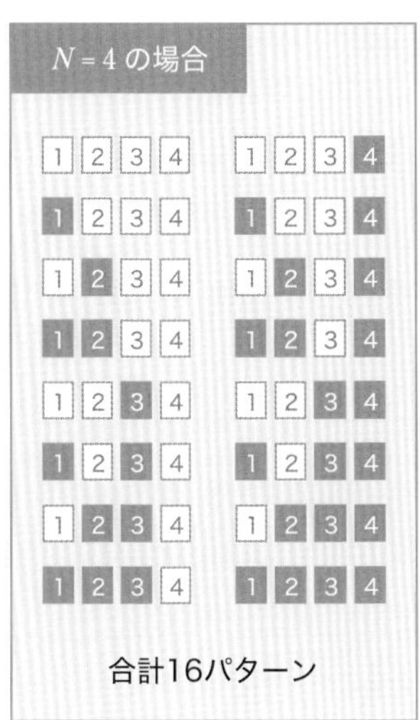

N = 5 の場合

合計32パターン

コンピュータは非常に高速な計算ができるので、32通り程度であればまったく問題ありません。しかし、さらにNを増やしてみるとどうでしょう。探索パターン数は以下の通りであり、$N = 30$以上では、さすがのコンピュータも「指数関数」の前には歯が立ちません。

N	探索パターン数	N	探索パターン数	N	探索パターン数
1	2	21	2,097,152	41	2,199,023,255,552
2	4	22	4,194,304	42	4,398,046,511,104
3	8	23	8,388,608	43	8,796,093,022,208
4	16	24	16,777,216	44	17,592,186,044,416
5	32	25	33,554,432	45	35,184,372,088,832
6	64	26	67,108,864	46	70,368,744,177,664
7	128	27	134,217,728	47	140,737,488,355,328
8	256	28	268,435,456	48	281,474,976,710,656
9	512	29	536,870,912	49	562,949,953,421,312
10	1,024	30	1,073,741,824	50	1,125,899,906,842,624
11	2,048	31	2,147,483,648	51	2,251,799,813,685,248
12	4,096	32	4,294,967,296	52	4,503,599,627,370,496
13	8,192	33	8,589,934,592	53	9,007,199,254,740,992
14	16,384	34	17,179,869,184	54	18,014,398,509,481,984
15	32,768	35	34,359,738,368	55	36,028,797,018,963,968
16	65,536	36	68,719,476,736	56	72,057,594,037,927,936
17	131,072	37	137,438,953,472	57	144,115,188,075,855,872
18	262,144	38	274,877,906,944	58	288,230,376,151,711,744
19	524,288	39	549,755,813,888	59	576,460,752,303,423,488
20	1,048,576	40	1,099,511,627,776	60	1,152,921,504,606,846,976

さて、具体的にどのくらいの時間がかかるのでしょうか。仮に1秒間に10^9個のパターンを調べ上げることができるとして計算すると、この問題の制約の上限である$N = 60$では

$$\frac{2^{60}}{10^9} \fallingdotseq \frac{1.15 \times 10^{18}}{10^9} = 1.15 \times 10^9 \text{秒}$$

かかります。1年は約3200万秒なので、実行が終わるのは36年以上後ということになります。本当にそんな

ことがあるのかと思った人は、実装方法の解説とサンプルプログラムが**コラム2**に掲載されていますので、実際にプログラムを書いてみてください。$N = 40$の時点で全然答えが返ってこないと思います。このような場面では、動的計画法（➡**3.7節**）を使うなど、アルゴリズムを効率化する必要があります。

2.4.7 計算回数の例⑤：二分探索と対数時間

前項では計算に時間のかかるアルゴリズムの例を紹介しましたが、実はその逆もあります。以下の問題を考えてみましょう。

> 太郎君は1以上8以下の整数を思い浮かべています。あなたは以下の質問を行うことができます。
>
> - 太郎君の思い浮かべている数は○○以下ですか？
>
> できるだけ少ない回数の質問で、太郎君の思い浮かべている数を当ててください。

すぐに思いつく方法としては、「1以下ですか？」「2以下ですか？」「3以下ですか？」といった順に、Yesが返ってくるまで質問していく方法でしょう。たとえば「6以下ですか？」という質問で初めてYesが返ってきた場合、答えは6だと分かります。このアルゴリズムは**線形探索法**（せんけいたんさくほう）と呼ばれています。

しかし、この方法は効率が悪く、たとえば太郎君の思い浮かべている数が8だった場合、下図の通り**8回の質問**が必要です。

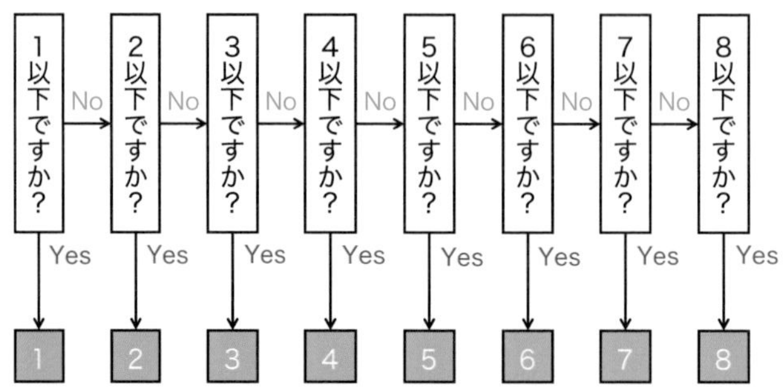

そこで、最初に「4以下ですか？」という**選択肢の真ん中で区切る質問**をすることを考えます。そのとき、Yes/Noどちらが返ってきた場合でも、最初8通りあった選択肢が4通りに絞られます。

- Yesの場合：答えは1, 2, 3, 4のいずれかであると分かる
- Noの場合：答えは5, 6, 7, 8のいずれかであると分かる

2回目以降の質問についても、次ページの図のように「選択肢を半分ずつに分ける質問」をしていくことを繰り返せば、選択肢の数が8→4→2→1と減っていき、どのようなケースでも**3回の質問**で答えを当てることができるのです。このような方法を**二分探索法**（にぶんたんさくほう）といいます。

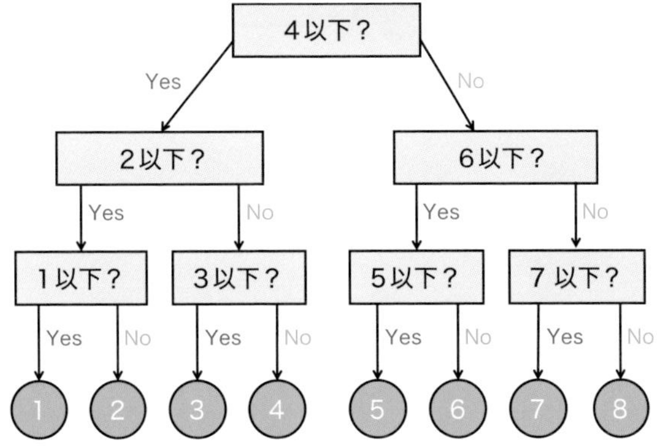

さて、少し問題設定を一般化してみましょう。太郎君が1以上N以下の整数を思い浮かべている場合の計算回数はどうでしょうか。まずは簡単な例として、非負整数Bを用いて$N = 2^B$と表される場合を考えます。1回の質問で選択肢が半分ずつ、つまり

$$2^B \to 2^{B-1} \to 2^{B-2} \to \cdots \to 8 \to 4 \to 2 \to 1$$

のように減っていくので、質問回数はB回です。$2^B = N$より$B = \log_2 N$（➡2.3.10項）であるため、質問回数をNの式で表すと$\log_2 N$となります。本項の最初に紹介した$N = 8$の例では、質問回数が$\log_2 N = 3$回となっているのが確認できます。

次に、Nが2^Bの形で表されない場合はどうでしょうか。実は質問回数が$\lceil \log_2 N \rceil$回になることが知られており[注2.4.4]、各Nに対する質問回数は以下の通りです。$N = 1000000$まで増やしてもなお20回の質問しか要しません。対数関数$\log_2 N$は増加が遅く、計算回数としては効率が非常に良いです。

N	質問回数
1	0
2	1
3	2
4	2
5	3
6	3
7	3
8	3
9	4
10	4
11	4
12	4
13	4
14	4
15	4
16	4
17	5
18	5
19	5
20	5

N	質問回数
21	5
22	5
23	5
24	5
25	5
26	5
27	5
28	5
29	5
30	5
31	5
32	5
33	6
34	6
35	6
36	6
37	6
38	6
39	6
40	6

N	質問回数
41	6
42	6
43	6
44	6
45	6
46	6
47	6
48	6
49	6
50	6
100	7
200	8
500	9
1,000	10
3,000	12
10,000	14
30,000	15
100,000	17
300,000	19
1,000,000	20

注2.4.4　1回の質問で、T通りあった選択肢が$\lceil T/2 \rceil$通りになることを考えると分かりやすいです。たとえば$N = 100$の場合、選択肢の数としてあり得る最大値が$100 \to 50 \to 25 \to 13 \to 7 \to 4 \to 2 \to 1$と減っていくため、最大7回の質問が必要です。

2.4.8 ランダウのO記法の導入

ここまでさまざまな計算回数について紹介してきて、以下のような言い回しを使いました。

- 計算回数はざっくりN回である
- 計算回数はざっくりN^2回である
- 計算回数はざっくり2^N回である

これらは「ざっくり」という言葉を使わなくても、ランダウのO記法を使って表すことができます。たとえば2.4.2項で述べたアルゴリズムの場合、「ざっくりN回」の代わりに**「このアルゴリズムの計算量は$O(N)$である」**、あるいは**「このアルゴリズムは$O(N)$時間で動作する」**ということができます。かなり難易度が高いですが、厳密に記述すると以下のようになります。

> データの大きさNに対するアルゴリズムAの計算量を$T(N)$とし、$P(N)$を関数とする。ある定数cが存在して、Nがどこまで大きくなっても$T(N) \leqq c \times P(N)$であるとき、アルゴリズムAの計算量は$O(P(N))$であるといえる[注2.4.5]。

しかし、実用上はこのような難しいことを考える必要はありません。たいていの場合、計算量$T(N)$を表すO記法の中身$P(N)$は次の手順によって決められます。

1. Nが大きい値になったときに、$T(N)$の中で最も重要な項以外を消す
2. 定数倍（例：$7N^2$における"7"）を消す
3. 最終的に残ったものが中身$P(N)$である

なお、項の重要度は原則以下の順序に従うと思って良いです。ただし、$N! = 1 \times 2 \times 3 \times \cdots \times N$であり、2.5節で扱う内容です。また、アルゴリズムの計算量が、下図の赤色・黄色で示されているようなものの場合は**指数時間**である、下図の緑色・青色・灰色で示されているようなものの場合は**多項式時間**であるといいます。

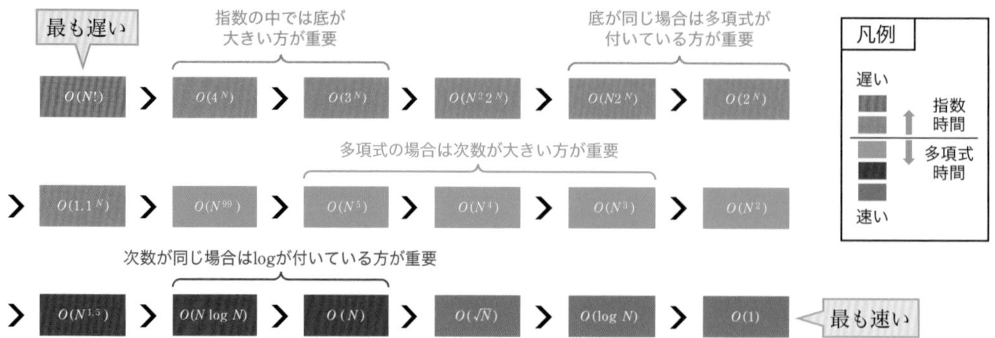

このような順序になる理由は、$N = 1000$などの大きい値を代入すると理解しやすいです。たとえば計算回数が$T(N) = N^2 + 5N$の場合、各項の値は次のようになります。

注2.4.5　本書では扱いませんが、O記法は計算量の見積もり以外の場面でも使うことがあります。

$N^2 = 1000000$
$5N = 5000$

明らかにN^2の項が計算回数のボトルネックになっています。これがNよりN^2のほうが重要度が高い理由です。他の場合も同じようなことがいえます[注2.4.6]。

次に、3つの具体例に対して計算量をO記法で表す過程を以下に示します。なお、計算量オーダーの中身に対数関数が含まれる場合は、慣習的に$O(\log N)$のように底を省略した形で書くことが多いです（参考：**節末問題2.4.3**）。

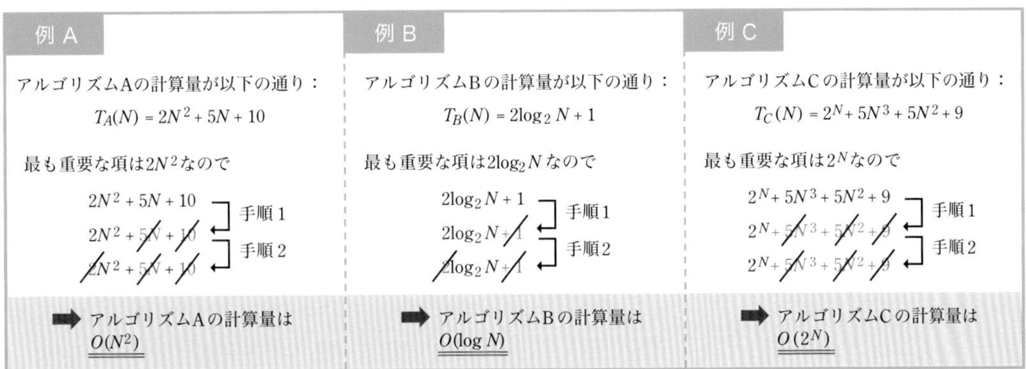

例 A
アルゴリズムAの計算量が以下の通り：
$T_A(N) = 2N^2 + 5N + 10$
最も重要な項は$2N^2$なので
$2N^2 + 5N + 10$
手順1
手順2
アルゴリズムAの計算量は
$O(N^2)$
例 B
アルゴリズムBの計算量が以下の通り：
$T_B(N) = 2\log_2 N + 1$
最も重要な項は$2\log_2 N$なので
$2\log_2 N + 1$
手順1
手順2
アルゴリズムBの計算量は
$O(\log N)$
例 C
アルゴリズムCの計算量が以下の通り：
$T_C(N) = 2^N + 5N^3 + 5N^2 + 9$
最も重要な項は2^Nなので
$2^N + 5N^3 + 5N^2 + 9$
手順1
手順2
アルゴリズムCの計算量は
$O(2^N)$

2.4.9 計算量とアルゴリズムの例

以下の表は、本書で扱うものを含む典型的なアルゴリズムを、計算量ごとにまとめたものです。さまざまな性能を持つアルゴリズムがあることが分かります。

計算量	アルゴリズム
$O(1)$	点と線分の距離の計算（➡4.1節）
$O(\log N)$	2進法への変換（➡2.1節）／二分探索法（➡2.4節）／ユークリッドの互除法（➡3.2節）／繰り返し二乗法（➡4.6節）
$O(\sqrt{N})$	素数判定法（➡3.1節）
$O(N)$	線形探索法（➡2.4節）／フィボナッチ数の動的計画法による計算（➡3.7節）／累積和（➡4.2節）
$O(N \log \log N)$	エラトステネスの篩（➡4.4節）
$O(N \log N)$ [注2.4.7]	マージソート（➡3.6節）／区間スケジューリング問題（➡5.9節）
$O(N^2)$	選択ソート（➡3.6節）など
$O(N^3)$	行列の掛け算（➡4.7節）／ワーシャルフロイド法など
$O(2^N)$	組合せの全探索（➡2.4節／➡コラム2）
$O(N!)$	順列全探索　※$N!$については2.5節参照

注2.4.6　理論上は図のような順序関係が成り立ちますが、実用上はNの大きさやプログラムで扱う処理の重さによって順序関係が逆転する場合もあります。たとえば$N = 10$程度のデータであれば、$O(2^N)$より$O(N^5)$のほうが遅いことも多いです（実際に$N = 10$を各式に代入すると、$2^{10} = 1024$、$10^5 = 100000$となります）。

注2.4.7　$N \log N$は$N \times \log N$、$N \log \log N$は$N \times \log(\log N)$という意味です。

2.4.10 計算量の比較

入力データの大きさNと計算回数の目安の関係は以下の通りです。計算回数が10^6回以上となる部分は黄色で、10^9回以上となる部分は赤色で塗っています。また、計算回数が10^{25}回以上となる場合、家庭用コンピュータはもちろん、2021年6月時点で世界最速のスパコンである「富岳」をフルに活用しても現実的ではないため、紫色で塗っています。

計算量が$O(2^N)$や$O(N!)$などになる指数時間アルゴリズムは計算回数の増加が速く、Nが100程度であっても非現実的になってしまいます。一方、$O(\log N)$は計算回数の増加が遅いことが分かります。

N	$\log N$	$\sqrt{N}$	$N\log N$	N^2	N^3	2^N	$N!$
5	3	3	12	25	125	32	120
6	3	3	16	36	216	64	720
8	3	3	24	64	512	256	40,320
10	4	4	34	100	1,000	1,024	3,628,800
12	4	4	44	144	1,728	4,096	479,001,600
15	4	4	59	225	3,375	32,768	約10^{12}
20	5	5	87	400	8,000	1,048,576	約10^{18}
25	5	5	117	625	15,625	33,554,432	約10^{25}
30	5	6	148	900	27,000	約10^{9}	約10^{32}
40	6	7	213	1,600	64,000	約10^{12}	約10^{48}
50	6	8	283	2,500	125,000	約10^{15}	約10^{64}
60	6	8	355	3,600	216,000	約10^{18}	約10^{82}
100	7	10	665	10,000	1,000,000	約10^{30}	約10^{156}
200	8	15	1,529	40,000	8,000,000	約10^{60}	約10^{375}
300	9	18	2,469	90,000	27,000,000	約10^{90}	約10^{614}
500	9	23	4,483	250,000	125,000,000	約10^{151}	約10^{1134}
1,000	10	32	9,966	1,000,000	10^{9}	約10^{301}	約10^{2568}
2,000	11	45	21,932	4,000,000	約10^{10}	約10^{602}	約10^{5736}
3,000	12	55	34,653	9,000,000	約10^{10}	約10^{903}	約10^{9131}
5,000	13	71	61,439	25,000,000	約10^{11}	約10^{1505}	約10^{16326}
10,000	14	100	132,878	100,000,000	10^{12}	約10^{3010}	約10^{35659}
20,000	15	142	285,755	400,000,000	約10^{13}	約10^{6021}	約10^{77337}
100,000	17	317	1,660,965	10^{10}	10^{15}	約10^{30103}	約10^{456573}
200,000	18	448	3,521,929	約10^{11}	約10^{16}	約10^{60206}	–
500,000	19	708	9,465,785	約10^{11}	約10^{17}	約10^{150515}	–
1,000,000	20	1,000	19,931,569	10^{12}	10^{18}	約10^{301030}	–
10^{9}	30	31,623	約10^{10}	10^{18}	10^{27}	–	–
10^{12}	40	1,000,000	約10^{14}	10^{24}	10^{36}	–	–
10^{18}	60	10^{9}	約10^{20}	10^{36}	10^{54}	–	–

2.4.11 計算量に関する注意点

本節の最後に、計算量に関する注意点をいくつか記します。

時間計算量と領域計算量

計算量の評価方法として、アルゴリズムの計算回数を指す**時間計算量**と、扱うメモリ使用量を指す**領域計算量**の2種類がよく使われます。たとえば入力データの大きさNに対して概ね$4N^2$バイトのメモリを使用する場合、「このアルゴリズムの領域計算量は$O(N^2)$である」といいます。本書では、単に計算量と記した場合、時間計算量を指します。

最悪計算量と平均計算量

仮に入力データの大きさが同じでも、ケースによっては計算回数がまったく異なる場合があります。また、乱数を使ったアルゴリズム（➡**3.5節**）の場合、乱数の運によっても計算回数が変動する場合があります。そこで一般的には最も悪いケースでの計算時間を見積もることが多く、これを**最悪計算量**といいます。一方、平均的なケースでの計算量は**平均計算量**といいます。なお、大半のアルゴリズムでは平均計算量と最悪計算量が一致します。

複数の変数がボトルネックになる場合

計算量は複数の変数がボトルネックになることがあります。たとえば1からNまでの総和を計算した後、1からMまでの総和を計算する問題を考えます。1つずつ足していったときの計算回数は$N + M - 2$回ですが、N, M両方がボトルネックになり得るため、$O(N + M)$時間であると記します。

節末問題

問題2.4.1 ★

Nに対する計算回数が以下のときの計算量をO記法で表してください。

1. $T_1(N) = 2021N^3 + 1225N^2$
2. $T_2(N) = 4N + \log N$
3. $T_3(N) = 2^N + N^{100}$
4. $T_4(N) = N! + 100^N$

問題2.4.2 ★★

次のプログラムの計算量をO記法で表してください。

```
for (int i = 1; i <= N; i++) {
    for (int j = 1; j <= N * 100; j++) {
        cout << i << " " << j << endl;
    }
}
```

問題2.4.3 ★★

$\log_2 N$と$\log_{10} N$は、高々定数倍の違いしかないことを証明してください。
なお、これがランダウのO記法で$O(\log N)$と$\log$の底を省略した形で書く理由になっています。

問題2.4.4 ★★

次の表は「Nがどの程度の大きさであればおおよそ何回の計算を行うか」を表したものです。この表を完成させてください。なお、計算回数の定数倍（例：$10N^2$の"10"の部分）は考えないものとします。また、logの底は2であるものとします。

計算回数	実行時間目安	$N \log N$	N^2	2^N
10^6回以内	0.001秒以下	$N \leqq 60{,}000$	$N \leqq 1{,}000$	$N \leqq 20$
10^7回以内	0.01秒以下			
10^8回以内	0.1秒以下			
10^9回以内	1秒以下			

問題2.4.5 ★★

アルゴリズムDを実装したプログラムを$N = 10, 12, 14, 16, 18, 20$で実行してみたところ、次表のような実行時間になりました。アルゴリズムDの計算量はどの程度であると考えられますか。ただしNをデータの大きさ（例：カードの枚数）とします。

N	10	12	14	16	18	20
実行時間	0.001秒	0.006秒	0.049秒	0.447秒	4.025秒	36.189秒

問題2.4.6 ★★

ある辞書には100000個程度の単語が辞書順に並べられています。この辞書から特定の単語を調べたいとき、たとえばa→aardvark→aback→abacus→abalone→abandon→…といったように単語を1つずつ調べていくと、時間がかかってしまいます。どのような方法を使えば効率的であるか、考えてみてください（ヒント：二分探索法 ➡2.4.7項）。

2.5 その他の基本的な数学の知識

いよいよ2章も最後になりました。ここまでは2進法やいろいろな演算のほか、指数関数や対数関数などの関数について解説しましたが、本節ではまだ扱っていない基本的な数学の知識をリストアップします。3章以降で何回か使うので、基本的な部分を理解しておき、読み進めるうちに慣れていきましょう。

2.5.1 素数

1と自分自身以外で割り切れないような2以上の整数を**素数**といい、そうでない2以上の整数を**合成数**といいます。下図に示すように、素数は2, 3, 5, 7, 11, 13, 17, 19, ... と続きます。ある数が素数かどうかを高速に判定する方法は➡**3.1節**で扱います。

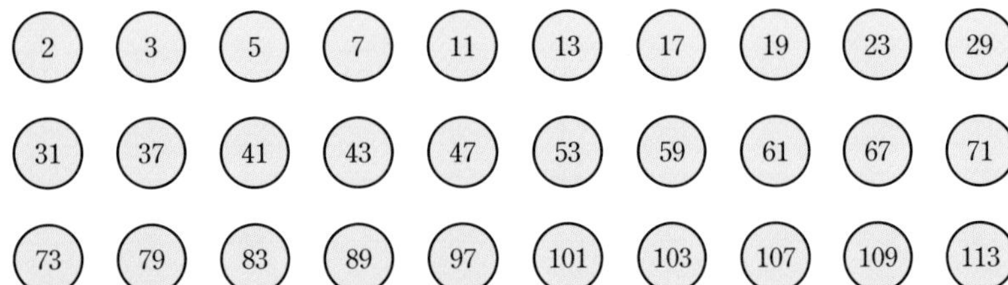

2.5.2 最大公約数・最小公倍数

2つ以上の正の整数に共通する約数（**公約数**）の中で最大のものを**最大公約数**といいます。たとえば6と9の最大公約数は3です。これは6の約数が「1, 2, 3, 6」、9の約数が「1, 3, 9」であり、共通する最大の数は3であるからです。

一方、2つ以上の正の整数に共通する倍数（**公倍数**）の中で最小のものを**最小公倍数**といいます。たとえば6と9の最小公倍数は18です。これは6の倍数が「6, 12, 18, 24, 30, ...」、9の倍数が「9, 18, 27, 36, 45, ...」と続き、共通する最小の数は18であるからです。

2つの正の整数a, bには以下の性質が成り立つため、最大公約数と最小公倍数のうち片方でも分かれば、もう片方は簡単に計算することができます。

$a \times b =$ (aとbの最大公約数) $\times$ (aとbの最小公倍数)

なお、最大公約数はユークリッドの互除法（➡**3.2節**）により効率的に計算することができます。

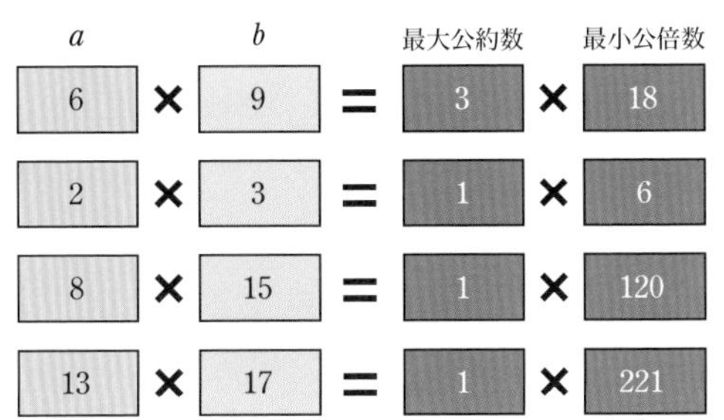

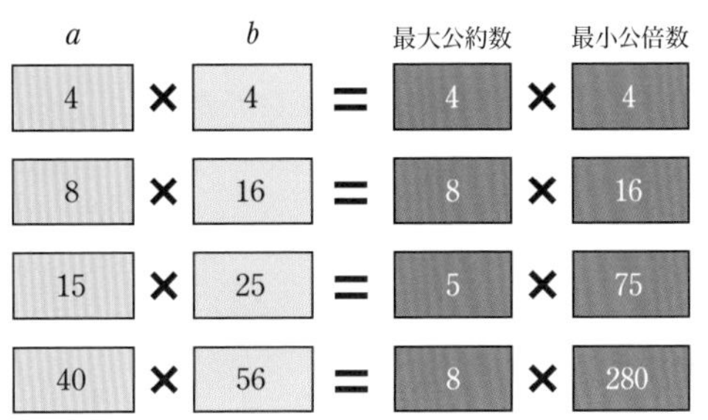

2.5.3 階乗

正の整数Nに対し、1からNまでの積$1 \times 2 \times 3 \times \cdots \times N$を$N$の**階乗**といい、$N!$と書きます。たとえば、

$$2! = 1 \times 2 = 2$$
$$3! = 1 \times 2 \times 3 = 6$$
$$4! = 1 \times 2 \times 3 \times 4 = 24$$
$$5! = 1 \times 2 \times 3 \times 4 \times 5 = 120$$

です。また、以下の表は$N = 30$までの階乗の値を示しており、非常に速いペースで増加することが分かります。なお、階乗は計算回数の評価だけでなく、場合の数（➡**3.3節**）、数え上げ問題（➡**4.6節**）、状態数の見積もり（➡**5.10節**）でも利用されます。

N	$N!$
1	1
2	2
3	6
4	24
5	120
6	720
7	5,040
8	40,320
9	362,880
10	3,628,800
11	39,916,800
12	479,001,600
13	6,227,020,800
14	87,178,291,200
15	1,307,674,368,000

N	$N!$
16	20,922,789,888,000
17	355,687,428,096,000
18	6,402,373,705,728,000
19	121,645,100,408,832,000
20	2,432,902,008,176,640,000
21	51,090,942,171,709,440,000
22	1,124,000,727,777,607,680,000
23	25,852,016,738,884,976,640,000
24	620,448,401,733,239,439,360,000
25	15,511,210,043,330,985,984,000,000
26	403,291,461,126,605,635,584,000,000
27	10,888,869,450,418,352,160,768,000,000
28	304,888,344,611,713,860,501,504,000,000
29	8,841,761,993,739,701,954,543,616,000,000
30	265,252,859,812,191,058,636,308,480,000,000

2.5.4 数列の基本

数列とは数の並びのことです。簡単な例として、以下のものはすべて数列です。

- 1, 2, 3, 4, 5, 6, 7, ...（正の整数を小さい順に並べる）
- 1, 4, 9, 16, 25, 36, 49, ...（正の整数の２乗を並べる）
- 3, 1, 4, 1, 5, 9, 2, ...（円周率の桁を並べる）

一般に、数列Aの前からi番目の要素を**第i項**といい、A_iと書きます。たとえば正の整数の２乗を並べた数列$A = (1, 4, 9, 16, 25, \ldots)$の場合、第４項$A_4$の値は16です。

等差数列と等比数列

次に、特殊な規則を持つ数列として、２つの隣り合う項の差が一定である**等差数列**、２つの隣り合う項の比が一定である**等比数列**が有名です。それら以外にも、たとえば1, 1, 2, 3, 5, 8, 13, ... のように「前の２つの項を足し合わせてできる」といった規則を持つ場合があります。このように、前の項によって

数列の値が決まるような関係式を漸化式（ぜんかしき）といい、詳しくは➡**3.7節**で解説します。漸化式の考え方は、動的計画法という有名なアルゴリズムと深く関連します。

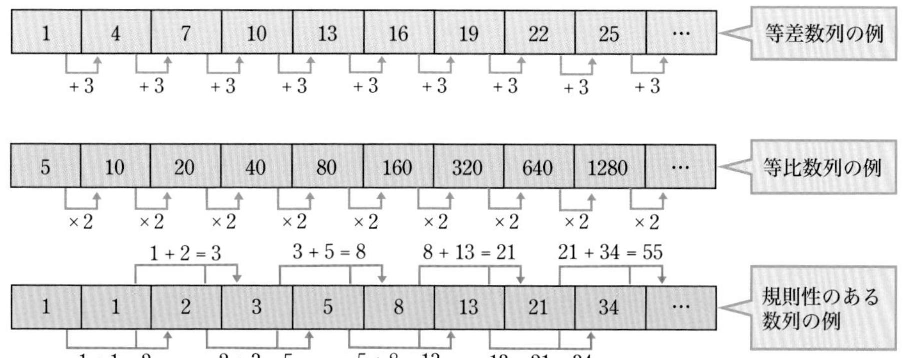

有限数列と無限数列

数列に対して「規則性があり無限に続くものである」というイメージを持つ人もいますが、$A = (9, 9, 8, 2, 4, 4, 3, 5, 3)$のように、規則性のない有限な数の並びも数列の1つであることに注意してください。特に、最後の項を持つ数列を**有限数列**といい、無限に項が続く**無限数列**と区別されます。また、項の数がNである数列を長さNの数列ということもあります。

有限数列は、プログラミングにおける「配列」と似たようなイメージであり、単に数がN個並んでいる列だと思っておくと良いでしょう。なお、本書を含む多くのプログラミング問題では、有限数列の項の形を使って問題文が書かれることがあります（➡**2.1.4項**）。

2.5.5 集合の基本

集合とは、いくつかのモノの集まりのことです。たとえば下図の野球部のメンバーのような、1つのグループのことを高校数学では集合といいます。また、集合に属する1つ1つのモノのことを**要素**といい、たとえば「野球部のメンバー」という集合の要素はA君・B君・C君の3人です。

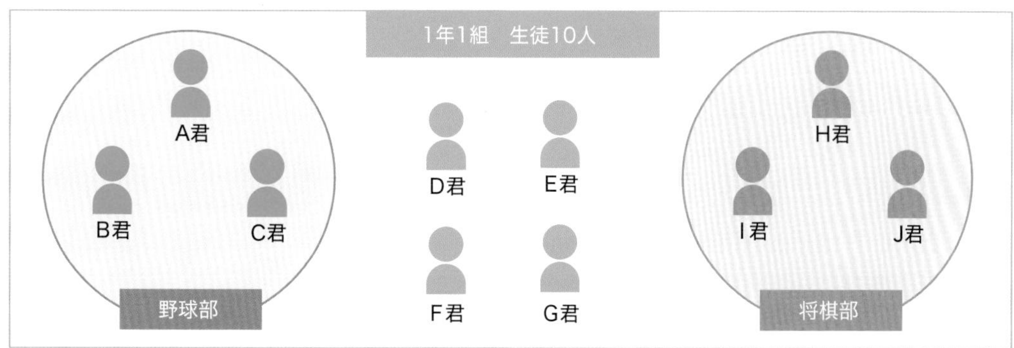

基本的に、集合は次ページの例のように要素を列挙する形で表記します。ここで、集合に順序は関係ないことに注意してください[注2.5.1]。

注2.5.1　このような集合の書き方を**外延的記法**といいます。他にも$A = \{x \mid 条件T\}$という書き方をする**内包的記法**があります。これは、全体集合Uの中で条件Tを満たすものが集合Aに含まれることを意味します。たとえば$U = \{1, 2, 3, 4, 5, 6, 7\}$で$A = \{x \mid x は奇数\}$のとき、$A = \{1, 3, 5, 7\}$です。

- 野球部の集合をAとするとき、A = {A君, B君, C君}
- 将棋部の集合をBとするとき、B = {H君, I君, J君}

なお、扱う問題で考えているすべての要素を**全体集合**といい、Uと表記されることが多いです。たとえば前ページの図の場合、1年1組の生徒10人が全体集合Uとなります。

集合のもう1つの例

もう少し数学的な例を挙げましょう。たとえば20以下の素数の集合をCとするとき、Cの要素は$2, 3, 5, 7, 11, 13, 17, 19$であるため、$C = \{2, 3, 5, 7, 11, 13, 17, 19\}$と表記します。なお、「すべての整数」や「すべての自然数」など要素数が有限ではない集合（**無限集合**）もありますが、アルゴリズムの文脈では、要素数が有限の集合を扱うことが多いです。

集合に関する用語

次に、集合に関する用語・記号のうち重要なものを以下の表にまとめます。

用語	記号	説明
空集合	{}	何も含まれていない集合
帰属関係	$x \in A$	集合Aに要素xが含まれていること
集合Aの要素数	$\|A\|$	集合Aに属する要素の数
積集合	$A \cap B$	集合A, Bの共通部分（両方に含まれる要素を集めたもの）
和集合	$A \cup B$	集合A, Bのうち少なくとも一方に含まれる部分
AはBの部分集合	$A \subset B$	集合Aの要素がすべて集合Bに含まれていること

たとえば$A = \{1, 2, 3, 4\}, B = \{2, 3, 5, 7, 11\}$の場合、各集合の要素数は$|A| = 4, |B| = 5$です。また、和集合や積集合などについては以下のようになります。

- $4 \in A$（4は集合Aに含まれる）
- $A \cap B = \{2, 3\}$
- $A \cup B = \{1, 2, 3, 4, 5, 7, 11\}$

下図は、積集合・和集合・部分集合のイメージ図を示しています。なお、集合の知識は数学的考察編の「集合を上手く扱うテクニック（➡5.4節）」などで使います。

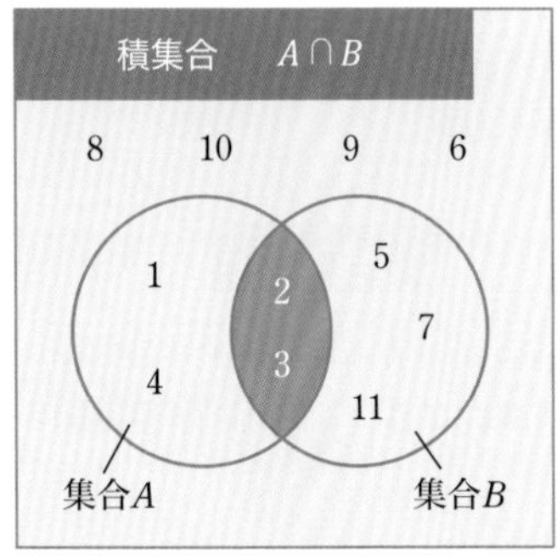

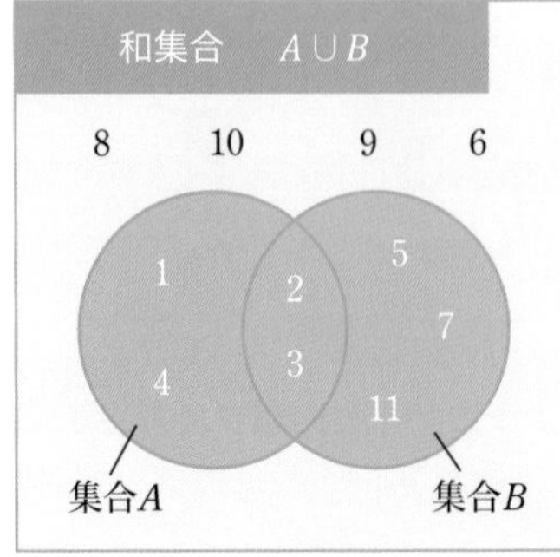

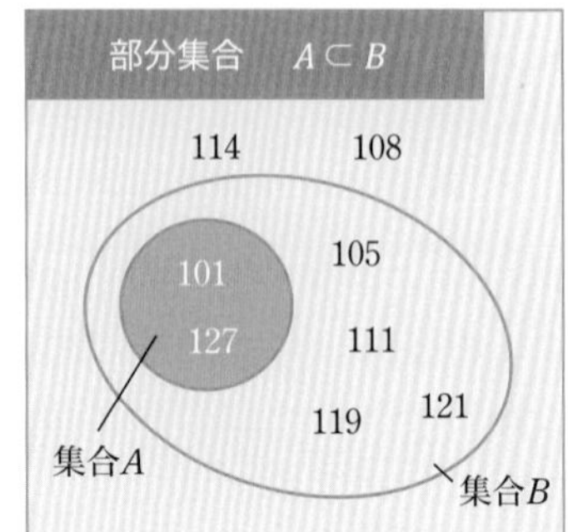

2.5.6 必要条件と十分条件

ある条件Xを満たすためには、絶対に条件Aを満たす必要があるとき、条件Aは条件Xの**必要条件**であるといいます。たとえば「テストの点数が60点以上」は「テストの点数が80点以上」の必要条件です。

一方、条件Aさえ満たせば条件Xを満たすとき、条件Aは条件Xの**十分条件**であるといいます。たとえば「テストの点数が80点以上」は「テストの点数が60点以上」の十分条件です。

もう少し数学的な例を挙げましょう。条件Xを「Nが3以上の素数であること」とするとき、

- 「Nが奇数であること」は条件Xの必要条件
- 「Nが5または11であること」は条件Xの十分条件

です。下図に示すように、範囲の広い方が必要条件です。

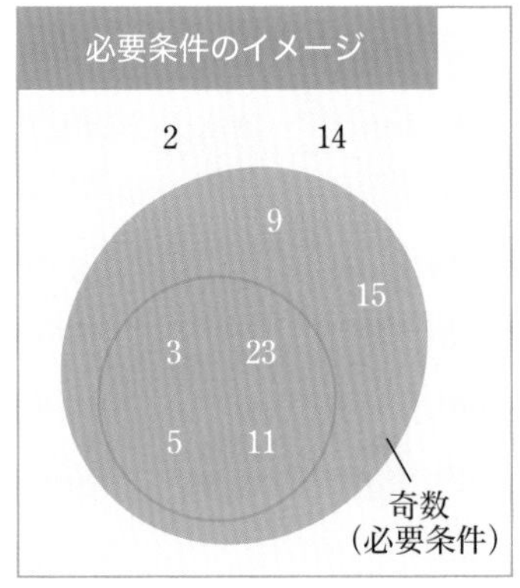

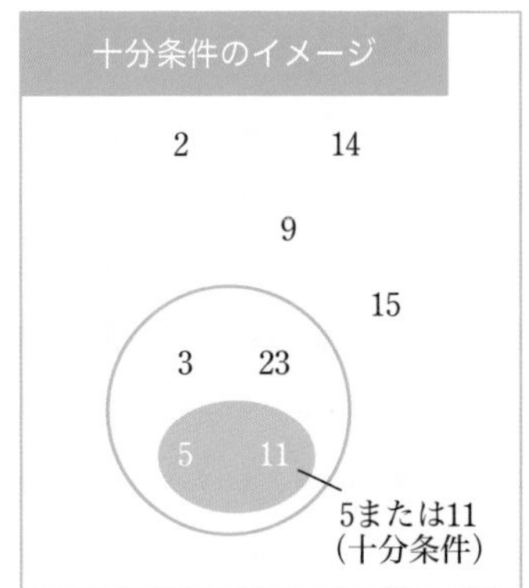

なお、条件Xが条件Yの必要条件でも十分条件でもある場合、「条件Xは条件Yの**必要十分条件**」あるいは「条件Xと条件Yは**同値**」などと言うことがあります。

必要条件と十分条件の考え方は、アルゴリズムの正当性を証明したいとき(➡5.8節)、問題条件の言い換えを行って考察を進めたいとき(➡5.10節)などの場面で使います。

2.5.7 絶対誤差と相対誤差

近似値aと理論値bの誤差を評価する方法として、以下の2つがあります。

用語	意味	計算式
絶対誤差	数値そのものの差	$\lvert a-b\rvert$
相対誤差	誤差の割合	$\frac{\lvert a-b\rvert}{b}$

たとえば近似値が103、理論値が100の場合の絶対誤差は3、相対誤差は0.03です。なお、絶対誤差が同じでも相対誤差が異なる場合があることに注意してください。

アルゴリズム設計において、誤差の考え方は大切です。たとえば、モンテカルロ法(➡3.5節)、浮動小数点数(➡5.10節)などで使います。

2.5.8 閉区間・半開区間・開区間

数学やアルゴリズムの文脈では、以下のような表記を使って区間を表すことがあります。

名前	表記	意味
閉区間	$[l, r]$	l以上r以下の区間
半開区間	$[l, r)$	l以上r未満の区間
(半開区間)	$(l, r]$	lより大きくr以下の区間
開区間	(l, r)	lより大きくr未満の区間

特に、配列のインデックスのように値が整数であることが分かっているとき、たとえば半開区間$[l, r)$はl, $l+1, \ldots, r-1$を含みます。下図は$l=2, r=6$の場合のイメージを示しています。

なお、半開区間などの考え方は、分割統治法・マージソート（➡3.6節）で使います。

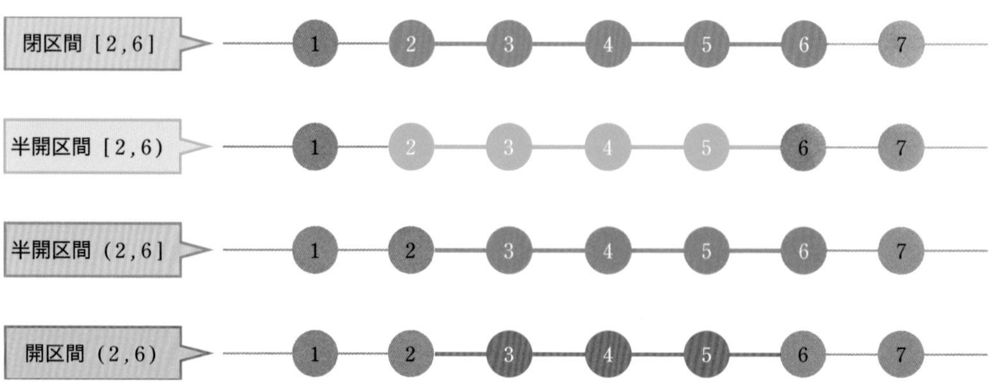

2.5.9 シグマ記号

シグマ記号は総和を表す記号です。数式で書くと以下のようになります。

$$A_L + A_{L+1} + \cdots + A_R = \sum_{i=L}^{R} A_i$$

具体例を挙げましょう。たとえば$1+2+3+4+5=15$、$1^2+2^2+3^2+4^2+5^2=55$であり、これをシグマ記号を用いて表すと以下のようになります。右側の式はやや複雑ですが、for文で$i=1, 2, 3, 4, 5$に対してi^2の値を計算して、この合計を求めると考えることも可能です。

$$\sum_{i=1}^{5} i = 15 \qquad \sum_{i=1}^{5} i^2 = 55$$

また、**二重シグマ**を使って書くこともあります。たとえば以下の式は、$2 \leqq i \leqq 3$、$4 \leqq j \leqq 5$を満たすすべての整数の組(i, j)について$i+j$の値を計算したときの和を示しています（$2+4=6$、$2+5=7$、$3+4=7$、$3+5=8$であり、これらをすべて足すと$6+7+7+8=28$となります）。

$$\sum_{i=2}^{3} \sum_{j=4}^{5} (i+j) = 28$$

二重シグマの概念は難しいですが、次ページの図のように長方形領域の総和を求めるイメージを持つと分かりやすいでしょう。なお、シグマ記号は三重以上になることもあります（➡**節末問題2.5.5**）。シグマ記号は、数学的考察編の「足された回数を考えるテクニック（➡**5.7節**）」、「対称性に着目するテクニック（➡**5.10節**）」などで使います。

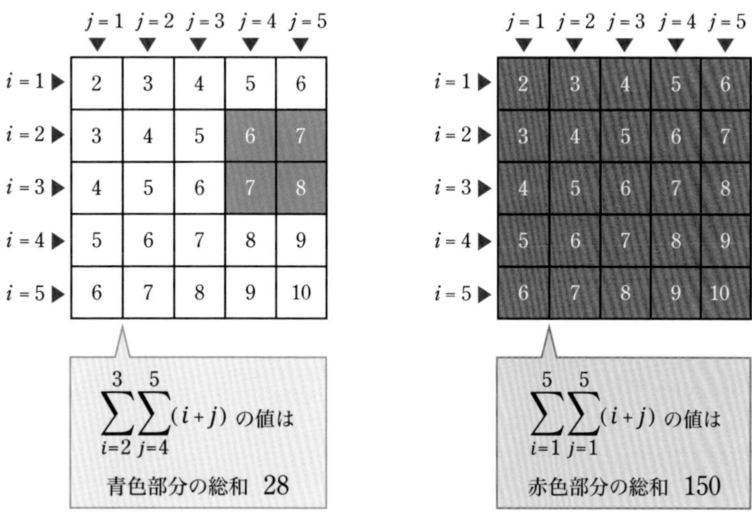

2.5.10 和の公式

一部のシグマの計算は、以下に示すように簡単に求めることができます。たとえば1.1節で紹介した「1から100までの整数をすべて足す問題」は、公式に当てはめれば $100 \times 101 \div 2 = 5050$ と計算されます。特に2つ目の式を自力で導出するのは難しいので、ここでは覚えてしまいましょう。

$$\sum_{i=1}^{N} i = 1 + 2 + \cdots + N = \frac{N \times (N+1)}{2}$$

$$\sum_{i=1}^{N} i^2 = 1^2 + 2^2 + \cdots + N^2 = \frac{N \times (N+1) \times (2N+1)}{6}$$

また、cが1未満の正の数のとき、$1 + c + c^2 + c^3 + \cdots$の値は $\frac{1}{1-c}$ となります。特に$c = \frac{1}{2}$のとき、$1 + \frac{1}{2} + \frac{1}{4} + \frac{1}{8} + \cdots = 2$です。このようになる理由は、長さ2センチの紙を半分ずつに切っていくとき、n回目に切られた部分が$(\frac{1}{2})^{n-1}$センチになることを考えると理解しやすいです。

ここで紹介した和の公式は、期待値を利用したアルゴリズム（➡**3.4節**）、計算回数の見積もりなどの場面で使います。

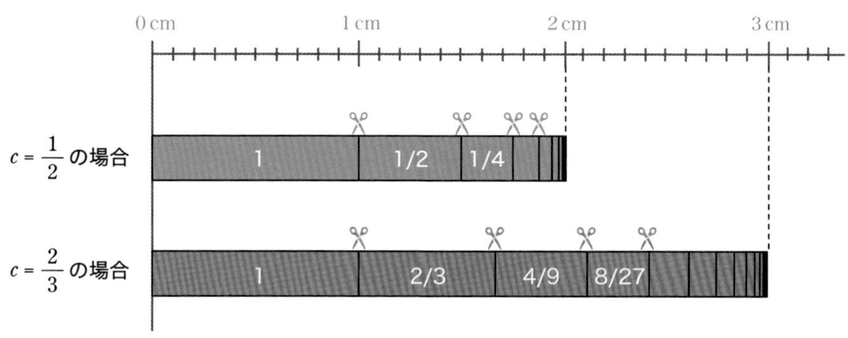

2.5.11 3章以降で学ぶ新たな数学の知識

2章の最後に、3章・4章で新たに学ぶ数学的知識をリストアップします。3章・4章はアルゴリズムがメインですが、関連する数学の知識も並行して理解できる構成になっています。

- 背理法（➡3.1節）
- 積の法則、${}_nP_r$、${}_nC_r$（➡3.3節）
- 確率・期待値（➡3.4節）
- 平均・標準偏差（➡3.5節）
- 数列の漸化式（➡3.7節）
- 微分法・積分法（➡4.3節／➡4.4節）
- ベクトル・行列（➡4.1節／➡4.7節）
- グラフ理論（➡4.5節）
- モジュラ逆数（➡4.6節）

ひとまず、ここまでお疲れ様でした。いよいよ3章からは本格的なアルゴリズムを学びます！

節末問題

問題2.5.1 ★

次の2つの値をそれぞれ計算してください。

$$\sum_{i=1}^{100} i \qquad \sum_{i=1}^{3}\sum_{j=1}^{3} ij$$

問題2.5.2 ★

集合$S=\{2,4,7\}$, $T=\{2,3,8,9\}$とします。それについて、以下の問いに答えてください。

1. $|S|$, $|T|$の値はいくつですか。
2. $S \cup T$を求めてください。
3. $S \cap T$を求めてください。
4. Sの空でない部分集合をすべて列挙してください。

問題2.5.3 問題ID：010 ★★

1以上20以下の整数Nが与えられます。$N!$を出力するプログラムを作成してください。

問題2.5.4 問題ID：011 ★★★

正の整数Nが与えられます。N以下の素数を小さい順に出力するプログラムを作成してください。この問題はエラトステネスの篩（➡4.4節）を利用すると計算量$O(N \log N)$で解けますが、ここでは$O(N^2)$まで許容できるものとします。

問題2.5.5 ★★★

プログラムを書かずに、以下の値を計算してください。(➡5.10節)

$$\sum_{a=1}^{4}\sum_{b=1}^{4}\sum_{c=1}^{4} abc$$

問題2.5.6 ★★

半開区間 $[a, b)$ と半開区間 $[c, d)$ が共通部分を持つ条件を式で表してください。

問題2.5.7 ★★★

以下のプログラムの実行が終了したとき、cntの値はどうなっていますか。また、このプログラムの計算量を O 記法で表してください。

```
int cnt = 0;
for (int i = 1; i <= N; i++) {
    for (int j = i+1; j <= N; j++) {
        cnt++;
    }
}
```

コラム 1

競技プログラミングについて

競技プログラミングは、問題を解くことでプログラミング能力・効率的なアルゴリズムを思いつく能力を競う大会です。競技はおおむね以下のような形式で行われます。

- 競技開始と同時に、参加者に複数の問題が与えられる
- 制限時間内（例：2時間）に、与えられた問題を解くプログラムを作成する
- 正しく動作するプログラムを提出すると点数が得られる
- 下図のように、点数の高い方が上位となる。同点の場合、かかった時間などで順位が決まる。

競技では簡単な問題から超難問まで出題されるため、初めてプログラミングを触るような人から熟練者まで楽しむことができます。また、大学で学ぶような基本的なアルゴリズムを組み合わせて使うことで解ける問題が多いため、プログラミングやアルゴリズムの学習を行う手段の1つでもあります。

カスタマイズ

順位	ユーザ	得点	A	B	C	D	E	F
1	semiexp	6800 (1) 233:00	500 6:17	800 23:15	1300 62:23	1800 106:55	-	2400 (1) 228:00
2	yutaka1999	6800 (1) 254:41	500 6:29	800 141:02	1300 (1) 86:22	1800 124:11	-	2400 249:41
3	Petr	6400 (6) 296:43	500 6:34	800 13:59	1300 (2) 90:00	1800 46:50	2000 (4) 266:43	-
4	Benq	5100 (3) 252:29	500 4:38	800 34:27	(4)	1800 121:17	2000 (3) 237:29	-
5	Um_nik	5100 (3) 262:05	500 7:03	800 18:08	-	1800 133:49	2000 (3) 247:05	-
6	yokozuna57	5000 (3) 278:32	500 13:23	800 28:52	1300 (2) 71:57	-	-	2400 (1) 263:32
7	ecnerwala	4400 111:35	500 15:41	800 9:07	1300 70:30	1800 111:35	(4)	-
8	Stonefeang	4400 (1) 138:31	500 (1) 28:37	800 8:16	1300 94:51	1800 133:31	-	-

出題される問題の例

次に、競技プログラミングで出題される問題の例を1つ紹介します。

> 整数NとKが与えられます。1からNまでの数の中から、重複無しで3つの数を選びそれらの合計がKとなる組み合わせの数を求めるプログラムを作成してください。
> たとえば$N=5, K=9$の場合、$2+3+4=9$、$1+3+5=9$の2通りの選び方があるため、2と出力すれば正解となります。
>
> **制約**：$3 \leqq N \leqq 5000, 0 \leqq K \leqq 15000$
>
> **実行時間制限**：4秒
>
> **出典**：AOJ ITP1_7_B – How many ways?　改題

最初に思いつく方法として、3つの整数の選び方を全探索することが考えられます。しかし制約の上限（$N = 5000$）のケースでは、全部で10^{10}通り以上の選び方があるため、残念ながらプログラムの実行が4秒

以内に終了せず、不正解となってしまいます。そこで次の性質を使いましょう。

- 2つの整数が決まれば、残りの1つの整数も決まる。
- たとえば$N=5, K=9$のケースで2つの整数が1と3の場合、残りの1つは$9-1-3=5$である。

この性質を使うと、2つの整数の選び方しか全探索する必要がなくなります。計算量は$O(N^2)$となり、2.4.10項の表より$N=5000$のケースでも4秒以内に実行が終わります。

競技プログラミングでは、このようにアルゴリズムを改善してようやく解ける問題が多く出題されます。したがって、勝つためにはコーディングの速さ・正確性だけでなく、効率的なアルゴリズムを思いつく能力も大切です。

コンテストの種類

プログラミングコンテストにはさまざまなものがありますが、本書では代表的なものをいくつか紹介します。AtCoder・JOI・ICPCは無料で参加することができます。多くのコンテストは個人戦ですが、ICPCなどチーム戦のものもあります。

名称	対象	備考
AtCoder	全年齢	コンテストが毎週行われます
日本情報オリンピック(JOI)	高校生以下	勝ち抜くと世界大会に行けます
国際大学対抗プログラミングコンテスト(ICPC)	大学生	チーム戦です
アルゴリズム実技検定(PAST)	全年齢	AtCoder主催の検定試験です

AtCoderの紹介

最後に、日本最大手のプログラミングコンテストサイト「AtCoder」について紹介します。AtCoderでは毎週土曜か日曜の21時からコンテストが開催され、全世界から5000人以上が同時に参加します。コンテスト頻度が高いため、自分の実力の変化を定期的に確認することができます。

AtCoder最大の特徴として、コンテスト成績に応じてレーティングが付与される点が挙げられます。レーティングはその人の強さの証明となるため、高いレーティングを持つと就職活動などに有利になる場合があります。2800以上のレーティングを持つ、上位約0.2%の熟練参加者はレッドコーダーと呼ばれ、多くの参加者の目標となっています。

また、AtCoderには4000問以上の過去問が収録されており、コンテスト期間中・期間外に関わらずいつでも挑戦することができます。プログラムを提出すると自動で正解か不正解かが返ってくる自動採点システムが導入されているため、とても便利です。なお、本書で扱っている練習問題の中にも、AtCoderの過去問が一部含まれています。

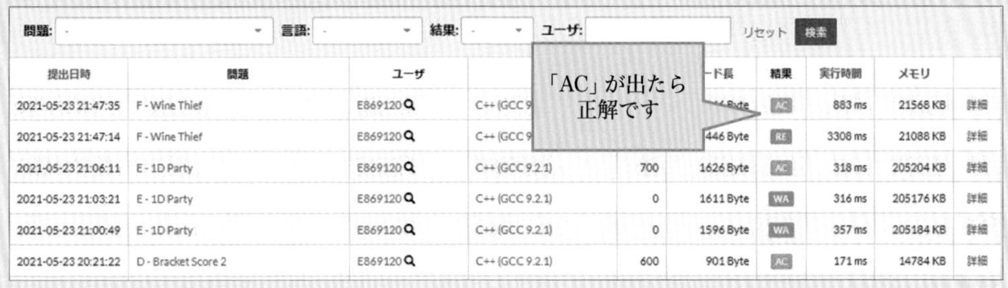

提出日時	問題	ユーザ			ード長	結果	実行時間	メモリ	
2021-05-23 21:47:35	F - Wine Thief	E869120	C++ (GCC 9			AC	883 ms	21568 KB	詳細
2021-05-23 21:47:14	F - Wine Thief	E869120	C++ (GCC 9		446 Byte	RE	3308 ms	21088 KB	詳細
2021-05-23 21:06:11	E - 1D Party	E869120	C++ (GCC 9.2.1)	700	1626 Byte	AC	318 ms	205204 KB	詳細
2021-05-23 21:03:21	E - 1D Party	E869120	C++ (GCC 9.2.1)	0	1611 Byte	WA	316 ms	205176 KB	詳細
2021-05-23 21:00:49	E - 1D Party	E869120	C++ (GCC 9.2.1)	0	1596 Byte	WA	357 ms	205184 KB	詳細
2021-05-23 20:21:22	D - Bracket Score 2	E869120	C++ (GCC 9.2.1)	600	901 Byte	AC	171 ms	14784 KB	詳細

コラム 2

組合せの全探索

2.4.6項では、「N枚のカードがあり、それぞれ整数$A_1, A_2, \ldots, A_N$が書かれているので、選んだカードに書かれている整数の総和をSにするような選び方が存在するか判定せよ」という問題を紹介しました。

しかし具体的にどうやって実装すれば良いのでしょうか。2.4.5項のように多重ループを用いて実装すると、N重のfor文ループを書く必要があり大変です。そこで、以下のステップを用いて楽に実装することができます。

ステップ1：2進法を利用して選び方に番号を振る

まず、以下のような方法で、カードの選び方に0以上2^N-1以下の番号を振ります。

- i個目$(1 \leqq i \leqq N)$のカードを選ぶとき$P_i = 1$、そうでないとき$P_i = 0$とする
- 選び方に対して、2進整数$P_N \cdots P_4 P_3 P_2 P_1$を10進法に変換した値を番号とする
- すなわち、番号は$2^{N-1}P_N + \cdots + 8P_4 + 4P_3 + 2P_2 + P_1$となる（➡2.1.7項）

たとえば$N=3$で1, 3番目のカードを選ぶときの番号は、$P_3P_2P_1 = 101$を10進法に直した値「5」となります。また、$N=3$の場合の選び方と番号の対応関係は下図の通りであり、どの選び方も異なる番号が振られています。

ステップ2：選び方の番号を全探索

次に、選び方の番号i $(0 \leqq i \leqq 2^N-1)$をfor文などのループを用いて全部調べると、楽に実装できます。具体的な実装方針は以下のようになります。

1. $i = 0, 1, 2, \ldots, 2^N-1$の順に、次のことを行う
   - 番号iの選び方をしたときに、カードに書かれている整数の総和がSとなるか確認する
   - すなわち、整数iの2進法表現の下からj桁目が1のときに限り、カードjを選ぶ。その後、選んだカードに書かれている数の総和を計算し、これがSであればYesと出力する
2. 総和がSとなるような選び方が存在しなければNoと出力する

たとえば$N=3, S=16, (A_1, A_2, A_3)=(2, 5, 9)$の場合のプログラムの挙動は次ページの図のようにな

ります。$i = 0, 1, 2, 3, 4, 5, 6$では総和が16にならず、答えが確定しない状況が続くものの、最後$i = 7$になってようやく総和が16となる選び方が見つかり、Yesと出力します。

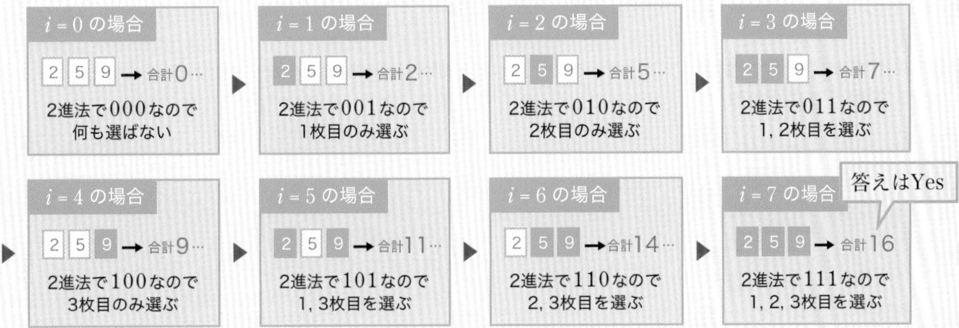

具体的な実装例

実装の例としてコード2.6.1が考えられます。なお、2進法表現における下からj桁目の値は2.1節に記した方法でも実装できますが、ビット演算（➡2.2節）を用いた以下の判定法を使うと簡単です。

- i AND $2^{j-1} = 0$であれば、下からj桁目の値は「0」
- i AND $2^{j-1} \neq 0$であれば、下からj桁目の値は「1」

コード2.6.1　ビット全探索の例

```
#include <iostream>
using namespace std;

long long N, S, A[61];

int main() {
    cin >> N >> S;
    for (int i = 1; i <= N; i++) cin >> A[i];

    // 全パターンを探索:(1LL << N) は 2 の N 乗
    for (long long i = 0; i < (1LL << N); i++) {
        long long sum = 0;
        for (int j = 1; j <= N; j++) {
            // (i & (1LL << (j-1))) != 0LL の場合、i の 2 進法表記の下から j 桁目が 1
            // (1LL << (j-1)) は C++ では「2 の j-1 乗」を意味します
            if ((i & (1LL << (j-1))) != 0LL) sum += A[j];
        }
        if (sum == S) { cout << "Yes" << endl; return 0; }
    }
    cout << "No" << endl;
    return 0;
}
```

このような実装方法を、競技プログラミングでは**ビット全探索**といいます。なお、このプログラムの計算量は$O(N2^N)$であり、Nが増加するにつれて答えを求めるのにかかる時間が急増します。たとえば$N = 35, S = 10000, A_i = i\ (1 \leqq i \leqq N)$の場合、著者環境では約50分かかりました。

2章のまとめ

2.1 数の分類・文字式・2進法

数の分類

整数：小数点が付かない数
実数：数直線上で表せる数

文字式

x, yなどの文字を使って表される式
$a_1, a_2, \ldots, a_n$ などの形も利用される

2進法

0と1だけで数を表現する方法
0→1→10→11→100→ … と続く

2.2 いろいろな演算

基本的な演算

剰余：aをbで割った余り
累乗：aをb回掛けた数
ルート：2乗してaになる値

ビット演算

2進法にしたときの桁ごとに以下の論理演算を行う
AND：両方1であるとき1
OR：片方でも1であるとき1
XOR：片方だけ1であるとき1

2.3 いろいろな関数

関数とは

入力の値が決まると出力の値が1つに決まる関係
たとえば入力の2乗を返す関数の場合、
$y = x^2$ あるいは$f(x) = x^2$ のように表記する

有名な関数の例

一次関数：$y = ax + b$
二次関数：$y = ax^2 + bx + c$
多項式関数：$y = a_n x^n + \cdots + a_2 x^2 + a_1 x + a_0$
指数関数：$y = a^x$
対数関数：$y = \log_a x$

2.4 計算回数の見積もり

計算回数の表し方

大まかな計算回数を、ランダウのO記法を用いて表す
例：$O(N^2)$, $O(2^N)$, $O(1)$ など

計算回数の目安

1秒間に10^9回計算できるとすると
$O(N^2)$の場合$N \leqq 10000$であれば一瞬
$O(2^N)$の場合$N \leqq 25$であれば一瞬
$O(\log N)$は十分速い

2.5 その他の基本的な数学の知識

数列の基本

数の並び（第i項はA_iと書く）
等差数列は隣接する項の差が一定
等比数列は隣接する項の比が一定

集合の基本

いくつかのモノの集まり
$A = \{2, 3, 5, 7, 11\}$のように表記する

和の公式

$1 + 2 + \cdots + N = N(N+1) / 2$
$1^2 + 2^2 + \cdots + N^2 = N(N+1)(2N+1) / 6$
$1 + c + c^2 + c^3 + \cdots = 1 / (1 - c)$

誤差について

絶対誤差：数値そのものの差$|a - b|$
相対誤差：誤差の割合$|a - b| / b$

その他の基本的知識

素数：1と自分自身以外で割り切れない数
階乗：$N! = 1 \times 2 \times 3 \times \cdots \times N$
必要条件：絶対に満たす必要がある条件
十分条件：それさえ満たせばOK
閉区間$[l, r]$：l以上r以下
半開区間$[l, r)$：l以上r未満
Σ記号：いくつかの値の総和

第3章

基本的なアルゴリズム

3.1 素数判定法

本節では、自然数Nが素数（➡**2.5.1項**）であるかどうかを判定する問題を扱います。また、「背理法」という典型的な証明技法を紹介し、アルゴリズムの正当性を示す方法の1つを学びます。なお、本書の自動採点システムでは、Nが素数かどうか判定する問題（3.1.2項／問題ID：012）、Nの約数を列挙する問題（3.1.5項／問題ID：013）も登録されています。

3.1.1 単純な素数判定法

まず、53が素数であるかを判定してみましょう。下図のように2から52まで割り切れるかどうかを調べる方法が考えられますが、計算に時間がかかってしまいます。

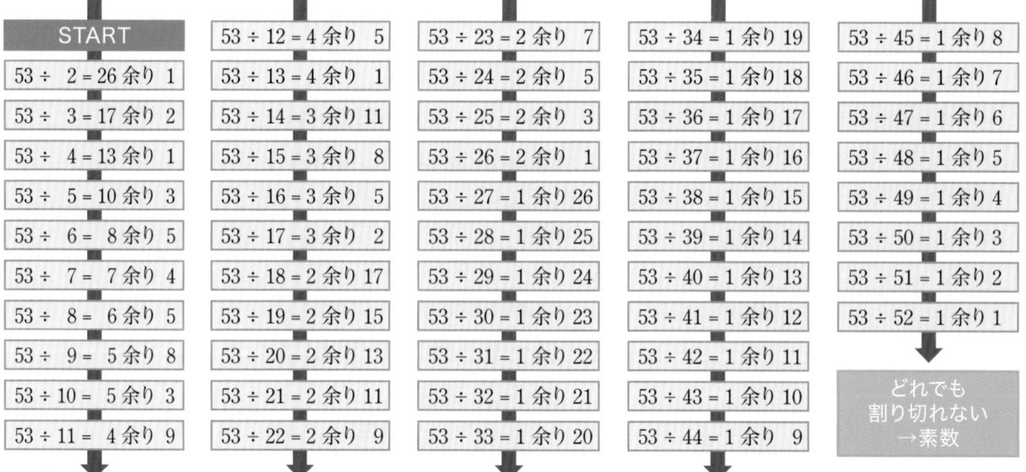

START
53 ÷ 2 = 26 余り 1
53 ÷ 3 = 17 余り 2
53 ÷ 4 = 13 余り 1
53 ÷ 5 = 10 余り 3
53 ÷ 6 = 8 余り 5
53 ÷ 7 = 7 余り 4
53 ÷ 8 = 6 余り 5
53 ÷ 9 = 5 余り 8
53 ÷ 10 = 5 余り 3
53 ÷ 11 = 4 余り 9
53 ÷ 12 = 4 余り 5
53 ÷ 13 = 4 余り 1
53 ÷ 14 = 3 余り 11
53 ÷ 15 = 3 余り 8
53 ÷ 16 = 3 余り 5
53 ÷ 17 = 3 余り 2
53 ÷ 18 = 2 余り 17
53 ÷ 19 = 2 余り 15
53 ÷ 20 = 2 余り 13
53 ÷ 21 = 2 余り 11
53 ÷ 22 = 2 余り 9
53 ÷ 23 = 2 余り 7
53 ÷ 24 = 2 余り 5
53 ÷ 25 = 2 余り 3
53 ÷ 26 = 2 余り 1
53 ÷ 27 = 1 余り 26
53 ÷ 28 = 1 余り 25
53 ÷ 29 = 1 余り 24
53 ÷ 30 = 1 余り 23
53 ÷ 31 = 1 余り 22
53 ÷ 32 = 1 余り 21
53 ÷ 33 = 1 余り 20
53 ÷ 34 = 1 余り 19
53 ÷ 35 = 1 余り 18
53 ÷ 36 = 1 余り 17
53 ÷ 37 = 1 余り 16
53 ÷ 38 = 1 余り 15
53 ÷ 39 = 1 余り 14
53 ÷ 40 = 1 余り 13
53 ÷ 41 = 1 余り 12
53 ÷ 42 = 1 余り 11
53 ÷ 43 = 1 余り 10
53 ÷ 44 = 1 余り 9
53 ÷ 45 = 1 余り 8
53 ÷ 46 = 1 余り 7
53 ÷ 47 = 1 余り 6
53 ÷ 48 = 1 余り 5
53 ÷ 49 = 1 余り 4
53 ÷ 50 = 1 余り 3
53 ÷ 51 = 1 余り 2
53 ÷ 52 = 1 余り 1
どれでも
割り切れない
→素数

一般の整数Nについても、同じように2から$N-1$まで割り切れるかどうかを調べることで、素数判定を行うことが可能です。たとえば**コード3.1.1**のような実装が考えられます。しかし計算量は$O(N)$と遅く、たとえばこの方法で$10^{12}+39$が素数かどうかを調べると、家庭用コンピュータでも計算に10分以上を要します[注3.1.1]。

コード3.1.1　素数判定を行うプログラム

```
bool isprime(long long N) {
    // N を 2 以上の整数とし、N が素数であれば true、素数でなければ false を返す
    for (long long i = 2; i <= N - 1; i++) {
        // N が i で割り切れた場合、この時点で素数ではないと分かる
        if (N % i == 0) return false;
    }
    return true;
}
```

注3.1.1　1秒当たり10億回として計算した場合の値ですが、余りの計算は足し算・引き算に比べ時間がかかるため、実際の計算時間はさらに長いです。

3.1.2 高速な素数判定法

実は2から$N-1$まで全部を調べる必要はなく、**「$\sqrt{N}$」まで調べて割り切れなければ素数だと言い切って良いです。** 逆に、すべての合成数は2以上$\sqrt{N}$以下のいずれかの整数で割り切れます。

たとえば$\sqrt{53}=7.28\cdots$なので$2, 3, 4, 5, 6, 7$までで割り切れなければ「53は素数」と言って良いです。一方、77の場合は$\sqrt{77}=8.77\cdots$なので2から8までを調べますが、7で割り切れており、きちんと合成数と判定されています。

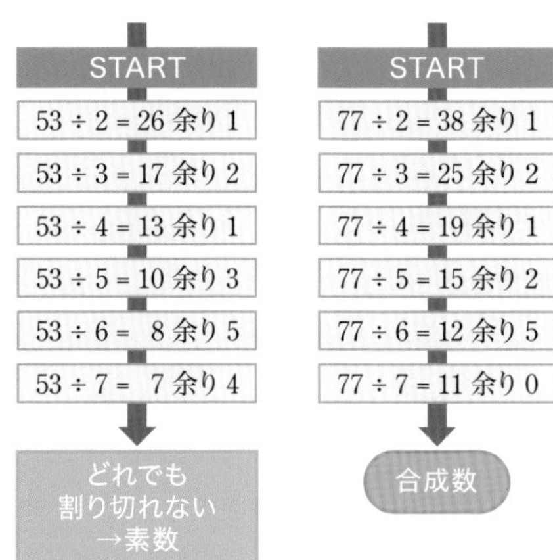

このアルゴリズムの計算量は$O(\sqrt{N})$であり、**コード3.1.2**のような実装が考えられます。これは前項の方法と比べて格段に速く、たとえば$10^{12}+39$が素数かどうかを調べるために必要な計算時間はわずか0.01秒ほどです。

しかし、このアルゴリズムはなぜすべてのケースで正しく動作するのでしょうか。この理由を説明するための「証明技法」として、次項では背理法を解説します。

コード3.1.2　高速な素数判定を行うプログラム

```
bool isprime(long long N) {
    // N を 2 以上の整数とし、N が素数であれば true、素数でなければ false を返す
    for (long long i = 2; i * i <= N; i++) {
        if (N % i == 0) return false;
    }
    return true;
}
```

3.1.3 背理法とは

以下のような流れで「事実Fが正しいこと」を証明する技法を**背理法**といいます。

- 事実Fが間違っていると仮定すると、矛盾が起こることを導く

たとえば「三角形の内角のうち少なくとも1つは60°以上である」という事実は、以下の手順により証明することができます。

- 事実が正しくない、すなわちすべての内角が60°未満であると仮定する
- この場合、三角形の内角の和は(60°未満) + (60°未満) + (60°未満) = (180° 未満)

- しかし、三角形の内角の和は必ず180°であるはずだ
- したがって「事実が正しくない」という仮定は矛盾を生じる。おかしい

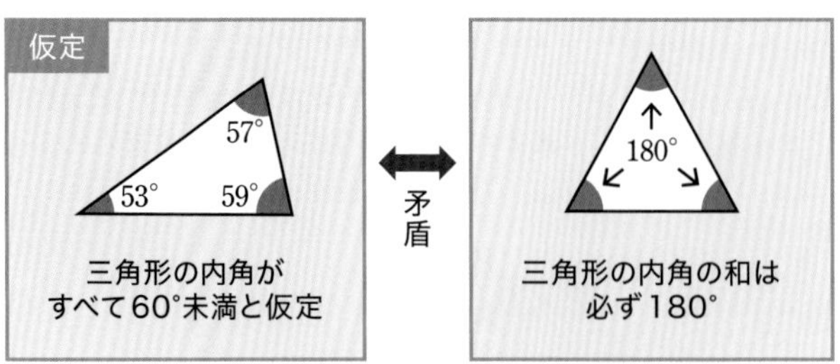

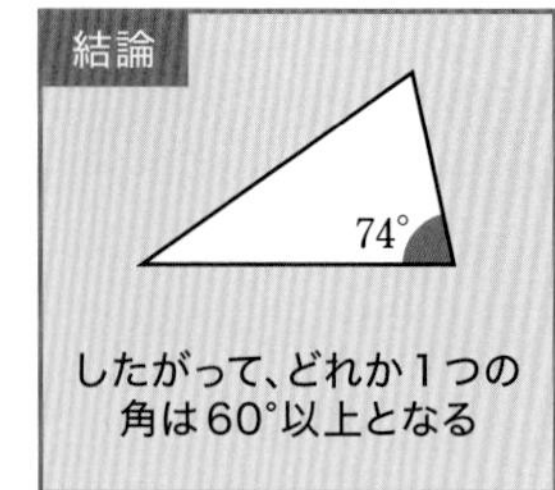

結論
74°
したがって、どれか1つの
角は60°以上となる

3.1.4 アルゴリズムの正当性の証明

次に、3.1.2項で述べた素数判定アルゴリズムが正しいこと、つまりNが合成数であれば2以上$\sqrt{N}$以下の約数が存在すること（事実Fとする）は、背理法を用いて以下のように証明できます。

- 事実Fが成り立たないと仮定する。すなわち、Nが合成数であり、1以外で最小のNの約数Aが$\sqrt{N}$を超えていると仮定する
- 約数の性質より、$A \times B = N$となる正の整数Bが存在する。このときBはNの約数である
- しかし、$B = N/A < \sqrt{N}$である。これは2以上の最小の約数がAであることに矛盾する
- よって、仮定は成り立たず、事実Fが正しい

具体例として、「1以外で最小の77の約数」が11であり、事実Fが成り立たないと仮定しましょう。ところが$11 \times 7 = 77$となるため、77の約数に7が含まれ、11が最小の約数であることに矛盾してしまうのです。最小の約数が$\sqrt{N}$を超える場合、このようなことが必ず起こってしまいます。

なお、25、49、121のような「素数の2乗で表される数」は、2以上で最小の約数がちょうど$\sqrt{N}$となることに注意してください。

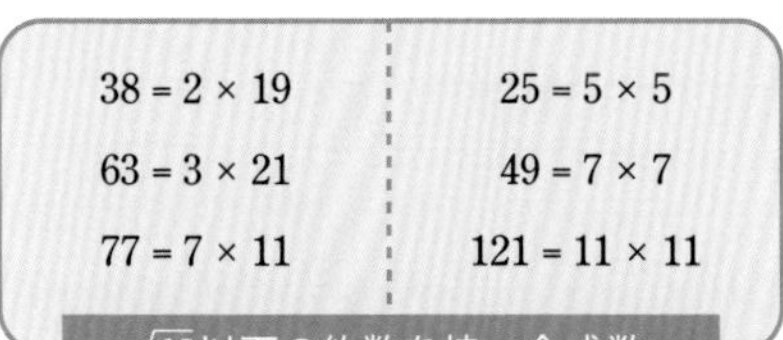

38 = 2 × 19
63 = 3 × 21
77 = 7 × 11
25 = 5 × 5
49 = 7 × 7
121 = 11 × 11
√N 以下の約数を持つ合成数

$\sqrt{N}$以下の約数を持たない合成数

ここに入るものがあれば矛盾を起こす

3.1.5 応用例：約数列挙

最後に、素数判定法と似たような次の手順でNの約数を列挙することができます。

1. $i = 1, 2, 3, \ldots, \lfloor\sqrt{N}\rfloor$について、$N$が$i$で割り切れるかどうかを調べる
2. 割り切れる場合、iとN/iを約数に追加する

たとえば$N = 100$の場合、1から10まで試しに割ってみて、割り切れたものについてはその数と“100 ÷ その数”を追加することで、100の約数がすべて列挙されます。

これで上手くいく理由は、100を「11以上の100の約数」で割ると「10以下の100の約数」になるからです。

たとえば100を25で割ると4になりますが、25という約数は4で割ったときに既に見つかっています。

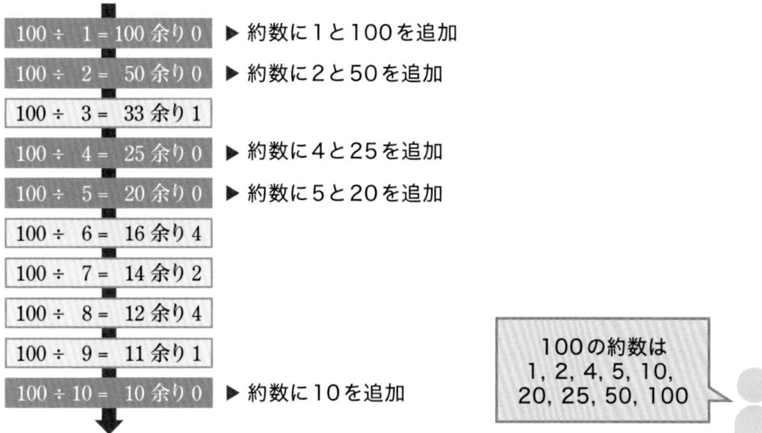

このアルゴリズムの計算量は$O(\sqrt{N})$です。**コード3.1.3**は、Nの約数をすべて出力するプログラムになっています（小さい順に出力するとは限りません）。

コード3.1.3　約数をすべて出力するプログラム

```
#include <iostream>
using namespace std;

int main() {
    long long N;
    cin >> N;

    for (long long i = 1; i * i <= N; i++) {
        if (N % i != 0) continue;
        cout << i << endl;  // i を約数に追加
        if (i != N / i) {
            cout << N / i << endl;  // i ≠ N/i のとき、N/i も約数に追加
        }
    }
    return 0;
}
```

節末問題

問題3.1.1 ★

3.1.2項で述べた方法を使って、自分の年齢が素数かどうかを判定してください。

問題3.1.2 問題ID：014 ★★

自然数Nを素因数分解するプログラムを作成してください。ただし、素因数分解とは、

$$286 = 2 \times 11 \times 13$$
$$20211225 = 3 \times 5 \times 5 \times 31 \times 8693$$

のように、自然数を素数の掛け算の形で表すことを指します。計算量は$O(\sqrt{N})$であることが望ましいです。

3.2 ユークリッドの互除法

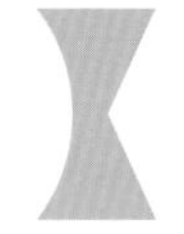

本節では、自然数AとBの最大公約数(➡**2.5.2項**)を求める問題を扱います。3.1節で扱った素数判定法と同様、単純な方法で計算すると時間がかかってしまいます。しかし、ユークリッドの互除法を使うと、計算量$O(\log(A+B))$で答えが求められます。本節ではアルゴリズムの紹介に加え、計算量にlogが出てくる理由を解説します。なお、本書の自動採点システムでは、2つの数の最大公約数を求める問題(3.2.2項/問題ID:015)も登録されています。

3.2.1 単純なアルゴリズム

まず、33と88の最大公約数を計算してみましょう。明らかに答えは33以下です。そこで以下のように「1, 2, ..., 33それぞれについて、33と88両方が割り切れるかどうか」を調べる方法が考えられます。しかし、手計算では答えを求めるのに時間がかかってしまいます。

33 ÷ 1 = 33 余り 0	88 ÷ 1 = 88 余り 0	33 ÷ 13 = 2 余り 7	88 ÷ 13 = 6 余り 10	33 ÷ 25 = 1 余り 8	88 ÷ 25 = 3 余り 13
33 ÷ 2 = 16 余り 1	88 ÷ 2 = 44 余り 0	33 ÷ 14 = 2 余り 5	88 ÷ 14 = 6 余り 4	33 ÷ 26 = 1 余り 7	88 ÷ 26 = 3 余り 10
33 ÷ 3 = 11 余り 0	88 ÷ 3 = 29 余り 1	33 ÷ 15 = 2 余り 3	88 ÷ 15 = 5 余り 13	33 ÷ 27 = 1 余り 6	88 ÷ 27 = 3 余り 7
33 ÷ 4 = 8 余り 1	88 ÷ 4 = 22 余り 0	33 ÷ 16 = 2 余り 1	88 ÷ 16 = 5 余り 8	33 ÷ 28 = 1 余り 5	88 ÷ 28 = 3 余り 4
33 ÷ 5 = 6 余り 3	88 ÷ 5 = 17 余り 3	33 ÷ 17 = 1 余り 16	88 ÷ 17 = 5 余り 3	33 ÷ 29 = 1 余り 4	88 ÷ 29 = 3 余り 1
33 ÷ 6 = 5 余り 3	88 ÷ 6 = 14 余り 4	33 ÷ 18 = 1 余り 15	88 ÷ 18 = 4 余り 16	33 ÷ 30 = 1 余り 3	88 ÷ 30 = 2 余り 28
33 ÷ 7 = 4 余り 5	88 ÷ 7 = 12 余り 4	33 ÷ 19 = 1 余り 14	88 ÷ 19 = 4 余り 12	33 ÷ 31 = 1 余り 2	88 ÷ 31 = 2 余り 26
33 ÷ 8 = 4 余り 1	88 ÷ 8 = 11 余り 0	33 ÷ 20 = 1 余り 13	88 ÷ 20 = 4 余り 8	33 ÷ 32 = 1 余り 1	88 ÷ 32 = 2 余り 24
33 ÷ 9 = 3 余り 6	88 ÷ 9 = 9 余り 7	33 ÷ 21 = 1 余り 12	88 ÷ 21 = 4 余り 4	33 ÷ 33 = 1 余り 0	88 ÷ 33 = 2 余り 22
33 ÷ 10 = 3 余り 3	88 ÷ 10 = 8 余り 8	33 ÷ 22 = 1 余り 11	88 ÷ 22 = 4 余り 0	両方割り切れた最大の数は11 →最大公約数は11	
33 ÷ 11 = 3 余り 0	88 ÷ 11 = 8 余り 0	33 ÷ 23 = 1 余り 10	88 ÷ 23 = 3 余り 19		
33 ÷ 12 = 2 余り 9	88 ÷ 12 = 7 余り 4	33 ÷ 24 = 1 余り 9	88 ÷ 24 = 3 余り 16		

一般の正の整数A, Bの最大公約数についても、同じように1から$\min(A, B)$まで割り切れるかどうかを調べることで求められます。たとえば**コード3.2.1**のような実装が考えられます。しかし余りの計算を$2 \times \min(A, B)$回行う必要があり、あまり効率的ではありません。

コード3.2.1 最大公約数を求めるプログラム

```
// 正の整数 A と B の最大公約数を返す関数
// GCD は Greatest Common Divisor (最大公約数) の略
long long GCD(long long A, long long B) {
    long long Answer = 0;
    for (long long i = 1; i <= min(A, B); i++) {
        if (A % i == 0 && B % i == 0) Answer = i;
    }
    return Answer;
}
```

3.2.2 効率的なアルゴリズム：ユークリッドの互除法

実は、以下の方法を使うと、2つの数の最大公約数を高速に計算することができます。

1. 大きいほうの数を「大きいほうを小さいほうで割った余り」に書き換えるという操作を繰り返す
2. 片方が0になったら操作を終了する。もう片方の数が最大公約数である

たとえばこの方法で33と88の最大公約数、123と777の最大公約数をそれぞれ計算すると、計算過程は以下のようになります。前項で説明した方法に比べ、計算回数が大幅に少ないです。

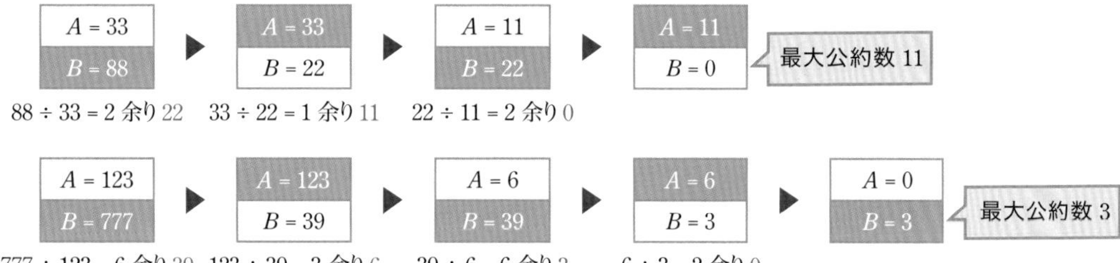

このようなアルゴリズムを**ユークリッドの互除法**といいます。AとBの最大公約数を求めるときの計算量は$O(\log(A+B))$であるため、A, Bが10^{18}程度であっても一瞬で計算できます[注3.2.1]。

実装の一例として**コード3.2.2**が考えられます。AとBの大小関係によって行うべき操作が変わるので、`if`文を用いて場合分けを行っています。なお、再帰関数（➡**3.6節**）を用いた賢い実装方法もあります。

コード3.2.2　ユークリッドの互除法の実装例

```
// GCD は Greatest Common Divisor（最大公約数）の略
long long GCD(long long A, long long B) {
    while (A >= 1 && B >= 1) {
        if (A < B) B = B % A; // A < B の場合、大きい方 B を書き換える
        else A = A % B;  // A >= B の場合、大きい方 A を書き換える
    }
    if (A >= 1) return A;
    return B;
}
```

3.2.3 ユークリッドの互除法が上手くいく理由

※この項はやや難易度が高いため、読み飛ばしても構いません。

ユークリッドの互除法によって正しい最大公約数の値が計算できる理由は、**1回の操作で2つの数の最大公約数が変化しない**ことから説明できます。下図は33と88の最大公約数を求める過程を示していますが、最大公約数は11で変わりません。

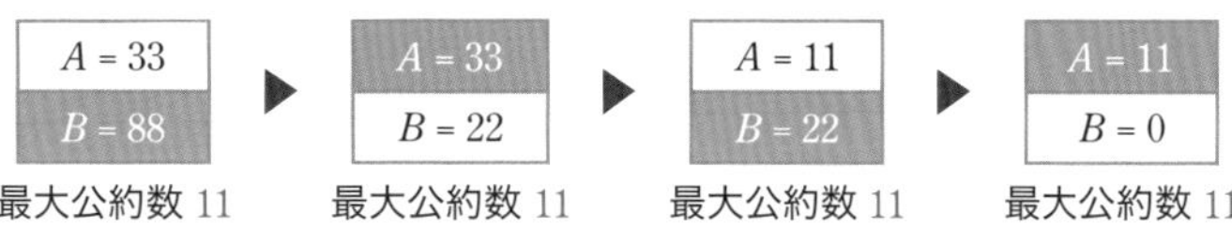

注3.2.1　たとえばAがBの倍数の場合は1回で計算が終わりますが、今回は最悪計算量（➡**2.4.11項**）を考えます。

これは本当に常に成り立つといえるのでしょうか。ここでは長方形を用いて説明します。まず、「縦A×横Bの長方形について、敷き詰められる最大の正方形の大きさが整数A, Bの最大公約数である」という性質が成り立ちます。たとえば33と88の最大公約数は11なので、33 × 88の長方形は11 × 11の正方形24個で敷き詰められます。

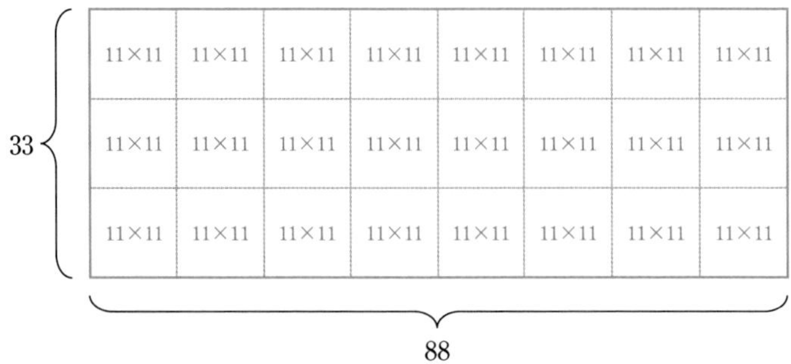

ここで、1回の操作は下図のように、**長方形からいくつかの正方形を取り除く操作**に対応します。たとえば33 × 88の長方形に対して操作を行った場合、88 ÷ 33 = **2** 余り 22であるため、**2**個の33 × 33の正方形を取り除き、33 × 22の長方形が残ります。一方、$(A, B) = (33, 88)$に対して1回の操作を行うと(33, 22)となり、残った長方形の大きさに対応します。

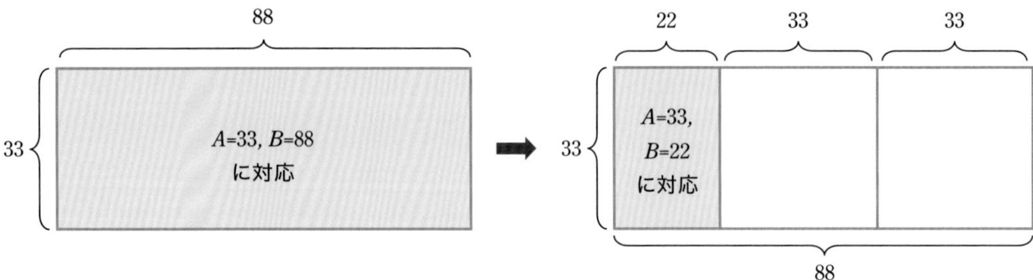

このことを利用して、最大公約数が変化しない理由を示してみましょう。第一に、以下の性質により、**操作後の最大公約数が操作前の最大公約数aの倍数となる**ことが分かります。(☆)

- **取り除いた正方形は、一辺がaの正方形で敷き詰め可能**
- **したがって、操作後の残った長方形も、一辺がaの正方形で敷き詰め可能**

たとえば下図に示すように、取り除いた33 × 33の正方形は11 × 11の正方形で敷き詰めることができます。したがって、33 × 88の長方形だけでなく、残った33 × 22の長方形も11 × 11の正方形で敷き詰め可能であり、33と22の最大公約数が11の倍数であるといえます。

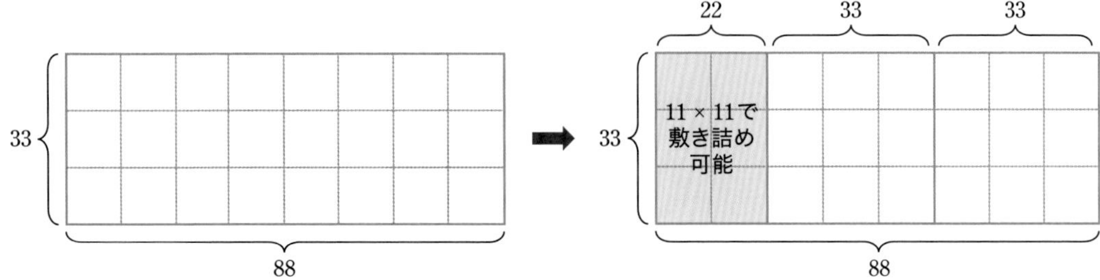

第二に、以下の性質により、**操作前の最大公約数が操作後の最大公約数の倍数**になります。(★)

- 操作後の残った長方形の縦の長さと横の長さの最大公約数をxとする
- このとき、操作前の長方形も、$x \times x$の正方形で敷き詰め可能

たとえば33と22の最大公約数をxと考えて、下図のように取り除いた正方形を追加してみます。すると、33×88の長方形もまた$x \times x$の正方形で敷き詰めることができ、33と88の最大公約数がxの倍数であるといえます。

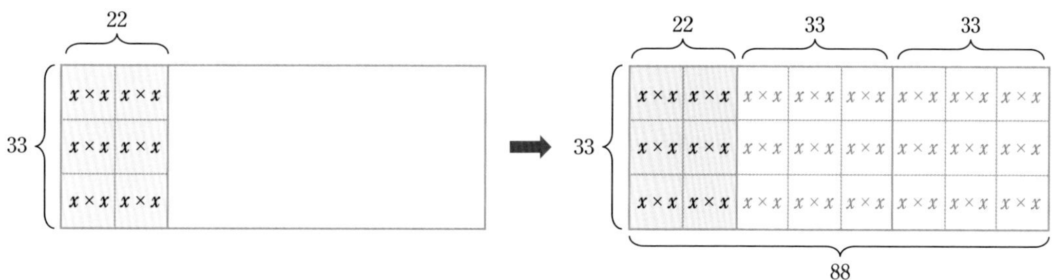

そこで☆と★を両方満たすためには、「操作後の最大公約数」=「操作前の最大公約数」である必要があるため、1回の操作で2つの数の最大公約数は変化しません。したがって、

- 最初の時点でのAとBの最大公約数
- 片方が0になって操作が終わった時点でのAとBの最大公約数

が一致します。後者は明らかに"0でないもう片方の数"なので、AとBの最大公約数は"0でないもう片方の数"になります。これがユークリッドの互除法が正しく動作する理由です。

3.2.4 計算回数が log になる理由

次に、計算量が$O(\log (A + B))$になる理由を考えてみましょう。
まず、**「1回の操作で$A + B$の値が必ず2/3倍以下に減る」**という重要な事実があります。たとえば$A = 33, B = 88$の場合の計算過程は次の通りであり、確かに2/3倍以下に減っています。

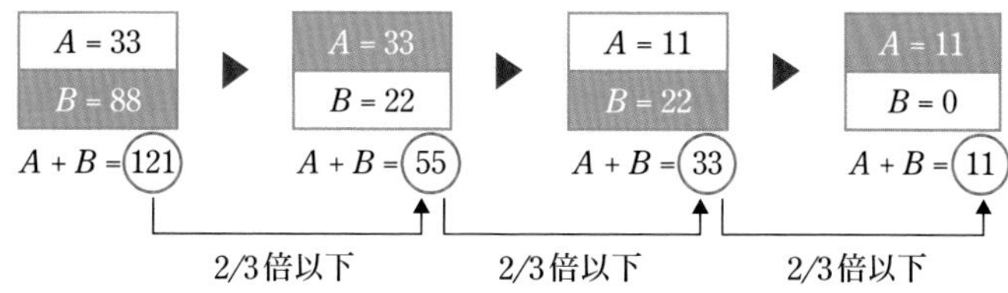

この事実はなぜ成り立つのでしょうか。$A < B$の場合はA, Bを逆にすれば良いので、ここでは$A \geqq B$の場合のみ考えます。実は、AとBの差が2倍以上かどうかによって場合分けを行うと、以下の理由により両方2/3倍以下に減っていることが分かります。

- 差が2倍未満:操作によって$A + B$の値は「$3B$未満」からBだけ減る
- 差が2倍以上:操作によって$A + B$の値は「$3B$以上」から「$2B$未満」に減る

たとえばBの値を10に固定して考えた場合は以下の通りです。Aの値が20未満の場合も、20以上の場合も、必ず2/3倍以下に減っています。

操作前	操作後	$A+B$の変化
A=10, B=10	A=0, B=10	20 → 10
A=11, B=10	A=1, B=10	21 → 11
A=12, B=10	A=2, B=10	22 → 12
A=13, B=10	A=3, B=10	23 → 13
A=14, B=10	A=4, B=10	24 → 14
A=15, B=10	A=5, B=10	25 → 15
A=16, B=10	A=6, B=10	26 → 16
A=17, B=10	A=7, B=10	27 → 17
A=18, B=10	A=8, B=10	28 → 18
A=19, B=10	A=9, B=10	29 → 19

差が2倍未満：必ず$B=10$だけ減る

操作前	操作後	$A+B$の変化
A=20, B=10	A=0, B=10	30 → 10
A=21, B=10	A=1, B=10	31 → 11
A=22, B=10	A=2, B=10	32 → 12
A=23, B=10	A=3, B=10	33 → 13
A=24, B=10	A=4, B=10	34 → 14
A=25, B=10	A=5, B=10	35 → 15
A=26, B=10	A=6, B=10	36 → 16
A=27, B=10	A=7, B=10	37 → 17
A=28, B=10	A=8, B=10	38 → 18
A=29, B=10	A=9, B=10	39 → 19

差が2倍以上：必ず操作後の合計が$2B=20$未満になる

さて、最初の$A+B$の値をSとするとき、前述の事実を使うと以下のことが分かります。

- 1回目の操作後：$A+B$の値が$\frac{2}{3}S$以下になる
- 2回目の操作後：$A+B$の値が$\left(\frac{2}{3}\right)^2 \times S = \frac{4}{9}S$以下になる
- 3回目の操作後：$A+B$の値が$\left(\frac{2}{3}\right)^3 \times S = \frac{8}{27}S$以下になる
- 4回目の操作後：$A+B$の値が$\left(\frac{2}{3}\right)^4 \times S = \frac{16}{81}S$以下になる

  ⋮
- L回目の操作後：$A+B$の値が$\left(\frac{2}{3}\right)^L \times S$以下になる

そこで$A+B$の値は1未満にならないので、操作回数をLとすると、次式が成り立ちます（対数関数logが分からない人は、➡**2.3.10項** に戻って確認しましょう）。

$$\left(\frac{2}{3}\right)^L \times S \geqq 1 \quad (\Leftrightarrow) \quad L \leqq \log_{1.5} S$$

これでようやく、計算量が$O(\log S)$、すなわち$O(\log (A+B))$である理由が説明できました。

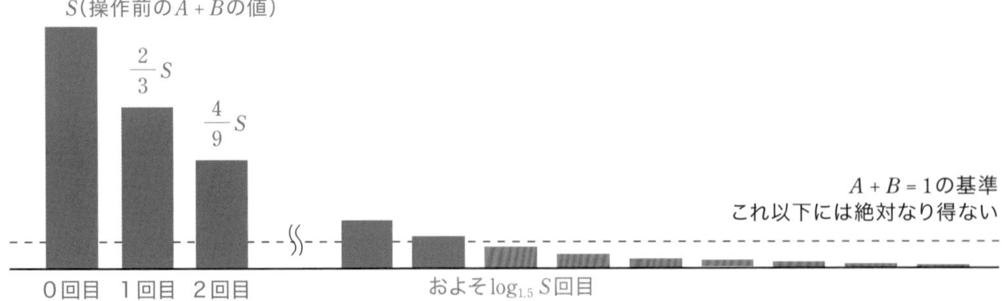

3.2.5 3個以上の最大公約数

3個以上の数の最大公約数も、ユークリッドの互除法によって計算することができます。具体的なアルゴリズムの流れは次のようになります。

- まず、1個目の数と2個目の数の最大公約数を計算する
- 次に、前の計算結果と3個目の数の最大公約数を計算する
- 次に、前の計算結果と4個目の数の最大公約数を計算する

  ⋮
- 最後に、前の計算結果とN個目の数の最大公約数を計算する（この結果が答え）

たとえば24, 40, 60, 80, 90, 120の最大公約数の計算過程は以下のようになります。なお、3項以上のビット演算（➡**2.2.11項**）と同様、計算順序を入れ替えても計算結果は変わりません。

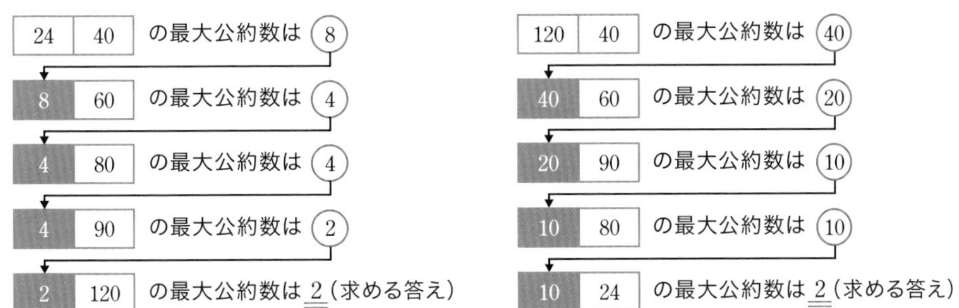

節末問題

問題3.2.1 ★

次の表は、372と506の最大公約数をユークリッドの互除法を用いて計算する過程を示しています。表を完成させてください。

ステップ数	0	1	2	3	4	5	6
Aの値	372	372	104				
Bの値	506	134	134				

問題3.2.2 問題ID：016 ★★

ユークリッドの互除法を用いて、N個の正の整数$A_1, A_2, \ldots, A_N$の最大公約数を計算するプログラムを作成してください。

問題3.2.3 問題ID：017 ★★★

ユークリッドの互除法を用いて、N個の正の整数$A_1, A_2, \ldots, A_N$の最小公倍数を計算するプログラムを作成してください。（出典：AOJ NTL_1_C - Least Common Multiple）

3.3 場合の数とアルゴリズム

本節の前半では、階乗・二項係数・積の法則など、基本的な場合の数の公式について扱います。これらは、プログラムの計算回数の見積もりなどの場面で大切です。後半では、このような公式が使える3つのプログラミング問題を紹介し、場合の数に慣れていくことを目指します。

3.3.1 基本公式①：積の法則

事柄1の起こり方がN通り、事柄2の起こり方がM通りあるとき、事柄1と事柄2の起こり方の組み合わせは全部でNM通りあります。たとえば、以下のような状況を考えてみましょう。

- 明日の朝食は、おにぎり・食パン・サンドイッチのいずれかである。
- 明日の起床時刻は、5:00、6:00、7:00、8:00のいずれかである。

そこで、明日の朝食を「事柄1」、明日の起床時刻を「事柄2」とするとき、事柄1の起こり方は3通り、事柄2の起こり方は4通りあります。したがって、明日の朝食と起床時刻の組み合わせは$3 \times 4 = 12$通りです。このように、組み合わせの数を掛け算によって求められることを**積の法則**といいます。

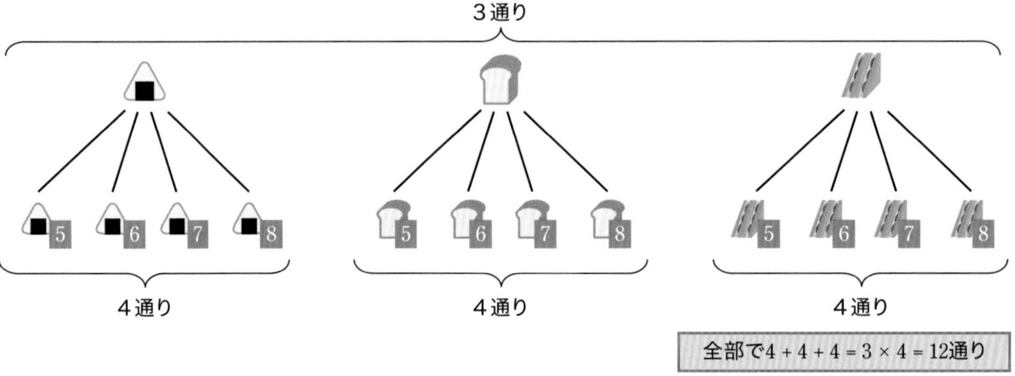

3.3.2 基本公式②：積の法則の拡張

3.3.1項で紹介した積の法則は、事柄が3つ以上の場合にも拡張することができます。事柄1の起こり方がA_1通り、事柄2の起こり方がA_2通り、…、事柄Nの起こり方がA_N通りあるとき、事柄1, 2, …, Nの起こり方の組み合わせは$A_1 A_2 \cdots A_N$通りあります。

たとえば、以下の選択肢の中から「形」「色」「記入する数字」を選び、オリジナルのロゴマークを作ることを考えましょう。

- **形**：円形、四角形、三角形のいずれか
- **色**：赤・青のいずれか
- **記入する数字**：1、2、3、4のいずれか

そこで、形の選択肢は3通り、色の選択肢は2通り、記入する数字の選択肢は4通りあるので、ロゴマー

クの作り方は全部で $3 \times 2 \times 4 = 24$ 通りあります。以下の樹形図を見ると、パターン数が順に3倍、2倍、4倍に増えているのが分かります。

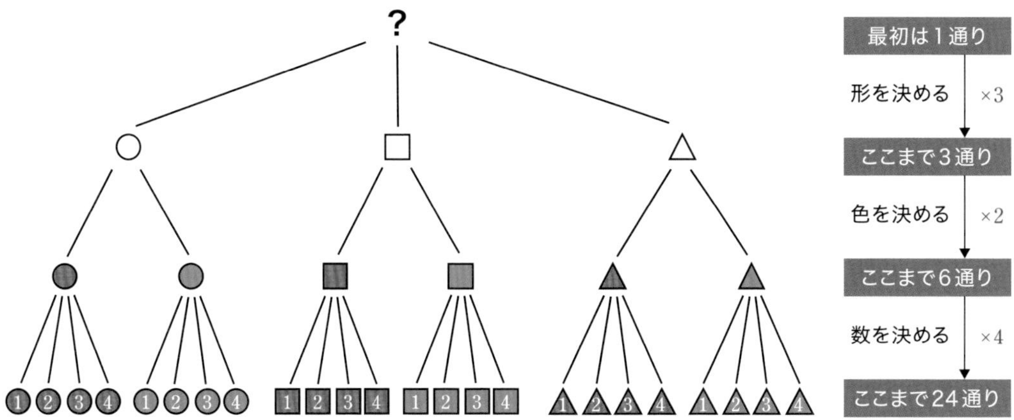

特に、M通りの選択肢が考えられる事柄がN個あるような組み合わせの数は、

$$M \times M \times M \times \cdots \times M = M^N$$

通りあります。たとえば、すべての要素が1または2である長さ4の数列 $A = (A_1, A_2, A_3, A_4)$ の個数は $2^4 = 16$ 通りです。また、N個のモノの選び方は全部で 2^N 通りあります。これは、モノ1を選ぶ方法はYes/Noの2通り、モノ2を選ぶ方法はYes/Noの2通り、...、モノNを選ぶ方法はYes/Noの2通りあることから理解できます（➡2.4.6項）。

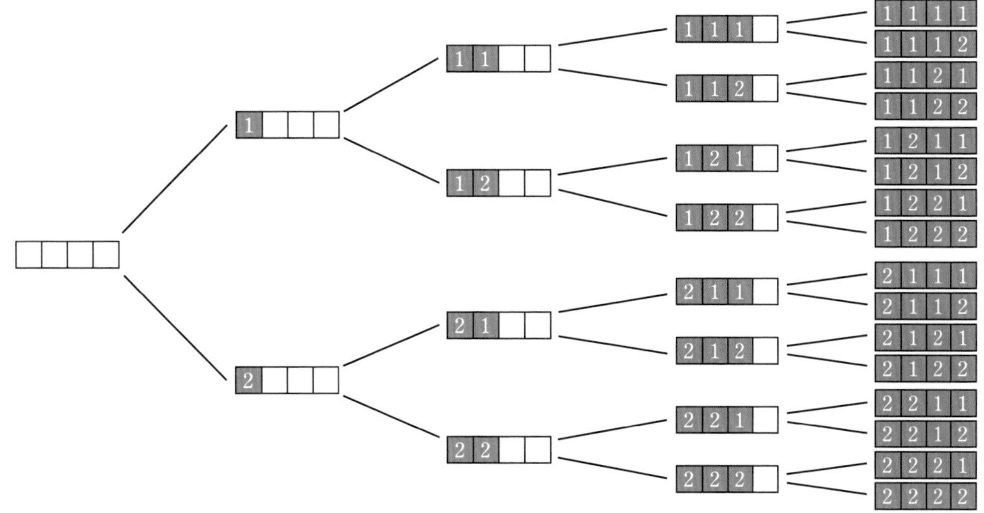

3.3.3 基本公式③：n個のモノを並び替える方法の数は$n!$

次に、n個のモノを並べ替える方法は、

$$n! = n \times (n-1) \times \cdots \times 3 \times 2 \times 1$$

通りあります。たとえば、3つの整数1, 2, 3を並び替える方法は$3! = 3 \times 2 \times 1 = 6$通りあります。方法の数が3!通りになる理由は、以下の樹形図のように

- 左端に書かれる整数の選び方は3通り
- 中央に書かれる整数の選び方は2通り（1個目の要素を選べないため）
- 右端に書かれる整数の選び方は1通り（1個目・2個目の要素を選べないため）

と考えると、分かりやすいです。

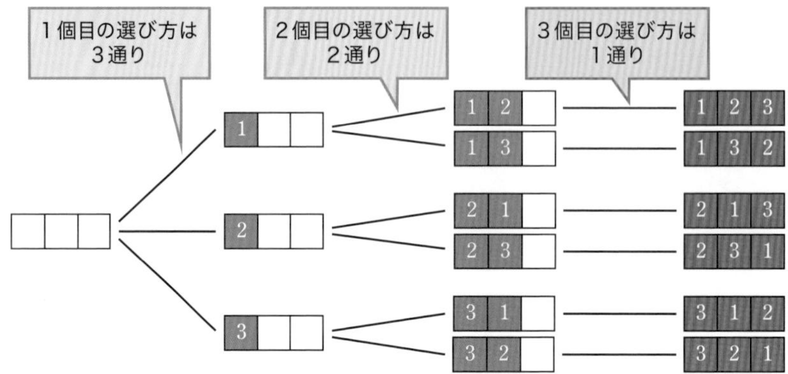

3.3.4 基本公式④：n個のモノからr個を並べる方法は$_n\mathrm{P}_r$

次に、n個の中からr個のモノを選び、これらを一列に並べる方法の数は、次式で表されます。

$$_n\mathrm{P}_r = \frac{n!}{(n-r)!} = n \times (n-1) \times (n-2) \times \cdots \times (n-r+1)$$

たとえば、人A, B, C, Dの中から2人を選び、並び順まで決める方法は$_4\mathrm{P}_2 = 12$通りあります。前項と同じように、「1人目の選び方はn通り」「2人目の選び方は$n-1$通り」… と考えたうえで積の法則を適用させると、この式を導出することができます。

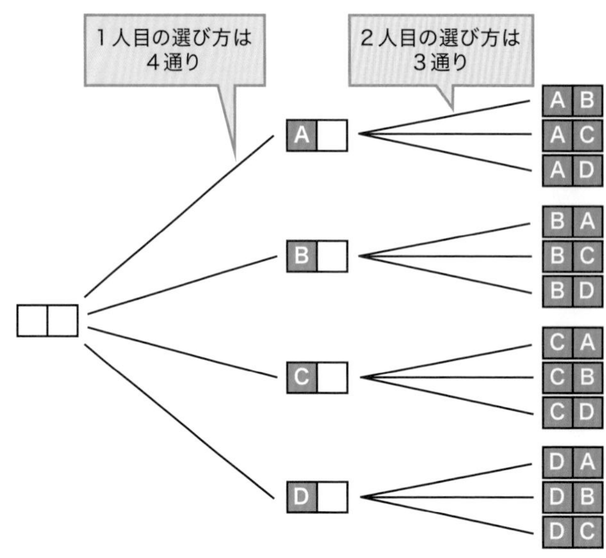

3.3.5 基本公式⑤：n個のモノからr個を選ぶ方法は${}_n\mathrm{C}_r$

次に、n個のモノからr個のモノを選ぶ方法の数は以下の式で表され、**二項係数**といいます。

$${}_n\mathrm{C}_r = \frac{n!}{r!(n-r)!}$$

注：${}_n\mathrm{C}_r$は$\binom{n}{r}$と書く場合もある

少し難しいですが、この式は${}_n\mathrm{P}_r$の式と比較することで導出できます。r個のモノを並び替える方法は$r!$通りあるため、並び順を区別した場合のパターン数は、区別しない場合のパターン数の$r!$倍となります。したがって、${}_n\mathrm{P}_r = r! \times {}_n\mathrm{C}_r$が成り立ちます。

たとえば下図はA, B, C, Dの中から2つを選ぶ方法${}_4\mathrm{C}_2 = 6$通りを示しており、並び順を区別した場合（${}_4\mathrm{P}_2 = 12$通り）がその$2!=2$倍になっています。

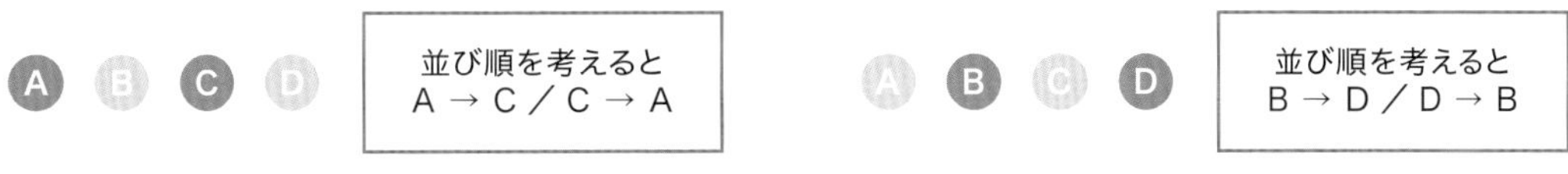

A B C D
並び順を考えると
A → D ／ D → A

A B C D
並び順を考えると
C → D ／ D → C

3.3.6 応用例①：買い物の方法の数

ここから3.3.8項までは、場合の数の公式をアルゴリズムに応用できる例を紹介します。まずは以下の問題を考えてみましょう。

問題ID：018

コンビニにはN個の品物が売られており、i番目（$1 \leqq i \leqq N$）の商品の値段はA_i円です。異なる2つの品物を買う方法のうち、合計値段が500円となるものは何通りありますか。

制約：$2 \leqq N \leqq 200000$, A_iは100, 200, 300, 400のいずれか

実行時間制限：1秒

まず、商品の選び方を全探索（➡**2.4節**）する方法が思いつくでしょう。しかしN個の中から2個の品物を選ぶため、全部で${}_N\mathrm{C}_2$通りの選び方があります（➡**3.3.5項**）。したがって計算量は$O(N^2)$となり、効率が悪いです。

そこで、別の方法を考えます。合計値段が500円となるような買い物の仕方を考えると、以下の2つしかないことが分かります。

方法A　100円の品物を1個、400円の品物を1個買う
方法B　200円の品物を1個、300円の品物を1個買う

また、100円・200円・300円・400円の品物の数をそれぞれa, b, c, d個とするとき、積の法則より、各方法における買い方の数は次の通りです。

方法A　a通り × d通り = ad通り
方法B　b通り × c通り = bc通り

したがって、求める答えは$ad + bc$となります。a, b, c, dの値は計算量$O(N)$で数えられるので、N = 200000のケースでも1秒以内に答えを出すことができます（➡節末問題3.3.4）。

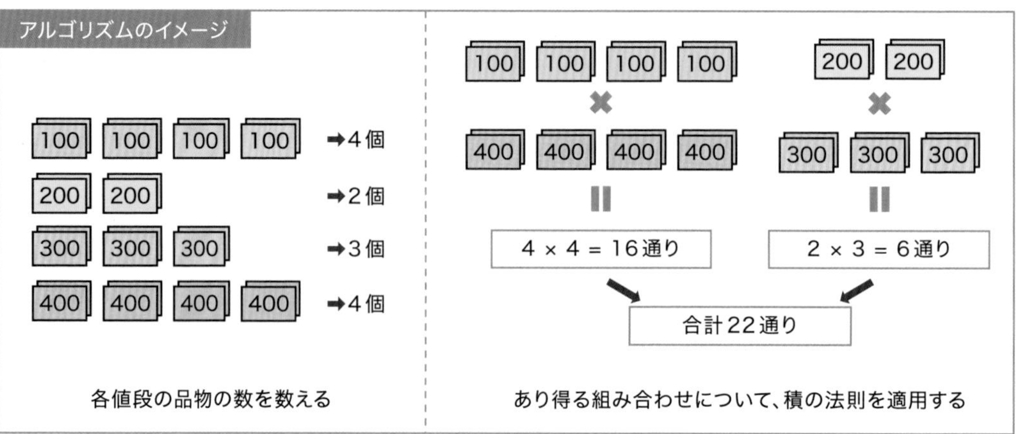

3.3.7 応用例②：同色カードの組み合わせ

次に紹介する問題は、カードの選び方の個数を求める問題です。

問題ID：019

N枚のカードがあり、左からi番目（$1 \leqq i \leqq N$）のカードの色はA_iです。$A_i = 1$のとき赤色、$A_i = 2$のとき黄色、$A_i = 3$のとき青色です。同じ色のカードを2枚選ぶ方法は何通りありますか。

制約：$2 \leqq N \leqq 500000,\ 1 \leqq A_i \leqq 3$

実行時間制限：1秒

まず、カードの選び方を全探索する方法が思いつくでしょう。しかし2枚のカードを選ぶため、全探索アルゴリズムの計算量は$O(N^2)$となってしまい、効率が悪いです。

そこで、別の方法を考えます。赤色・黄色・青色のカードの枚数をそれぞれx, y, z枚とするとき、以下のことが分かります。

- 赤色のカードを2枚選ぶ方法は${}_xC_2$通りある
- 黄色のカードを2枚選ぶ方法は${}_yC_2$通りある
- 青色のカードを2枚選ぶ方法は${}_zC_2$通りある

したがって、求める答えは以下の通りになります。

$${}_xC_2 + {}_yC_2 + {}_zC_2 = \frac{x(x-1)}{2} + \frac{y(y-1)}{2} + \frac{z(z-1)}{2}$$

このように考えると、赤色・黄色・青色のカードの枚数をそれぞれ数えるだけで答えが分かります。計算量は$O(N)$であり、全探索に比べ大幅に効率が良いです（➡節末問題3.3.5）。

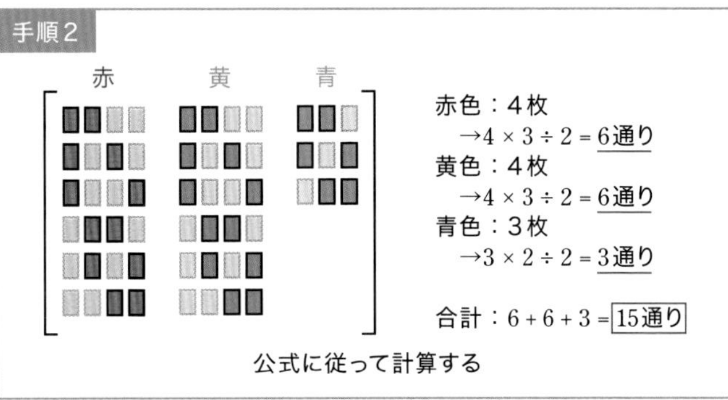

手順2
赤
黄
青
赤色：4枚
→4 × 3 ÷ 2 = 6通り
黄色：4枚
→4 × 3 ÷ 2 = 6通り
青色：3枚
→3 × 2 ÷ 2 = 3通り
合計：6 + 6 + 3 = 15通り
公式に従って計算する

3.3.8 応用例③：全探索の計算回数

最後に紹介する問題は、5枚のカードを選ぶ問題です。

問題ID：020

N枚のカードがあり、左からi番目 $(1 \leqq i \leqq N)$ のカードには整数A_iが書かれています。カードを5枚選ぶ方法のうち、選んだカードに書かれた整数の和がちょうど1000となるものは何通りありますか。

制約：$5 \leqq N \leqq 100, 1 \leqq A_i \leqq 1000$

実行時間制限：5秒

この問題も全探索から考えていきましょう。今回は5枚のカードを選ぶため、全探索アルゴリズムの計算量は$O(N^5)$です。単純計算をすると$100^5 = 10^{10}$であるため、一見5秒以内に答えを出すように思えないかもしれません（➡2.4節）。

しかし、実は答えを出せるのです。N枚のカードから5枚を選ぶ方法は${}_N\mathrm{C}_5$通りであるため、$N = 100$の場合でもカードの選び方は

$$ {}_{100}\mathrm{C}_5 = \frac{100 \times 99 \times 98 \times 97 \times 96}{5 \times 4 \times 3 \times 2 \times 1} = 75287520 $$

通りしかありません。これは10^9を大幅に下回っており、5秒以内に実行が終わると予測できます。実際に**コード3.3.1**を$N = 100$のケースで実行しても、著者環境では0.087秒で答えが出ました。このように、場合の数の公式は計算回数の見積もりにも利用できる場合があります。

コード3.3.1　5枚のカードを全探索するプログラム

```
#include <iostream>
using namespace std;

int N, A[109];
int Answer = 0;

int main() {
    // 入力
    cin >> N;
    for (int i = 1; i <= N; i++) cin >> A[i];

    // 5 つのカードの番号 (i, j, k, l, m) を全探索
    for (int i = 1; i <= N; i++) {
```

次ページ

```
        for (int j = i + 1; j <= N; j++) {
            for (int k = j + 1; k <= N; k++) {
                for (int l = k + 1; l <= N; l++) {
                    for (int m = l + 1; m <= N; m++) {
                        if (A[i]+A[j]+A[k]+A[l]+A[m] == 1000) Answer += 1;
                    }
                }
            }
        }
    }

    // 答えの出力
    cout << Answer << endl;
    return 0;
}
```

節末問題

問題3.3.1 ★

${}_2C_1, {}_8C_5, {}_7P_2, {}_{10}P_3$の値をそれぞれ計算してください。

問題3.3.2 ★

ケーキ屋「ALGO-PATISSERIE」では、大きさ・トッピング・ネームプレートの有無を以下の中から1つずつ選んでケーキを買うことができます(逆に、それ以外の買い方はできません)。

- **大きさ**:小、中、大、特大
- **トッピング**:リンゴ、バナナ、オレンジ、ブルーベリー、チョコ
- **ネームプレート**:あり、なし

ケーキを1つ買う方法は何通りありますか。

問題3.3.3 問題ID:021 ★★

$1 \leqq r \leqq n \leqq 20$を満たす整数$n, r$が与えられます。${}_nC_r$を出力するプログラムを作成してください。

問題3.3.4 問題ID:018 ★★

3.3.6項で紹介した問題を解くプログラムを作成してください。

問題3.3.5 問題ID:019 ★★

3.3.7項で紹介した問題を解くプログラムを作成してください。

問題3.3.6 問題ID:022 ★★★

N枚のカードがあり、左からi番目のカードには整数A_iが書かれています。和が100000となる2枚のカードの選び方は何通りあるかを求めるプログラムを作成してください。$2 \leqq N \leqq 200000$、$1 \leqq A_i \leqq 99999$を満たすケースで1秒以内で実行が終わることが望ましいです。

問題 3.3.7 ★★★

以下のような碁盤目状道路があります。スタートからゴールまで、最短距離で行く方法は何通りありますか。(➡4.6.8項)

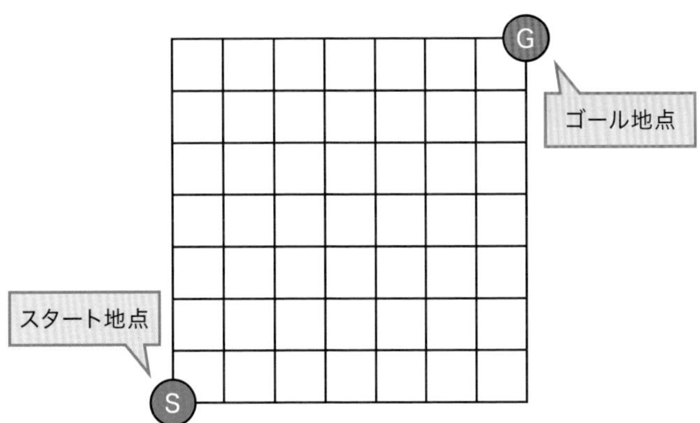

3.4 確率・期待値とアルゴリズム

本節の前半では、3.5節で紹介する「モンテカルロ法」を理解するために大切となる、確率と期待値の基本、期待値の線形性について解説します。また、後半ではアルゴリズムの改善を行う3つの応用例を紹介し、期待値の性質に慣れていくことを目指します。

3.4.1 確率とは

ある事柄がどれくらい起こりやすいかを数値で表したものを**確率**といいます。たとえば「降水確率は80%である」といったフレーズをニュースで聞きますが、これは同じ予報が100回出たらそのうち80回は雨が降るという意味です。確率はパーセントを使って表すこともありますが、通常は0以上1以下の実数で表されます。たとえば「確率80%」は「確率0.8」と同じ意味です。

特に、N通りのパターンが**同じ可能性で**起こり得るとして、そのうちM通りについて事象Aが起こるとき、事象Aが起こる確率を$P(A)$とすると、

$$P(A) = \frac{M}{N}$$

となります。たとえば、一般的なサイコロを1個振ったとき、出目として$1, 2, 3, 4, 5, 6$が同じ可能性で起こり得るので、各出目が出る確率は次表の通りになります。

出目	1	2	3	4	5	6
確率	$\frac{1}{6}$	$\frac{1}{6}$	$\frac{1}{6}$	$\frac{1}{6}$	$\frac{1}{6}$	$\frac{1}{6}$

次に、サイコロを2個振ったときに出目の和が8以下となる確率について考えましょう。下図に示すように、サイコロの出目の組み合わせとしては$6 \times 6 = 36$通りが考えられ、それらが同じ可能性で起こり得ます。一方、出目の組み合わせのうち和が8以下であるものは26通りです。したがって、求める確率は$\frac{26}{36} = \frac{13}{18}$であると計算することができます（参考：➡**節末問題3.4.1**）。

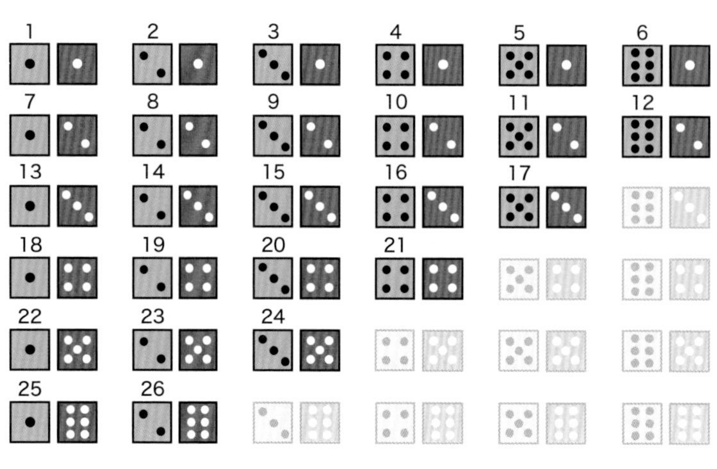

左に示す36個のパターンが起こる可能性はすべて等しい。それらのうち26個で出目の和が8以下となるため、求める確率は以下の通り。

$$\frac{26}{36} = \frac{13}{18}$$

3.4.2 期待値とは

1回の試行で得られる平均的な値のことを**期待値**といいます。たとえば、確率$\frac{1}{2}$で4000円得られ、確率$\frac{1}{2}$で2000円得られる賭けに参加したとしましょう。そのとき、平均的には3000円得られるわけですが、この「3000円」のような値を数学的な用語では期待値といいます。

もう少し厳密に、数式を用いて説明しましょう。ある試行を行った結果としてN個のパターンが考えられ、i番目の結果（得られる賞金など）x_iが起こる確率をp_iとします。そのとき、結果の期待値は次式で表されます。

$$\sum_{i=1}^{N} p_i x_i = p_1 x_1 + p_2 x_2 + \cdots + p_N x_N$$

期待値を利用すると、たとえば「この賭けに参加するべきかどうか」などが分かります。たとえば、確率0.1で賞金10000円、確率0.2で賞金1000円が得られ、残りの確率0.7はハズレとなる賭けがあったとしましょう。もらえる賞金の期待値は

$$(10000 \times 0.1) + (1000 \times 0.2) + (0 \times 0.7) = 1200$$

なので、参加費が1000円なら参加したほうが得である一方、参加費が1500円あるいは2000円なら損である、といったことが分かります。

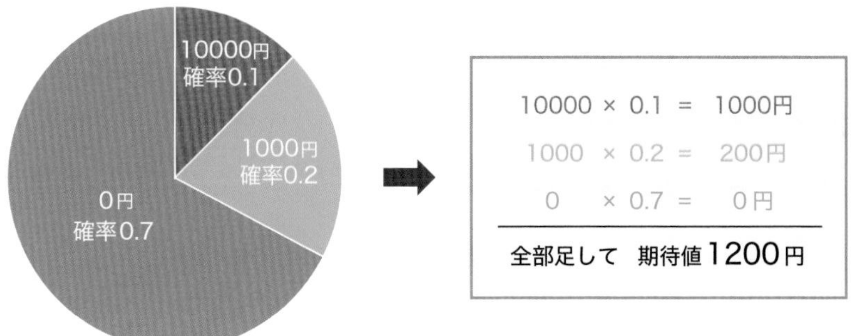

3.4.3 期待値の線形性とは

期待値に関して、**期待値の線形性**という以下の性質が成り立ちます。

> 2つの試行を行い、1番目の試行の結果をX、2番目の試行の結果をYとします。そこでXの期待値を$E[X]$、Yの期待値を$E[Y]$とするとき、$X+Y$の期待値は$E[X]+E[Y]$です。
>
> 3つ以上の試行を行ったときも同じことがいえます。N回の試行を行い、i番目の結果の期待値をX_iとするとき、すべての結果の合計の期待値は$X_1+X_2+\cdots+X_N$です。

一言で表すと**和の期待値は期待値の和となる性質**ですが、イメージが浮かばない人も多いと思うので、具体的な応用例をいくつか紹介しましょう。

1番目の試行
（例：青いサイコロを振る）
▼
結果（出目など）の期待値$E[X]$

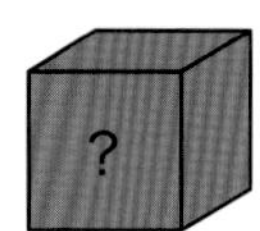

2番目の試行
（例：赤いサイコロを振る）
▼
結果（出目など）の期待値$E[Y]$

2つの試行を行った時の結果の和はどうなるでしょうか。

実は期待値が$E[X]+E[Y]$になります。これが期待値の線形性です。

3.4.4 応用例①：2つのサイコロ

まずは以下の問題を、プログラミングを使わずに手計算で解いてみましょう。

> 10, 20, 30, 40, 50, 60が等確率で出る青色のサイコロと、0, 1, 3, 5, 6, 9が等確率で出る赤色のサイコロがあります。青・赤2つのサイコロを同時に振るときの出目の和の期待値はいくつですか。

最も単純な方法としては、以下のように$6 \times 6 = 36$通りすべての組み合わせについて出目の和を調べたうえで、全部の平均をとることが考えられます。しかし、この方法では計算が面倒です。

青色のサイコロ＼赤色のサイコロ	0	1	3	5	6	9
10	10	11	13	15	16	19
20	20	21	23	25	26	29
30	30	31	33	35	36	39
40	40	41	43	45	46	49
50	50	51	53	55	56	59
60	60	61	63	65	66	69

求める期待値は…

$$\begin{aligned}&\frac{1}{36} \times (10+11+13+15+16+19\\&+20+21+23+25+26+29\\&+30+31+33+35+36+39\\&+40+41+43+45+46+49\\&+50+51+53+55+56+59\\&+60+61+63+65+66+69)\\&= \frac{1}{36} \times 1404 = 39\end{aligned}$$

そこで、青の出目の期待値は$(10+20+30+40+50+60) \div 6 = 35$、赤の出目の期待値は$(0+1+3+5+6+9) \div 6 = 4$です。これら2つの値を足すと**35 + 4 = 39**となり、なんと最初に求めた期待値と同じです。このように、「出目の和の期待値」が「出目の期待値の和」と一致する不思議な性質が、期待値の線形性です。

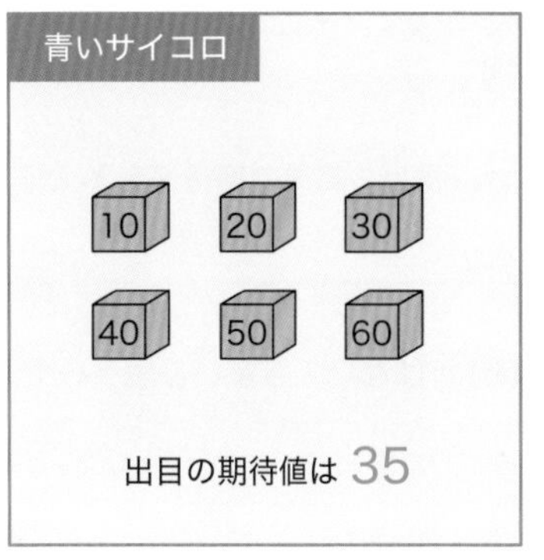

＋

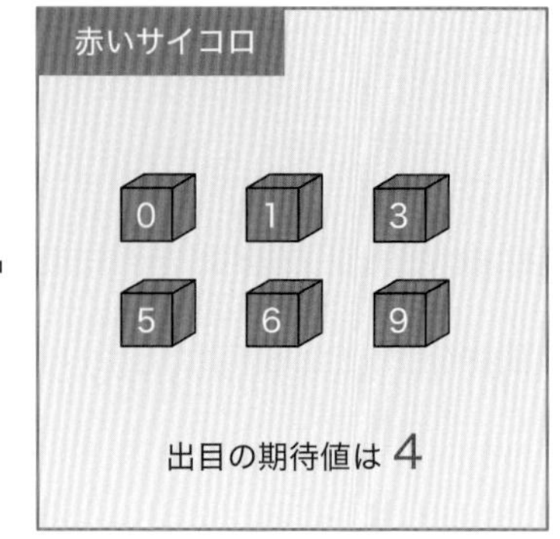

＝

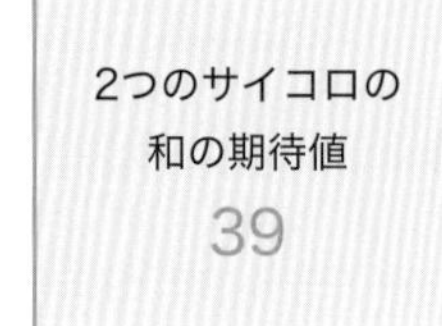

3.4.5 応用例②：2つのサイコロの一般化

今度は3.4.4項の問題を一般化した、以下の問題を考えてみましょう。

問題ID：023

青・赤2つのN面体サイコロがあります。各サイコロの出目は以下の通りです。

- 青のサイコロ：$B_1, B_2, \ldots, B_N$が等確率で出る
- 赤のサイコロ：$R_1, R_2, \ldots, R_N$が等確率で出る

あなたは2つのサイコロを同時に振り、出目の合計だけ賞金がもらえます。もらえる賞金の期待値を計算してください。

制約：$2 \leqq N \leqq 100000, 0 \leqq B_i, R_i \leqq 100$

実行時間制限：1秒

この問題も、まず出目の組み合わせを全探索する方法が思いつくでしょう。しかし、出目の組み合わせは全部でN^2通りあるため（積の法則➡**3.3.1項**）、$N = 100000$のような大きいケースでは、1秒以内に答えを出すことができません。

そこで、以下の「期待値の線形性」を使いましょう。

（出目の和の期待値）=（青の出目の期待値）+（赤の出目の期待値）

青の出目の期待値は$(B_1 + B_2 + \cdots + B_N) \div N$であり、赤の出目の期待値は$(R_1 + R_2 + \cdots + R_N) \div N$であるため、求める答えは次式で表されます。

$$\frac{B_1 + B_2 + \cdots + B_N}{N} + \frac{R_1 + R_2 + \cdots + R_N}{N}$$

この値は計算量$O(N)$で求めることができます。たとえば**コード3.4.1**のように実装すると、$N = 100000$のケースでも1秒以内に実行が終了します。

コード3.4.1　賞金の期待値を求める問題

```
#include <iostream>
using namespace std;

int N, B[100009], R[100009];

int main() {
    // 入力
    cin >> N;
    for (int i = 1; i <= N; i++) cin >> B[i];
    for (int i = 1; i <= N; i++) cin >> R[i];

    // 答えの計算 → 答えの出力
    double Blue = 0.0, Red = 0.0;
    for (int i = 1; i <= N; i++) {
        Blue += 1.0 * B[i] / N;
        Red += 1.0 * R[i] / N;
    }
    printf("%.12lf\n", Blue + Red);
    return 0;
}
```

3.4.6 応用例③：選択式問題の試験でランダムに答える

本節の最後に、以下の問題を考えてみましょう。やや本格的な問題です。

問題ID：024

ある国語のテストの問題はN問からなり、すべて選択式問題です。i問目（$1 \leqq i \leqq N$）はP_i個の選択肢から1つの正解を選ぶ形式であり、配点はQ_i点です。
太郎君はまったく手がかりがつかめなかったので、全部の問題をランダムに解答することにしました。
太郎君が得られる点数の期待値を計算してください。

制約：$1 \leqq N \leqq 50, 2 \leqq P_i \leqq 9, 1 \leqq Q_i \leqq 200$

実行時間制限：1秒

まず、どの問題に正解してどの問題を間違えたかの組み合わせを全探索する方法が思いつくでしょう。しかし、正誤の組み合わせは2^N通りあり（積の法則➡**3.3.2項**）、$N = 50$の場合は10^{15}通り以上のパターンを調べなければなりません。そこで、以下の「期待値の線形性」を使いましょう。

（合計点数の期待値）=（1問目の点数の期待値）+ …… +（N問目の点数の期待値）

選択肢がx個の問題を正解する確率は$1/x$なので、1問目の点数の期待値はQ_1/P_1点、2問目の点数の期待値はQ_2/P_2点、...、N問目の点数の期待値はQ_N/P_N点となります。したがって、求める答えは次式で表されます。

$$\frac{Q_1}{P_1} + \frac{Q_2}{P_2} + \cdots + \frac{Q_N}{P_N}$$

この値は計算量$O(N)$で求められるので、**コード3.4.2**のように実装すると、$N = 50$のケースでも1秒以内に答えを出すことができます。以下の図は$N = 3$、$(P_1, Q_1) = (4, 100)$、$(P_2, Q_2) = (3, 60)$、$(P_3, Q_3) = (5, 40)$の場合の計算過程の例を示しています。

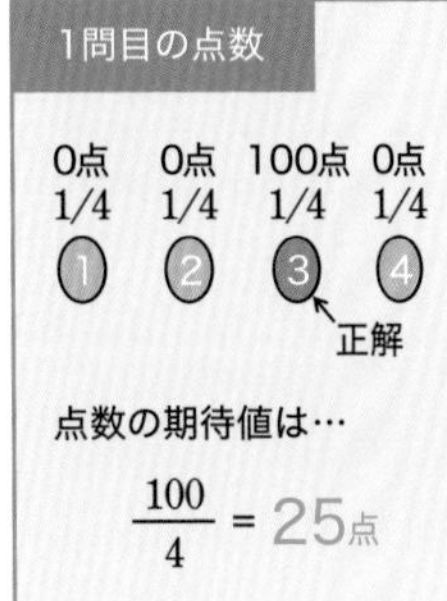

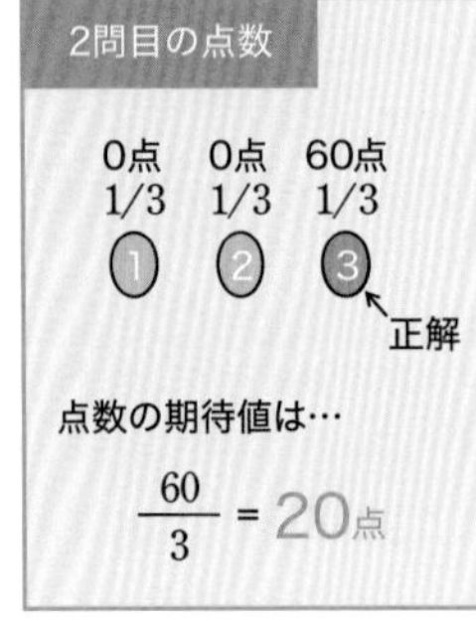

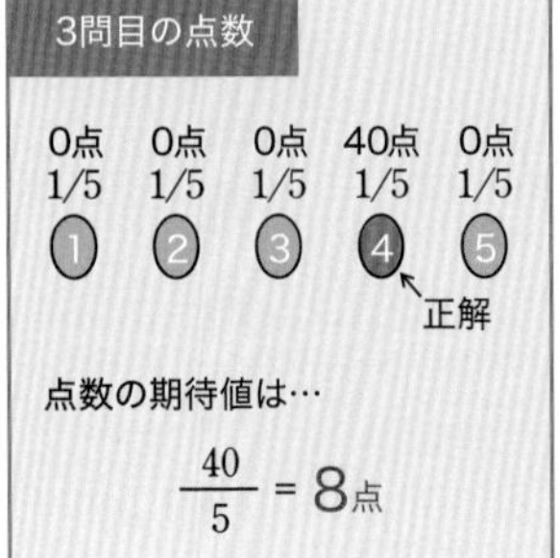

合計点の期待値は
25 + 20 + 8 = 53点

このように、期待値の線形性を応用することで、アルゴリズムを改善できる場合があります。この性質は、数学的考察編の「足された回数を考えるテクニック（➡**5.7節**）」などでも使います。

コード3.4.2　国語の点数の期待値を求める問題

```
#include <iostream>
using namespace std;

int N, P[59], Q[59];
double Answer = 0.0;

int main() {
    // 入力
    cin >> N;
    for (int i = 1; i <= N; i++) cin >> P[i] >> Q[i];

    // 答えの計算 → 答えの出力
    for (int i = 1; i <= N; i++) {
        Answer += 1.0 * Q[i] / P[i];
    }
    printf("%.12lf\n", Answer);
    return 0;
}
```

節末問題

問題3.4.1 ★

「青色のサイコロを2個投げたとき、出目の和が8以下になる確率」を求める問題について、ある生徒が以下のような解答を出しました。

> 青色のサイコロを2個投げたときの出目の組み合わせは下図の21通りあるが、そのうち出目の和が8以下となるものは15通りであるため、求める確率は$\frac{15}{21}=\frac{5}{7}$である。

しかし、正しい答えは$\frac{13}{18}$です。生徒の解答が間違っている理由を説明してください（ヒント：$(1,1)$が出る確率と$(1,2)$が出る確率は同じでしょうか？）。

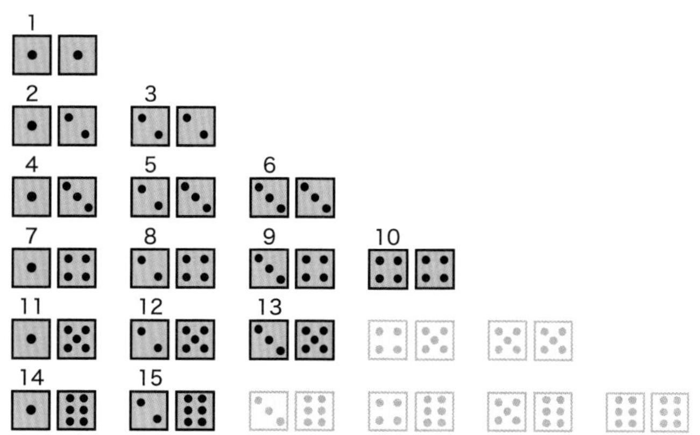

問題 3.4.2 ★

以下の確率で賞金が得られる賭けに参加したとき、得られる賞金の期待値を計算してください。また、参加費が500円のとき、参加したほうが得か、それとも損かを判断してください。

	1等	2等	3等	4等	5等
賞金	100万円	10万円	1万円	1000円	0円
確率	$\frac{1}{10000}$	$\frac{9}{10000}$	$\frac{9}{1000}$	$\frac{9}{100}$	$\frac{9}{10}$

問題 3.4.3 問題ID：025 ★★★

次郎君の夏休みはN日間あります。彼はi日目$(1 \leqq i \leqq N)$の勉強時間を以下の手順で決めます。

- 1日の最初にサイコロを振る
- サイコロを振って1, 2が出た場合：A_i時間勉強する
- サイコロを振って3, 4, 5, 6が出た場合：B_i時間勉強する

彼の夏休みの合計勉強時間の期待値を求めるプログラムを作成してください。

問題 3.4.4 問題ID：026 ★★★★

1ドル払うと、N種類のコインのうち1つが等確率で出現する機械があります。全種類のコインを集めるまでに支払う金額の期待値を計算するプログラムを作成してください（ヒント：➡2.5.10項）。

3.5 モンテカルロ法 ～統計的な考え方～

本書ではここまで、全探索・二分探索・素数判定法・ユークリッドの互除法などのアルゴリズムを紹介しましたが、これらはランダム性を一切使っていません。一方、本節で扱うモンテカルロ法は乱数を上手に使います。一体どのようなアルゴリズムなのでしょうか。

3.5.1 導入：コインを投げてみよう！

本題に入る前に、手元にあるコインを10個投げてみて、何個表が出るかを確認してみてください。表が出る個数の期待値は5個ですが、どれくらいのバラつきが生じるのでしょうか。たとえばほとんど表が出ない、あるいはほぼ全部表だった、といったことは十分あり得る話でしょうか。

実は、表が出る個数の**確率分布**（個数ごとの確率）は以下のようになり、「10個中2個しか表が出ない」といったことは決してまれではありません。2個以下または8個以上となる確率は合計11％もあるのです。

個数	0	1	2	3	4	5	6	7	8	9	10
確率	0.001	0.010	0.044	0.117	0.205	0.246	0.205	0.117	0.044	0.010	0.001

また、この確率分布をグラフで表すと、以下のようになります。中央の「5個」が確率0.246と最も大きいものの、投げた個数が10個程度であればバラつきも大きいことが一目で分かります。

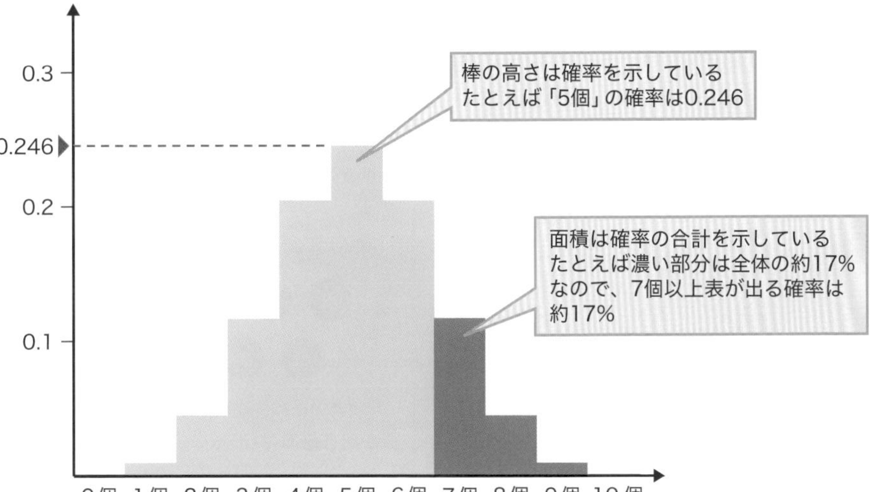

しかし、100個投げるとどうでしょうか。実は「ほとんど表が出ない」といったことは滅多に起こらず、約96％の確率で40～60個の範囲に収まることが知られています。

また、次ページのグラフから、投げた回数の増加に応じてバラつき度合いが小さくなっていることが分かります（表が出た割合が40～60％の部分を濃く塗っています）。これは**表が出る確率pの分からないコインでも、投げる回数を増やせば、pの値をより正確に推測できること**を意味します。

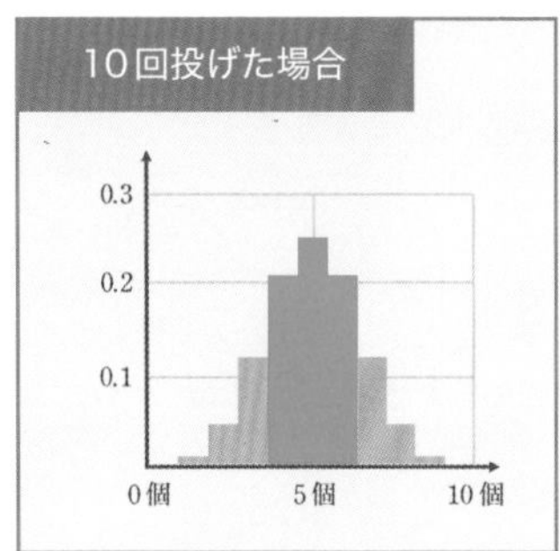

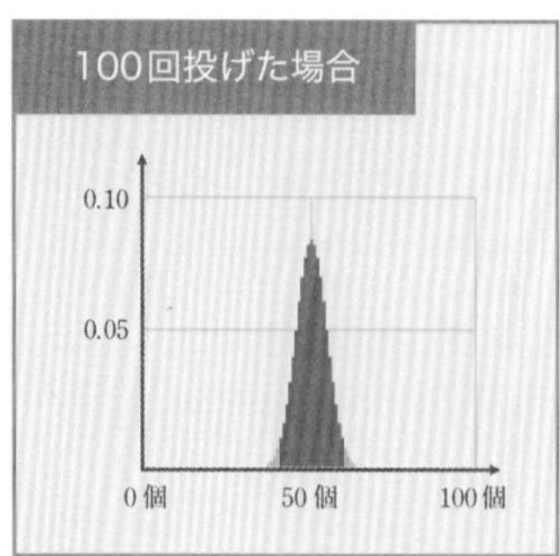

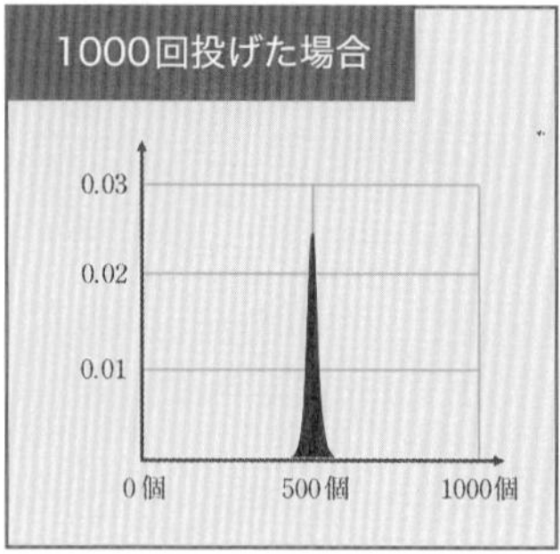

3.5.2 モンテカルロ法とは

モンテカルロ法は、乱数を用いたアルゴリズムの一種です。モンテカルロ法の一例として、以下の手法がよく使われます。

> ある物事の成功率を推測する際に、n回のランダムな試行を行う。そのうちm回成功した場合、理論上の成功率が$\frac{m}{n}$であるとみなして近似する。たとえば、コインを10回投げて6回表が出た場合、「表が出る確率はおおよそ60％である」とみなす。

この手法は試行回数nを増やせば増やすほど精度が良くなります。たとえば、試行回数を100倍に増やすと、求めた値と理論値の平均的な絶対誤差（➡**2.5.7項**）がおおよそ10分の1になることが知られています（詳しくは➡**3.5.6項**）。

なお、「10分の1」というのは平均的な振る舞いの話であり、少ない試行回数でも運良く理論値との誤差が小さくなることもあれば、たくさん試行を重ねても運悪く誤差が期待されるほど小さくならないこともあります。

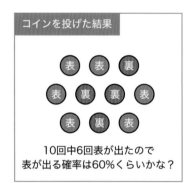

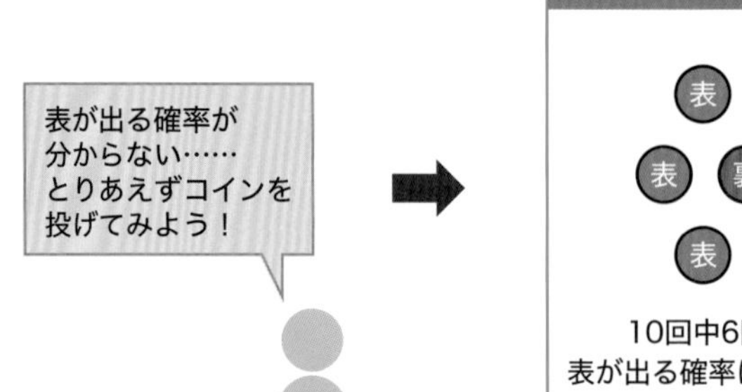

3.5.3 応用例：円周率πの計算

次に、モンテカルロ法の応用例の1つとして「円周率πの近似値を計算する方法」を紹介します。πの近似値は、以下の手順で計算することができます。

- **ステップ1**：一辺が1cmの正方形の中に、n個の点をランダムな位置に打つ
- **ステップ2**：左下角を中心とする半径1cmの円内に入った点の個数をmとする
- **ステップ3**：そこで、$\frac{4m}{n}$を円周率πの近似値とする

たとえば、下図の場合20個中16個の点が円内に入っているため、計算される円周率の近似値は$4 \times 16 \div 20 = 3.2$となります。$\pi = 3.14159265358979\cdots$なので、ほぼ正確です。

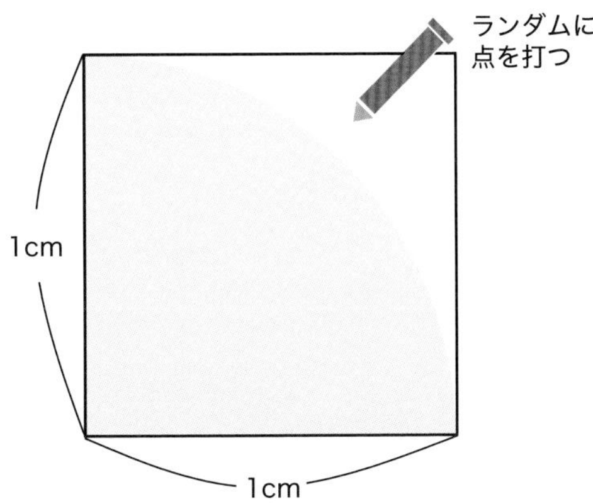

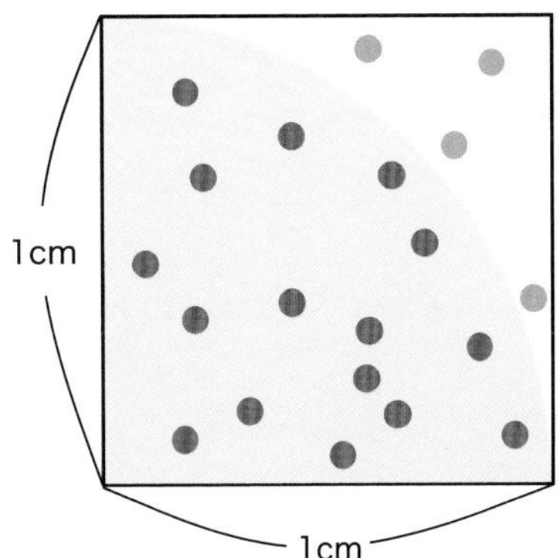

また、モンテカルロ法を再現した**コード3.5.1**を、いろいろなnに対して著者環境で実行してみると、以下のような結果が得られました。nが大きくなるにつれ、円周率の値に近づいていることが分かります。

試行回数n	100	10000	1000000	100000000
円内に入った数m	80	7785	784772	78533817
求めた近似値	3.2	3.114	3.139088	3.14135268
誤差	約0.06	約0.028	約0.0025	約0.0002

この方法で上手くいく理由は、正方形の中で半径1cmの円に入る部分（上図の青色領域）の面積が$\frac{\pi}{4}$であること、すなわち青色領域内に点を打つ確率が$\frac{\pi}{4}$であることから説明できます。

しかし、たとえば「円周率との誤差を0.05以内にするには何回打つ必要があるのか」といった疑問が生じます。次項以降では、この疑問を理論的に解決していきましょう。

コード3.5.1　円周率πの近似値を出力するプログラム

```
#include <iostream>
using namespace std;

int main() {
    int N = 10000; // N は試行回数（適宜変更する）
    int M = 0;
    for (int i = 1; i <= N; i++) {
        double px = rand() / (double)RAND_MAX; // 0 以上 1 以下の乱数（ランダムな数）を生成
        double py = rand() / (double)RAND_MAX; // 0 以上 1 以下の乱数（ランダムな数）を生成
        // 原点からの距離は sqrt(px * px + py * py)
        // これが 1 以下であれば良いので、条件は「px * px + py * py <= 1」
        if (px * px + py * py <= 1.0) M += 1;
    }
    printf("%.12lf\n", 4.0 * M / N);
    return 0;
}
```

3.5.4　理論的検証の前に①：平均・標準偏差

モンテカルロ法の理論的検証を行う前に、基本的な統計の知識を整理しましょう。まず、データや確率分布の大まかな特徴を表す数値として、以下の２つが有名です。

- **平均値μ（ミュー）**：データの平均的な値
- **標準偏差σ（ひょうじゅんへんさ／シグマ）**：データの散らばり具合

N個のデータ$x_1, x_2, \ldots, x_N$における平均値μと標準偏差σは、以下の式で定義されます。

$$\mu = \frac{x_1 + x_2 + \cdots + x_N}{N}$$

$$\sigma = \sqrt{\frac{(x_1 - \mu)^2 + (x_2 - \mu)^2 + \cdots + (x_N - \mu)^2}{N}}$$

標準偏差の数式は少し難しいので、具体例を挙げましょう。たとえば以下のデータＡとデータＢの平均値は両方100ですが、標準偏差は同じような値に集中しているデータＢのほうが小さくなります。

なお、データだけでなく確率分布にも標準偏差という概念があることに注意してください。本書では詳しく説明しませんが、イメージとしては「分布の散らばり具合」だと思って良いです。

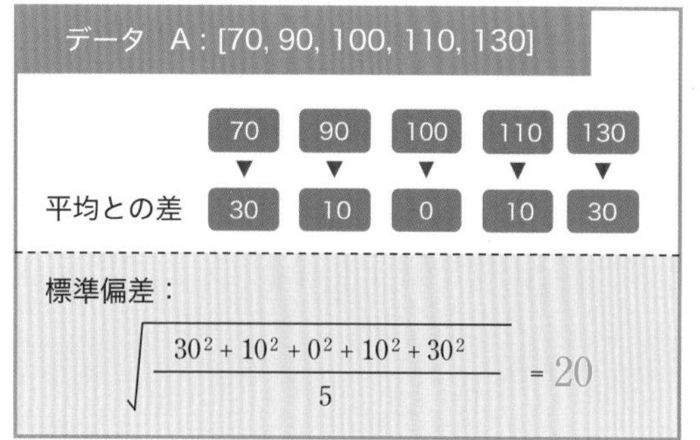

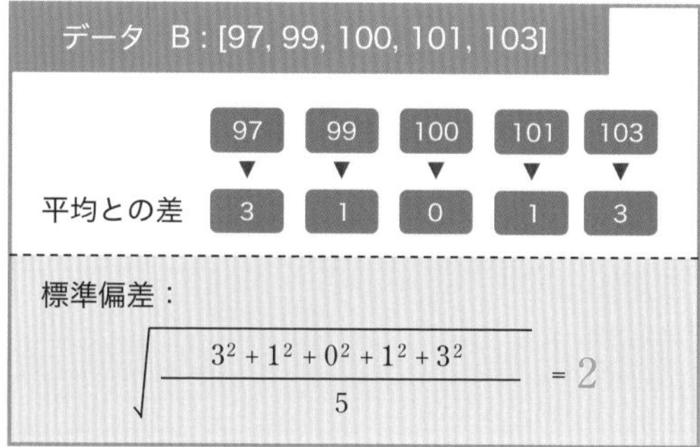

3.5.5 理論的検証の前に②：正規分布とは

次に、正規分布について紹介します。**正規分布**は以下のような確率分布のことを指し、平均μと標準偏差σの２つのパラメータで決まります。しっかり作られたテストの得点分布を含め、世の中のいろいろな分布が正規分布に従います。

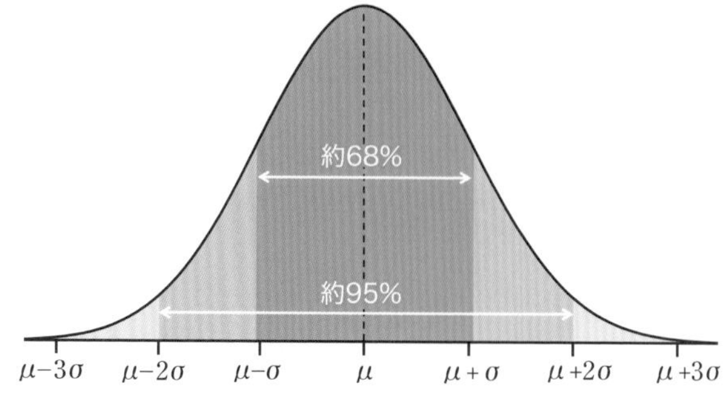

そこで、正規分布には**68－95－99.7則**と呼ばれる次の重要な性質があります。

- $\mu - \sigma$以上$\mu + \sigma$以下の範囲に全体の約68％が含まれる

- $\mu-2\sigma$以上$\mu+2\sigma$以下の範囲に全体の約95%が含まれる
- $\mu-3\sigma$以上$\mu+3\sigma$以下の範囲に全体の約99.7%が含まれる

たとえば、テストの得点分布が平均50点、標準偏差10点の正規分布に従うとき、30点以上70点以下の生徒の割合が約95%であり、その範囲に含まれない生徒は約5%しかいません。また、標準偏差の大きいほうが点数の分布が広いです。

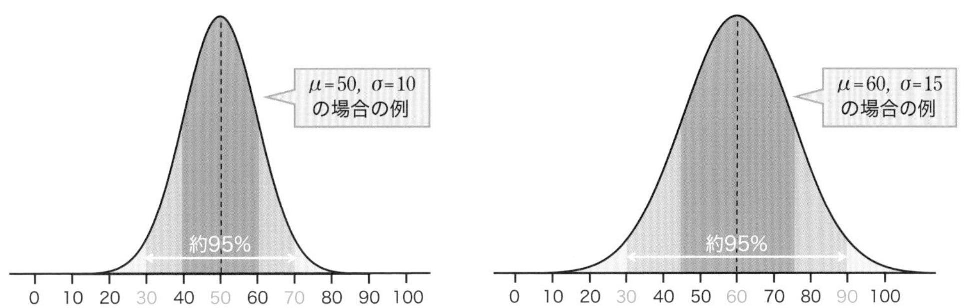

3.5.6 モンテカルロ法の理論的検証

知識面での準備が整ったところで、いよいよモンテカルロ法を理論的に検証してみましょう。まず、以下の重要な性質が知られています[注3.5.1]。

> nが十分大きい値である場合、確率pで成功する試行をn回行ったとき、n回のうち成功したものの割合は平均$\mu=p$、標準偏差$\sigma=\sqrt{p(1-p)/n}$の正規分布で近似することができます。たとえば表が出る確率が50%のコインを100回投げたとき、
>
> $$\mu=0.5,\ \sigma=\sqrt{\frac{0.5\times(1-0.5)}{100}}=0.05$$
>
> となるため、68-95-99.7則より、表が出たコインの割合が0.4以上0.6以下、すなわち表が出た回数が40以上60以下となる確率は約95%であると分かります。これは3.5.1項で述べた「約96%」とほぼ一致します。

この性質を使って、モンテカルロ法による円周率の近似精度を見積もってみましょう。3.5.2項で述べたアルゴリズムで、半径1の円内に入る確率は$p=\frac{\pi}{4}$であるため、たとえば試行回数nが1万回のとき、円内に打った点の割合は以下の正規分布に従います。

$$\text{平均}:\ \mu=\frac{\pi}{4}\fallingdotseq 0.7854\quad \text{標準偏差}:\ \sigma=\sqrt{\frac{\frac{\pi}{4}\left(1-\frac{\pi}{4}\right)}{10000}}\fallingdotseq 0.0041$$

そこで68-95-99.7則より、1万個の点のうち円内に打たれたものの割合が$0.7854-3\times0.0041=0.7731$以上$0.7854+3\times0.0041=0.7977$以下となる確率は約99.7%です。また、求める円周率の近似値は「割合に4を掛けた値」であるため、約99.7%の確率で近似値は

- $0.7731\times4=$ **3.0924以上**
- $0.7977\times4=$ **3.1908以下**

注3.5.1　これは**中心極限定理**の特殊な場合です。証明は難しいので本書では扱わないことにします。

となります。このことから、モンテカルロ法ではたった1万回の試行で、円周率をわずか0.05程度の誤差で計算することが可能だといえます[注3.5.2]。

最後に、3.5.2項では「試行回数を100倍に増やすと、誤差が10分の1になる」と記しましたが、これは標準偏差が$\sqrt{p(1-p)/n}$となっているからです。確かにnが100倍になると標準偏差は0.1倍になっています。これが、モンテカルロ法が正しく動作する理由です。

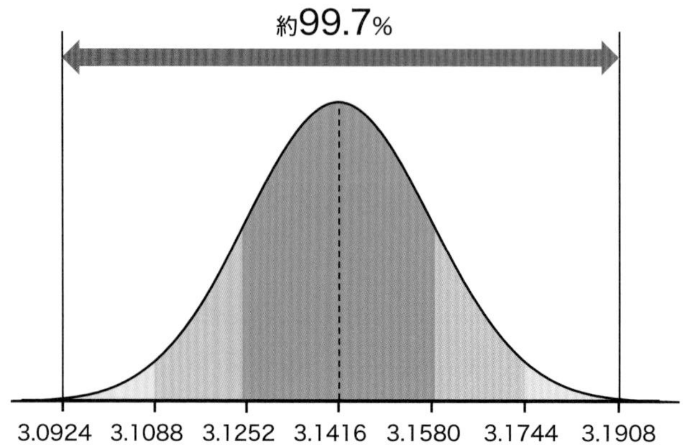

節末問題

問題3.5.1 ★

1. 表の出る確率が50%のコインを10000回投げたときに表が出た回数は、平均μ、標準偏差σの正規分布に近似することができます。μとσの値を求めてください。
2. 表の出た回数が4900回以上5100回以下となる確率はどれくらいですか。
3. 太郎君は10000回同じコインを投げ、5800回表が出ました。このコインは表の出る確率が50%であるといえますか。

問題3.5.2 ★★★

座標$(3, 3)$を中心とする半径3の円と、座標$(3, 7)$を中心とする半径2の円があります。これについて、次の問いに答えてください。

1. $0 \leqq x < 6, 0 \leqq y < 9$の長方形領域に、ランダムに100万回点を打ってください。これらのうち何個が、2つの円の少なくとも一方に含まれましたか。
2. 1.の結果を利用して、2つの円の少なくとも一方に含まれる部分の面積を求めてください。

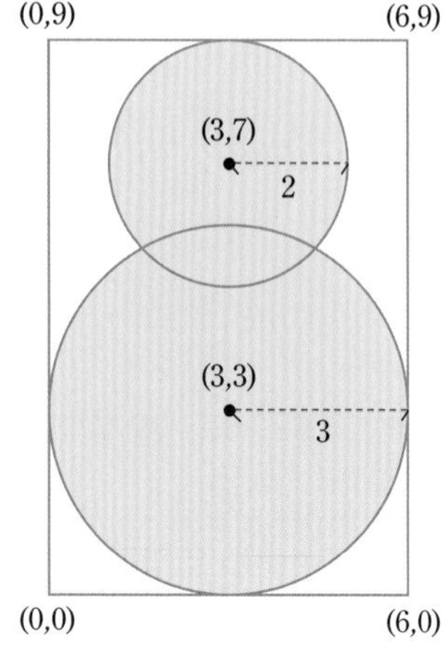

注3.5.2 円周率の値は、三角関数などを使うとさらに高速に計算できますが、モンテカルロ法は高度な数学の知識がなくても使える、非常に直感的な方法です。

3.6 ソートと再帰の考え方

本節では、複数の値を小さい順に整列する操作である、ソートについて扱います。ソートはたとえば期末試験の順位表を作るなど、実用上多くの場面で利用されています。

さて、配列をソートする方法にはさまざまなものが知られていますが、本節では最もシンプルな手法の1つである選択ソートと、効率的なアルゴリズムとして有名なマージソートを紹介します。また、マージソートを理解するにあたって大切な「再帰の考え方」にも慣れていきましょう。

3.6.1 ソートとは

複数のデータを決められた順序で整列する操作を**ソート**といいます。たとえば、

- $[31, 41, 59, 26]$ を小さい順に整列すると $[26, 31, 41, 59]$
- $[2, 3, 3, 1, 1, 3]$ を大きい順に整列すると $[3, 3, 3, 2, 1, 1]$
- ["algo", "mast", "er"] をABC順に整列すると ["algo", "er", "mast"]

であり、このような操作のことをソートといいます。本節では特に断りのない場合、最初に挙げた例のように、N個の整数$A_1, A_2, \ldots, A_N$を小さい順に整列する問題を扱います。

さて、多くのプログラミング言語で提供されている、**標準ライブラリ**という便利な機能を利用すると、簡単にソートを実装することができます。たとえばC++の場合は`sort()`関数、Pythonの場合は`A.sort()`関数を使えば、配列Aが小さい順に整列されます。

コード3.6.1は、`sort()`関数を用いてN個の整数をソートするプログラムです。計算量は$O(N \log N)$であり、Nが10万程度の大きな値であっても、1秒以内に実行が終了します。

コード3.6.1　N個の整数$A[1], A[2], \ldots, A[N]$を入力した後、小さい順に整列するプログラム

```
#include <iostream>
#include <algorithm>
using namespace std;

int N, A[200009];

int main() {
    // 入力（たとえば N=5, A[1]=3, A[2]=1, A[3]=4, A[4]=1, A[5]=5 を入力したとする）
    cin >> N;
    for (int i = 1; i <= N; i++) cin >> A[i];

    // ソート（半開区間 [1, N+1) をソートするので、引数に A+1, A+N+1 を指定している）
    // sort 関数により、配列の中身が [3,1,4,1,5] から [1,1,3,4,5] に書き換えられる
    sort(A + 1, A + N + 1);

    // 出力（1, 1, 3, 4, 5 の順に出力される）
    for (int i = 1; i <= N; i++) cout << A[i] << endl;
    return 0;
}
```

しかし、具体的にどのようなアルゴリズムで配列をソートすることができるのでしょうか。まずは単純なアルゴリズムの1つである「選択ソート」から解説してきましょう。

3.6.2 選択ソート

選択ソートは、まだ調べていない中で最も小さい数を探すことを繰り返して、配列をソートする手法です。アルゴリズムの手順は以下のようになります。

> 次の操作を$N-1$回繰り返す。i回目の操作では、以下のことを行う。
>
> 1. 未ソート部分（A_iからA_Nまで）の中で最小の要素$A_{\min}$を探す
> 2. A_iと$A_{\min}$を交換する
>
> このとき、操作後の$A_1, A_2, \ldots, A_N$は小さい順に整列されている。

たとえば配列[50, 13, 34, 75, 62, 20, 28, 11]に選択ソートを適用すると、以下のようになります。この図では、すでにソートされた部分をオレンジ色で、未ソート部分の最小値$A_{\min}$を赤色で示しています。

1回目の操作では最も小さい要素が判明し、2回目の操作では2番目に小さい要素が判明していることが分かります。3回目以降についても同様です。

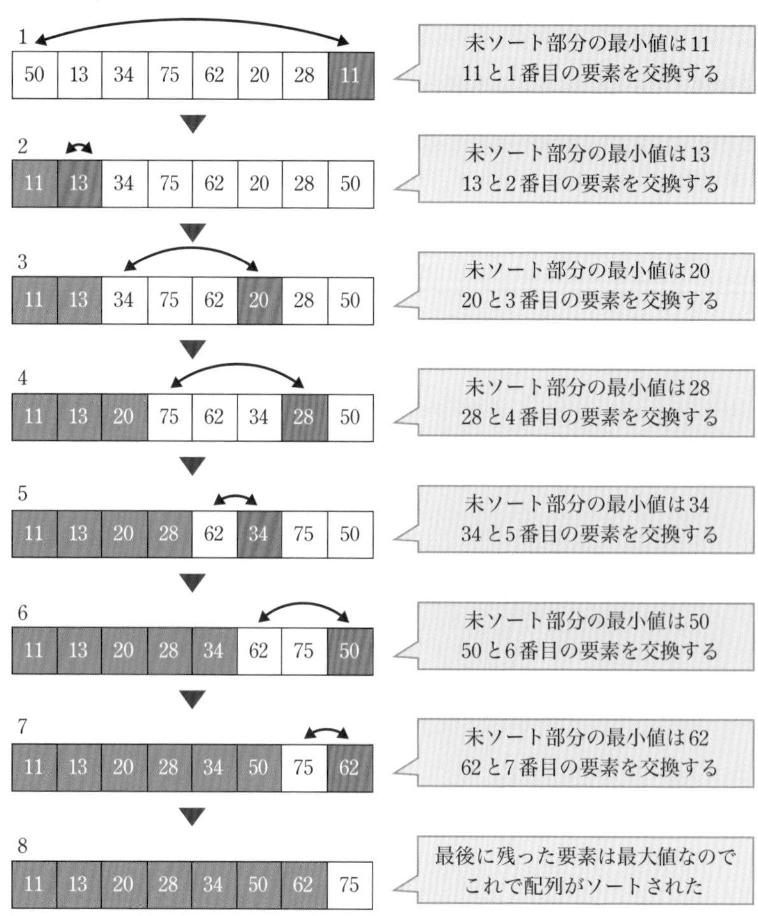
1
50 13 34 75 62 20 28 11
未ソート部分の最小値は11
11と1番目の要素を交換する
2
11 13 34 75 62 20 28 50
未ソート部分の最小値は13
13と2番目の要素を交換する
3
11 13 34 75 62 20 28 50
未ソート部分の最小値は20
20と3番目の要素を交換する
4
11 13 20 75 62 34 28 50
未ソート部分の最小値は28
28と4番目の要素を交換する
5
11 13 20 28 62 34 75 50
未ソート部分の最小値は34
34と5番目の要素を交換する
6
11 13 20 28 34 62 75 50
未ソート部分の最小値は50
50と6番目の要素を交換する
7
11 13 20 28 34 50 75 62
未ソート部分の最小値は62
62と7番目の要素を交換する
8
11 13 20 28 34 50 62 75
最後に残った要素は最大値なので
これで配列がソートされた

選択ソートの実装例として、**コード3.6.2**が考えられます。ここでswap(x, y)は、変数xと変数yの値を交換する関数です。たとえばx=6, y=2の状態でswap(x, y)という処理を行った場合、x=2, y=6に変更されます。

それでは、アルゴリズムの計算量を見積もってみましょう。k個の数の中から最小値を見つけるには$k-1$回の比較が必要であるため、1回目の操作では$N-1$回の比較を行います。2回目以降も、$N-2$回、$N-3$回、…、2回、1回と続きます。そこで1からNまでの整数の総和は$N(N+1)/2$（➡**2.5.10項**）なので、合計比較回数は以下の通りです。

$$(N-1)+(N-2)+\cdots+2+1=\frac{N(N-1)}{2}$$

したがって、このアルゴリズムの計算量は$O(N^2)$といえます。Nが1万程度であれば十分高速に動作しますが、さらに大きくなると時間がかかってしまいます。そこで、計算量を改善するにはどうすれば良いのでしょうか。次項では、これを理解するために大切な「再帰の考え方」を解説します。

コード3.6.2　選択ソートの実装

```
#include <iostream>
using namespace std;

int N, A[200009];

int main() {
    // 入力
    cin >> N;
    for (int i = 1; i <= N; i++) cin >> A[i];

    // 選択ソート
    for (int i = 1; i <= N - 1; i++) {
        int Min = i, Min_Value = A[i];
        for (int j = i + 1; j <= N; j++) {
            if (A[j] < Min_Value) {
                Min = j;  // Min は最小値のインデックス（1～N）
                Min_Value = A[j];  // Min_Value は現時点での最小値
            }
        }
        swap(A[i], A[Min]);
    }

    // 出力
    for (int i = 1; i <= N; i++) cout << A[i] << endl;
    return 0;
}
```

3.6.3 再帰とは

アルゴリズムなどを記述する際に、自分自身を引用する形で定義することを**再帰的定義**といいます。それに関連して、自分自身を呼び出す関数のことを**再帰関数**といいます。

再帰的定義の考え方を使うと、アルゴリズムの手順を簡潔に書くことができるだけでなく、場合によってはプログラムの実装が楽になることがあります。次項ではプログラミングを使わない再帰的定義の例を紹介しますので、再帰の概念に慣れていきましょう。

3.6.4 再帰的定義の例：5の階乗を求める

まず、5の階乗（➡3.3.3項）を計算するアルゴリズムを、for文のような繰り返し処理を使わずに書いてみましょう。自然に考えると以下のようになりますが、やや冗長です。また、これが10の階乗や100の階乗となれば、さらに長くなってしまいます。

1. まず、1×2の値を計算する
2. 次に、1.の結果に3を掛ける
3. 次に、2.の結果に4を掛ける
4. 最後に、3.の結果に5を掛ける

そこで、以下のように再帰的な定義を使うと、アルゴリズムを簡潔に記述することができます。たとえば操作5を実行した場合、計算結果は5の階乗となります。

> 操作 N：
>
> - Nが1の場合：1を返す
> - Nが2以上の場合：(操作$N-1$の計算結果) × Nを返す
>
> ※操作Nの計算結果に、同種の操作である操作$N-1$を引用しているので、再帰的といえる

下図は**操作5**を実行したときの計算過程を示しており、正しい値1×2×3×4×5＝120がきちんと計算されていることが分かります。

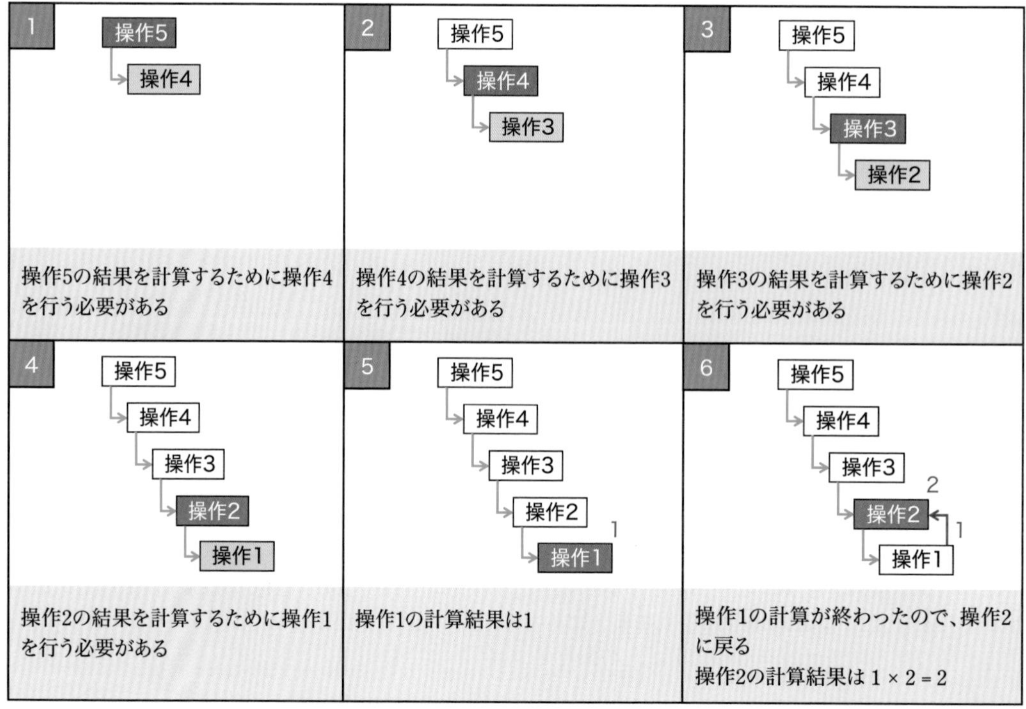

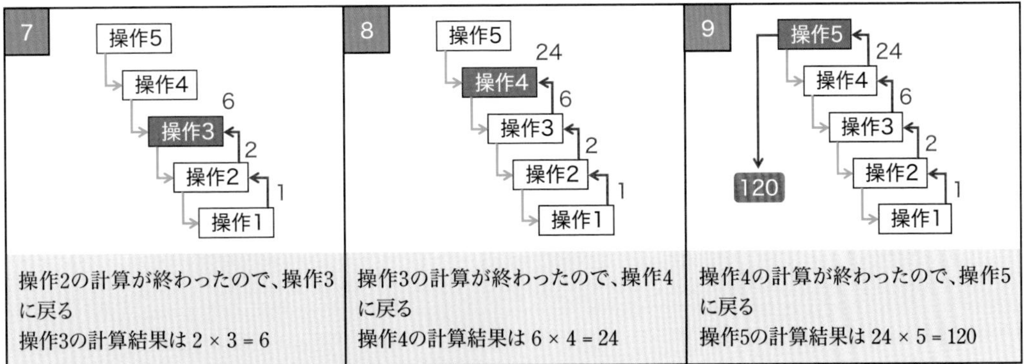

操作2の計算が終わったので、操作3に戻る
操作3の計算結果は $2 \times 3 = 6$

操作3の計算が終わったので、操作4に戻る
操作4の計算結果は $6 \times 4 = 24$

操作4の計算が終わったので、操作5に戻る
操作5の計算結果は $24 \times 5 = 120$

3.6.5 再帰関数の例①：階乗

3.6.4項では再帰的定義によって階乗を求めるアルゴリズムを記述しましたが、たとえば**コード3.6.3**のようなプログラムを書くと、同じようなことができます。関数`func(N)`の値の計算のために同じ関数`func(N - 1)`を呼び出しているため、`func(N)`は**再帰関数**であるといえます。ここで`N == 1`の場合分けがなければ、プログラムの実行が永遠に終わらないことに注意してください（➡**3.6.8項**）。

コード3.6.3　再帰関数による階乗の計算

```
#include <iostream>
using namespace std;

int func(int N) {
    if (N == 1) return 1; // このような場合分けすべきケースを「ベースケース」といいます
    return func(N - 1) * N;
}

int main() {
    int N;
    cin >> N;
    cout << func(N) << endl;
    return 0;
}
```

たとえば$N = 5$の場合の挙動は以下のようになります。3.6.4項で紹介した手計算の例と同じような過程で計算されていることが分かります（操作Nの代わりに`func(N)`を使うイメージです）。

1. `func(5)`は`func(4) * 5`を返すことになっているので、関数`func(4)`を呼び出す
2. `func(4)`は`func(3) * 4`を返すことになっているので、関数`func(3)`を呼び出す
3. `func(3)`は`func(2) * 3`を返すことになっているので、関数`func(2)`を呼び出す
4. `func(2)`は`func(1) * 2`を返すことになっているので、関数`func(1)`を呼び出す
5. `func(1)`は`N == 1`の条件を満たすため、1を返す
6. `func(2)`は`func(1)`の呼び出しが終わったので値を返せる。`1 * 2 = 2`を返す
7. `func(3)`は`func(2)`の呼び出しが終わったので値を返せる。`2 * 3 = 6`を返す
8. `func(4)`は`func(3)`の呼び出しが終わったので値を返せる。`6 * 4 = 24`を返す
9. `func(5)`は`func(4)`の呼び出しが終わったので値を返せる。`24 * 5 = 120`を返す

関数の呼び出しのイメージ図は、以下のようになります。

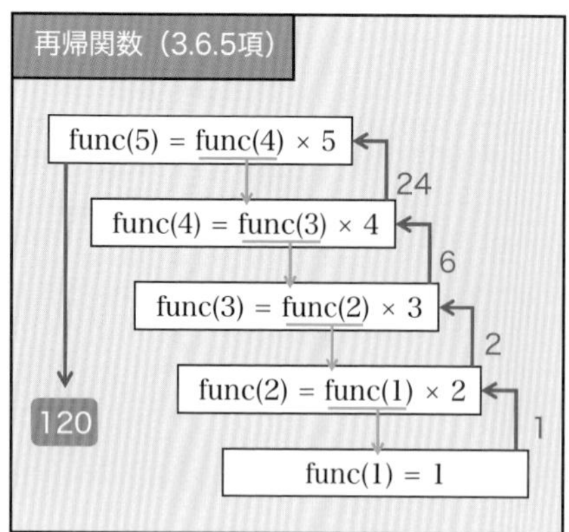

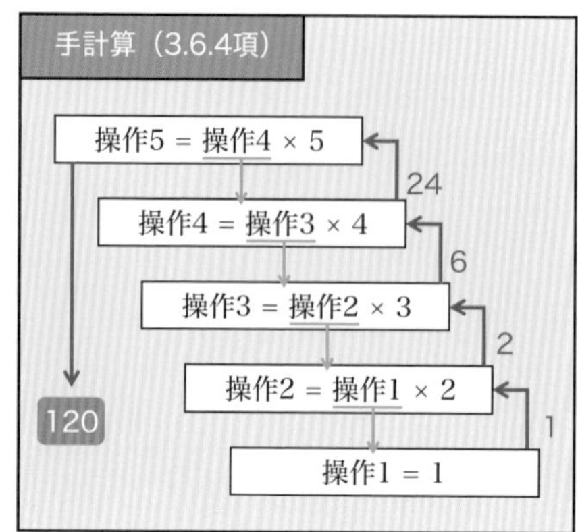

3.6.6 再帰関数の例②：ユークリッドの互除法

再帰関数を使うことで実装が簡潔になる例として、ユークリッドの互除法（➡3.2節）があります。ユークリッドの互除法は、AとBの最大公約数を「大きいほうの値を小さいほうの値で割った余りに書き換えることを繰り返す」といった方針で求めていくものです。

このアルゴリズムは**コード3.2.2**のようにwhile文を用いて実装することも可能ですが、**コード3.6.4**のように再帰関数を使うと、プログラムの長さが半分程度になります。なお、再帰関数は通常の関数と同様、2つ以上の引数をもつ場合があることに注意してください。

コード3.6.4　再帰関数によるユークリッドの互除法

```
long long GCD(long long A, long long B) {
    if (B == 0) return A; // ベースケース
    return GCD(B, A % B);
}
```

たとえば、関数GCD(777, 123)を呼び出した場合の挙動は以下のようになります。

1. $777 \bmod 123 = 39$なので、GCD(777, 123)はGCD(123, 39)を呼び出す
2. $123 \bmod 39 = 6$なので、GCD(123, 39)はGCD(39, 6)を呼び出す
3. $39 \bmod 6 = 3$なので、GCD(39, 6)はGCD(6, 3)を呼び出す
4. $6 \bmod 3 = 0$なので、GCD(6, 3)はGCD(3, 0)を呼び出す
5. ここでGCD(3, 0)はB == 0の条件を満たすので、Aの値である3を返す
6. GCD(6, 3)はGCD(3, 0)の返り値である3を返す
7. GCD(39, 6)はGCD(6, 3)の返り値である3を返す
8. GCD(123, 39)はGCD(39, 6)の返り値である3を返す
9. GCD(777, 123)はGCD(123, 39)の返り値である3を返す

ここで、再帰関数の呼び出しでは常にBよりAのほうが大きい値になっています。なぜなら、「大きいほうを、小さいほうで割った余りに書き換える」「2つの数を入れ替える」という操作を同時に行っているからです。次ページの図は、**コード3.2.2**と再帰関数のプログラムにおけるA, Bの値の変化を示しています。

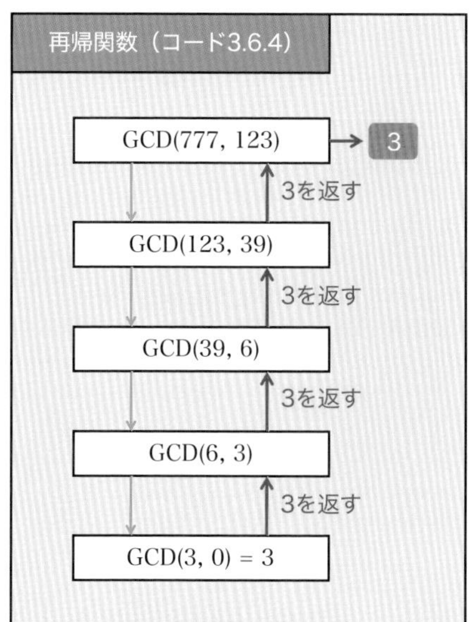

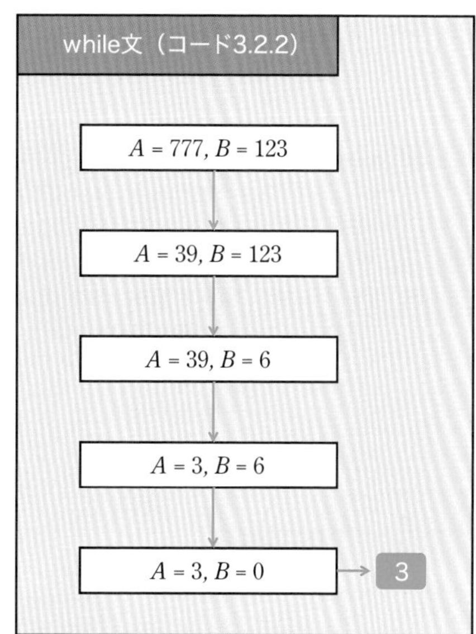

3.6.7 再帰関数の例③：分割統治法で合計値を求める

3.6.4〜3.6.6項で紹介した例では、再帰関数の中で1回しか再帰呼び出しを行っていませんが、2回以上の再帰呼び出しを行うことも可能です。例として、N個の整数$A_1, A_2, \ldots, A_N$の合計値を求める問題を考えましょう（➡2.1.5項）。

自然な実装として、単純にfor文などを用いて合計値を求めることが考えられますが、以下のように再帰的な方法で計算することも可能です（ここでは再帰関数に慣れていただくため、あえてこのような方法を選んでいます）。

コード3.6.5　分割統治法による区間の合計値の計算

```
#include <iostream>
using namespace std;

int N, A[109];

int solve(int l, int r) {
    if (r - l == 1) return A[l];
    int m = (l + r) / 2;  // 区間 [l, r) の中央で分割する
    int s1 = solve(l, m);  // s1 は A[l]+...+A[m-1] の合計値となる
    int s2 = solve(m, r);  // s2 は A[m]+...+A[r-1] の合計値となる
    return s1 + s2;
}

int main() {
    // 入力
    cin >> N;
    for (int i = 1; i <= N; i++) cin >> A[i];

    // 再帰呼び出し → 答えの出力
    int Answer = solve(1, N + 1);
    cout << Answer << endl;
    return 0;
}
```

ここで、関数`solve(l, r)`は$A_l, A_{l+1}, \dots, A_{r-1}$の合計値を求める操作であり、以下の２つを計算することによって返り値を求めています。

- `solve(l, m)`：$A_l, A_{l+1}, \dots, A_{m-1}$の合計値
- `solve(m, r)`：$A_m, A_{m+1}, \dots, A_{r-1}$の合計値

また、$N = 4, (A_1, A_2, A_3, A_4) = (3, 1, 4, 1)$の場合、プログラムは以下の図のように動作します。少し複雑にも思えるアルゴリズムですが、合計値$3 + 1 + 4 + 1 = 9$がきちんと計算されています[注3.6.1]。

なお、一般に問題を複数の部分問題に分割し、それぞれの部分問題を再帰的に解き、その計算結果を合併（統治）することで元の問題を解くアルゴリズムを**分割統治法**といいます。分割統治法は、本節後半で扱うマージソートでも利用されています。

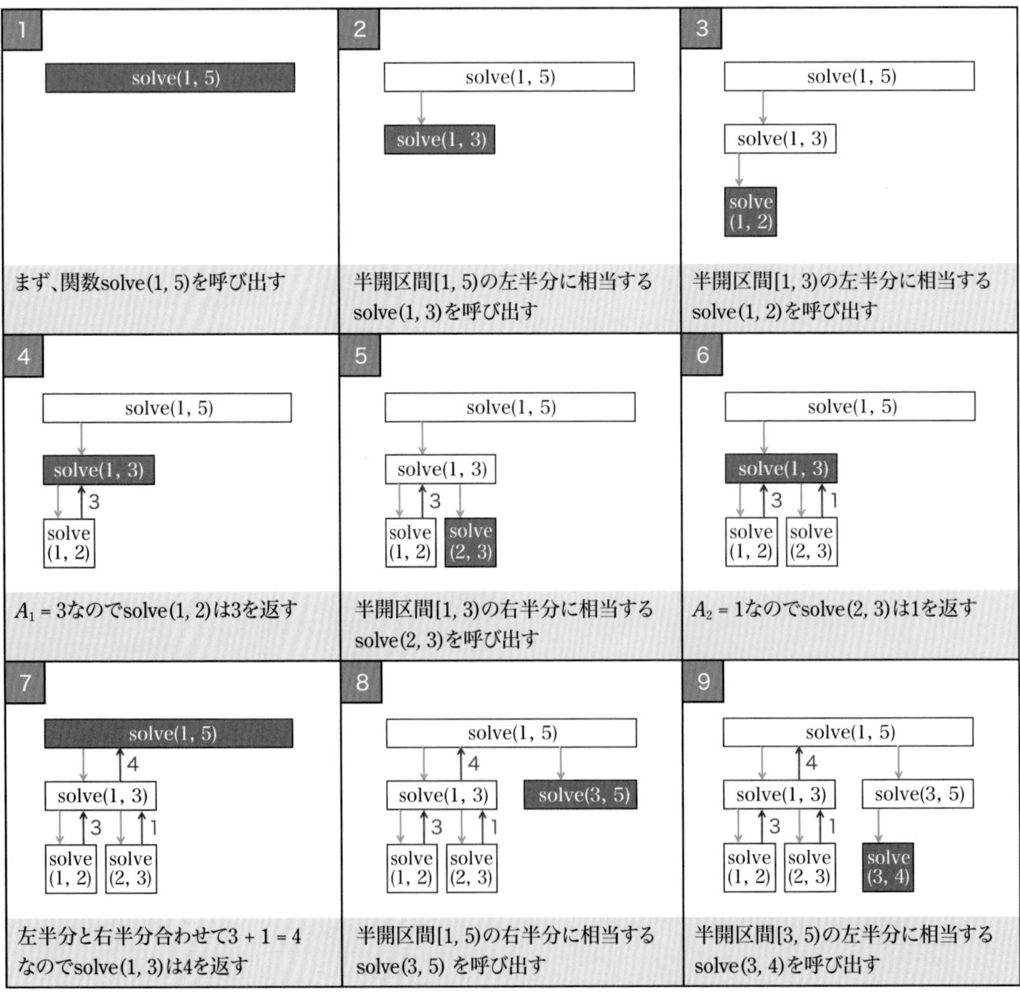

注3.6.1　図の説明にある半開区間が分からない人は、➡**2.5.8項**に戻って確認しましょう。

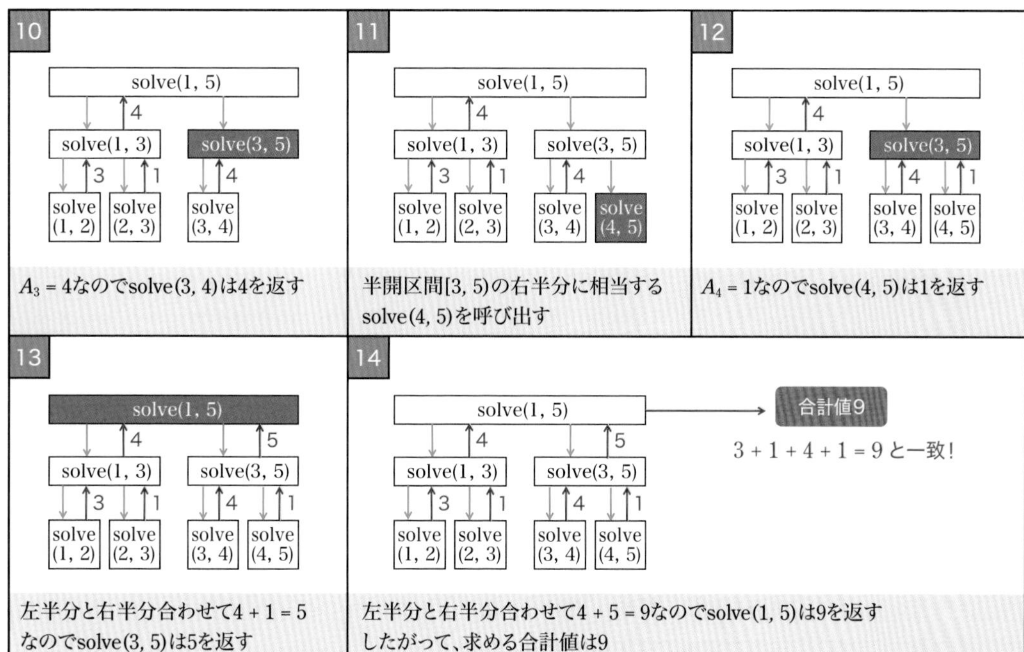
10
solve(1, 5)
4
solve(1, 3)
solve(3, 5)
3
1
4
solve (1, 2)
solve (2, 3)
solve (3, 4)
A_3 = 4なのでsolve(3, 4)は4を返す
11
半開区間[3, 5)の右半分に相当するsolve(4, 5)を呼び出す
12
A_4 = 1なのでsolve(4, 5)は1を返す
13
5
solve (4, 5)
左半分と右半分合わせて4 + 1 = 5なのでsolve(3, 5)は5を返す
14
合計値9
3 + 1 + 4 + 1 = 9と一致!
左半分と右半分合わせて4 + 5 = 9なのでsolve(1, 5)は9を返す
したがって、求める合計値は9

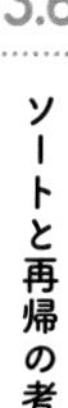
3.6
ソートと再帰の考え方

3.6.8 再帰関数を実装する際の注意点

再帰関数は、アルゴリズムの記述を簡潔にする便利なツールです。たとえば3.6.7項の問題を分割統治法で解きたいとき、for文などの繰り返し処理だけでプログラムを書こうとしても難しいですが、再帰関数を使うと一気に明快になります。

一方、少しプログラムを書き間違えると大変なことになってしまうので、再帰関数を扱う際には注意が必要です。**コード3.6.6**はNの階乗を計算するつもりのプログラムですが$N = 1$の場合の条件分岐を忘れてしまったため、実行が永遠に終わりません。

たとえばfunc(5)を呼び出した場合、func(5)→func(4)→func(3)→func(2)→func(1)→func(0)→func(-1)→func(-2)→func(-3)→func(-4)→… といったように、再帰呼び出しが止まらなくなってしまいます。

コード3.6.6　実行が永遠に終わらないプログラムの例

```
int func(int N) {
    return func(N - 1) * N;
}
```

3.6.9 マージソート

いよいよ本節のゴールである「マージソート」に入ります。マージソートは、N個の数$A_1, A_2, \ldots, A_N$を計算量$O(N \log N)$で小さい順に整列できる、効率的なソートアルゴリズムの1つです。

マージソートでは、2つのソート済み配列を合併するMerge操作が基礎になっているので、まずはこれについて考えてみましょう。

Merge操作

長さaの列Aと長さbの列Bが与えられます。ここで列A・Bはすでにソートされています。2つの列を合併し、小さい順に整列するプログラムを作成してください。

たとえば列$[13, 34, 50, 75]$と列$[11, 20, 28, 62]$が与えられたとき、合併後は$[11, 13, 20, 28, 34, 50, 62, 75]$になっているべきです。計算量は$O(a + b)$であることが望ましいです。

これは以下のようなアルゴリズムを使うと、2つの列を高々$a + b - 1$回の比較で正しく合併することができます。

1. 列Cを用意する。列Cは最初、空である。
2. 以下の操作を、列A・列Bのすべての要素が消えるまで繰り返す[注3.6.2]。
    - 列Aが空であれば、列Bで最小の要素を列Cに移す
    - 列Bが空であれば、列Aで最小の要素を列Cに移す
    - そのいずれでもなければ、列Aで残っている最小の要素と、列Bで残っている最小の要素を比較する。その後、小さいほうを列Cに移す

たとえば、列Aが$[13, 34, 50, 75]$、列Bが$[11, 20, 28, 62]$の場合の操作の過程は以下のようになります。なお、Merge操作を行うプログラムの実装は➡**節末問題3.6.3**で扱います。

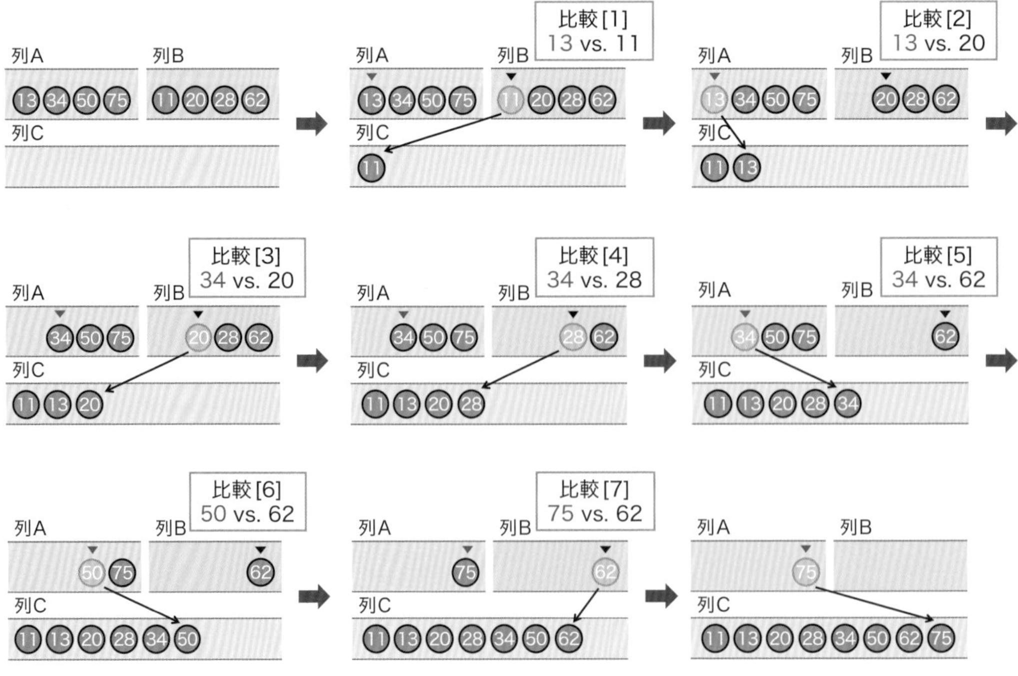

注3.6.2　列A, Bはすでにソートされているため、列Aまたは列Bで残っている最小の要素は、残っているものの中で最も左にある要素です。

それでは、Merge操作を利用して配列をソートしてみましょう。マージソートは、分割統治法を利用した次のようなアルゴリズムです。

マージソート

- k個の要素からなる列を、それぞれ$k/2$個の要素からなる列A・列Bに分割する
- 列Aに対してマージソートを行い、ソートした後の列をA'とする
- 列Bに対してマージソートを行い、ソートした後の列をB'とする
- 列A'とB'に対してMerge操作を行うことで、k個の要素からなる列がソートされる

※最初は、N個の数$A_1, A_2, \ldots, A_N$に対してマージソートを行う

たとえば、4つの数からなる列$[31, 41, 59, 26]$にマージソートを適用すると、以下のようになります。

1. 列$[31, 41, 59, 26]$を$[31, 41]$と$[59, 26]$に分割する
2. 列$[31, 41]$に対してマージソートを行った結果、$[31, 41]$になる
3. 列$[59, 26]$に対してマージソートを行った結果、$[26, 59]$になる
4. 列$[31, 41]$と列$[26, 59]$に対してMerge操作を行い、$[26, 31, 41, 59]$が得られる

このようにして、4つの数が小さい順に整列されました（手順2.と3.において、2つの数からなる列のマージソートの具体的な計算過程は省略しています）。下図はアルゴリズムの流れを示しています。

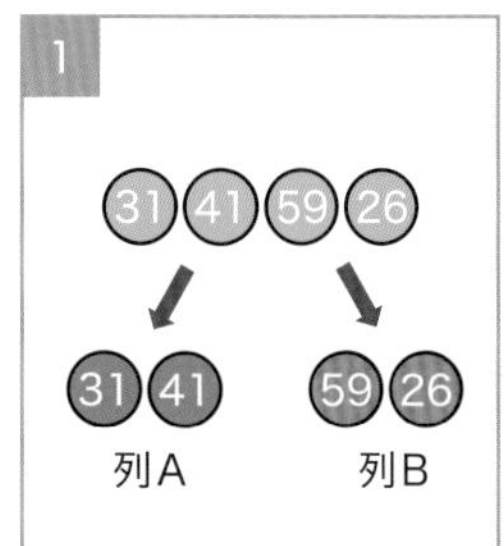

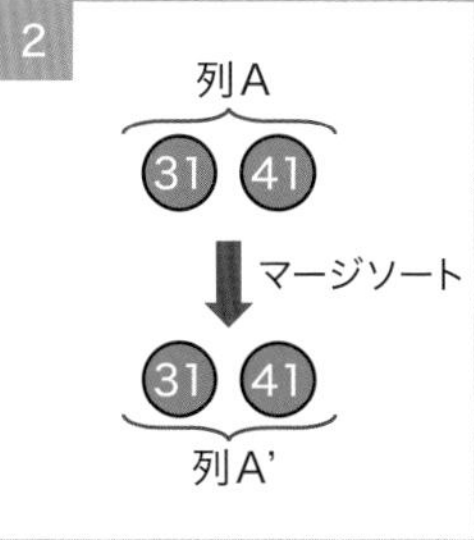

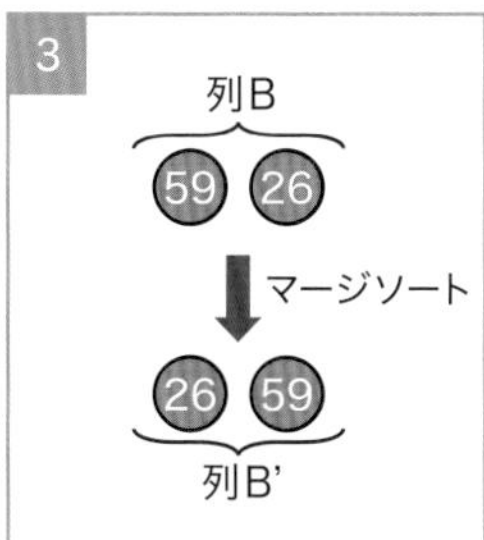

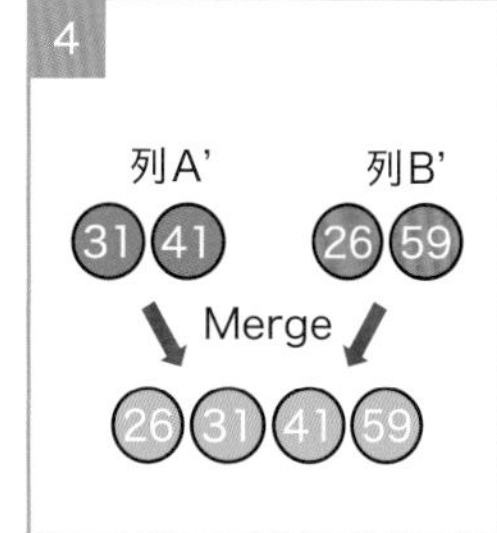

もう1つ例を挙げましょう。8個の数$[50, 13, 34, 75, 62, 20, 28, 11]$にマージソートを適用すると、次ページの図のようになります。図の番号（1〜21）は、計算処理の順番を示しています。

なお、マージソートにおいて、k個の数を$k/2$個ずつに分割する方法は好きに決めて良いですが、配列の半開区間$[l, r)$ $(A_l, A_{l+1}, \ldots, A_{r-1}$のことを指す ➡2.5.8項) に対してマージソートを行う場合、$m = \lfloor (l + r)/2 \rfloor$として

- 半開区間$[l, m)$ $(A_l, A_{l+1}, \ldots, A_{m-1})$
- 半開区間$[m, r)$ $(A_m, A_{m+1}, \ldots, A_{r-1})$

に分割するのが一般的です。詳しい実装方法は➡節末問題3.6.3で扱います。

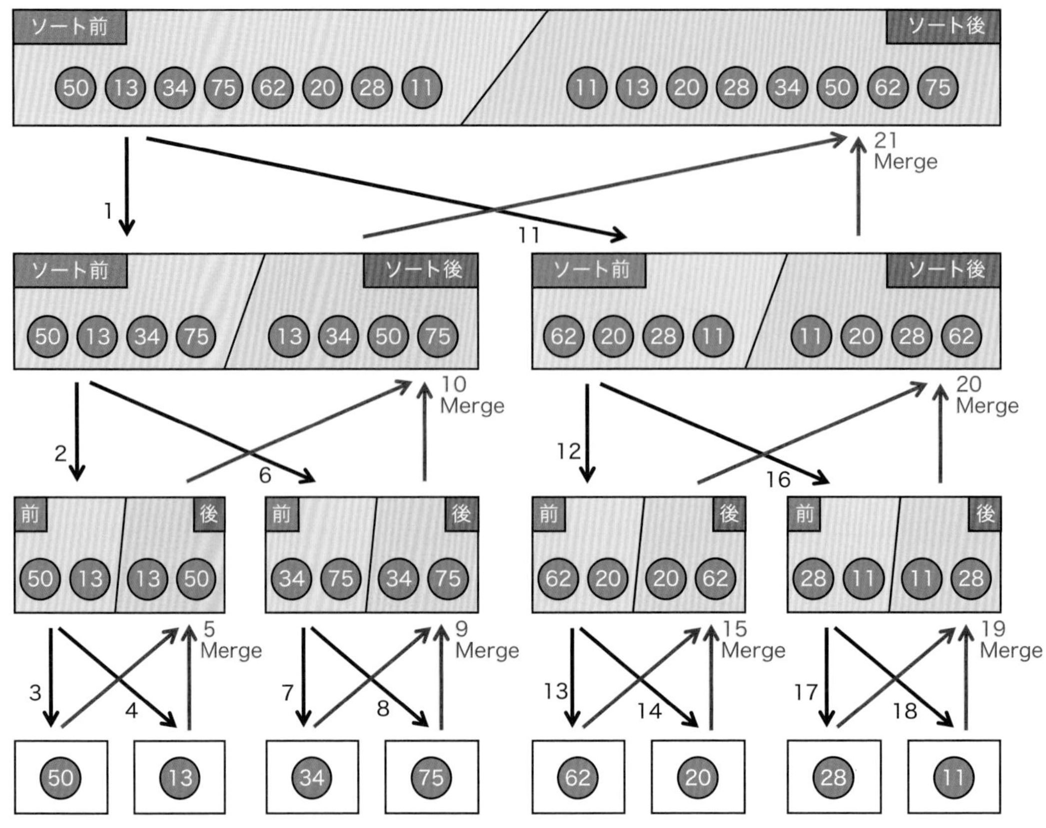

3.6.10 マージソートの計算量

次に、マージソートの計算量（Merge操作における比較回数）を見積もってみましょう。Merge操作を行うと列の長さが倍になるため、合併の段階はおよそ$\log_2 N$個です。そこで各段階における比較回数はN回以内であるため、全体の比較回数は$O(N \log N)$回となります。

たとえば$N = 8$の場合、以下に示すように最大17回の比較を要します。

- 下から1番目の段階では、「長さ1の列2つのMerge（最大比較回数1回）」を4回行う
- 下から2番目の段階では、「長さ2の列2つのMerge（最大比較回数3回）」を2回行う
- 下から3番目の段階では、「長さ4の列2つのMerge（最大比較回数7回）」を1回行う
- したがって、比較回数は$(1 \times 4) + (3 \times 2) + (7 \times 1) = 17$回以下

3.6.2項で紹介した選択ソートでは$\frac{N(N-1)}{2} = 28$回の比較が必要であるため、約1.6倍の差があります。この差はNが増加するとさらに大きくなり、たとえば$N = 1000$の場合、2つのアルゴリズムの性能の差は約50倍にまで膨らみます。

3.6.11 その他のソートアルゴリズム

ここまで、選択ソートとマージソートの2つを解説しましたが、他にもさまざまなソートアルゴリズムが知られています。本節の最後に、代表的なソートアルゴリズムをいくつかリストアップします。

挿入ソート

前から順番に、ソート済みの部分に要素を適切に挿入することを繰り返すアルゴリズムです。ほとんど小さい順に整列されているようなケースでは高速に動作しますが、平均的なケースおよび最悪ケースでの計算量は$O(N^2)$であり、あまり効率的ではありません。

クイックソート

実用上最も高速とされるソートアルゴリズムの1つです。平均計算量は$O(N \log N)$であり、マージソートと同様、分割統治法のアイデアを利用します。高速化のために乱数を使うこともあります。

計数ソート

N個の数の最大値をBとするとき、1の個数、2の個数、...、Bの個数を数えることで配列をソートするアルゴリズムです。計算量は$O(N+B)$であり、$[2, 3, 3, 1, 1, 3]$のような値が小さい配列に対しては有効です。

ページ数の都合上、本書では詳しく扱いませんが、興味のある人は巻末に掲載した推薦図書などでぜひ調べてみてください。

節末問題

問題3.6.1 ★★

以下の再帰関数について、次の問いに答えてください。

1. func(2)を呼び出した場合の返り値はいくつですか。
2. func(3)を呼び出した場合の返り値はいくつですか。
3. func(4)を呼び出した場合の返り値はいくつですか。
4. func(5)を呼び出した場合の返り値はいくつですか。

```
int func(int N) {
    if (N <= 2) return 1;
    return func(N - 1) + func(N - 2);
}
```

問題3.6.2 ★★★★★

以下のアルゴリズムで、長さNの配列A[1], A[2], ..., A[N]が小さい順に整列されることを証明してください。なお、このソートアルゴリズムは、2021年10月に発表されたものです[注3.6.3]。

```
for (int i = 1; i <= N; i++) {
    for (int j = 1; j <= N; j++) {
        if (A[i] < A[j]) swap(A[i], A[j]);
    }
}
```

注3.6.3 https://arxiv.org/abs/2110.01111

問題3.6.3 問題ID：027 ★★★

以下のプログラムは整数NとN個の整数$A_1, A_2, \ldots, A_N$を入力し、マージソートを行うものですが、Merge操作の一部が抜けています。適切にソートアルゴリズムが動作するように、プログラムを完成させてください。なお、Python・Java・Cにおける未完成のプログラムは、GitHubに掲載されていますので、ぜひ参考にしてください。

```
#include <iostream>
using namespace std;

int N, A[200009], C[200009];

// A[l], A[l+1], ..., A[r-1] を小さい順に整列する関数
void MergeSort(int l, int r) {
    // r-l=1 の場合、すでにソートされているので何もしない
    if (r - l == 1) return;

    // 2 つに分割した後、小さい配列をソート
    int m = (l + r) / 2;
    MergeSort(l, m);
    MergeSort(m, r);

    // この時点で以下の 2 つの配列がソートされている:
    // 列 A' に相当するもの [A[l], A[l+1], ..., A[m-1]]
    // 列 B' に相当するもの [A[m], A[m+1], ..., A[r-1]]
    // 以下が Merge 操作となります。

    int c1 = l, c2 = m, cnt = 0;
    while (c1 != m || c2 != r) {
        if (c1 == m) {
            // 列 A' が空の場合
            C[cnt] = A[c2]; c2++;
        }
        else if (c2 == r) {
            // 列 B' が空の場合（抜けている部分）

        }
        else {
            // そのいずれでもない場合（抜けている部分）

        }
        cnt++;
    }

    // 列 A', 列 B' を合併した配列 C を A に移す
    // [C[0], ..., C[cnt-1]] -> [A[l], ..., A[r-1]]
    for (int i = 0; i < cnt; i++) A[l + i] = C[i];
}

int main() {
    // 入力
    cin >> N;
    for (int i = 1; i <= N; i++) cin >> A[i];

    // マージソート → 答えの出力
    MergeSort(1, N + 1);
    for (int i = 1; i <= N; i++) cout << A[i] << endl;
    return 0;
}
```

3.7 動的計画法 ～漸化式の利用～

本節では、数列の漸化式の考え方と、それを利用した「動的計画法」というアルゴリズムについて扱います。動的計画法は最も重要なアルゴリズムの1つであり、とても応用範囲が広いです。たとえばコンビニで最適な買い物の仕方を求める、いくつかの都市を最短距離で巡る方法を求めるなどの身近な問題を解くことができます。まずはその基礎となる、漸化式から見ていきましょう。

3.7.1 数列の漸化式とは／漸化式の例①：等差数列

数列において、前の項の結果からその項の値を求める規則のことを**漸化式**（ぜんかしき）といいます。簡単な漸化式の例として、以下が挙げられます。

- $a_1 = 1$
- $a_n = a_{n-1} + 2\ (n \geqq 2)$

漸化式を満たす数列を求める一番簡単な方法は、前の項から順番に1つずつ計算していくことです。たとえば上の漸化式を満たす数列の最初の4項は、以下のようにして計算され、隣り合う項の差が2である等差数列（➡**2.5.4項**）となります。

- **第1項**：漸化式の1つ目の式より $a_1 = 1$
- **第2項**：漸化式の2つ目の式より $a_2 = 1 + 2 = 3$
- **第3項**：漸化式の2つ目の式より $a_3 = 3 + 2 = 5$
- **第4項**：漸化式の2つ目の式より $a_4 = 5 + 2 = 7$

第5項以降も同じように計算することができ、一般の正の整数nについて$a_n = 2n - 1$となります。なお、a_nをnの式で表したものを**数列の一般項**といいます。

a_1	a_2	a_3	a_4	a_5	a_6	a_7	a_8	a_9
1								

最初の項は $a_1 = 1$

➡

a_1	a_2	a_3	a_4	a_5	a_6	a_7	a_8	a_9
1	3							

第2項は前の項に2を足す $a_2 = a_1 + 2 = 3$

➡

a_1	a_2	a_3	a_4	a_5	a_6	a_7	a_8	a_9
1	3	5						

第3項は前の項に2を足す $a_3 = a_2 + 2 = 5$

➡

a_1	a_2	a_3	a_4	a_5	a_6	a_7	a_8	a_9
1	3	5	7					

第4項は前の項に2を足す $a_4 = a_3 + 2 = 7$

3.7.2 漸化式の例②：フィボナッチ数列

次に、やや複雑な例として以下の漸化式を考えましょう。漸化式は直前の項の結果にとどまらず、2つ以上前の項の結果を利用することもあります。

- $a_1 = 1, a_2 = 1$
- $a_n = a_{n-1} + a_{n-2}\ (n \geqq 3)$

これも下図のように前から順番に計算していくと、$a = (1, 1, 2, 3, 5, 8, 13, 21, 34, 55, \ldots)$ と続くことが分かります。なお、この数列は**フィボナッチ数列**という名前が付いており、一般項を求めることも可能です（かなり複雑な式になります[注3.7.1]）。

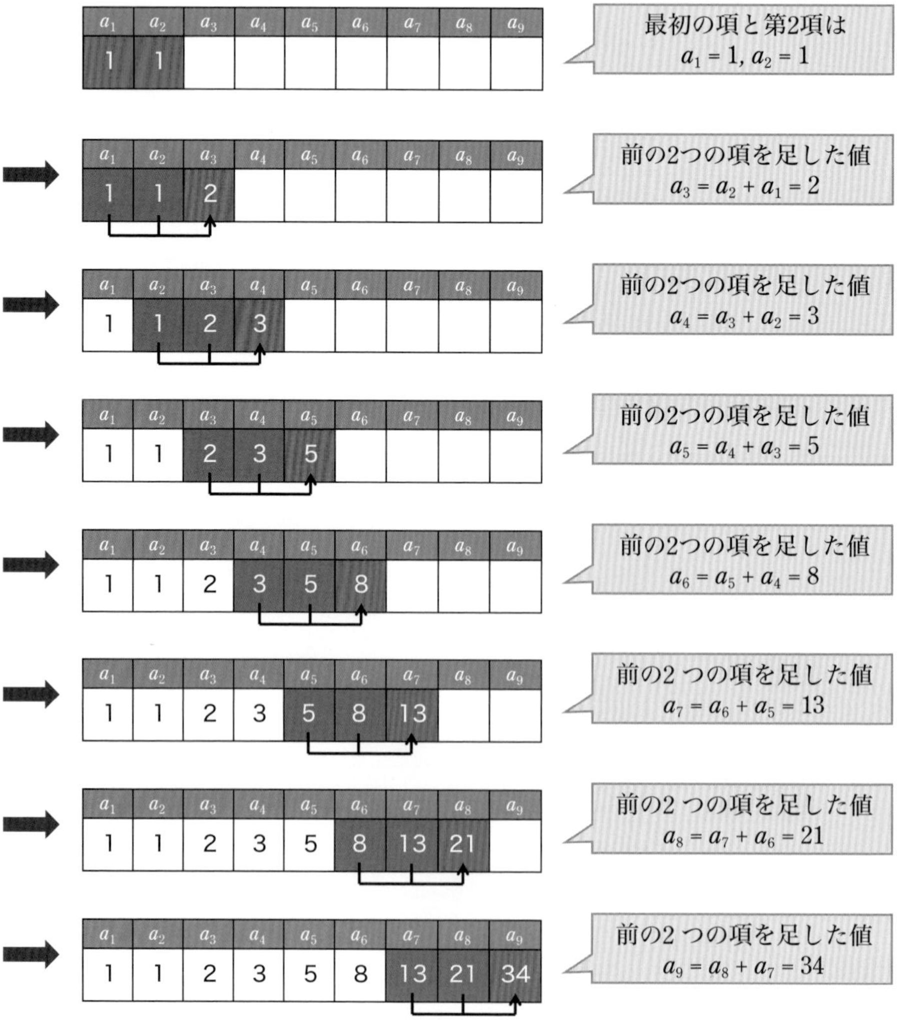

a_1	a_2	a_3	a_4	a_5	a_6	a_7	a_8	a_9
1	1							

最初の項と第2項は
$a_1 = 1, a_2 = 1$

a_1	a_2	a_3	a_4	a_5	a_6	a_7	a_8	a_9
1	1	2						

前の2つの項を足した値
$a_3 = a_2 + a_1 = 2$

a_1	a_2	a_3	a_4	a_5	a_6	a_7	a_8	a_9
1	1	2	3					

前の2つの項を足した値
$a_4 = a_3 + a_2 = 3$

a_1	a_2	a_3	a_4	a_5	a_6	a_7	a_8	a_9
1	1	2	3	5				

前の2つの項を足した値
$a_5 = a_4 + a_3 = 5$

a_1	a_2	a_3	a_4	a_5	a_6	a_7	a_8	a_9
1	1	2	3	5	8			

前の2つの項を足した値
$a_6 = a_5 + a_4 = 8$

a_1	a_2	a_3	a_4	a_5	a_6	a_7	a_8	a_9
1	1	2	3	5	8	13		

前の2 つの項を足した値
$a_7 = a_6 + a_5 = 13$

a_1	a_2	a_3	a_4	a_5	a_6	a_7	a_8	a_9
1	1	2	3	5	8	13	21	

前の2 つの項を足した値
$a_8 = a_7 + a_6 = 21$

a_1	a_2	a_3	a_4	a_5	a_6	a_7	a_8	a_9
1	1	2	3	5	8	13	21	34

前の2 つの項を足した値
$a_9 = a_8 + a_7 = 34$

注3.7.1 $a_n = \frac{1}{\sqrt{5}} \times \left(\left(\frac{1+\sqrt{5}}{2} \right)^n - \left(\frac{1-\sqrt{5}}{2} \right)^n \right)$ となります。

3.7.3 漸化式の例③：さらに複雑な漸化式

さらに複雑な例として、以下の条件を満たす数列の第5項a_5を求めてみましょう。ここで関数 min(a, b) はaとbのうち小さいほうを返す関数です（➡2.3.2項）。

- $a_1 = 0, a_2 = 2$
- $a_n = \min(a_{n-1} + |h_{n-1} - h_n|, a_{n-2} + |h_{n-2} - h_n|)\ (n \geqq 3)$
- ただし、数列hの最初の5項は$8, 6, 9, 2, 1$であるとする

このような複雑な漸化式は、前の2つの例のように一般項を求めることができません。その代わりに、以下のように前の項から順番に計算すると、$a_5 = 7$だと分かります。前から1つずつ計算していくやり方は、本節の後半で扱う「動的計画法」と非常に深く関連します。

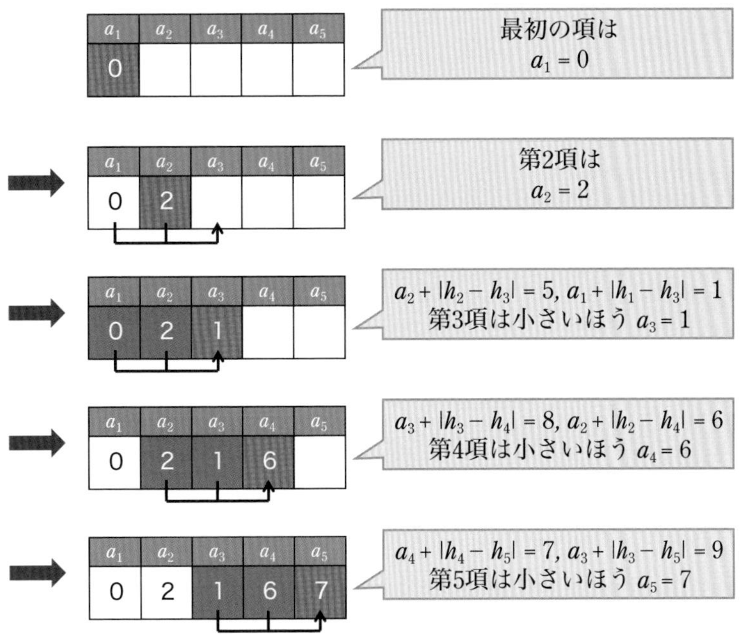

3.7.4 動的計画法とは

いよいよ漸化式を応用したアルゴリズムである動的計画法の話題に入りましょう。

動的計画法を一言で説明すると、**「数列の漸化式のように、小さい問題の（この問題では前の）結果を利用して解くアルゴリズム」**のことを指します。3.6節までで扱った二分探索法、素数判定法、モンテカルロ法、ソートアルゴリズムなどと比べ適用範囲が広く、アルゴリズムというよりは設計技法のようなものに近いです。

3.7.5項から3.7.8項にかけて、具体的な適用例をいくつか見ていきましょう。

3.7.5 動的計画法の例①：カエルの移動

最初に紹介する問題は、移動で消費する体力の最小値を求める問題です。プログラミングを使わずに、手計算で解いてみましょう。

> 以下に示すように、5個の足場が横一列に並べられています。カエルは「1個先または2個先の足場へジャンプする」という行動を繰り返すことで、足場1から足場5に移動したいです。
> カエルはジャンプするとき、出発地点と着地地点の高さの差の絶対値だけ体力を消費します。消費する体力の合計として考えられる最小値を求めてください。
>
> 足場1（高さ8）、足場2（高さ6）、足場3（高さ9）、足場4（高さ2）、足場5（高さ1）
>
> たとえばこのように移動すると、合計で体力13を消費します
> （8 → 6：+2、6 → 9：+3、9 → 1：+8）

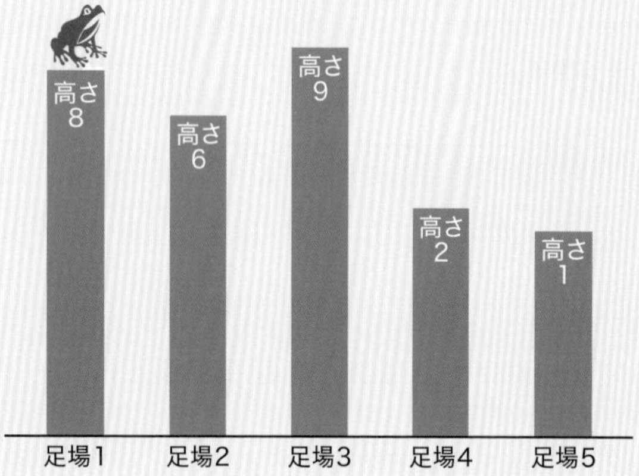

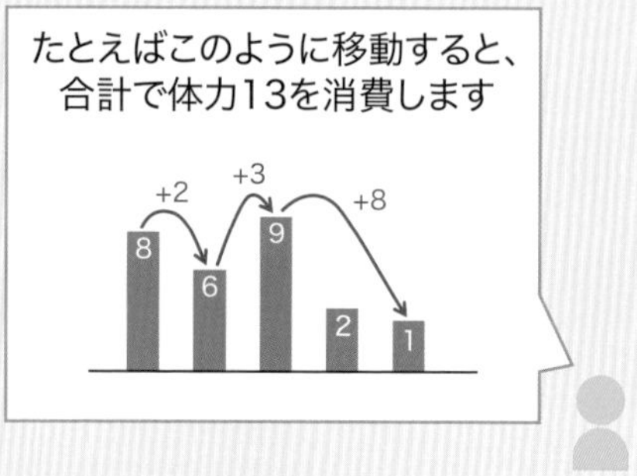

まず、カエルの移動方法を全探索するという解法が思いつくことでしょう。この問題は足場が5個と少なく、カエルの移動方法も5通りしかないため、十分現実的です。しかし足場の数Nが増えると、調べるべきパターンの数が指数関数的（➡2.4節）に増加するため、あまり実用的な解法ではありません。

そこで別の解法を検討しましょう。いきなり足場5にたどり着く方法を求めるのは難しいため、以下のように順番に考えていきます。

- 足場1から足場1まで移動するために消費する最小の体力dp[1]を求める
- 足場1から足場2まで移動するために消費する最小の体力dp[2]を求める
- 足場1から足場3まで移動するために消費する最小の体力dp[3]を求める
- 足場1から足場4まで移動するために消費する最小の体力dp[4]を求める
- 足場1から足場5まで移動するために消費する最小の体力dp[5]を求める
- このとき、dp[5]の値が求めるべき答えである

そうすると、次ページの図に示すような計算過程により、答えが7だと分かります。なお、各ステップで着地すべき足場は赤色で示しています。

1 dp[1] を求める

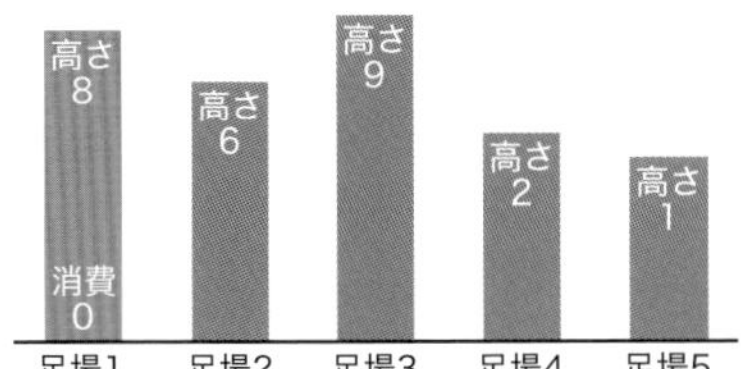

足場1から足場1までは移動をしなくてもたどり着けるので dp[1] = 0となります。

2 dp[2] を求める

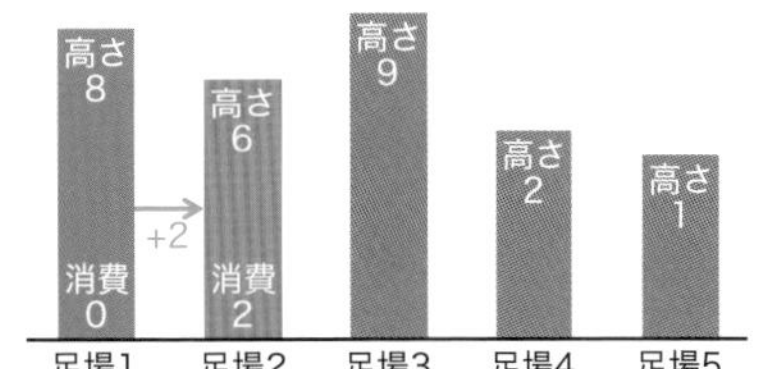

足場1から足場2に行く方法は「直接ジャンプする」以外ありません。直接ジャンプしたときに消費する体力は |8 - 6| = 2なので、dp[2] = 2となります。

3 dp[3] を求める

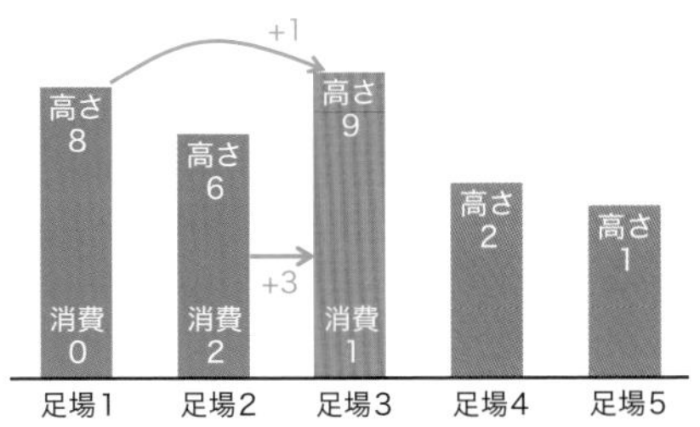

足場3に行く方法は「足場2から」「足場1から」の2つですが
足場2 → 足場3：累計消費体力 dp[2] + |6 − 9| = 5
足場1 → 足場3：累計消費体力 dp[1] + |8 − 9| = 1
後者のほうがお得なので、dp[3] = 1です。

4 dp[4] を求める

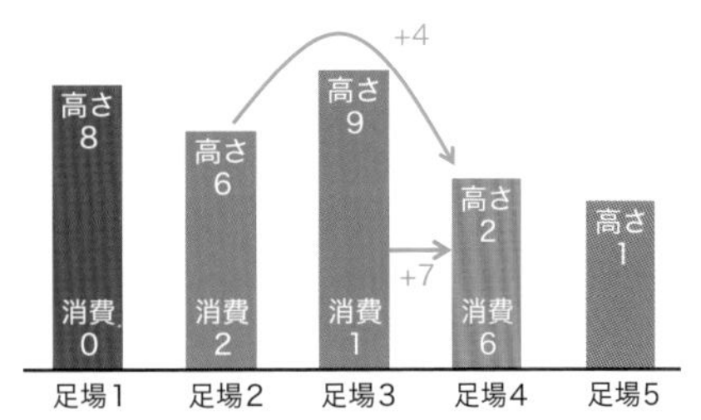

足場4に行く方法は「足場3から」「足場2から」の2つですが
足場3 → 足場4：累計消費体力 dp[3] + |9 − 2| = 8
足場2 → 足場4：累計消費体力 dp[2] + |6 − 2| = 6
後者のほうがお得なので、dp[4] = 6です。

5 dp[5] を求める

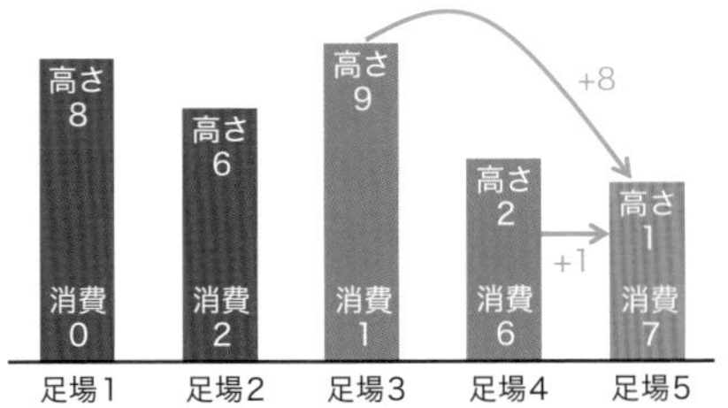

足場5に行く方法は「足場4から」「足場3から」の2つですが
足場4から：累計消費体力 dp[4] + |2 − 1| = 7
足場3から：累計消費体力 dp[3] + |9 − 1| = 9
前者のほうがお得なので、dp[5] = 7です。

6 答えが分かった

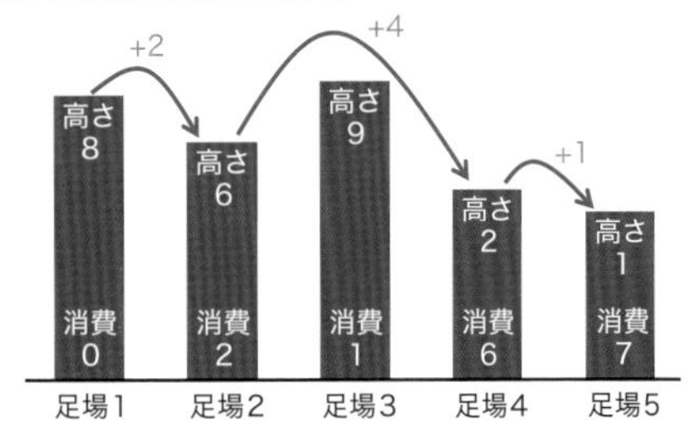

これで答えが7であることが分かりました！
なお、最適な経路は上図の赤線で示したものです。

3.7.6 動的計画法の例②：カエルの移動の一般化

今度は3.7.5項の問題を一般化した、以下の問題を考えてみましょう。

> 問題ID：028
>
> N個の足場があり、左からi番目の足場（足場iとする）の高さはh_iです。カエルは以下の行動を繰り返すことで、足場1から足場Nに移動したいです。
>
> - 足場iから$i+1$にジャンプする。体力$|h_i - h_{i+1}|$を消費する（$1 \leqq i \leqq N-1$）
> - 足場iから$i+2$にジャンプする。体力$|h_i - h_{i+2}|$を消費する（$1 \leqq i \leqq N-2$）
>
> 消費する体力の合計として考えられる最小値を求めてください。たとえば$N=5$、$(h_1, h_2, h_3, h_4, h_5) = (8, 6, 9, 2, 1)$の場合、3.7.5項と同一の問題となり、答えは7です。
>
> **制約**：$2 \leqq N \leqq 100000,\ 1 \leqq h_i \leqq 10000$
>
> **実行時間制限**：2秒
>
> **出典**：Educational DP Contest A – Frog 1

この問題も3.7.5項と同様、足場1からiまで移動するために消費する最小の体力をdp[i]とし、dp[1] → dp[2] → … → dp[N]の順に計算することを考えます。

まず、足場1から足場1までは移動しなくてもたどり着けるので、dp[1] = 0です。また、足場1から足場2まで行く方法は直接ジャンプするしかないため、dp[2] = $|h_1 - h_2|$です。次に足場3以降についてですが、足場i（$3 \leqq i \leqq N$）に移動する方法として以下の2つが考えられます。

- 体力$|h_{i-1} - h_i|$を使って、1個前の足場からジャンプする
- 体力$|h_{i-2} - h_i|$を使って、2個前の足場からジャンプする

そこで、それぞれの方法を使うと、足場iの時点での累計消費体力は以下の通りになります。

- 1個前からジャンプ：dp[$i-1$] + $|h_{i-1} - h_i|$ … (1)
- 2個前からジャンプ：dp[$i-2$] + $|h_{i-2} - h_i|$ … (2)

消費体力が少ないルートを選んだほうが得なので、dp[i]は(1)と(2)のうち小さいほうの値となります（3.7.3項で扱った漸化式と同じです）。よって、この漸化式に従って前から順番に1つずつ計算する**コード3.7.1**のようなプログラムを書くと、計算量$O(N)$で答えを求めることができます。

コード3.7.1 カエルの消費体力の最小値を求める問題

```
#include <iostream>
#include <cmath>
#include <algorithm>
using namespace std;

int N, H[100009], dp[100009];

int main() {
    // 入力
    cin >> N;
    for (int i = 1; i <= N; i++) cin >> H[i];
    // 動的計画法 → 答えの出力
```

次ページ

```
    for (int i = 1; i <= N; i++) {
        if (i == 1) dp[i] = 0;
        if (i == 2) dp[i] = abs(H[i - 1] - H[i]);
        if (i >= 3) {
            int v1 = dp[i - 1] + abs(H[i - 1] - H[i]); // 1 個前の足場からジャンプするとき
            int v2 = dp[i - 2] + abs(H[i - 2] - H[i]); // 2 個前の足場からジャンプするとき
            dp[i] = min(v1, v2);
        }
    }
    cout << dp[N] << endl;
    return 0;
}
```

3.7.7 動的計画法の例③：階段の上り方

次に紹介する問題は、階段の上り方の数を数える問題です。

> **問題ID：029**
>
> 太郎君はN段の階段を上ろうとしています。彼は一歩で1段か2段上ることができます。0段目から出発し、N段目にたどり着くまでの移動方法が何通りあるかを計算してください。
>
> **制約**：$1 \leqq N \leqq 45$
>
> **実行時間制限**：1秒

まずは具体例として$N = 6$のときの答えを考えてみましょう。最終的には6段目まで上る方法の数を求めたいところですが、いきなりこれを考えると難しくなってしまいます。そこで、以下のように順番に考えていきましょう。

- 0段目から0段目に上る方法の数dp[0]はいくつか？
- 0段目から1段目に上る方法の数dp[1]はいくつか？
- 0段目から2段目に上る方法の数dp[2]はいくつか？
- 0段目から3段目に上る方法の数dp[3]はいくつか？
- 0段目から4段目に上る方法の数dp[4]はいくつか？
- 0段目から5段目に上る方法の数dp[5]はいくつか？
- 0段目から6段目に上る方法の数dp[6]はいくつか？（これが答え）

まず、0段目はスタート地点なのでdp[0] = 1とします。また、0段目から1段目に上る方法は「一歩で上る」の1通りしかないので、dp[1] = 1です。次に2段目以降は、**最後の行動で場合分けを行う**ことで答えが分かります。太郎君がn段目まで上るとき、最後の行動としては以下の2つがあります。

> **パターンA**　n段目まで上る直前に、$n-1$段目から一歩で1段上る
> **パターンB**　n段目まで上る直前に、$n-2$段目から一歩で2段上る

そこで、パターンAで上る方法の数は、$n-1$段目まで上る方法の数dp[$n-1$]と等しいです。また、パターンBで上る方法の数は、$n-2$段目まで上る方法の数dp[$n-2$]と等しいです。したがって、dp[n] = dp[$n-1$] + dp[$n-2$]となります（フィボナッチ数 ➡3.7.2項）。

これですべての漸化式がそろったので、前から順番に1つずつ計算していきましょう。次のようにして、

答えが**13通り**だと分かります。

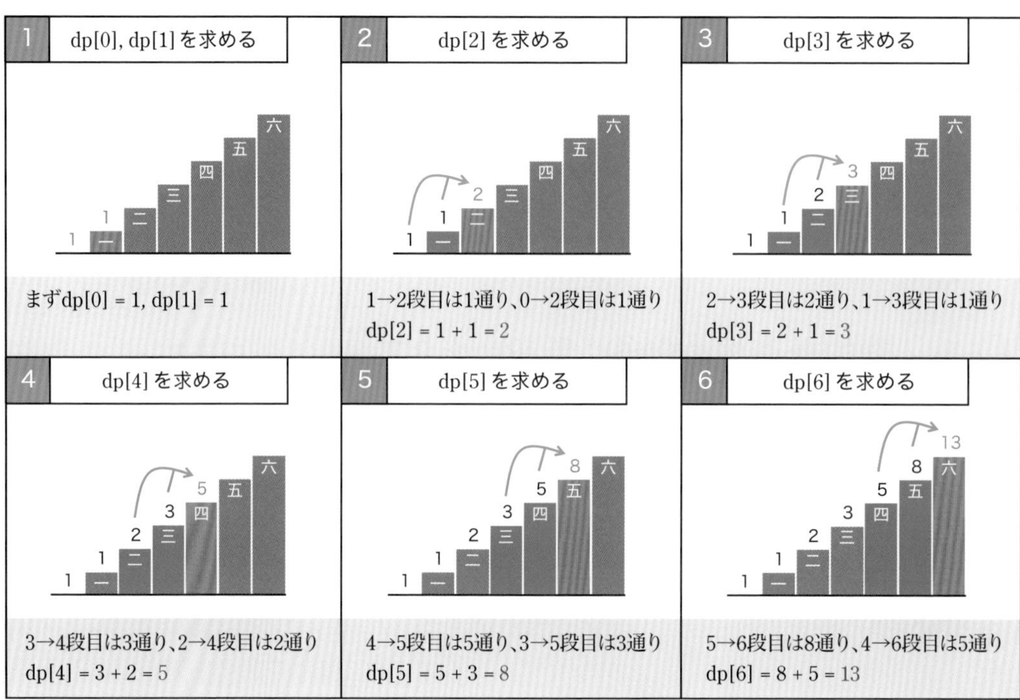

Nが6以外の場合も、$\mathrm{dp}[n] = \mathrm{dp}[n-1] + \mathrm{dp}[n-2]$という漸化式に従って前から順番に計算していけば、計算量$O(N)$で答えが求められます。実装の一例としては、**コード3.7.2**が考えられます。

コード3.7.2　階段の上り方がいくつかを求める問題

```
#include <iostream>
using namespace std;

int N, dp[54];

int main() {
    // 入力
    cin >> N;

    // 動的計画法 → 答えの出力
    for (int i = 0; i <= N; i++) {
        if (i <= 1) dp[i] = 1;
        else dp[i] = dp[i - 1] + dp[i - 2];
    }
    cout << dp[N] << endl;
    return 0;
}
```

3.7.8 動的計画法の例④：ナップザック問題

最後に紹介する問題は、**ナップザック問題**という有名問題です。少し難易度が高いですが、一歩足を踏み出して本格的な問題に挑戦してみましょう。

問題ID：030

N個の品物があり、品物には$1, 2, \ldots, N$と番号が付けられています。品物i $(1 \leqq i \leqq N)$ の重さはw_iであり、価値はv_iです。
太郎君は、重さの合計がWを超えないように、N個の品物からいくつか選ぶことにしました。選んだ品物の価値の合計として考えられる最大値を求めてください。

制約：$1 \leqq N \leqq 100, 1 \leqq W \leqq 10^5, 1 \leqq w_i \leqq W, 1 \leqq v_i \leqq 10^9$

実行時間制限：2秒

出典：Educational DP Contest D – Knapsack 1

たとえば$N = 4$, $W = 10$, $(w_i, v_i) = (3, 100), (6, 210), (4, 130), (2, 57)$の場合はどうでしょうか。$2^4 = 16$通りの選び方を全パターン調べることで、「品物2・3を選ぶと価値合計が最大値340となる」と分かります。しかし、$N = 100$の場合 2^{100}通りの選び方が存在するため、全探索をすると2秒以内に答えを出すことができません。

そこで以下の**二次元配列**を用いた動的計画法を考えましょう。

- dp[i][j]：品物iまでの中から、重さの合計がjとなるように選んだときの価値の最大値

これまではdp[0], dp[1], dp[2], ... のような一次元配列であったのに対し、今回は**二次元配列に対して漸化式を立てる**ことに注意してください。

なお、二次元配列についてイメージが湧かない方は、以下の二次元のマス目のようなものに数を書き込むことを想像すると理解しやすいと思います。たとえば（0番目から数えて）上から3段目、左から8列目のマスはdp[3][8]に対応し、重さの合計が8となるように品物1, 2, 3の中からいくつか選んだときの最大価値を意味します。

		重さ0	重さ1	重さ2	重さ3	重さ4	重さ5	重さ6	重さ7	重さ8	重さ9	重さ10
	品物0まで	dp[0][0]	dp[0][1]	dp[0][2]	dp[0][3]	dp[0][4]	dp[0][5]	dp[0][6]	dp[0][7]	dp[0][8]	dp[0][9]	dp[0][10]
重さ 3／価値 100	品物1まで	dp[1][0]	dp[1][1]	dp[1][2]	dp[1][3]	dp[1][4]	dp[1][5]	dp[1][6]	dp[1][7]	dp[1][8]	dp[1][9]	dp[1][10]
重さ 6／価値 210	品物2まで	dp[2][0]	dp[2][1]	dp[2][2]	dp[2][3]	dp[2][4]	dp[2][5]					
重さ 4／価値 130	品物3まで	dp[3][0]	dp[3][1]	dp[3][2]	dp[3][3]	dp[3][4]	dp[3][5]	dp[3][6]	dp[3][7]	dp[3][8]	dp[3][9]	dp[3][10]
重さ 2／価値 57	品物4まで	dp[4][0]	dp[4][1]	dp[4][2]	dp[4][3]	dp[4][4]	dp[4][5]	dp[4][6]	dp[4][7]	dp[4][8]	dp[4][9]	dp[4][10]

たとえばdp[3][8]には、
品物1, 2, 3の中で重さが8となる
選び方における価値の最大値を書き込む

さて、本項の最初で取り上げた$N = 4$の例について、$i = 0, 1, 2, 3, 4$の順にdp[i][j]の値を計算していきましょう（つまり、品物1→2→3→4の順に選ぶか選ばないかを決めるということです）。

まずは$i = 0$の場合ですが、何も選ばないときは重さの合計・価値の合計ともに0となるため、dp[0][0] = 0です。また、重さの合計が1以上となる選び方は存在しないため、とりあえずdp[0][1], dp[0][2], dp[0][3], ... の値は–にしておきます。

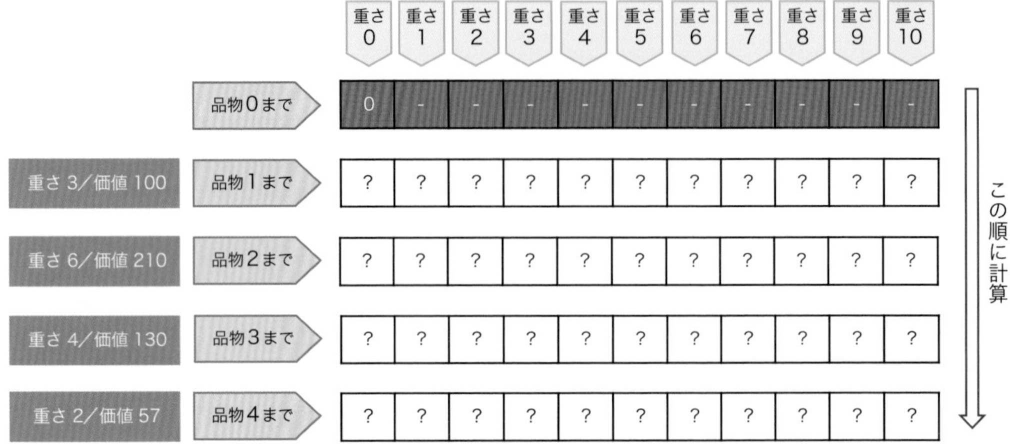

次に$i \geqq 1$の場合ですが、重さの合計がjとなるように品物iまでの中から選ぶ方法は以下の２つがあります（これも3.7.7項と同様、最後の行動［ここでは最後に買う品物i］で場合分けを行います）。

> **方法A**：品物$i - 1$までの重さの総和がjであり、品物iを選ばない
> **方法B**：品物$i - 1$までの重さの総和が$j - w_i$であり、品物iを選ぶ

そこで、方法Aの場合の合計価値はdp[$i - 1$][j]、方法Bの場合の合計価値はdp[$i - 1$][$j - w_i$] + v_iであるため、大きいほうである以下の値がdp[i][j]となります。

$$\mathrm{dp}[i][j] = \max(\mathrm{dp}[i-1][j],\ \mathrm{dp}[i-1][j-w_i] + v_i)$$

この漸化式に従って、$i = 1, 2, 3, 4$の順に表を埋めていくと次ページの図のようになります。たとえばdp[4][9]の値は、以下のうち大きいほうの値310です。

- 方法Aの場合：dp[3][9] = 310
- 方法Bの場合：dp[3][7] + 57 = 287

なお、$j < w_i$の場合、方法Bを選べないことに注意してください。

そこで、求める答えはdp[N][0], dp[N][1], ... , dp[N][W]の中の最大値であるため、この例の場合は340が答えです。

最後に計算量を見積もってみましょう。答えを求めるにあたって、$0 \leqq i \leqq N$, $0 \leqq j \leqq W$を満たすすべての(i, j)についてdp[i][j]の値を計算する必要があるため、計算量は$O(NW)$です。本問題の制約は$N \leqq 100$, $W \leqq 100000$であるため、1秒間に10^9回計算できることを考えると、実行時間制限の２秒以内に答えを出すことができます。

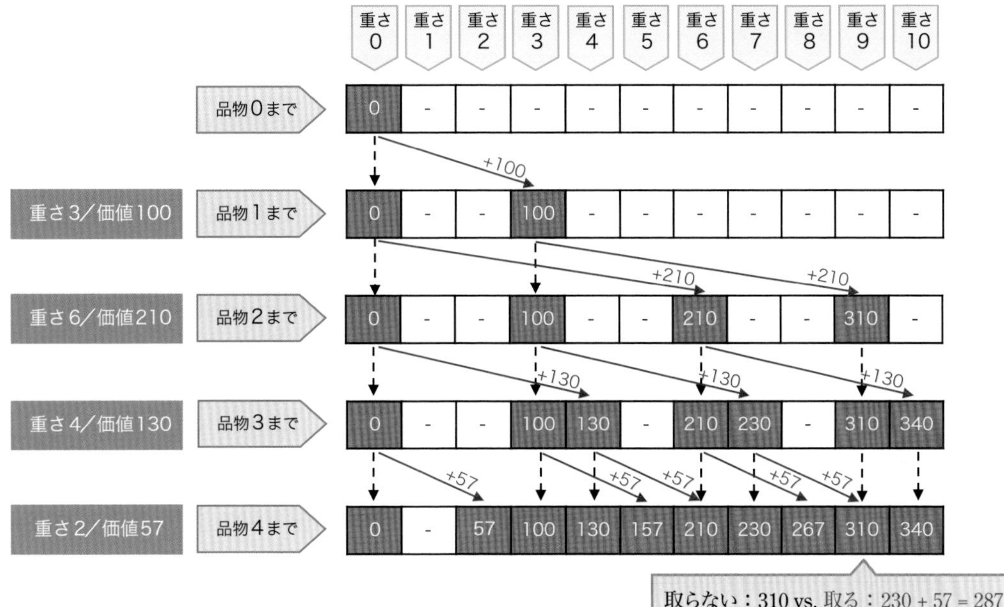

少し複雑ですが、実装の一例として**コード3.7.3**が考えられます。上図で(−)となっている部分は-2^{60}などの非常に小さい値に初期化しておくと、(−)であるかどうかに応じた追加の場合分けを行う必要がなくなるため、実装が楽になります。

コード3.7.3　ナップザック問題

```
#include <iostream>
#include <algorithm>
using namespace std;

long long N, W, w[109], v[109];
long long dp[109][100009];

int main() {
    // 入力
    cin >> N >> W;
    for (int i = 1; i <= N; i++) cin >> w[i] >> v[i];

    // 配列の初期化
    dp[0][0] = 0;
    for (int i = 1; i <= W; i++) dp[0][i] = -(1LL << 60);

    // 動的計画法
    for (int i = 1; i <= N; i++) {
        for (int j = 0; j <= W; j++) {
            // j<w[i] のとき、方法 B をとる選び方ができない
            if (j < w[i]) dp[i][j] = dp[i-1][j];
            // j>=w[i] のとき、方法 A・方法 B どちらも選べる
            if (j >= w[i]) dp[i][j] = max(dp[i-1][j], dp[i-1][j-w[i]]+v[i]);
        }
    }
```

次ページ

```
    // 答えを出力
    long long Answer = 0;
    for (int i = 0; i <= W; i++) Answer = max(Answer, dp[N][i]);
    cout << Answer << endl;
    return 0;
}
```

3.7.9 その他の代表的な問題

適切に漸化式を立てたうえで1つずつ値を計算していくと、一見解決困難に思える問題も効率的に解ける場合があります。本節ではこの例として、ナップザック問題を含む4つの問題を紹介しました。しかし、動的計画法で解ける問題はまだまだたくさんあります。本節の最後に、代表的なものをリストアップします。

部分和問題

N個の整数$A_1, A_2, \ldots, A_N$の中からいくつか選び、合計をSにすることができるかどうかを判定する問題です。2.4.6項では全探索で解きましたが、ナップザック問題と非常に似たアプローチで、計算量$O(NS)$で解けます（➡**節末問題3.7.4**）。

コイン問題

N種類の硬貨（$A_1, A_2, \ldots, A_N$円）のみを使ってS円を払うとき、最小何枚の硬貨を使う必要があるかを求める問題です。ただし、各種類の硬貨は何枚でも使って良いものとします。この問題も、ナップザック問題と非常に似たアプローチを使うと、計算量$O(NS)$で解けます。なお、1000円・5000円・10000円しかないなどの特殊なケースでは、貪欲法（➡**5.9節**）で解くことも可能です。

編集距離

文字列Sに対して「一文字削除」「一文字挿入」「一文字選んで好きな文字に書き換える」という操作を繰り返し行うことで文字列Tに書き換えるとき、最小の操作回数を求める問題です。一見解決不能に思えますが、二次元の動的計画法を使うと$O(|S| \times |T|)$時間で解けます（ただし$|X|$は文字列Xの長さとする）。

重み付き区間スケジューリング問題

「時刻○○に開始し、時刻△△に終了する仕事をすると××万円もらえる」といった仕事のオファーがN個あるとき、最大で何円もらえるか、および最適な仕事の選択方法を求める問題です。なお、報酬がすべて一定額の場合は貪欲法（➡**5.9節**）で解けます。

巡回セールスマン問題

できるだけ短い時間ですべての都市を一度ずつ訪れ、出発地に戻る方法を求める問題です。都市の数をNとするとき、全探索をすると計算量が$O(N!)$となりますが、ビット全探索（➡**コラム2**）のアイデアを使って、すでに訪れた頂点の集合を整数で表したうえで動的計画法を適用すると、$O(N^2 \times 2^N)$で最適解を出すことができます（このテクニックはビットDPと呼ばれています）。

この他にもたくさんの問題が動的計画法で解けます。皆さんも実生活の中で、このような題材を探してみてください。

節末問題

問題 3.7.1 ★

以下の漸化式を満たす数列の第1項から第10項までを、1つずつ計算する方法で求めてください。

1. $a_1 = 1, a_n = 2a_{n-1}$ $(n \geqq 2)$
2. $a_1 = 1, a_2 = 1, a_3 = 1, a_n = a_{n-1} + a_{n-2} + a_{n-3}$ $(n \geqq 4)$

問題 3.7.2 ★★

下図の道路網において、スタートからゴールまで最短経路で行く方法は何通りありますか。

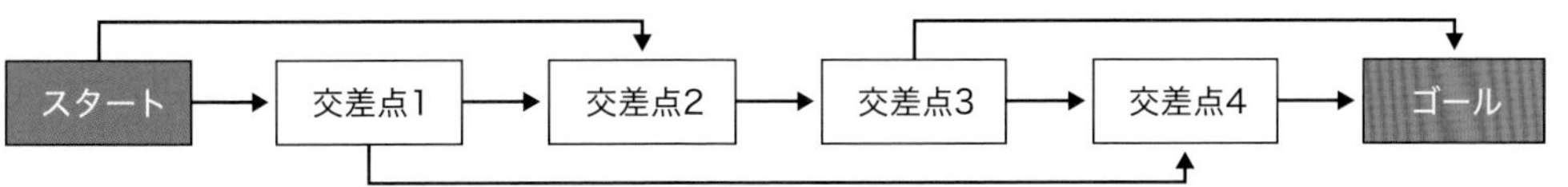

問題 3.7.3 ★★

下図の碁盤目状道路において、スタートからゴールまで最短経路で行く方法は何通りありますか。ただし×印は通れない交差点を示しています。

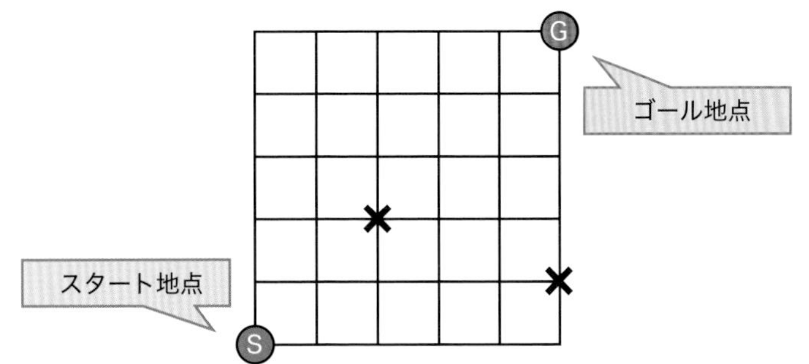

問題 3.7.4 問題ID：009 ★★★

2.4.6項で扱った部分和問題を、動的計画法を利用して解くプログラムを作成してください。

問題 3.7.5 ★★

1.1.4項で扱った問題をナップザック問題に帰着してください。「重さ」「価値」「重さの上限」をそれぞれどのような量にすれば良いでしょうか。

問題 3.7.6 問題ID：031 ★★★

太郎君の夏休みはN日間あり、i日目 $(1 \leqq i \leqq N)$ に勉強するとA_iだけ実力が上がることが知られています。しかし、彼は2日連続で勉強したくありません。太郎君が夏休みの間に実力がいくつ上がるか、その最大値を求めるプログラムを作成してください。

コラム3

配列の二分探索

計算量にlogが付くアルゴリズムは数多く知られています。2.4.7項では数当てゲームにおける二分探索法、3.2節ではユークリッドの互除法を紹介しました。本コラムでは、もう1つの例として、配列の要素を検索する方法を扱います。

まず、小さい順に並べられている配列$A = [A_1, A_2, \dots, A_N]$の中に$x$が存在するかどうかは、以下のアルゴリズムによって$O(\log N)$で判定することができます。

1. 配列全体を探索範囲とする。
2. 探索範囲の中央とxを比較する。この結果に応じて、以下の操作を行う。
    - 同じである場合：この時点でYesであることが決まる
    - xのほうが小さい場合：探索範囲を前半部分に絞る
    - xのほうが大きい場合：探索範囲を後半部分に絞る
3. 探索範囲がなくなってもYesであることが決まらないとき、答えはNoである。

下図は配列の中から$x = 170$を検索するときの一連の流れを示しています。2.4.7項で紹介した数当てゲームを解くアルゴリズムと同じように、1回の比較で探索範囲が半減しています。

173と170の大小関係は？

No.1	No.2	No.3	No.4	No.5	No.6	No.7	No.8	No.9	No.10	No.11	No.12	No.13	No.14	No.15
157	161	163	166	166	167	170	173	175	178	180	181	187	195	210

170があるかどうかを探したい……
探索範囲中央の「173」と比べよう！
173 > 170なので、もし170が配列の中にあるとしたら1～7番目です

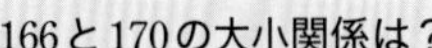

166と170の大小関係は？

No.1	No.2	No.3	No.4	No.5	No.6	No.7	No.8	No.9	No.10	No.11	No.12	No.13	No.14	No.15
157	161	163	166	166	167	170	173	175	178	180	181	187	195	210

探索範囲中央の「166」と比べよう！
166 < 170なので、もし170が配列の中にあるとしたら5～7番目です

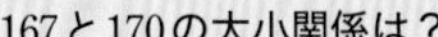

167と170の大小関係は？

No.1	No.2	No.3	No.4	No.5	No.6	No.7	No.8	No.9	No.10	No.11	No.12	No.13	No.14	No.15
157	161	163	166	166	167	170	173	175	178	180	181	187	195	210

探索範囲中央の「167」と比べよう！
167 < 170なので、もし170が配列の中にあるとしたら7番目です

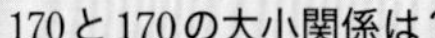

170と170の大小関係は？

No.1	No.2	No.3	No.4	No.5	No.6	No.7	No.8	No.9	No.10	No.11	No.12	No.13	No.14	No.15
157	161	163	166	166	167	170	173	175	178	180	181	187	195	210

探索範囲中央の「170」と比べよう！
170 = 170なので、配列の中に170は存在します！！！

一般の場合に解く：ソートの必要性

次に、配列$A = [A_1, A_2, \ldots, A_N]$が小さい順になっているとは限らないケースを考えます。このとき、前述の二分探索アルゴリズムが必ずしも正しく動作するとは限りません。したがって、値の検索を行う前に、配列を小さい順に並び替えるソート（➡3.6節）という操作を行う必要があります。

配列のソートは自力で実装しても良いですが、3.6.1項で述べたように、C++・Pythonなどの多くの言語で提供されている標準ライブラリを使うと、楽に実装することができます。たとえばC++の場合、`sort(A + 1, A + N + 1)`という命令だけで配列Aの1番目からN番目までの要素がソートされます。ここまでの内容をまとめると、コード3.8.1のように実装できます（プログラムが正しいかどうかは、本書の自動採点システムの［問題ID：032］で確認することができます）。

コード3.8.1　二分探索の実装例

```
#include <iostream>
#include <algorithm>
using namespace std;

long long N, X, A[1000009];

int main() {
    // 入力
    cin >> N >> X;
    for (int i = 1; i <= N; i++) cin >> A[i];

    // 配列のソート
    sort(A + 1, A + N + 1);

    // 二分探索
    int left = 1, right = N;
    while (left <= right) {
        int mid = (left + right) / 2; // 探索範囲の中央で分割する
        if (A[mid] == X) { cout << "Yes" << endl; return 0;}
        if (A[mid] > X) right = mid - 1; // 探索範囲を前半部分に絞る
        if (A[mid] < X) left = mid + 1; // 探索範囲を後半部分に絞る
    }

    // 探索範囲がなくなっても Yes とならなければ答えは No
    cout << "No" << endl;
    return 0;
}
```

これでようやく、一般の配列$A = [A_1, A_2, \ldots, A_N]$について、要素$x$があるかどうかの判定を$O(\log N)$で行うことができました。配列のソートに計算量$O(N \log N)$を要するため、一見効率が良くないように思えるかもしれませんが、二分探索は値の検索を何回も行う際に有効です。

なお、C++には配列の二分探索を行う関数`lower_bound`が標準ライブラリとして提供されており、これを使うと実装が楽になる場合があります。興味のある方はぜひ調べてみてください。

3章のまとめ

3.1 素数判定と背理法

高速な素数判定法

Nが素数かどうかを判定するために2以上$\sqrt{N}$以下の整数で割って、全部割り切れない場合は素数

計算量は$O(\sqrt{N})$

背理法

事実Fを証明するために、事実Fが間違っていると仮定した場合矛盾が起こることを導く

3.2 ユークリッドの互除法

ユークリッドの互除法

整数AとBの最大公約数を求めるために「大きいほうを小さいほうで割った余りに書き換える」という操作を片方が0になるまで繰り返し行う

ユークリッドの互除法の具体例

55, 33 ➡ 22, 33 ➡ 22, 11 ➡ 0, 11

3.3 アルゴリズムで使える組み合わせ数学

積の法則

事象Aの起こり方がN通り、事象Bの起こり方がM通りあるとき、2つの事象の起こり方の組み合わせはNM通り

その他の重要な公式

n個の数を並び替える方法の数：$n!$通り（階乗）

n個からr個を選ぶ方法の数：${}_nC_r$通り（二項係数）

3.4 確率・期待値・期待値の線形性

期待値とは

1回の試行で得られる平均的な値。たとえば、80%の確率で1000円、20%の確率で5000円もらえるとき、期待値は

$1000 \times 0.8 + 5000 \times 0.2 = 1800$円

期待値の線形性

和の期待値はそれぞれの期待値の和となる性質

$E[X+Y] = E[X] + E[Y]$

3.5 モンテカルロ法

モンテカルロ法

乱数を用いたアルゴリズムの一種

たとえば、N回ランダムな試行を行いM回成功した場合、試行の成功率をM/Nとみなす方法がよく使われる

試行回数をX倍にすると近似精度が$\sqrt{X}$倍になる

統計的な用語

平均値：データの中心位置

標準偏差：データのバラつき度合い

3.6 再帰関数とソート

再帰関数とは

自分自身を呼び出す関数のことを指す

たとえば$n!$を求めるプログラムは以下のように書ける

```
int func(int n) {
    if (n == 1) return 1;
    return n * func(n - 1);
}
```

ソートとは

配列を小さい順に並び替える操作

C++ではsort関数により実装可能

選択ソート

未ソート部分の最小の値を探し、これを未ソート部分の左端要素と交換することを繰り返す。計算量は$O(N^2)$

マージソート

配列を2つに分割し、分割されたものをソートした後、ソートされた2つの配列を合併することで配列全体をソートする手法。計算量は$O(N \log N)$

3.7 漸化式と動的計画法

漸化式

前の値の結果からその項の値を求める規則

例：$a_n = a_{n-1} + a_{n-2}$

動的計画法

小さい問題の結果を利用して、漸化式を立てて解く設計技法

ナップザック問題など、応用範囲がとても広い

第4章

発展的なアルゴリズム

4.1 コンピュータで図形問題を～計算幾何学～

計算幾何学は、図形的な問題をコンピュータで解くための効率的なアルゴリズムを探究する学問です。1970年代から始まった新しい分野ですが、すでに多数のアルゴリズムが考案されています。

さて、幾何学のアルゴリズムを実装するためには、ベクトルと三角関数（➡**コラム4**）の知識が不可欠であるため、本節ではまずベクトルについて解説します。その後、基本的な問題の1つである「点と線分の距離を求める問題」を扱い、最後に計算幾何学における代表的な問題をいくつか紹介します。なお、本節の内容は三角関数を知らなくても読み進めることができるので、安心してお読みください。

4.1.1 ベクトルとは

ベクトルは2つの点の相対的な位置関係を表すときに利用され、2次元のベクトル[注4.1.1]の場合は**成分表示**を用いて(x座標の差, y座標の差)という形で表現することができます。たとえば点Sの座標が(1, 1)、点Tの座標が(8, 3)のとき、点Sから点Tへ向かうベクトルの成分表示は(7, 2)です。

一般に、点Sから点Tへ向かうベクトルを$\overrightarrow{ST}$と書き、たとえば$\overrightarrow{ST}=(7,2)$となります。なお、ベクトルは$\vec{a}, \vec{b}$のように1つの文字を使って書くこともあります。

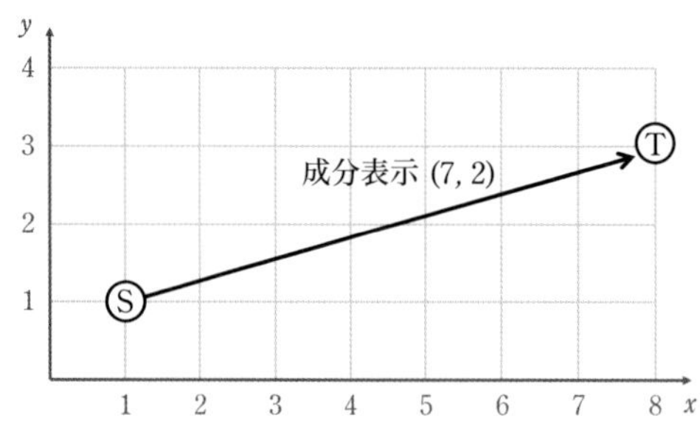

ベクトルは**大きさと向きを持つ量**として捉えることができ、その両方が等しいときに限り「同じベクトルである」といいます。たとえば、下図の$\overrightarrow{AB}, \overrightarrow{CD}$の始点と終点は異なりますが、大きさも向きも一致するため、2つのベクトルは同じであることに注意してください。一方、下図の$\overrightarrow{EF}, \overrightarrow{GH}$は大きさが異なるため、また、$\overrightarrow{IJ}, \overrightarrow{KL}$は向きが異なるため、同じベクトルではありません。

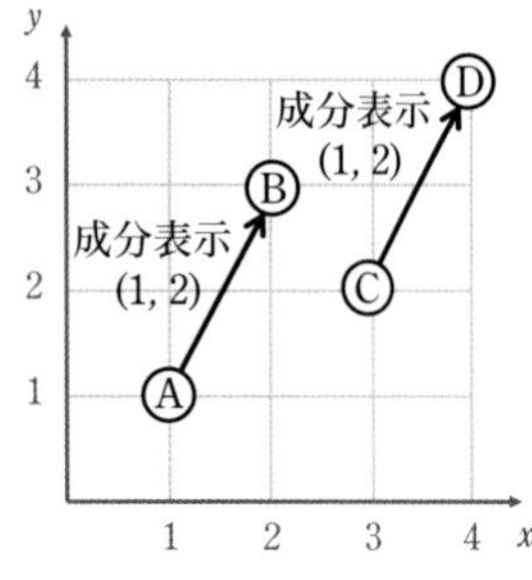

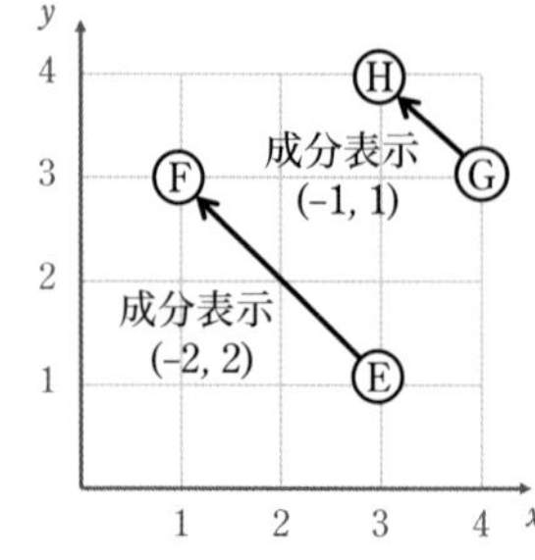

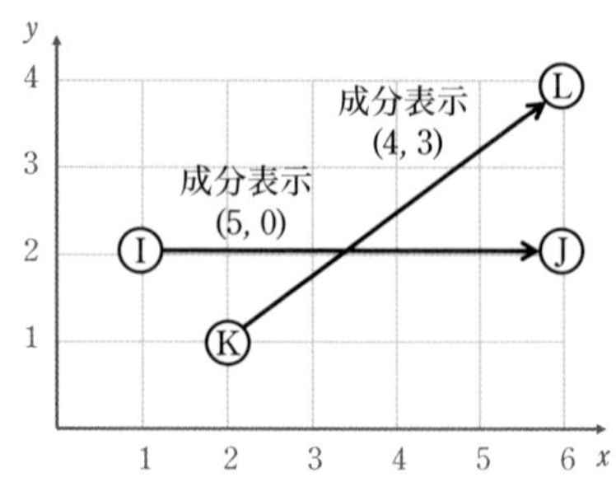

注4.1.1　2次元のベクトルを**平面ベクトル**といいます。3次元以上のベクトルもありますが、本書では扱わないことにします。

4.1.2 ベクトルの足し算・引き算

ベクトルは実数と同様、足し算・引き算を行うことができます。ベクトル$\vec{a}$の成分表示を(a_x, a_y)、$\vec{b}$の成分表示を(b_x, b_y)とするとき、

- 足し算$\vec{a}+\vec{b}=(a_x+b_x, a_y+b_y)$
- 引き算$\vec{a}-\vec{b}=(a_x-b_x, a_y-b_y)$

です。下図に具体例をいくつか示します。

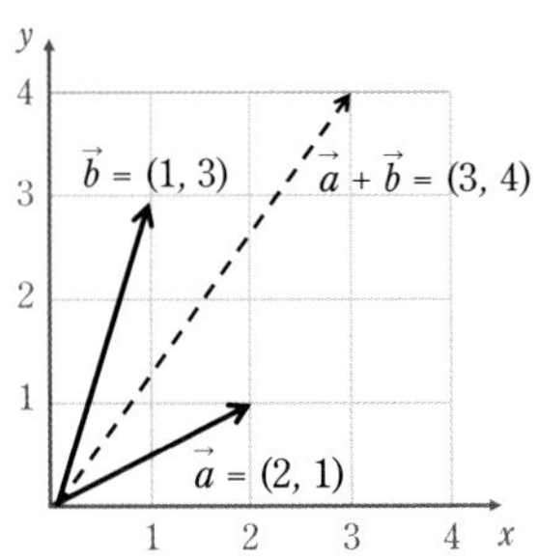

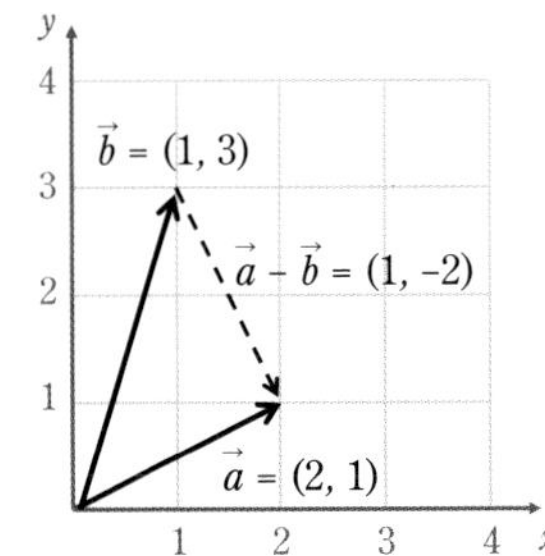

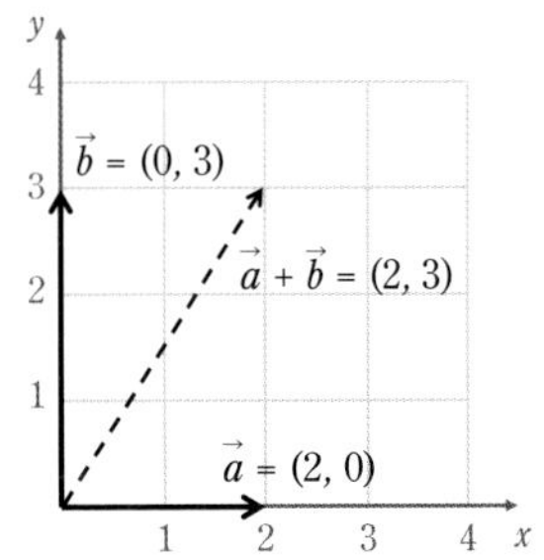

4.1.3 ベクトルの大きさ

始点から終点までの矢印の長さのことを**ベクトルの大きさ**といい、$|\vec{a}|$, $|\overrightarrow{AB}|$など絶対値記号（➡**2.2.2項**）を付けた形で書きます。一般に、ベクトル$\vec{a}$の成分表示が(a_x, a_y)であるとき、

$$|\vec{a}|=\sqrt{(a_x)^2+(a_y)^2}$$

と計算されます。たとえば、点Aの座標が(1, 1)、点Bの座標が(5, 4)のとき、$|\overrightarrow{AB}|=5$です。

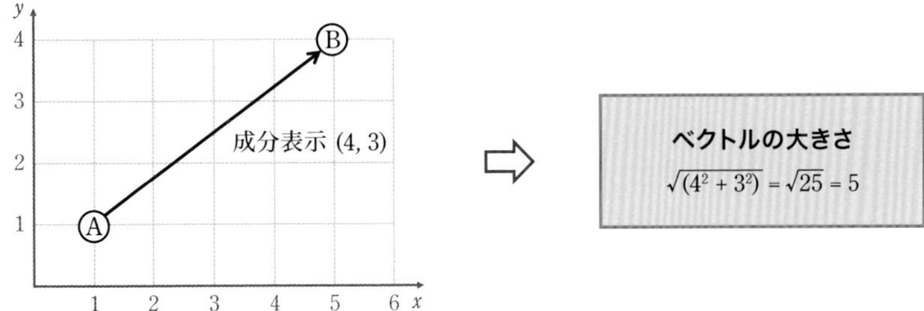

4.1.4 ベクトルの内積

ベクトル$\vec{a}$の成分表示が(a_x, a_y)、$\vec{b}$の成分表示が(b_x, b_y)であるとき、**内積**$\vec{a}\cdot\vec{b}$は次式で定義されます。ベクトル同士の演算ですが、計算結果が1つの実数であることに注意してください。

$$\vec{a}\cdot\vec{b}=a_xb_x+a_yb_y$$

つまり、同じ成分同士を掛け算した後、その合計を求めることで内積が計算できます。たとえば、$\vec{a}=(5, 0)$, $\vec{b}=(4, 3)$のとき、$\vec{a}\cdot\vec{b}=(5\times4)+(0\times3)=20$です。

下図に示す通り、内積が0であれば2つのベクトルは垂直です。また、正であれば2つのベクトルのなす角が90度より小さく、負であれば90度より大きいです[注4.1.2]。

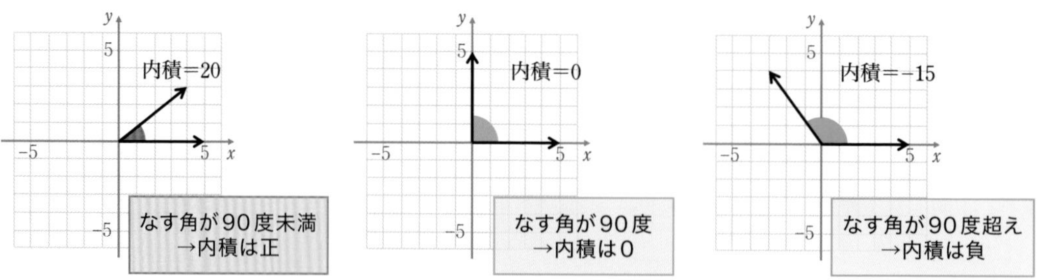

4.1.5 ベクトルの外積

ベクトルの外積は本来3次元空間に対して定義されるものですが[注4.1.3]、2次元平面上のベクトルの場合も、外積の大きさを計算することができます。ベクトル$\vec{a}$の成分表示が(a_x, a_y)、ベクトル$\vec{b}$の成分表示が(b_x, b_y)であるとき、**外積の大きさ**$|\vec{a}\times\vec{b}|$は次式で表されます[注4.1.4]。

$$|\vec{a} \times \vec{b}| = |a_x b_y - a_y b_x|$$

たとえば、$\vec{a} = (4, 1), \vec{b} = (1, 3)$のとき、$|\vec{a} \times \vec{b}| = (4 \times 3) - (1 \times 1) = 11$です。
次に、幾何学のアルゴリズムを実装する際に重要となる2つの性質を紹介します。

性質1　外積の大きさは、2つのベクトルが作る平行四辺形の面積と必ず一致する
性質2　外積の式の絶対値を外した値$a_x b_y - a_y b_x$を$\mathrm{cross}(\vec{a}, \vec{b})$とするとき、

- 点A, B, Cが時計回りに並んでいるならば、$\mathrm{cross}(\overrightarrow{BA}, \overrightarrow{BC})$が正
- 点A, B, Cが反時計回りに並んでいるならば、$\mathrm{cross}(\overrightarrow{BA}, \overrightarrow{BC})$が負
- 点A, B, Cが一直線上に並んでいるならば、$\mathrm{cross}(\overrightarrow{BA}, \overrightarrow{BC})$が0

性質1は、点と線分の距離の計算などで使います。性質2はやや難しいですが、線分の交差判定（➡**節末問題 4.1.5**）などで使います。なお、下図はそれぞれの性質が成り立つ例を示しています。

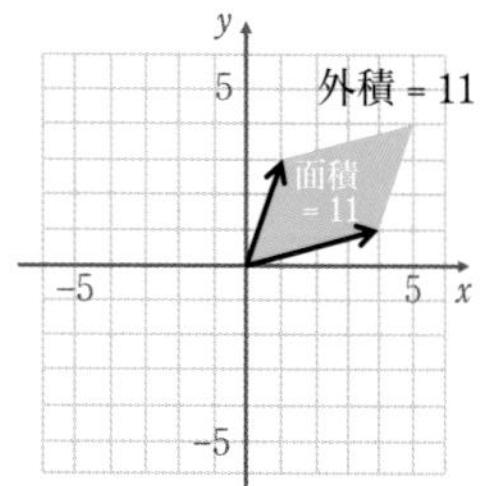

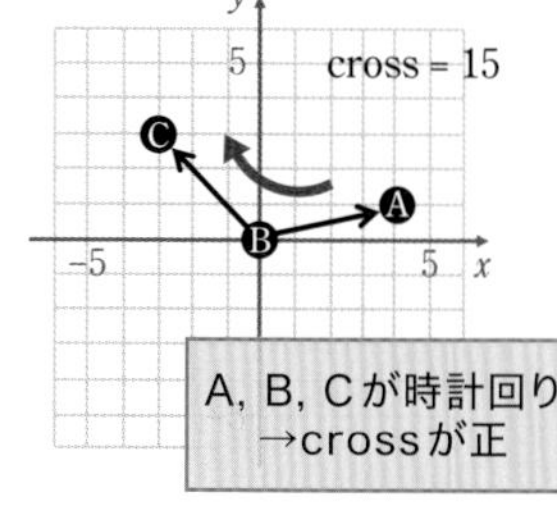

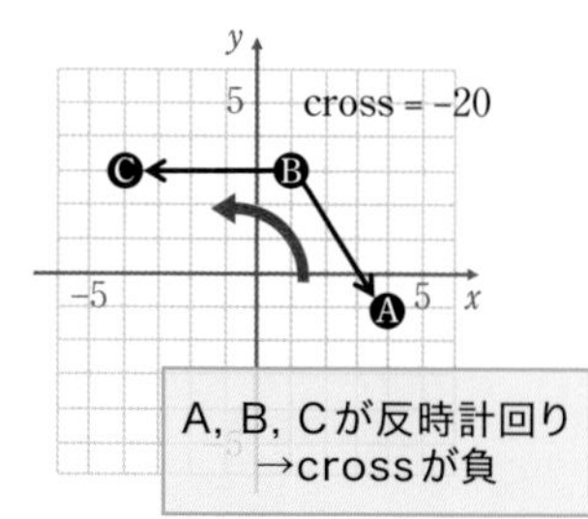

注4.1.2　一般に、ベクトル$\vec{a}, \vec{b}$のなす角をθとするとき、内積は$|\vec{a}| \times |\vec{b}| \times \cos\theta$という式で表すことができます。
注4.1.3　3次元ベクトル$\vec{a} = (a_x, a_y, a_z), \vec{b} = (b_x, b_y, b_z)$の外積は$a \times b = (a_y b_z - a_z b_y, a_z b_x - a_x b_z, a_x b_y - a_y b_x)$となります。
注4.1.4　ベクトル$\vec{a}, \vec{b}$のなす角をθとするとき、外積の大きさは$|\vec{a}| \times |\vec{b}| \times |\sin\theta|$という式でも表すことができます。

4.1.6 例題：点と線分の距離

前提となるベクトルの基本知識の解説が終わったので、計算幾何学における基本的な問題の1つを解いてみましょう。この問題を解く際には、内積によるなす角の判定（➡**4.1.4項**）、外積による平行四辺形の面積計算（➡**4.1.5項**）を利用します。

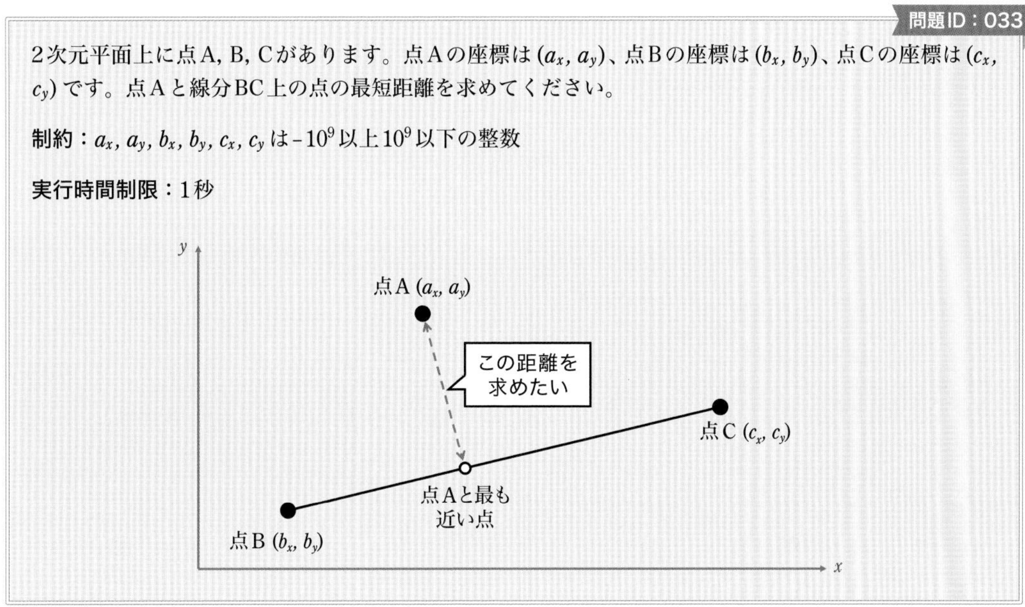

問題ID：033

2次元平面上に点A, B, Cがあります。点Aの座標は(a_x, a_y)、点Bの座標は(b_x, b_y)、点Cの座標は(c_x, c_y)です。点Aと線分BC上の点の最短距離を求めてください。

制約：$a_x, a_y, b_x, b_y, c_x, c_y$ は -10^9 以上 10^9 以下の整数

実行時間制限：1秒

まず、点と線分の位置関係に応じて、以下の3つのパターンに場合分けします。どのパターンに当てはまるかを判定する際には、4.1.4項で扱った「ベクトルの内積と角度の関係」を使います。

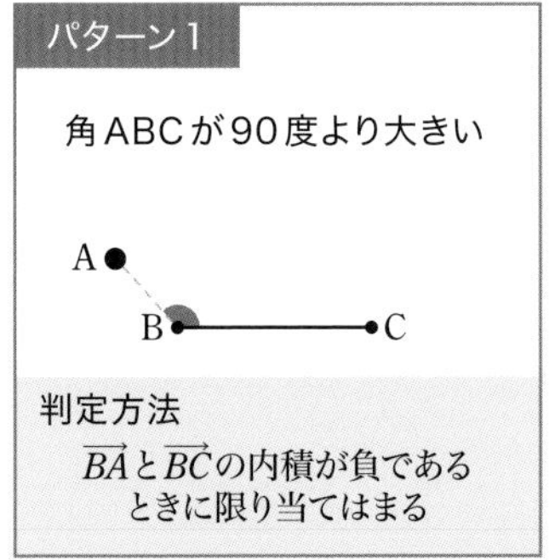

パターン1
角ABCが90度より大きい
A
B
C
判定方法
$\overrightarrow{BA}$と$\overrightarrow{BC}$の内積が負である
ときに限り当てはまる

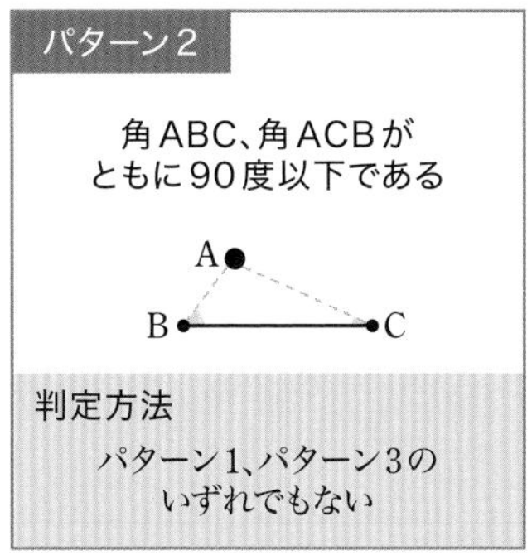

パターン2
角ABC、角ACBが
ともに90度以下である
A
B
C
判定方法
パターン1、パターン3の
いずれでもない

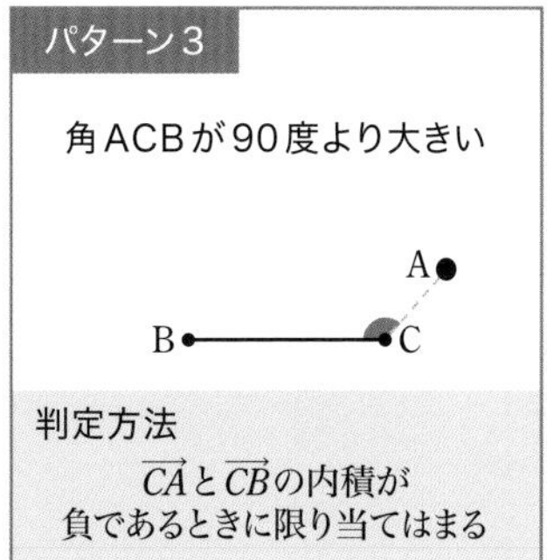

パターン3
角ACBが90度より大きい
A
B
C
判定方法
$\overrightarrow{CA}$と$\overrightarrow{CB}$の内積が
負であるときに限り当てはまる

次に、それぞれのパターンにおける答えを考えてみましょう。**パターン1**のとき、上図から明らかに点Aとは線分BC上の点Bで最も近くなるため、答えはAB間の距離です。また、**パターン3**のとき、点Aとは線分BC上の点Cで最も近くなるため、答えはAC間の距離です。

パターン2のときはやや難しいですが、点Aから線分BC上に下ろした垂線の足を点Hとすると、点Aとは線分BC上の点Hで最も近くなります。したがって、答えはAH間の距離です。なお、次ページの図に示すように、**垂線**とは線分に対して垂直になるように下ろした直線のことを指し、**垂線の足**とは垂線と線分の交点のことをいいます。

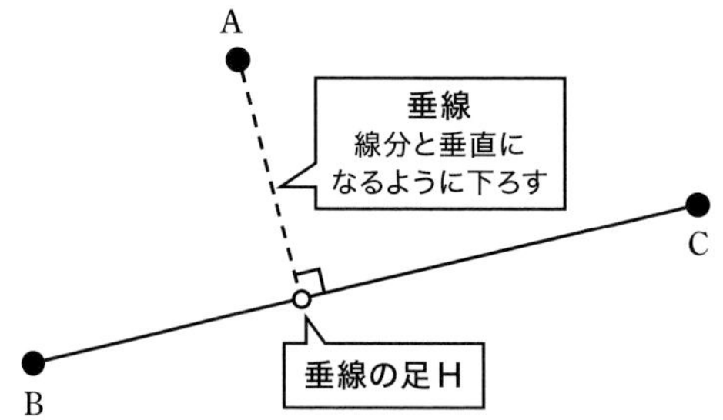

さて、AH間の距離はどうやって求めるのでしょうか。そこで下図のような$\overrightarrow{BA}$と$\overrightarrow{BC}$が作る平行四辺形を考えてみましょう。一般に、平行四辺形の面積は「底辺×高さ」で計算することができ、底辺の長さは線分BCの長さ、高さはAH間の距離に対応します。したがって、面積をSとするとき、AH間の距離は「SをBCの長さで割った値」となります。

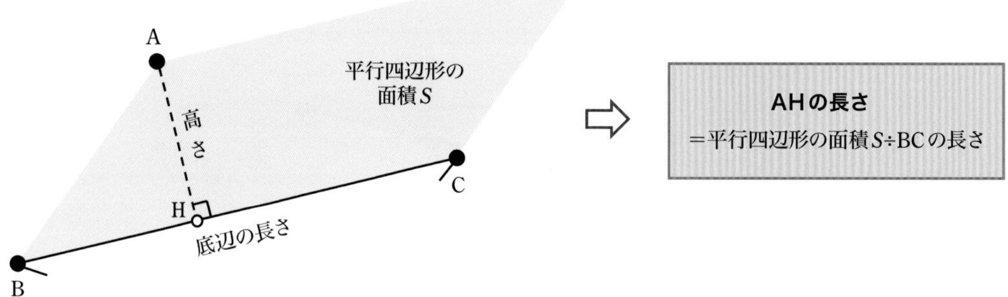

4.1.5項の性質1「外積の大きさは、2つのベクトルが作る平行四辺形の面積と必ず一致する」より、面積Sは外積の大きさ$|\overrightarrow{BA} \times \overrightarrow{BC}|$と等しいです。したがって、AH間の距離$d$は次式で表されます。

$$d = \frac{|\overrightarrow{BA} \times \overrightarrow{BC}|}{|\overrightarrow{BC}|}$$

たとえば、点A、点B、点Cの座標がそれぞれA(3, 3)、B(2, 1)、C(6, 4)であるケースを考えてみましょう。$\overrightarrow{BA} = (1, 2)$, $\overrightarrow{BC} = (4, 3)$であるため、BCの長さは$\sqrt{4^2 + 3^2} = 5$です。次に、$\overrightarrow{BA}, \overrightarrow{BC}$が作る平行四辺形の面積は$|1 \times 3 - 2 \times 4| = 5$です。そこで点と線分の距離は、平行四辺形の面積をBCの長さで割った値と等しいため、求める距離は$5 \div 5 = 1$となります。

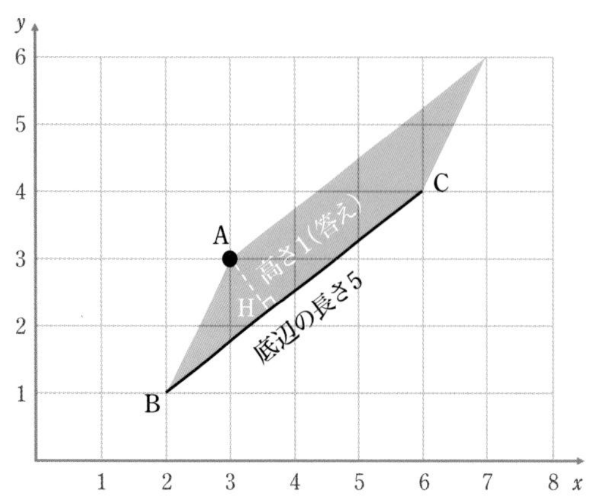

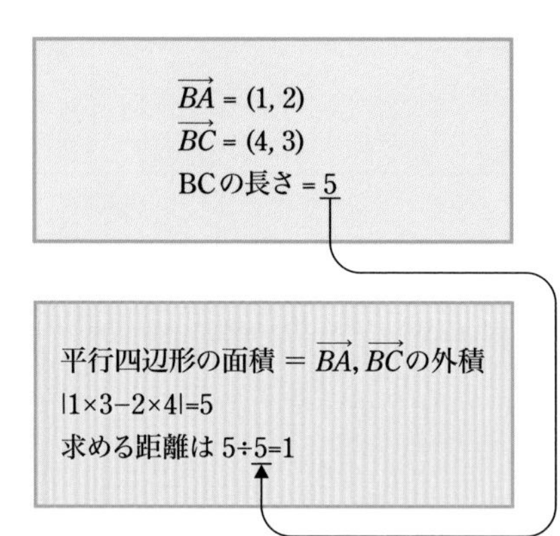

実装例として、コード 4.1.1が考えられます。なお、2点間距離は、C++の場合はsqrt関数、Pythonの場合はmath.sqrt関数を使うことで計算できます（➡2.2.4項）。

コード4.1.1　点と線分の距離を求めるプログラム

```
#include <iostream>
#include <cmath>
using namespace std;

int main() {
    // 入力
    long long ax, ay, bx, by, cx, cy;
    cin >> ax >> ay >> bx >> by >> cx >> cy;

    // ベクトル BA, BC, CA, CB の成分表示を求める
    long long BAx = (ax - bx), BAy = (ay - by);
    long long BCx = (cx - bx), BCy = (cy - by);
    long long CAx = (ax - cx), CAy = (ay - cy);
    long long CBx = (bx - cx), CBy = (by - cy);

    // どのパターンに当てはまるかを判定する
    int pattern = 2;
    if (BAx * BCx + BAy * BCy < 0LL) pattern = 1;
    if (CAx * CBx + CAy * CBy < 0LL) pattern = 3;

    // 点と直線の距離を求める
    double Answer = 0.0;
    if (pattern == 1) Answer = sqrt(BAx * BAx + BAy * BAy);
    if (pattern == 3) Answer = sqrt(CAx * CAx + CAy * CAy);
    if (pattern == 2) {
        double S = abs(BAx * BCy - BAy * BCx);
        double BCLength = sqrt(BCx * BCx + BCy * BCy);
        Answer = S / BCLength;
    }

    // 答えの出力
    printf("%.12lf\n", Answer);
    return 0;
}
```

4.1.7　その他の代表的な問題

本節の最後に、計算幾何学で扱う問題のうち代表的なものをリストアップします。

最近点対問題

N個の点が与えられるとき、最も近い2点間の距離を求める問題です。すべてのペアを調べることで、$O(N^2)$時間のアルゴリズムは簡単に構築できます（➡**節末問題4.1.2**）。分割統治法というアルゴリズムを使うと、$O(N \log N)$時間まで高速化できることが知られています。

凸包の構築

N個の点すべてを含む多角形のうち、最小であるものを求める問題です。Andrewのアルゴリズムを使うと、$O(N \log N)$時間で解けます。

ボロノイ図の作成

N個の点が与えられるとき、それぞれの点が支配する領域（他のどの点よりも近くなるような領域）を求める問題です。支配する領域の境界が必ず2点の垂直二等分線になることから、垂直二等分線を全部調べ上げる方法が自然です。また、平面走査のアイデアを用いたFortuneのアルゴリズムを使うと、$O(N \log N)$ 時間でボロノイ図が求められます。実社会でも、通学区域の設定などに応用されます。

美術館問題

N頂点の多角形で表される美術館が与えられるとき、全領域を監視できるように、できるだけ少ない数の監視カメラを設置する方法を求める問題です。平面走査のアイデアを用いて多角形の三角形分割を行うと、$O(N \log N)$ 時間で $\lfloor N/3 \rfloor$ 個以下のカメラしか使わない解を1つ構成することができます。

これらの問題は、本節で解説した数学的知識を用いて解くことができますが、効率的なアルゴリズムを自力で思いつくのは非常に困難です。興味のある人はぜひ調べてみてください。

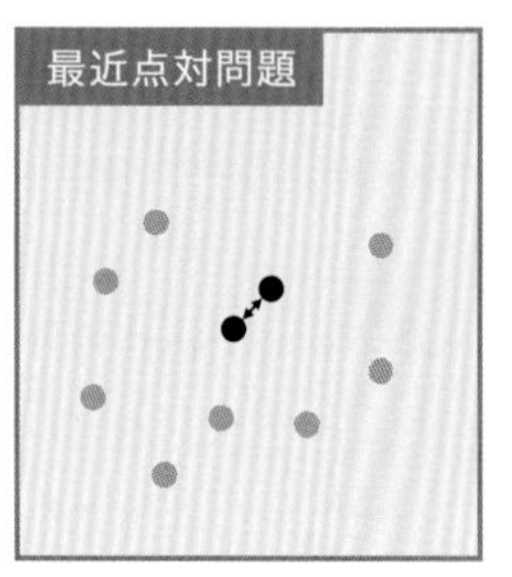

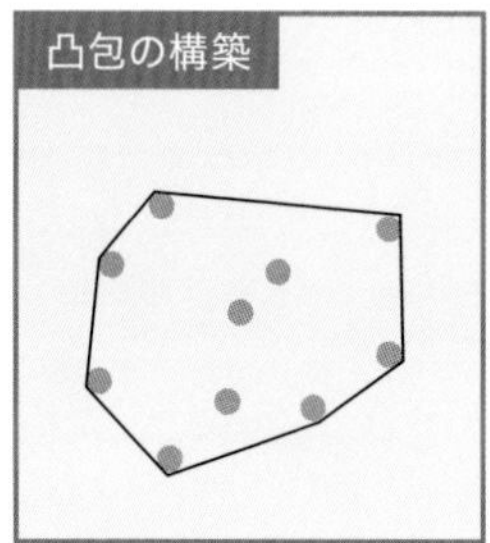

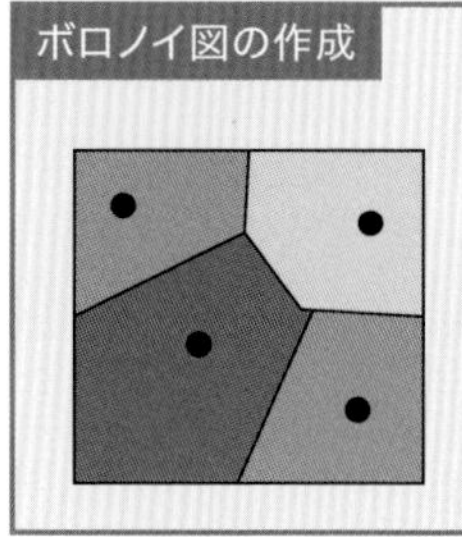

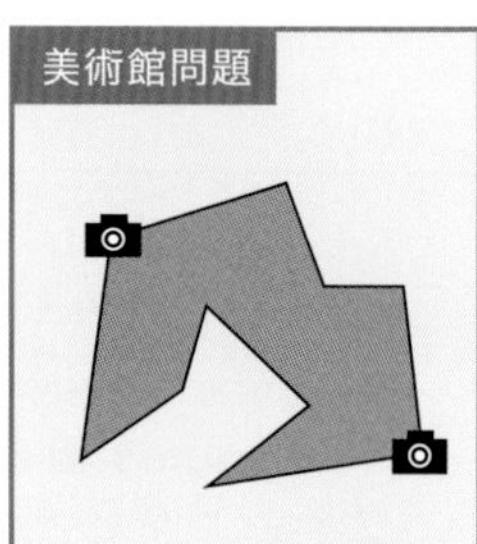

節末問題

問題4.1.1 ★

ベクトル$\vec{A} = (2, 4), \vec{B} = (3, -9)$ について、以下の問いに答えてください。

1. $|\vec{A}|, |\vec{B}|, |\vec{A}+\vec{B}|$ をそれぞれ計算してください。
2. ベクトルの内積$\vec{A} \cdot \vec{B}$を計算してください。
3. $\vec{A}$と$\vec{B}$のなす角が90度より大きいかどうかを判定してください。
4. ベクトルの外積の大きさ$|\vec{A} \times \vec{B}|$を計算してください。

問題4.1.2 問題ID：034 ★★

2次元平面上にN個の点があり、i番目の点 $(1 \leqq i \leqq N)$ の座標は (x_i, y_i) です。最も近い2つの点の距離を求めるプログラムを作成してください。計算量$O(N \log N)$ のアルゴリズムも知られていますが、ここでは計算量$O(N^2)$ まで許容できるものとします。

問題4.1.3 問題ID：035 ★★★

2次元平面上に2つの円があります。1つ目の円の中心座標は(x_1, y_1)であり、半径はr_1です。2つ目の円の中心座標は(x_2, y_2)であり、半径はr_2です。2つの円の位置関係は以下の5通りのいずれかですが、その番号を出力するプログラムを作成してください。

1. 一方の円が他方の円を完全に含み、2つの円は接していない
2. 一方の円が他方の円を完全に含み、2つの円は接している
3. 2つの円が互いに交差する
4. 2つの円の内部に共通部分は存在しないが、2つの円は接している
5. 2つの円の内部に共通部分は存在せず、2つの円は接していない

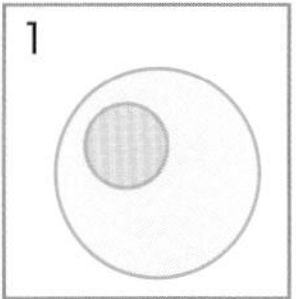

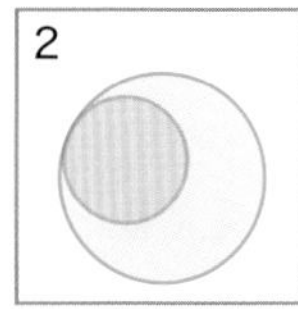

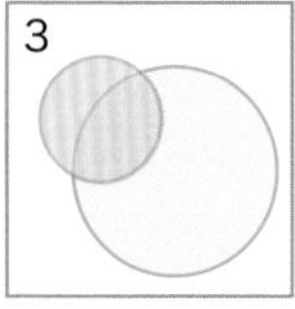

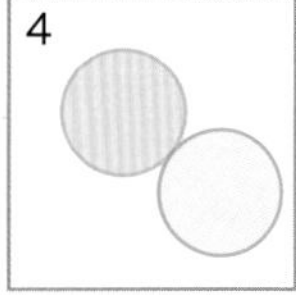

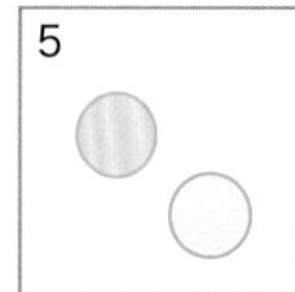

問題4.1.4 問題ID：036 ★★★

時針の長さがAcm、分針の長さがBcmである時計を考えます。ちょうどH時M分になったとき、2本の針の先端は何cm離れているでしょうか。答えを求めるプログラムを作成してください。なお、下図は$A=3, B=4, H=9, M=0$の場合の例を示しています。(出典：AtCoder Beginner Contest 168 C – : (Colon))

問題4.1.5 問題ID：037 ★★★★

2次元平面上に2つの線分があります。1つ目の線分は座標(x_1, y_1)と座標(x_2, y_2)を結んでいます。2つ目の線分は座標(x_3, y_3)と座標(x_4, y_4)を結んでいます。2つの線分が交差するかどうかを判定するプログラムを作成してください。(出典：AOJ CGL_2_B – Intersection 改題)

4.2 階差と累積和

本節では、互いに逆の操作になっている「階差をとる考え方」「累積和をとる考え方」について扱います。本来であれば5章の数学的考察編で扱うべき内容ですが、微分法（➡4.3節）・積分法（➡4.4節）と関連が深いため、ここで解説します。

4.2.1 階差と累積和のアイデア

プログラミングの問題では、以下の2つの考え方が使える場合があります[注4.2.1]。

- 整数$A_1, A_2, \ldots, A_N$に対し、**階差**$B_i = A_i - A_{i-1}$を考える
- 整数$A_1, A_2, \ldots, A_N$に対し、**累積和**$B_i = A_1 + A_2 + \cdots + A_i$を考える

ここで、階差の初項B_1の値がA_1であるとして考えると、階差と累積和は互いに逆の操作になっています。たとえば、

- $[3, 4, 8, 9, 14, 23]$の階差は$[3, 1, 4, 1, 5, 9]$
- $[3, 1, 4, 1, 5, 9]$の累積和は$[3, 4, 8, 9, 14, 23]$

です。下図の通り、他の例でもこのような性質が成り立ちます。

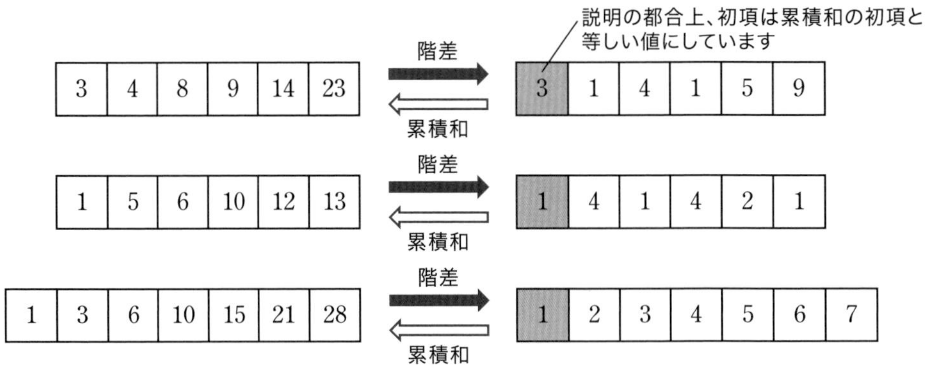

さて、階差は直接計算しても計算量$O(N)$で求められますが、累積和を直接計算すると、B_1を求めるのに1個の数の足し算、B_2を求めるのに2個の数の足し算、...、B_Nを求めるのにN個の数の足し算を行うため、合計計算回数が$1 + 2 + \cdots + N = N(N+1)/2$回、つまり計算量が$O(N^2)$になってしまいます。

そこで、累積和が階差の逆であることを使って、以下の順序で計算を行うと、計算量が$O(N)$に改善されます。次ページの図は$[3, 1, 4, 1, 5, 9]$の累積和を求める過程を示しています。

- まず、$B_1 = A_1$とする。
- 次に、i=2, 3, ... , Nの順に、$B_i = B_{i-1} + A_i$とする。

注4.2.1　文献によっては階差を$B_i = A_{i+1} - A_i$（前進階差）とする場合もありますが、ここでは説明の都合上$B_i = A_i - A_{i-1}$（後退階差）としています。

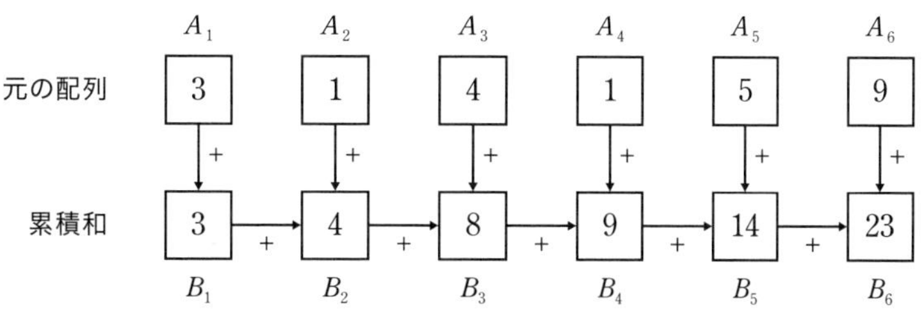

4.2.2 例題1：来場者数を計算する

問題ID：038

遊園地「ALGO-RESORT」ではN日間にわたるイベントが開催され、i日目 ($1 \leqq i \leqq N$) にはA_i人が来場しました。以下の合計Q個の質問に答えるプログラムを作成してください。

- 1個目の質問：L_1日目からR_1日目までの合計来場者数は？
- 2個目の質問：L_2日目からR_2日目までの合計来場者数は？
- ⋮
- Q個目の質問：L_Q日目からR_Q日目までの合計来場者数は？

制約：$1 \leqq N, Q \leqq 100000, 1 \leqq A_i \leqq 10000, 1 \leqq L_j \leqq R_j \leqq N$

実行時間制限：1秒

まず、答えを直接計算する方法が考えられますが、1回の質問で最大N個の数の足し算を行う必要があります。質問は全部でQ個なので、計算量は$O(NQ)$となってしまい、本問題の制約では1秒以内に実行を終えることができません。そこで、以下の2つの値が等しい性質を使いましょう。

- x日目からy日目までの合計来場者数
- [y日目までの合計来場者数] − [$x-1$日目までの合計来場者数]

言い換えると、$[A_1, A_2, \ldots, A_N]$の累積和$[B_1, B_2, \ldots, B_N]$を考えたとき、j個目の質問の答えが$B_{R_j} - B_{L_j-1}$で表されるということです。下図は各日の来場者数が3, 1, 4, 1, 5, 9, 2, 6人のときに合計来場者数を計算する例を示しており、直接求めたときと計算結果が一致します。

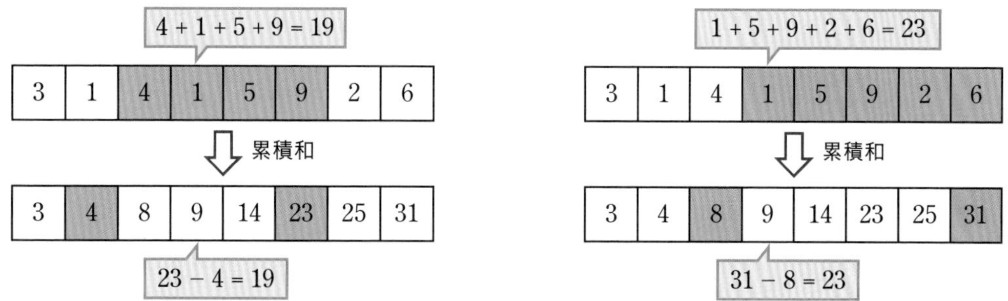

したがって、コード4.2.1のように累積和を計算した後、それぞれの質問に対して$B_{R_j} - B_{L_j-1}$を出力するようなプログラムを書けば、計算量$O(N+Q)$で正しい答えを出すことができます。$L_j=1$のときの実装に注意してください ($B_0=0$に設定しておけば実装が楽です)。

コード4.2.1　例題1を解くプログラム

```
#include <iostream>
using namespace std;

int N, A[100009], B[100009];
int Q, L[100009], R[100009];

int main() {
    // 入力 → 累積和を求める
    cin >> N >> Q;
    for (int i = 1; i <= N; i++) cin >> A[i];
    for (int j = 1; j <= Q; j++) cin >> L[j] >> R[j];
    B[0] = 0;
    for (int i = 1; i <= N; i++) B[i] = B[i - 1] + A[i];
    // 答えの出力
    for (int j = 1; j <= Q; j++) cout << B[R[j]] - B[L[j] - 1] << endl;
    return 0;
}
```


4.2.3 例題2：降雪のシミュレーション

最後に、階差をとるアイデアが使える例として、以下の問題を考えましょう。

問題ID：039

ALGO国はN個の区画に分かれており、西から順に1からNまでの番号が付けられています。最初はどの区画にも雪が積もっていませんが、これからQ日間にわたって雪が降り続け、i日目（$1 \leqq i \leqq Q$）には区画$L_i, \dots, R_i$の積雪がX_i cm増加することが予想されています。

予想通りに雪が降り終わった後の積雪の大小関係を表す、N-1文字の文字列を出力するプログラムを作成してください。i文字目は以下のようにしてください。

- （区画iの積雪）>（区画$i+1$の積雪）の場合：>
- （区画iの積雪）=（区画$i+1$の積雪）の場合：=
- （区画iの積雪）<（区画$i+1$の積雪）の場合：<

たとえば積雪が区画1から順に[3, 8, 5, 5, 4]である場合、<>=>という出力が正解です。

制約：$2 \leqq N \leqq 100000, 1 \leqq Q \leqq 100000, 1 \leqq L_i \leqq R_i \leqq N, 1 \leqq X_i \leqq 10000$

実行時間制限：1秒

まず、区画iの現在の積雪A_iを配列にメモして、A_iを加算していくことで直接シミュレーションする方法が考えられます。しかし、各日について最大N回の加算を行い、これがQ日間続きます。計算量は$O(NQ)$となり、本問題の制約では1秒以内に実行を終えることができません。

そこで階差を使いましょう。区画iの積雪から区画$i-1$の積雪を引いた値をB_iとすると、区画lから区画rまでの積雪を$x$cm増加させる操作は、以下の操作に対応します。

- B_lの値をx増加させ、B_{r+1}の値をx減少させる。

次ページの図は積雪$[A_1, A_2, \dots, A_N]$とその階差$[B_1, B_2, \dots, B_N]$が変化していく例を示しています。積雪は1日で何区画も変化するのに対し、その階差は2区画しか変化しません。

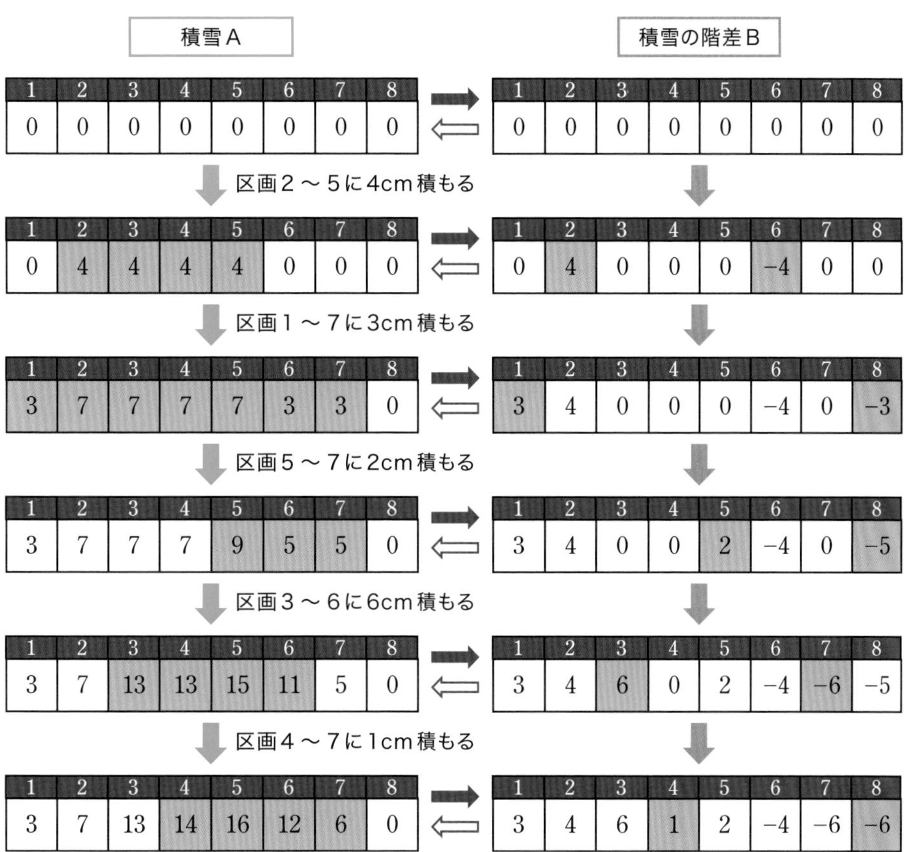

また、区画iの積雪と区画$i+1$の積雪の大小関係は、$B_{i+1} > 0$かどうかで判定することができます。したがって、**コード4.2.2**のように階差B_iを配列にメモして適切に加算を行うプログラムを書けば、計算量$O(N+Q)$で正しい答えを出すことができます。

なお、階差の逆が累積和であるという性質を使うと、隣り合う区画の大小関係だけでなく、雪が降り終わった後の各区画の積雪まで計算することができます。具体的には、計算した階差$[B_1, B_2, \ldots, B_N]$に累積和をとると積雪$[A_1, A_2, \ldots, A_N]$になります（➡**節末問題4.2.2**）[注4.2.2]。

コード4.2.2　例題2を解くプログラム

```
#include <iostream>
using namespace std;

int N, B[100009];
int Q, L[100009], R[100009], X[100009];

int main() {
    // 入力・階差の計算
    cin >> N >> Q;
    for (int i = 1; i <= Q; i++) {
        cin >> L[i] >> R[i] >> X[i];
        B[L[i]] += X[i];
        B[R[i] + 1] -= X[i];
```

次ページ

注4.2.2　このようなテクニックは、競技プログラミングでは**いもす法**と呼ばれています。

```
    }

    // 答えの出力
    for (int i = 2; i <= N; i++) {
        if (B[i] > 0) cout << "<";
        if (B[i] == 0) cout << "=";
        if (B[i] < 0) cout << ">";
    }
    cout << endl;
    return 0;
}
```

節末問題

問題4.2.1 問題ID：040 ★★★

ALGO鉄道の情報線にはN個の駅があり、西から順に1からNまでの番号が付けられています。駅iと駅$i+1$ $(1 \leqq i \leqq N-1)$ は双方向に繋がっており、距離はA_iメートルです。太郎君は、駅B_1から出発し、駅$B_2, B_3, \ldots, B_{M-1}$をその順に経由し、駅$B_M$で旅を終える計画を立てました。彼は旅全体で何メートル移動することになるか、計算量$O(N+M)$で求めるプログラムを作成してください。(出典：第9回日本情報オリンピック本選1 - 旅人 改題)

問題4.2.2 問題ID：041 ★★★

あるコンビニは時刻0に開店し、時刻Tに閉店します。このコンビニにはN人の従業員が働いており、i番目 $(1 \leqq i \leqq N)$ の従業員は時刻L_iに出勤し、時刻R_iに退勤します。ここでL_i, R_iは整数であり、$0 \leqq L_i < R_i \leqq T$を満たします。$t = 0, 1, 2, \ldots, T-1$それぞれについて、時刻$t+0.5$にコンビニにいる従業員の数を出力するプログラムを作成してください。計算量は$O(N+T)$であることが望ましいです。

問題4.2.3 ★★★★

関数$f(x)$は$f(x) = ax^2 + bx + c$の形で表される関数です (a, b, cの値が0であることもあり得ます)。これについて、太郎君は「$f(1) = A_1, f(2) = A_2, \ldots, f(N) = A_N$である」と言いました。階差を2回とる以下のプログラムは、太郎君が確実に嘘を付いているときfalse、嘘を付いているとは限らないときtrueを返します。それを証明してください。

```
// f(1)=A[1], f(2)=A[2], ..., f(N)=A[N] とする
// たとえば N=3, A=[1,4,9,16] のとき B=[3,5,7], C=[2,2] となり true を返す
bool func() {
    for (int i = 1; i <= N - 1; i++) B[i] = A[i + 1] - A[i];
    for (int i = 1; i <= N - 2; i++) C[i] = B[i + 1] - B[i];
    for (int i = 1; i <= N - 3; i++) {
        if (C[i] != C[i + 1]) return false;
    }
    return true;
}
```

第4章 発展的なアルゴリズム

4.3 ニュートン法 ～数値計算をやってみよう～

皆さんは電卓を使ったり、プログラミングのsqrt関数を使ったりすることで、$\sqrt{2}$などの値を簡単に求めることができます。しかし、この中身の計算は一体どのようにして行われるのでしょうか。本節ではアルゴリズムの理解に必要な「微分法」を解説した後、効率的な数値計算の手法として知られるニュートン法を扱います。

4.3.1 導入：微分のイメージ

ある点における「関数の傾き（➡2.3.5項）のようなもの」を求める操作を**微分**といいます。

簡単な例として、$y = x^2$のグラフにおける$x = 1$付近の傾きを計算してみましょう。グラフを拡大していくと、xの値が0.01増加するごとにyの値が0.02増加する直線に近くなるため、求める傾きは

$$\text{求める傾き} = \frac{y\text{の増加分}}{x\text{の増加分}} = \frac{0.02}{0.01} = 2$$

となります。このような値を計算することが、微分という操作です。

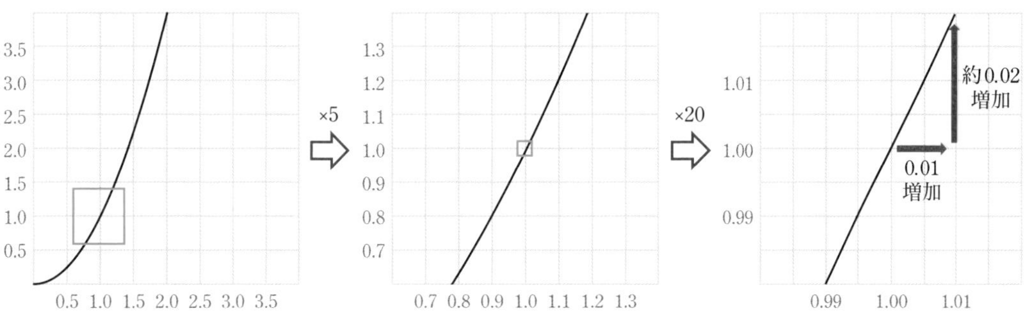

一般に、$y = f(x)$のグラフにおける$x = a$付近の傾きを「$x = a$における**微分係数**」といい、$f'(a)$と書きます。たとえば$f(x) = x^2$のとき$x = 1$付近の傾きは2であるため、$f'(1) = 2$です。

具体例をもう1つ挙げましょう。たとえば$y = 1/x$のグラフを拡大すると、$x = 2$付近の傾きが-0.25であることがわかるため、$f(x) = 1/x$のとき$f'(2) = -0.25$です。微分のイメージはつかめましたか。

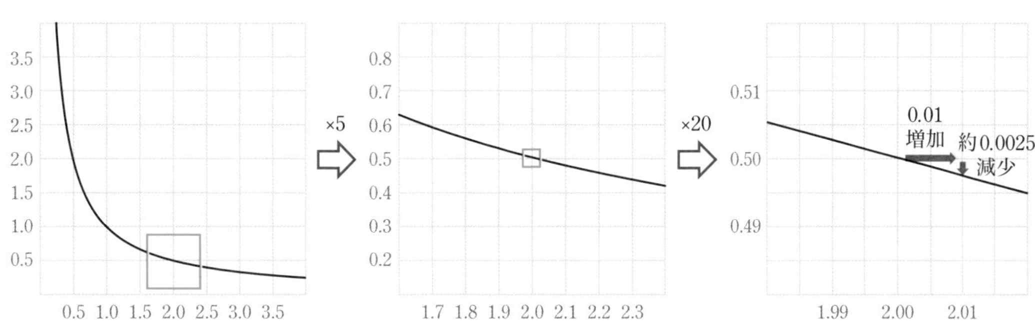

4.3.2 接線と微分係数の関係

次に、関数$y = f(x)$のグラフと点$(a, f(a))$で接する直線のことを**接線**といいます。たとえば、

- $y = x^2$上の点$(1, 1)$における接線は、下図に示す通り$y = 2x - 1$
- $y = x^2$上の点$(2, 4)$における接線は、下図に示す通り$y = 4x - 4$

となります。関数とその接線は、点$(a, f(a))$で接しますが交わらないことに注意してください。なお、滑らかな関数[注4.3.1]の場合、接線は必ず1つに決まります。

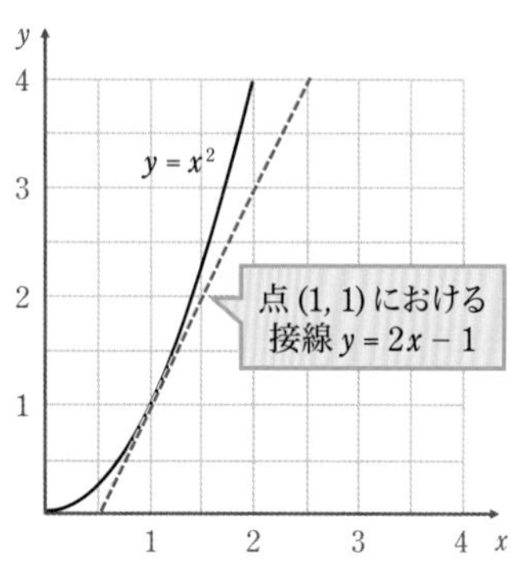

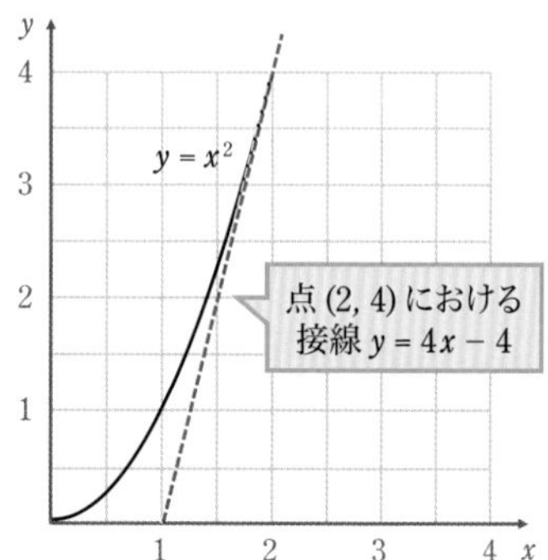

そこで、**点$(a, f(a))$における接線の傾きが、微分係数$f'(a)$と一致する**という重要な性質があります。たとえば、$f(x) = x^2$上の点$(1, 1)$における接線の傾きは2ですが、この値は$f'(1) = 2$と等しいです。この性質が成り立つ理由は、グラフを拡大したときに関数とその接線が一致しているように見えることに着目すると、理解しやすいです。

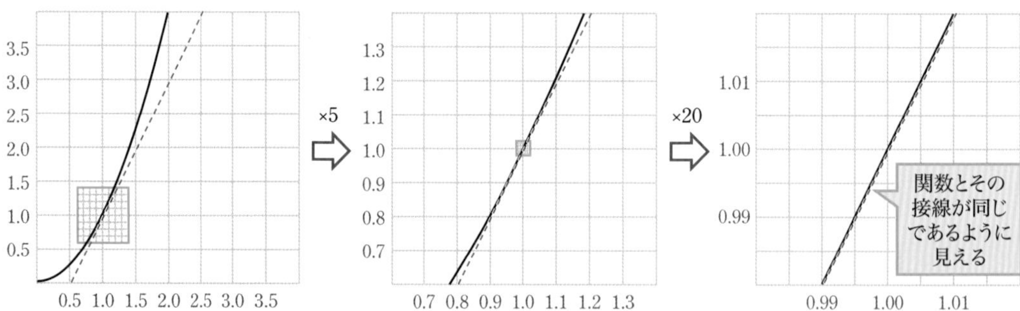

4.3.3 いろいろな関数の微分

4.3.1項では、関数のグラフを拡大することで微分係数$f'(x)$を求めてきましたが、一部の関数については、このような面倒なことを行わなくても$f'(x)$の値を計算することができます。本項では、自明な例として一次関数の微分を扱った後、一般の多項式関数を微分する方法を紹介します。

注4.3.1　数学的な用語では**微分可能である**といいます。

パターン1：一次関数の微分

まず、一次関数 $f(x) = ax + b$ の傾きはどの点でも a であるため、すべての実数 x について $f'(x) = a$ です。たとえば $f(x) = 2x - 1$ のとき、$f'(1) = 2$、$f'(2) = 2$ です。

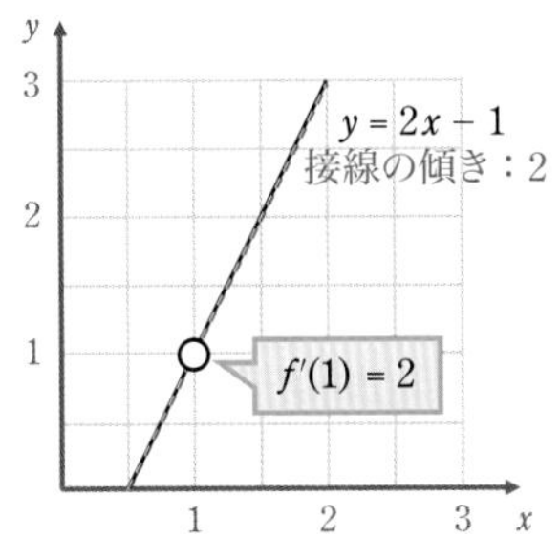

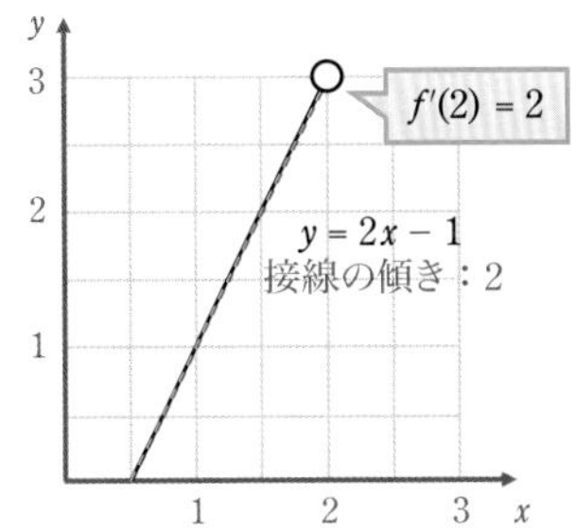

パターン2：一般の多項式関数の微分

次に、$f(x)$ が一般の多項式関数（➡2.3.7項）の場合、以下の手順により微分係数を計算することができます。

1. $f(x)$ のすべての項を自分の次数で掛けた後、次数を1減らした関数を $f'(x)$ とする
2. $x = t$ における微分係数は $f'(t)$ である

以下の図は、上の手順に従って微分係数を求める2つの例を示しています。特に、$f(x) = x^2$ のとき $f'(x) = 2x$、$f(x) = x^3$ のとき $f'(x) = 3x^2$、$f(x) = x^4$ のとき $f'(x) = 4x^3$ となります。

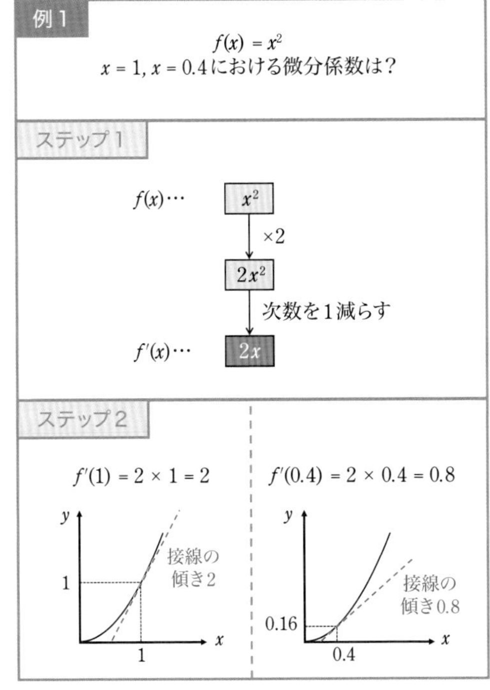

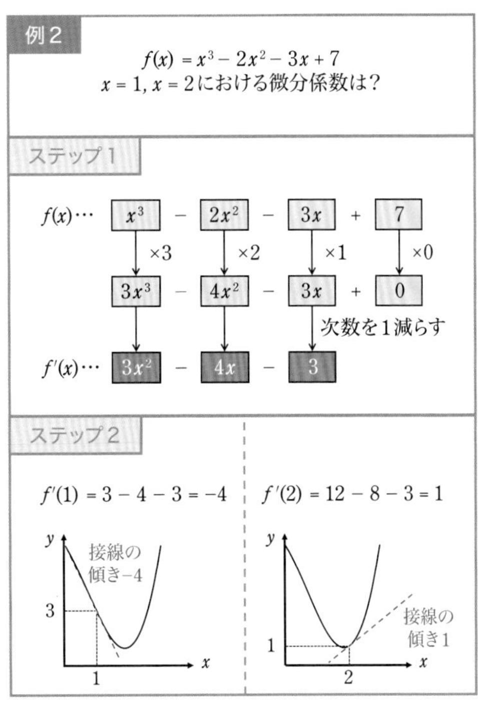

4.3.4 より厳密な微分の定義

次に、単なる「関数の傾き」よりも厳密な微分の定義[注4.3.2]を紹介します。高校数学では、本項に記されている式を定義とすることが多いです。次項で紹介する「$\sqrt{2}$を求める問題」は、この定義を使わなくても解けますが、ぜひ知っておきましょう。

関数$f(x)$に対し、以下の値を$x = a$における微分係数とし、$f'(a)$と書きます。

$$f'(a) = \lim_{h \to 0} \frac{f(a+h) - f(a)}{h}$$

この式はlimという記号を使っており、ここでは「間隔hを限りなく0に近づけたとき、式の値はどうなるか？」という意味です。たとえば$f(x) = x^2$の$x = 1$における微分係数$f'(1)$は、以下のようにして求められます。

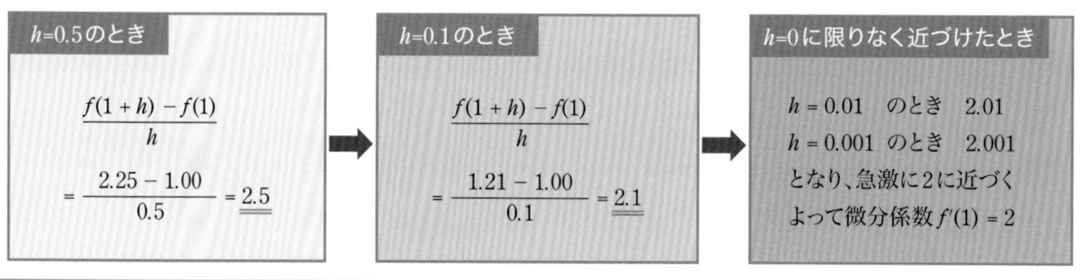

h=0.5のとき
$\frac{f(1+h) - f(1)}{h} = \frac{2.25 - 1.00}{0.5} = 2.5$
h=0.1のとき
$\frac{f(1+h) - f(1)}{h} = \frac{1.21 - 1.00}{0.1} = 2.1$
h=0に限りなく近づけたとき
$h = 0.01$ のとき 2.01
$h = 0.001$ のとき 2.001
となり、急激に2に近づく
よって微分係数$f'(1) = 2$

4.3.5 ニュートン法で$\sqrt{2}$を求めてみよう！

数学的知識の準備が整ったので、いよいよ本題に入ります。**ニュートン法**は、関数の接線を繰り返し引くことで、ある数値の近似値を計算するアルゴリズムです。たとえば$\sqrt{2}$の近似値は、以下のようなアルゴリズムで求めることができます。

1. 適当な初期値aを設定し、関数$y = x^2$と$y = 2$のグラフを描く。
2. 以下の操作を何回か繰り返す。
   - $y = x^2$上の点(a, a^2)における接線を描く。
   - aの値を「接線と直線$y = 2$の交点のx座標」に変更する。
3. 操作を終えた後のaの値が、$\sqrt{2}$の近似値である。

たとえば初期値を$a = 2$として上のアルゴリズムを適用させると、次ページの図のようになります。aの値は2→1.5→1.416…と変化し、急激に$\sqrt{2} = 1.414213\cdots$に近づきます。そうなる理由は、$y = x^2$と$y = 2$のグラフの交点の$x$座標が$\sqrt{2}$であるからです。

なお、図の3ステップ目、6ステップ目では、$f(x) = x^2$のとき$f'(x) = 2x$であることを利用しています。

注4.3.2　厳密と書いていますが、ε-δ論法を利用すると、さらに厳密に定義することもできます。

1 手順1.

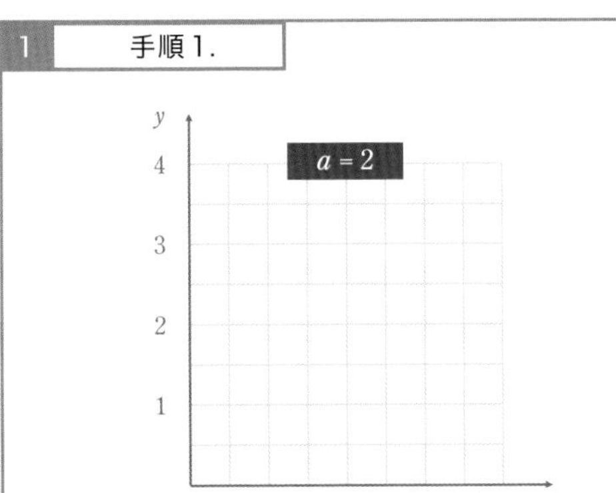

$\sqrt{2}$に近そうな初期値aを設定します。
ここでは$a = 2$に設定します。

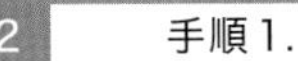

2 手順1.

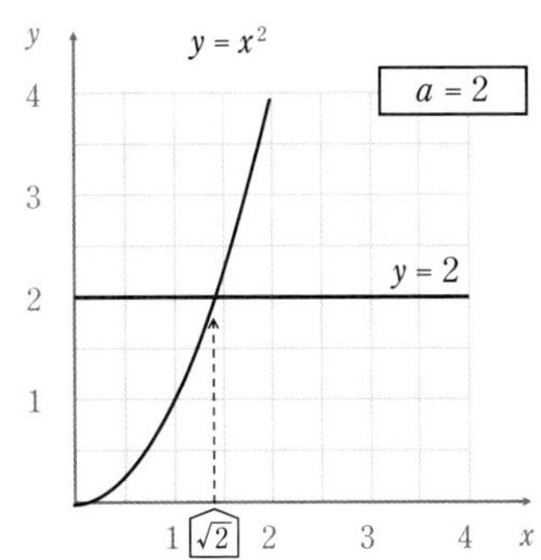

関数$y = x^2$と$y = 2$のグラフを描きます。
ここで重要な点は、2つのグラフの
交点のx座標が$\sqrt{2}$であるということです。

3 手順2.［1回目］

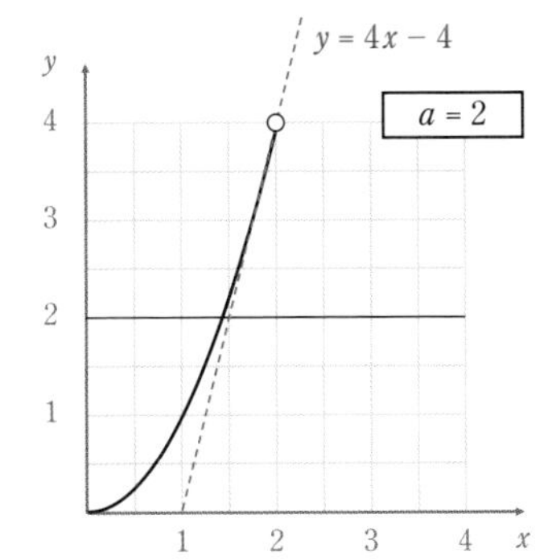

$a = 2$なので、点 (2, 4) を通る接線を引きます。
$f(x) = x^2$として、接線の傾きは$f'(2) = 2 \times 2 = 4$であるため、
接線の式は$y = 4x - 4$となります。

4 手順2.［1回目］

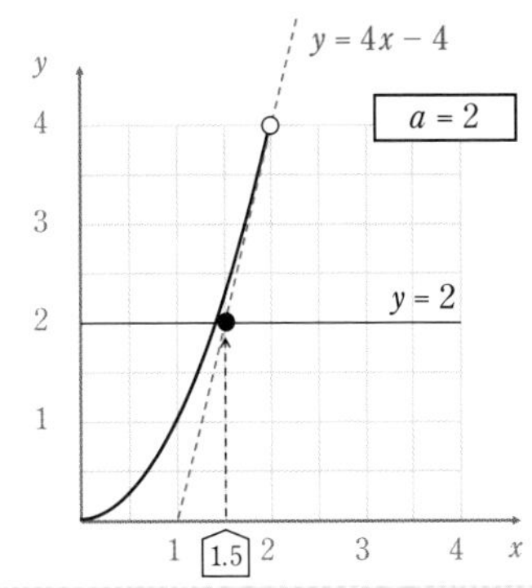

接線と直線$y = 2$の交点のx座標は
$\dfrac{3}{2} = 1.5$です。

5 手順2.［1回目］

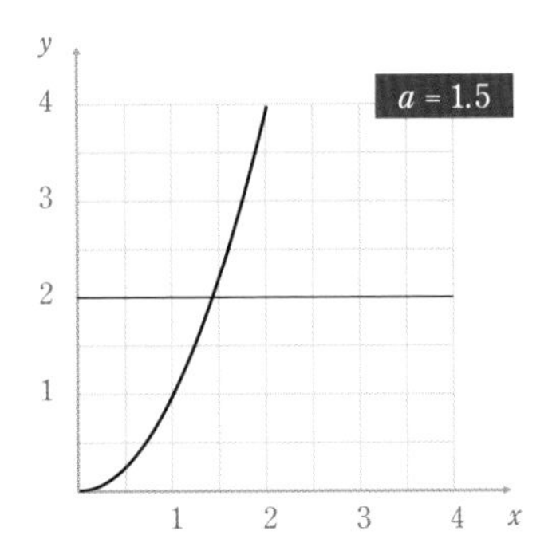

［4］で求めた交点のx座標が1.5なので、
$a = 1.5$に変更します（1回目の変更）。

6 手順2.［2回目］

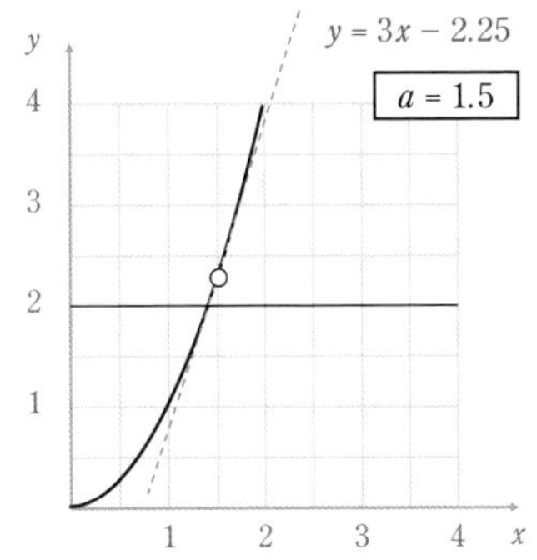

a=1.5なので、点 (1.5, 2.25) を通る接線を引きます。
$f(x) = x^2$として、接線の傾きは$f'(1.5) = 2 \times 1.5 = 3$
であるため、接線の式は$y = 3x - 2.25$となります。

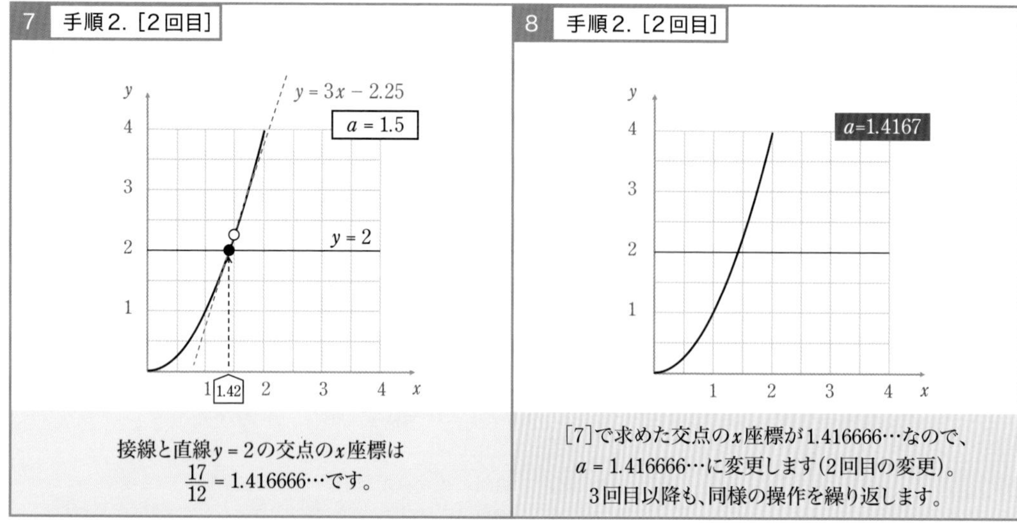

7 手順2.［2回目］
y = 3x − 2.25
a = 1.5
y = 2
1.42
接線と直線y = 2の交点のx座標は
17/12 = 1.416666…です。
8 手順2.［2回目］
a=1.4167
［7］で求めた交点のx座標が1.416666…なので、
a = 1.416666…に変更します（2回目の変更）。
3回目以降も、同様の操作を繰り返します。

一連の操作をさらに繰り返すと、aの値が以下のように変化します。赤字は$\sqrt{2}$の正確な値1.41421356…と一致した部分を示しています。

操作回数	aの値	一致した桁数
初期値	2.000000000000000000000000	0桁
1回目の操作の後	1.500000000000000000000000	1桁
2回目の操作の後	1.416666666666666666666666	3桁
3回目の操作の後	1.414215686274509803921568 6	6桁
4回目の操作の後	1.414213562374689910626295 5	12桁
5回目の操作の後	1.414213562373095048801689 6	24桁

一致した桁数が倍々になっていますね。このように、ニュートン法を使うと、たった数回の計算で$\sqrt{2}$の値をほぼ正確に求めることができます。実装例として、**コード4.3.1**が考えられます。

コード4.3.1　ニュートン法の実装例

```
#include <iostream>
using namespace std;

int main() {
    double r = 2.0; // √2 を求めたいから
    double a = 2.0; // 初期値を適当に 2.0 にセットする

    for (int i = 1; i <= 5; i++) {
        // 点 (a, f(a)) の x 座標と y 座標を求める
        double zahyou_x = a;
        double zahyou_y = a * a;

        // 接線の式を求める [y = (sessen_a)x + sessen_b とする]
        double sessen_a = 2.0 * zahyou_x;
        double sessen_b = zahyou_y - sessen_a * zahyou_x;

        // 次の a の値 next_a を求める
```

次ページ

```
        double next_a = (r - sessen_b) / sessen_a;
        printf("Step #%d: a = %.12lf -> %.12lf\n", i, a, next_a);
        a = next_a;
    }
    return 0;
}
```

4.3.6 ニュートン法の一般化

前項では$\sqrt{2}$を求めるアルゴリズムを紹介しましたが、一般に、$f(x)=r$となるxの値は、以下の手順で求めることができます。

1. 適当な初期値aを設定する。
2. 以下の操作を何回か繰り返す。
   - $y=f(x)$上の点$(a, f(a))$における接線を求める。
   - aの値を「求めた接線と直線$y=r$の交点のx座標」に変更する。
3. 操作を終えた後のaの値が、$f(x)=r$となるxの近似値である。

一般化したニュートン法を使うと、以下のようにさまざまな近似値を計算することが可能です。

- $f(x)=x^2, r=2$とするとき、$\sqrt{2}$が計算されます。
- $f(x)=x^2, r=3$とするとき、$\sqrt{3}$が計算されます。
- $f(x)=x^3, r=2$とするとき、$\sqrt[3]{2}$が計算されます。(➡節末問題4.3.2)
- $f(x)=e^x, r=2$とするとき、$\log_e 2$が計算されます。(➡最終確認問題21)
- $f(x)=x^x, r=2$とするとき、$x^x=2$となるxの値が計算されます。

4.3.7 数値計算の代表的な問題

一般に、手計算で解くことが不可能な数式および大規模な数式を、プログラムを用いて効率的に計算することを**数値計算**といいます。4.3.5項では数値計算の例としてニュートン法を紹介しましたが、ほかにも多数の問題が知られています。本節の最後に、代表的な問題をリストアップします。

数値微分・数値積分

世の中のすべての関数が、多項式関数のように正確な微分係数を求められるとは限りません。その代わりに、近似値を数値的に求めることがあり、これを数値微分といいます。たとえば、厳密な微分の定義(➡**4.3.4項**)の式に基づいて計算する方法が単純です。また、微分の逆の操作である積分(➡**4.4節**)の近似値を求めることを数値積分といいます(➡**節末問題 4.4.2**)。

多倍長整数演算

「100万桁×100万桁の掛け算」のような、巨大な数の演算を行う問題です。たとえば掛け算の場合、桁数をNとするとき筆算の計算量は$O(N^2)$となりますが、Karatsuba法や高速フーリエ変換を使うと計算量を改善することができます。

節末問題

問題4.3.1 ★

1. 関数$f(x) = 7x + 5$とするとき、$f'(x)$をxの式で表してください。
2. 関数$f(x) = x^2 + 4x + 4$とするとき、$f'(x)$をxの式で表してください。
3. 関数$f(x) = x^5 + x^4 + x^3 + x^2 + x + 1$とするとき、$f'(x)$を$x$の式で表してください。

問題4.3.2 ★★

コード4.3.1の以下の変数を適切に変更することによって、$\sqrt[3]{2}$の近似値を計算してください。

- zahyou_y：点$(a, f(a))$のy座標の値$f(a)$
- sessen_a：接線の傾きの値

問題4.3.3 ★★★

$\sqrt{2}$の値は、以下の**二分探索法**（➡**2.4.7項**）を用いたアルゴリズムでも計算することができます。

1. $1 \leqq \sqrt{2} \leqq 2$であるため、$l = 1, r = 2$に設定する。
2. 以下の操作を繰り返す。ここで、常に$l \leqq \sqrt{2} \leqq r$が成り立つ。
   - $m = (l + r) / 2$とする。
   - $m^2 < 2$であるならば、lの値をmに変更する。
   - $m^2 \geqq 2$であるならば、rの値をmに変更する。

一致する桁数が6桁に達するまでの操作回数を求め、性能をニュートン法と比較してください。

問題4.3.4 ★★★★

四則演算のみを使って$10^{0.3}$の近似値を計算するプログラムを作成してください。pow関数やsqrt関数など、四則演算ではないものは使ってはなりません。なお、ニュートン法を使わなくても構いません。

4.4 エラトステネスのふるい

N以下の素数を列挙する方法として、さまざまなものが知られています。たとえば、3.1節で紹介した素数判定法を使って「1は素数か」「2は素数か」「3は素数か」といったように順番に求めていくと、計算量は$O(N^{1.5})$になります。一方、エラトステネスのふるいと呼ばれるアルゴリズムを使うと、$O(N \log N)$よりも良い計算量で素数を列挙することができます。そこで本節ではアルゴリズムを紹介した後、計算量の見積もりに必要な積分の知識を解説します。

4.4.1 エラトステネスのふるいとは

まず、**エラトステネスのふるい**と呼ばれる以下のアルゴリズムを使うと、1からNまでの素数を効率的に列挙することができます。

1. 最初、整数$2, 3, 4, \ldots, N$を書く。
2. 無印である最小の数「2」にマルを付け、他の2の倍数にバツを付ける。
3. 無印である最小の数「3」にマルを付け、他の3の倍数にバツを付ける。
4. 無印である最小の数「5」にマルを付け、他の5の倍数にバツを付ける。
5. 以下同様に、無印である最小の数にマルを付け、その倍数にバツを付ける操作を繰り返す。$\sqrt{N}$以下のすべての整数に何らかの印が付けられた時点で、操作を終了する[注4.4.1]。
6. マルが付けられている整数、あるいは無印のまま残った整数だけが素数である。

このアルゴリズムを使って、100以下の素数を列挙してみましょう。一連の流れは下図のようになり、2, 3, 5, 7, 11, ... ,89, 97の計25個が素数であることが分かります。

手順1 2～100の整数を書く

	2	3	4	5	6	7	8	9	10	11	12	13	14	15	16	17	18	19	20
21	22	23	24	25	26	27	28	29	30	31	32	33	34	35	36	37	38	39	40
41	42	43	44	45	46	47	48	49	50	51	52	53	54	55	56	57	58	59	60
61	62	63	64	65	66	67	68	69	70	71	72	73	74	75	76	77	78	79	80
81	82	83	84	85	86	87	88	89	90	91	92	93	94	95	96	97	98	99	100

▼

手順2 2の倍数にバツを付ける

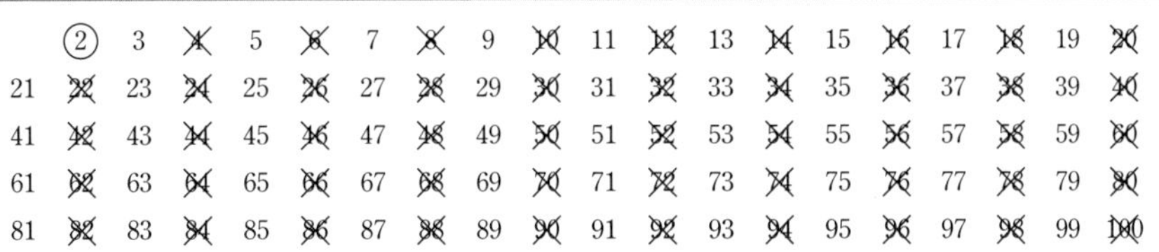

	②	3	~~4~~	5	~~6~~	7	~~8~~	9	~~10~~	11	~~12~~	13	~~14~~	15	~~16~~	17	~~18~~	19	~~20~~
21	~~22~~	23	~~24~~	25	~~26~~	27	~~28~~	29	~~30~~	31	~~32~~	33	~~34~~	35	~~36~~	37	~~38~~	39	~~40~~
41	~~42~~	43	~~44~~	45	~~46~~	47	~~48~~	49	~~50~~	51	~~52~~	53	~~54~~	55	~~56~~	57	~~58~~	59	~~60~~
61	~~62~~	63	~~64~~	65	~~66~~	67	~~68~~	69	~~70~~	71	~~72~~	73	~~74~~	75	~~76~~	77	~~78~~	79	~~80~~
81	~~82~~	83	~~84~~	85	~~86~~	87	~~88~~	89	~~90~~	91	~~92~~	93	~~94~~	95	~~96~~	97	~~98~~	99	~~100~~

注4.4.1 $\sqrt{N}$までで打ち切ってしまって良い理由は、N以下のすべての合成数が2以上$\sqrt{N}$以下の約数を持つからです（➡3.1節）。

手順3 3の倍数にバツを付ける

	②	③	4	5	~~6~~	7	8	~~9~~	10	11	~~12~~	13	14	~~15~~	16	17	~~18~~	19	20
~~21~~	22	23	~~24~~	25	26	~~27~~	28	29	~~30~~	31	32	~~33~~	34	35	~~36~~	37	38	~~39~~	40
41	~~42~~	43	44	~~45~~	46	47	~~48~~	49	50	~~51~~	52	53	~~54~~	55	56	~~57~~	58	59	~~60~~
61	62	~~63~~	64	65	~~66~~	67	68	~~69~~	70	71	~~72~~	73	74	~~75~~	76	77	~~78~~	79	80
~~81~~	82	83	~~84~~	85	86	~~87~~	88	89	~~90~~	91	92	~~93~~	94	95	~~96~~	97	98	~~99~~	100

手順4 5の倍数にバツを付ける

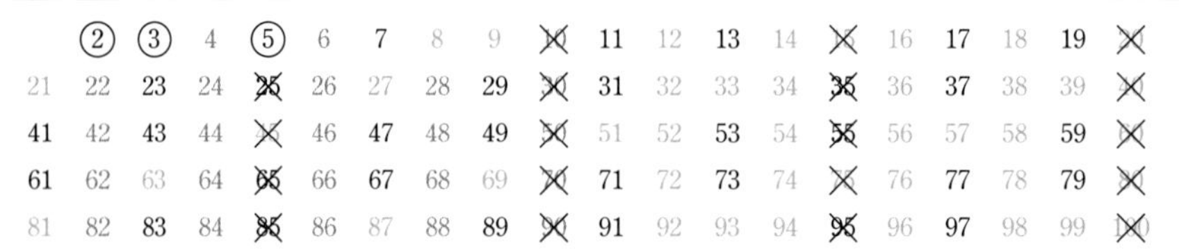

手順5 7の倍数にバツを付ける

	②	③	4	⑤	6	⑦	8	9	10	11	12	13	~~14~~	15	16	17	18	19	20
~~21~~	22	23	24	25	26	27	~~28~~	29	30	31	32	33	34	~~35~~	36	37	38	39	40
41	~~42~~	43	44	45	46	47	48	~~49~~	50	51	52	53	54	55	~~56~~	57	58	59	60
61	62	~~63~~	64	65	66	67	68	69	~~70~~	71	72	73	74	75	76	~~77~~	78	79	80
81	82	83	~~84~~	85	86	87	88	89	90	~~91~~	92	93	94	95	96	97	~~98~~	99	100

次に、実装方法を考えます。残念ながら、プログラミングでは手順1で実際に数字を書くことができませんが、代わりに配列`prime`を用意すると実装できます。整数xにバツが付けられていないとき`prime[x] = true`、付けられているとき`prime[x] = false`とすれば良いです。

さて、エラトステネスのふるいの計算量は$O(N \log \log N)$であることが知られています[注4.4.2]。コード4.4.1はN以下の素数を小さい順に出力するプログラムであり、著者環境では$N = 10^8$のとき、入出力を除いて0.699秒で実行が終わりました（プログラムが正しいかどうかは、本書の自動採点システム［問題ID：011］で確かめることができます）。

では、なぜこのような計算量になるのでしょうか。これを理解するには積分の知識が必要であるため、次項では積分の基本事項について解説します。

コード4.4.1 N以下の素数をすべて出力するプログラム

```
#include <iostream>
using namespace std;

int N;
bool prime[100000009];

int main() {
    // 入力 → 配列の初期化
    cin >> N;
    for (int i = 2; i <= N; i++) prime[i] = true;
```

次ページ

注4.4.2　$N \log \log N$は$N \times \log(\log N)$と同じ意味です。$N = 10^8$のとき、$\log(\log N)$の値は約5です（対数の底が2であるとして計算）。

```
    // エラトステネスのふるい
    for (int i = 2; i * i <= N; i++) {
        if (prime[i] == true) {
            for (int x = 2 * i; x <= N; x += i) prime[x] = false;
        }
    }

    // N 以下の素数を小さい順に出力
    for (int i = 2; i <= N; i++) {
        if (prime[i] == true) cout << i << endl;
    }
    return 0;
}
```

4.4.2 積分のイメージ

ある関数から得られる領域の面積を求める操作を**積分**といいます。積分には**不定積分**と**定積分**の2種類がありますが、このうち定積分は以下の式で表され、「関数$f(x)$をaからbまで積分する」といいます（本書では紙面の都合上、不定積分は扱わないことにします）。

$$\int_a^b f(x)\,dx$$

これは下図に示すように、3つの直線$x = a, x = b, y = 0$と関数のグラフ$y = f(x)$で囲まれた部分の（符号付き）面積を計算することに対応します。微分では「微小変化」「差分」といったものに着目したのに対し、積分では「累積」に着目するため、微分とは逆の概念であるといえます（➡4.2節）。

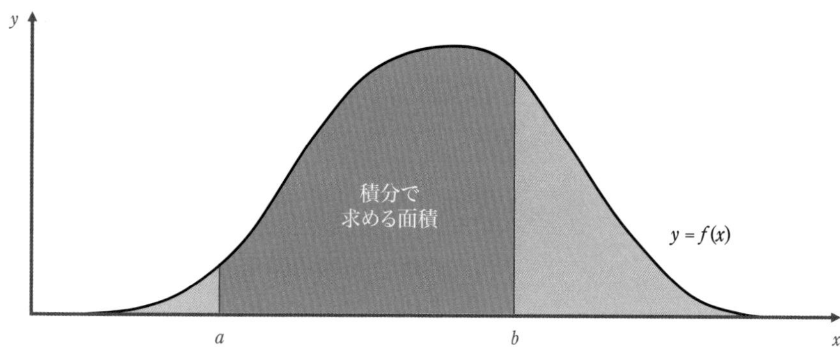

さて、いくつか具体例を挙げましょう。まずは簡単な例として、以下の式を計算します。

$$\int_3^5 4\,dx$$

これは、3つの直線$x = 3, x = 5, y = 0$と関数$y = 4$で囲まれた、次ページの図の色の付いた部分の面積を求めることを意味します。この部分は縦の長さが4、横の長さが2の長方形であるため、面積は$4 \times 2 = 8$です。

したがって、求める定積分の値は以下の通りです。

$$\int_3^5 4\,dx = 8$$

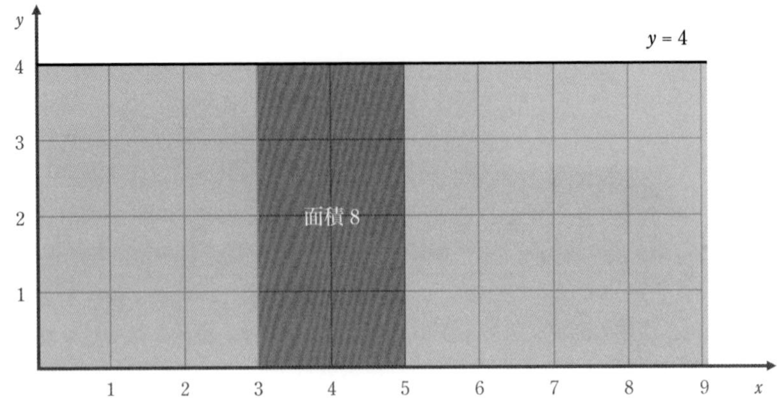

次に、少し複雑な例を紹介します。以下の式を計算してみましょう。

$$\int_0^5 (x-2)\,dx$$

これは、3つの直線$x = 0$, $x = 5$, $y = 0$と関数$y = x - 2$で囲まれた、下図の色の付いた部分の（符号付き）面積を求めることを意味します。この部分は2つに分かれ、左側の面積は2、右側の面積は4.5です。

そこで、「答えは$4.5 + 2 = 6.5$だ」と思う人がいるかもしれませんが、**積分は符号付き面積に対応する**ため、負方向に出ている部分はマイナスとします。したがって、求める定積分の値は以下の通りです。

$$\int_0^5 (x-2)\,dx = (4.5-2) = 2.5$$

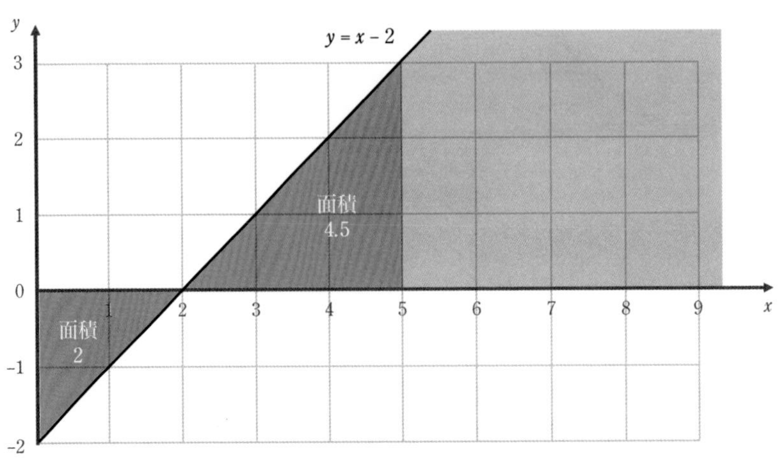

4.4.3 いろいろな関数の定積分

前項では、実際に図形を描いて面積を求めることで積分計算を行いました。しかし微分と同様、一部の関数については、このような面倒なことを行わなくても良いです。本項では、多項式関数の積分と $1/x$ の積分の2つを紹介します。積分法が微分法の逆の操作であることを利用すると、これらは自力で導出することも可能です。しかし、アルゴリズムの計算量を解析するなどの場面では、実際に定積分の計算ができることの方が重要なので、公式として覚えておいても良いでしょう。

パターン 1：多項式関数の積分

関数 $f(x)$ が多項式関数のとき、以下のステップで a から b までの積分を求めることができます。

1. $f(x)$ のすべての項の次数を1増やした後、自分の次数で割った関数を $F(x)$ とする[注4.4.3]。
2. 求める積分の値は $F(b) - F(a)$ である。

下図は、上の手順に従って関数を積分する例を2つ示しています。例1の場合、積分計算に対応する領域が上底5、下底11、高さ3の台形となり、その面積は $(5+11)\times 3 \div 2 = 24$ であることから、正しく計算できていることが分かります。

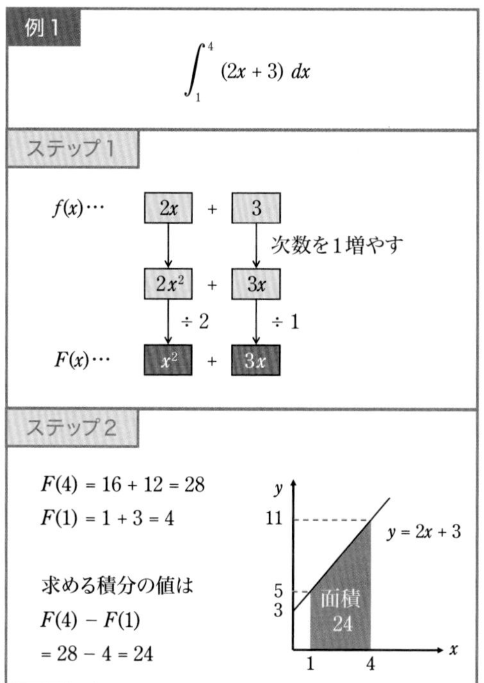

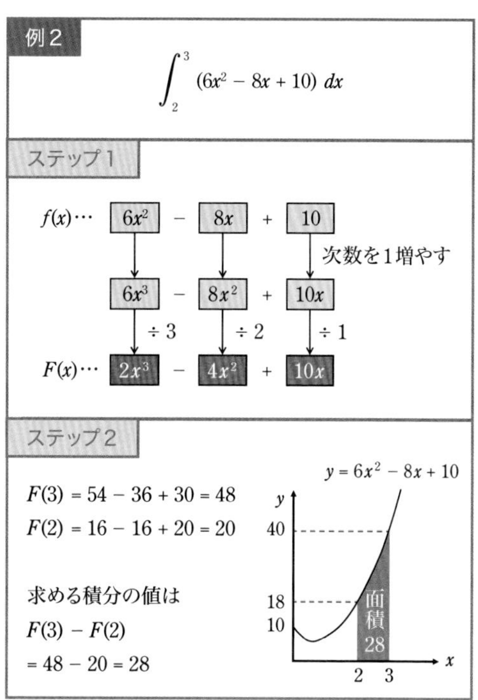

特に、ステップ1に関して次のことが成り立ちます。これは多項式関数の微分（➡4.3.3項）で次数が1だけ減ったことを考えると理解しやすいです[注4.4.4]。

注4.4.3　$F(x)$ を**原始関数**と呼ぶことがあります。本書で扱わない不定積分と関連が深いです。

注4.4.4　一般の実数 t $(t \neq -1)$ についても、関数 $f(x) = x^t$ を a から b まで積分した値は $(b^{t+1} - a^{t+1}) / (t+1)$ になります。

- $f(x) = x$ のとき $F(x) = x^2/2$
- $f(x) = x^2$ のとき $F(x) = x^3/3$
- $f(x) = x^3$ のとき $F(x) = x^4/4$

パターン 2：$1/x$ の積分

次に、$f(x) = 1/x$、$0 < a < b$ の場合の定積分は、以下のようにして計算することができます。ただし、e は約2.718という定数であり、**自然対数の底**と呼ばれます。

$$\int_a^b \frac{1}{x}\,dx = (\log_e b - \log_e a)$$

たとえば、関数$1/x$を0.5から3まで積分した値は、対数関数の公式（➡2.3.10項）より、$\log_e 3 - \log_e 0.5 = \log_e 6$（約1.8）です。この積分は下図の色の付いた部分の面積に対応します。なお、$1/x$の積分は、エラトステネスのふるいの計算量解析にも利用されます。

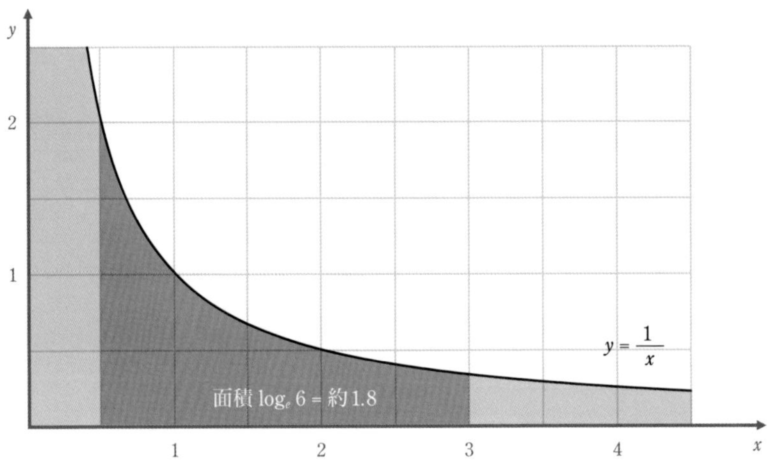

4.4.4 逆数（$1/x$）の和について

以下のような形で表される式の値は、およそ$\log_e N$となることが知られています。

$$\frac{1}{1} + \frac{1}{2} + \frac{1}{3} + \cdots + \frac{1}{N}$$

具体的なNに対する式の値は以下の通りです[注4.4.5]。なお、Nを限りなく大きくした無限和を**調和級数**といい、これは正の無限大に発散する（いくらでも大きくなる）ことが知られています。

N	100	10000	1000000	100000000
調和級数	5.1874	9.7876	14.3927	18.9979
参考：$\log_e N$	4.6052	9.2103	13.8155	18.4207

注4.4.5　Nが非常に大きいとき、$1/x$の総和が$\log_e N$より約0.5772大きくなることが知られています。この約0.5772という値を**オイラー定数**といいます。

4.4.5 逆数の和がlogとなる証明

次に、総和が$\log_e N$に近づく理由を考えてみましょう。まず、以下の3つの領域について、**(領域Aの面積) ≦ (領域Bの面積) ≦ (領域Cの面積)**という不等式が成り立ちます。

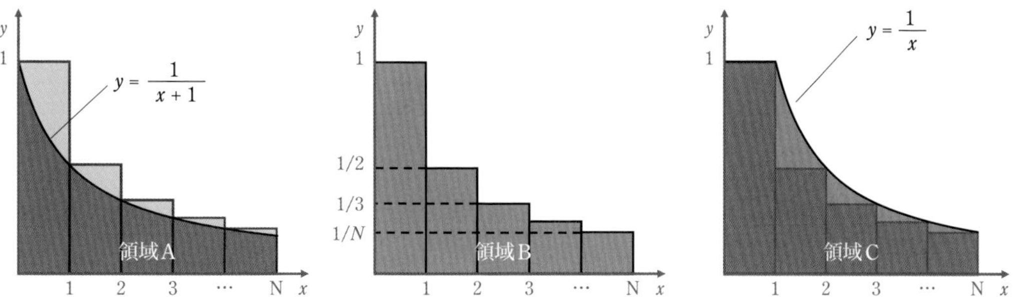

そこで、領域Bの面積は逆数の和$1/1+1/2+\cdots+1/N$と一致するため、領域Aの面積をS_A、領域Cの面積をS_Cとするとき、次式が成り立ちます。

$$S_A \leqq \frac{1}{1}+\frac{1}{2}+\frac{1}{3}+\cdots+\frac{1}{N} \leqq S_C$$

さて、領域Aの面積を求めてみましょう。下図に示すように、x軸の正方向に1だけ移動させると、領域Aは3つの直線$x=1,\ x=N+1,\ y=0$と関数$y=1/x$で囲まれた部分になります。この面積は

$$\int_1^{N+1} \frac{1}{x}\,dx = \log_e (N+1) - \log_e 1 = \log_e (N+1)$$

であるため、$S_A = \log_e (N+1)$です。

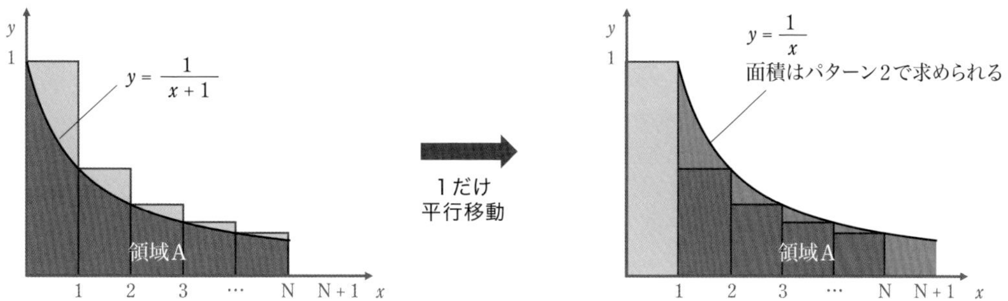

次に、領域Cは「$0<x<1$の部分」と「$1 \leqq x \leqq N$の部分」に分けて考えます。前者の面積は明らかに1であり、後者の面積は以下の定積分によって計算することができます。

$$\int_1^{N} \frac{1}{x}\,dx = \log_e N - \log_e 1 = \log_e N$$

したがって、$S_C = 1+\log_e N$となります。このことから、逆数の和が$\log_e (N+1)$以上$1+\log_e N$以下であることが導かれました。

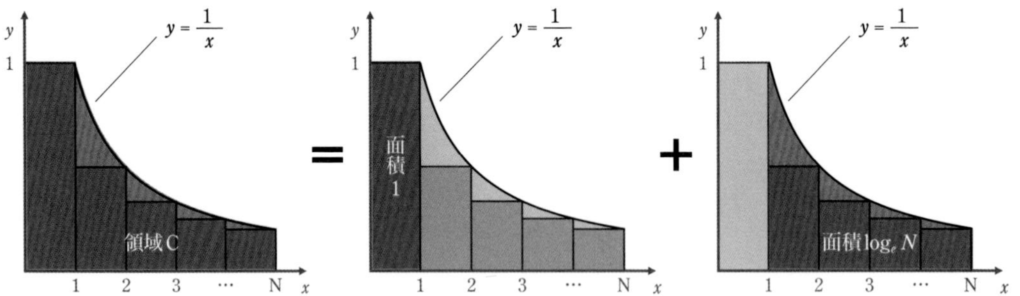

4.4.6 エラトステネスのふるいの計算量

最後に、本節の冒頭で扱った「エラトステネスのふるい」の計算量を見積もってみましょう。再掲になりますが、このアルゴリズムでは以下の処理を行っています。

- 整数2にマルを付け、残りの2の倍数にバツを付ける（計 $\lfloor N/2 \rfloor$ 個の数に印を付ける）
- 整数3にマルを付け、残りの3の倍数にバツを付ける（計 $\lfloor N/3 \rfloor$ 個の数に印を付ける）
- 整数5にマルを付け、残りの5の倍数にバツを付ける（計 $\lfloor N/5 \rfloor$ 個の数に印を付ける）
- 整数7にマルを付け、残りの7の倍数にバツを付ける（計 $\lfloor N/7 \rfloor$ 個の数に印を付ける）
- それ以降の素数についても、同じように印を付ける

したがって、1回印を付けることを1回の計算と考えるとき、計算回数は以下の通りです。

$$\left\lfloor \frac{N}{2} \right\rfloor + \left\lfloor \frac{N}{3} \right\rfloor + \left\lfloor \frac{N}{5} \right\rfloor + \left\lfloor \frac{N}{7} \right\rfloor + \cdots$$

この値は、次式で表される値よりも明らかに小さいです。

$$\frac{N}{1} + \frac{N}{2} + \frac{N}{3} + \cdots + \frac{N}{N} = N\left(\frac{1}{1} + \frac{1}{2} + \frac{1}{3} + \cdots + \frac{1}{N}\right)$$

そこで、$1/x$の和はおよそ$\log_e N$であるため、計算回数はおよそ$N \log_e N$回以下であることが証明できました。この時点で、かなり効率的であるといえます。

しかし、具体的なNに対する計算回数は以下の通りであり、$N \log_e N$より遥かに少なくなります。この理由は、$1, 2, 3, \ldots, N$のうちマルが付いている数はごく一部だからです。たとえば$N = 100$のとき、マルが付いている数は2, 3, 5, 7の4個であり、これは100個より大幅に少ないです。

N	100	10000	1000000	100000000
計算回数	117	18016	2198007	248305371
参考：$N \log_e N$	461	92103	13815511	1842068074

また、N以下の整数のうち素数であるものの割合がおよそ$1/\log_e N$であるという**素数定理**が知られており、これを使うと、エラトステネスのふるいの計算量が$O(N \log \log N)$であることが証明できます。難易度が高いので本書では扱いませんが、興味のある方はインターネットなどで調べてみてください。

節末問題

問題4.4.1 ★★

以下の定積分をそれぞれ計算してください。

$$\int_{3}^{5} (x^3 + 3x^2 + 3x + 1)\, dx \qquad \int_{1}^{10} \left(\frac{1}{x} - \frac{1}{x+1}\right) dx \qquad \int_{1}^{10} \frac{1}{x^2 + x}\, dx$$

問題4.4.2 ★★★

以下の定積分の近似値を求めてください。プログラムを書いて計算しても構いません。GitHubに掲載されている「実際の解」との絶対誤差が10^{-12}以下であることが望ましいです。

$$\int_{0}^{1} 2^{x^2} dx$$

問題4.4.3 問題ID：042 ★★★★

正の整数Nが与えられます。整数xの正の約数の個数を$f(x)$とするとき、以下の値を出力するプログラムを作成してください。計算量は$O(N \log N)$であることが望ましいです。（出典：AtCoder Beginner Contest 172 D – Sum of Divisors）

$$\sum_{i=1}^{N} i \times f(i) = (1 \times f(1)) + (2 \times f(2)) + \cdots + (N \times f(N))$$

問題 4.4.4 ★★★★★

$1/1 + 1/2 + \cdots + 1/N$が初めて30を超えるNの値を求めてください。

4.5 グラフを使ったアルゴリズム

グラフとは、モノとモノを繋ぐネットワーク構造のようなものです。友達関係、鉄道路線図、タスクの依存関係など、世の中のさまざまなものはグラフとして表現することが可能です。また、グラフを上手く扱えるようになると、最短経路問題に代表される多数の問題を解くことができ、問題解決の幅が一気に広がります。本節では、前半でグラフという新たな概念について解説し、後半でグラフアルゴリズムの例として「深さ優先探索」と「幅優先探索」を紹介します。なお、本書の自動採点システムでは、深さ優先探索（4.5.6項／問題ID：043）、幅優先探索（4.5.7項／問題ID：044）も登録されています。

4.5.1 グラフとは

モノとモノの結びつき方を表すネットワーク構造を**グラフ**といいます。皆さんが「グラフ」という言葉を聞いたら、折れ線グラフや円グラフといったものを思い浮かべるかもしれませんが、アルゴリズムの文脈ではネットワーク構造を指します。

グラフは**頂点**と**辺**からなります。頂点はモノを表し、図では点として描かれます。一方、辺はモノの間を結ぶ関係を表し、2つの頂点を結ぶ線分として描かれます。イメージが湧かない人は、鉄道路線図の駅が頂点、駅間を結ぶ線路が辺だと考えると良いでしょう。

なお、頂点同士を識別するため、アルゴリズムの文脈では、頂点に$1, 2, 3, \ldots$といった番号を振ることがあります。

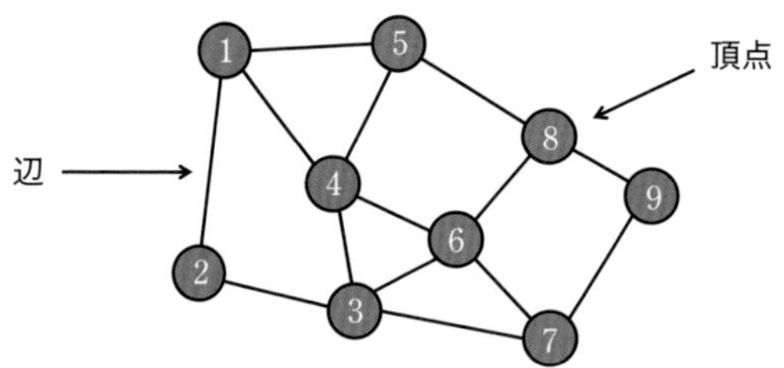

4.5.2 いろいろな種類のグラフ

グラフにはさまざまな種類のものがあります。本節ではまず、これらを1つずつ見ていきましょう。

無向グラフと有向グラフ

下図左側のように、辺に向きが付いていないグラフを**無向グラフ**といいます。一方、下図右側のように、辺に向きが付いているグラフを**有向グラフ**といいます。詳しくは4.5.3項で述べますが、たとえば迷路は無向グラフ、SNSのフォロー関係は有向グラフとして表現することができます。

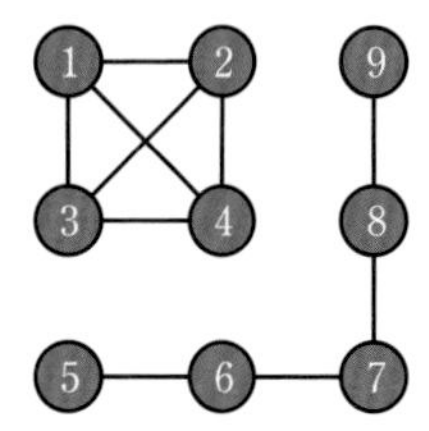

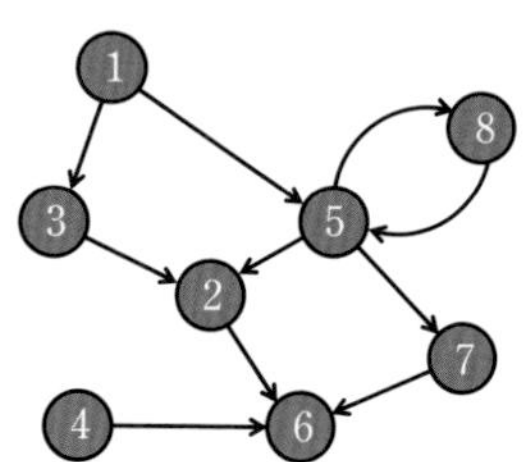

重みなしグラフと重み付きグラフ

下図左側のように、辺に重み（鉄道路線図にたとえると、移動時間など）が付いていないグラフを**重みなしグラフ**といいます。一方、下図右側のように、辺に重みが付いているグラフを**重み付きグラフ**といいます。たとえば新幹線の運賃は、重み付きグラフとして表現することができます。なお、重みなしグラフは、多くの場合、すべての辺の重みが1であるとみなすことも可能です。

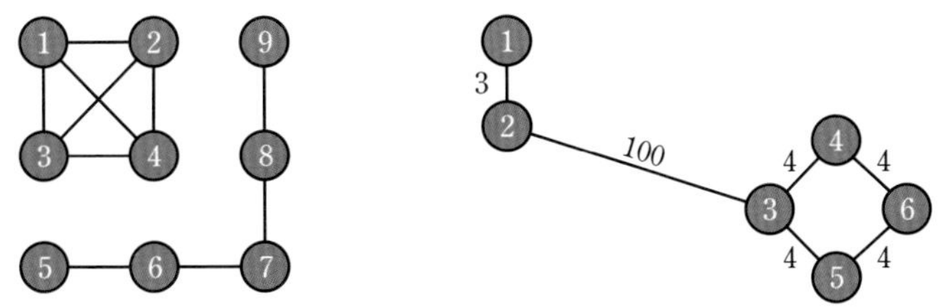

二部グラフ

直接辺で結ばれている（隣接している）頂点が同じ色にならないように、グラフを白と黒の2色で塗り分けることが可能なグラフを**二部グラフ**といいます。また、n色で塗り分けることが可能なグラフを**n彩色可能なグラフ**といいます。特に、二部グラフは2彩色可能なグラフです。

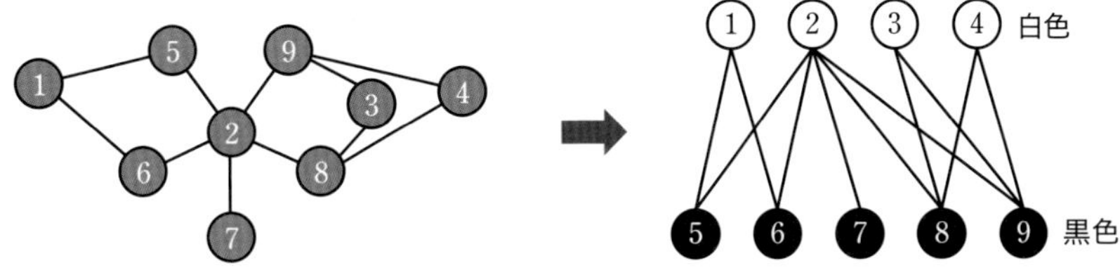

平面(的) グラフ

どの2本の辺も交差しないように平面に描くことが可能なグラフのことを**平面的グラフ**といいます。また、実際に交差しないように描いたものを**平面グラフ**といいます。平面グラフの性質として、辺の数は頂点の数の3倍未満であること、必ず4彩色可能であること（**四色定理**）、などが知られています（➡**最終確認問題15**）。

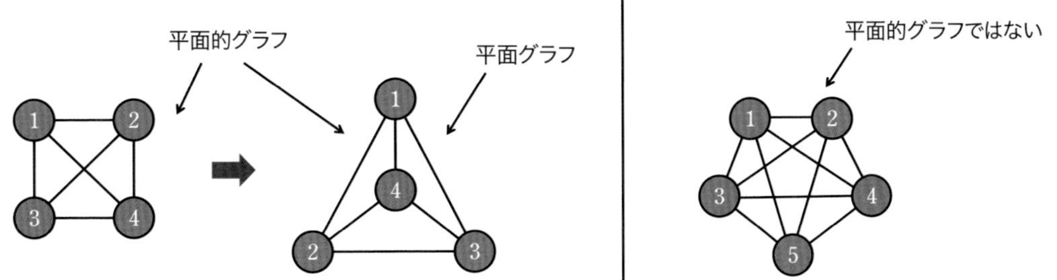

オイラーグラフ

ある頂点から出発し、すべての辺を一度ずつ通って元の頂点に戻る経路が存在するグラフを**オイラーグラフ**といいます。証明は難しいですが、連結な（➡**4.5.4項**）無向グラフがオイラーグラフであることは、「すべての頂点から出ている辺の本数が偶数であること」と同値です。次ページの図はオイラーグラフの一例を示しており、頂点に付いている数は出ている辺の本数です。

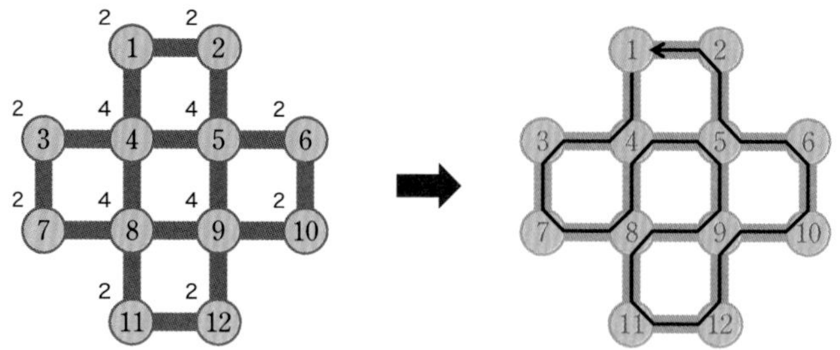

木構造

連結な(➡**4.5.4項**)無向グラフのうち、同じ頂点を二度通らないように元の頂点に戻る経路(**閉路**といいます)が存在しないものを**木**といいます。木には、辺の数が頂点の数より1個だけ少ないなど、さまざまな性質があります[注4.5.1]。

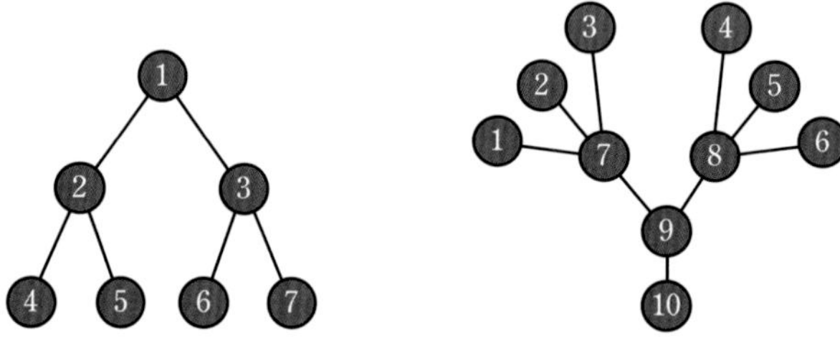

その他の代表的なグラフ

最後に、ここまでで紹介しなかった、名前が付いているグラフをリストアップします。

- **完全グラフ**:無向グラフで、すべての頂点間に1つずつ辺が存在する。
- **正則グラフ**:無向グラフで、すべての頂点の次数(➡**4.5.4項**)が等しい。
- **完全二部グラフ**:二部グラフで、異なる色で塗られるすべての頂点間に1つずつ辺が存在する。
- **有向非巡回グラフ(DAG)**:有向グラフで、同じ頂点を二度通らないように元の頂点に戻る経路(閉路)が存在しない。

4.5.3 グラフを用いて表せる実生活の問題

グラフの応用範囲はとても広いです。世の中にあるさまざまな問題は、前項で紹介したようなグラフを用いて表すことができます。ここでは7つの具体例をもとに、どのような場面でグラフを活用できるかを紹介します。

具体例1:SNSのフォロー関係

SNSにおけるフォロー関係は、ユーザーを頂点とすると、次のようなグラフで表現することができます。双方向の関係しか存在しないSNSの場合は無向グラフを使っても良いですが、Twitterなどでは自分がフォローしているのに相手がフォローしてくれないこと(いわゆる"片想い")もあるため、向きを区別して有向グラフで表す必要があります。このグラフに関して、たとえば「最もフォロワーの多いユーザーは誰でしょうか?」などの問題が考えられます。

注4.5.1 有向グラフにおける木構造(有向木)もありますが、本書では扱わないことにします。

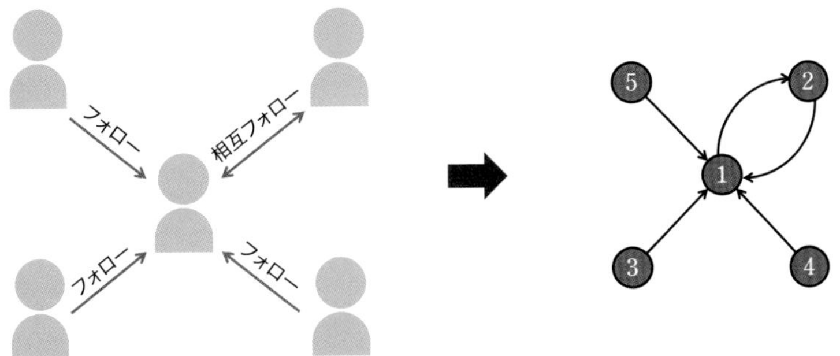

具体例2：マス目で表される迷路

下図のような一般的な迷路には一方通行の道が存在しないため、各マスを頂点とし、上下左右に隣り合う関係を辺とすると、無向グラフで表現することができます。このグラフに関して、たとえば「左上のマスから右下のマスまで最短何手で移動可能でしょうか？」などの問題が考えられます（➡節末問題4.5.6）。

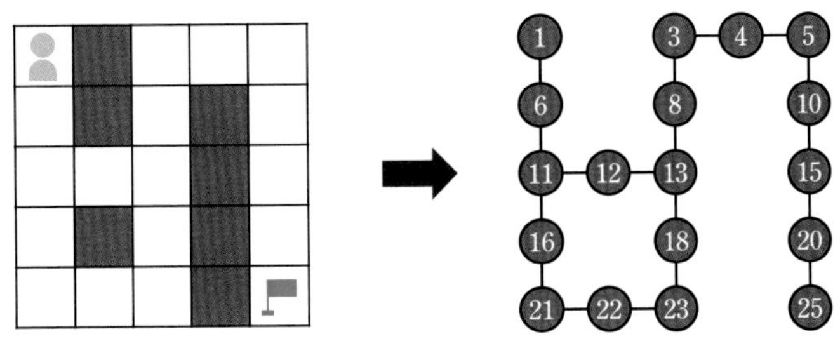

※上から i 行目、左から j 列目の頂点番号は $5(i-1)+j$ とする

具体例3：タスクの依存関係

「まず起床しなければ登校できない」「登校しなければ宿題を受け取れない」「宿題を終わらせなければ寝られない」といった依存関係は、以下のような有向グラフで表現することができます。このグラフに関して、たとえばすべてのタスクを実行する方法をいくつか列挙する問題などが考えられます。

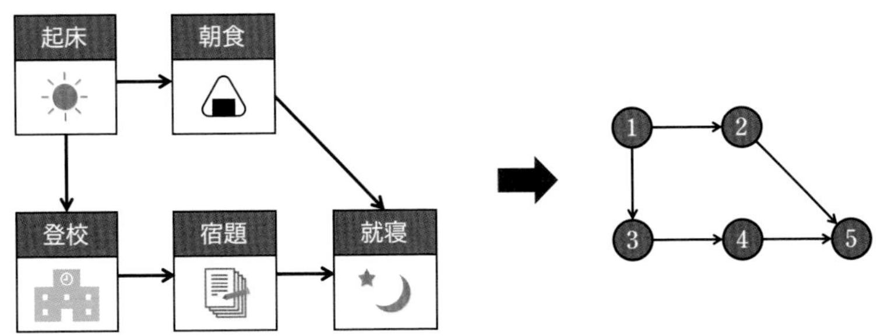

具体例4：新幹線の移動時間

新幹線の移動時間は、重み付き無向グラフで表現することができます。上り線と下り線で移動時間が異なる場合、重み付き有向グラフを使う必要があります。このグラフに関して、たとえば「最短何時間何分で東京から大阪まで移動できますか？」などの問題が考えられます（参考：最短経路問題➡4.5.8項）。

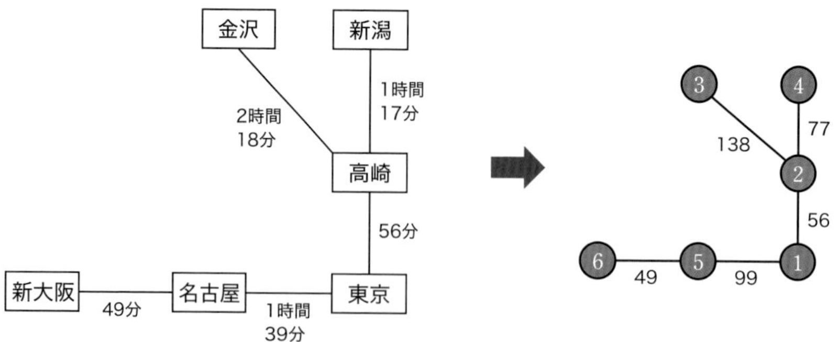

具体例5：クラスの席替え

クラスで席替えを行うとき、「〇〇君は視力が悪いので前のほうが良い」「△△君は窓際の席のほうが良い」「席替え前の席と同じになる生徒が出ないほうが良い」などといった希望が出ると思います。実はこのような状況も、席と生徒それぞれを頂点とし、各生徒の希望を辺とすると、二部グラフで表現することができます。

このグラフに関して、たとえばすべての希望をかなえるような座席の決め方を構成する問題が考えられます（参考：二部マッチング問題➡**4.5.8項**）。

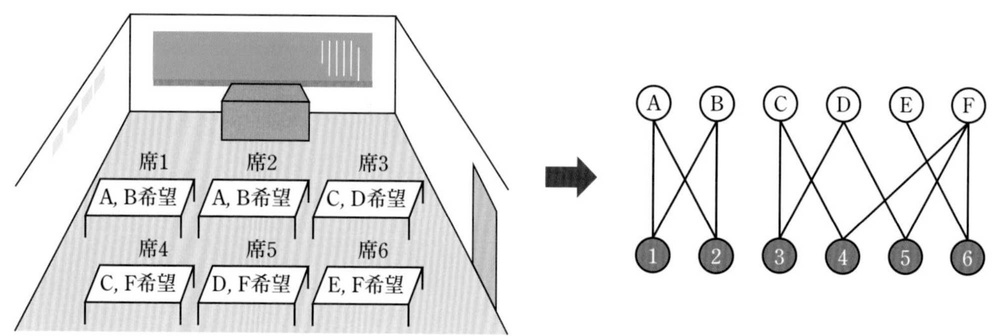

具体例6：都道府県の隣接関係

頂点が都道府県、辺がそれらの隣接関係を表すとき、たとえば「隣接する都道府県を同じ色で塗らないように4色で塗る方法は存在しますか？」などといった問題が考えられます。

一般に、平面がいくつかの領域に分かれていたとき、その隣接関係を表すグラフは必ず平面的グラフになるため、四色定理（➡**4.5.2項**）より答えは必ずYesであるといえます（平面的グラフになることの証明は、読者への課題とします）。

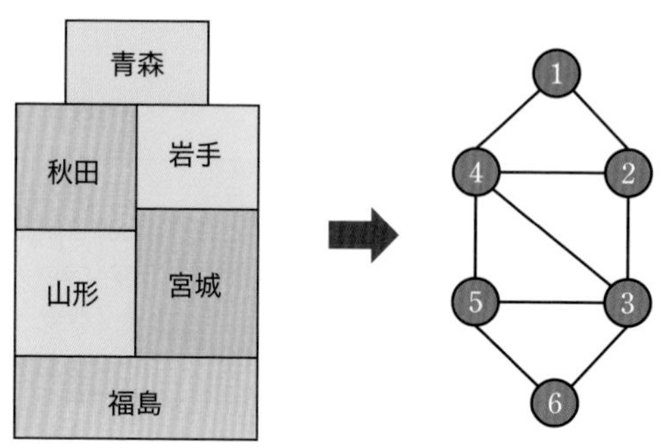

具体例7：上司と部下の関係

直属の上司と部下の関係は有向グラフで表現することができます。また、社長以外の全員について直属の上司がただ一人存在するとき、グラフは木構造のような形になります。このグラフに関して、たとえば「部下の部下は部下であるとするとき、各社員には何人の部下がいますか？」などの問題が考えられます。

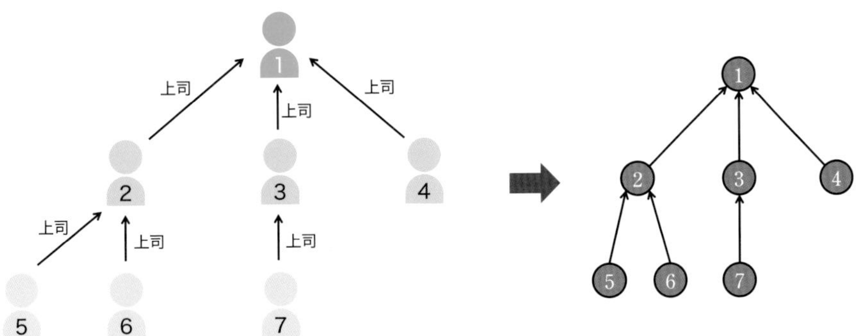

このように、実生活のいろいろなものをグラフとして表現することができます。皆さんも身近な題材を探して、グラフとして表せるかどうかを考えてみましょう。

4.5.4 グラフに関する用語

次に、グラフ理論において重要となる用語を整理します。

隣接関係・連結成分

頂点uと頂点vが直接辺で結ばれているとき、uとvは互いに**隣接している**といいます。たとえば以下のグラフにおいて頂点1と頂点2は隣接しています。頂点1と頂点3は双方向に行き来可能ですが、直接結ばれていないので、隣接しているとは言いません。

次に、どの頂点の間もいくつかの辺をたどって移動できるとき、グラフは**連結である**といいます。また、互いに行き来可能な頂点が同じグループに属するようにグループ分けを行うとき、出来たそれぞれのグループを**連結成分**といいます。たとえば以下のグラフは、$\{1, 2, 3, 4\}$／$\{5, 6, 7, 8, 9\}$／$\{10, 11, 12\}$／$\{13\}$の4つの連結成分で構成されます。

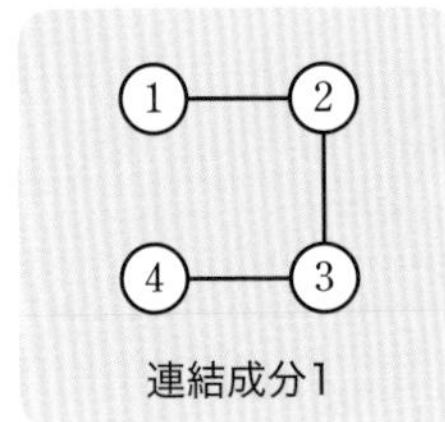

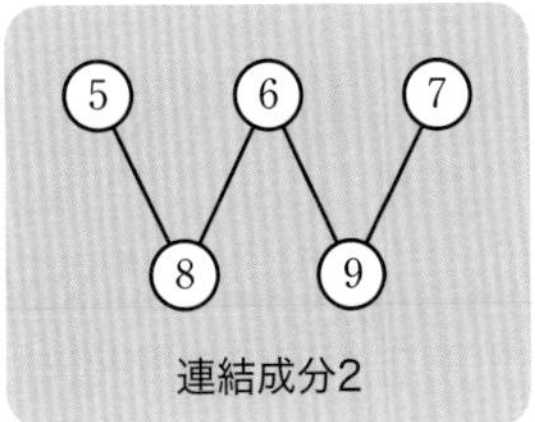

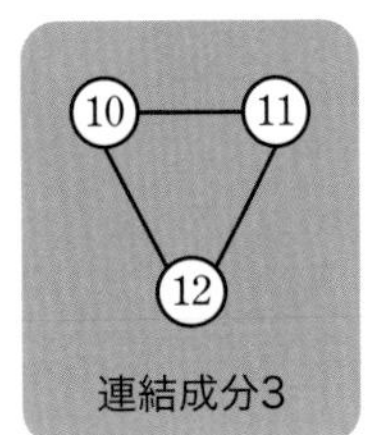

頂点の次数

頂点に接続している辺の本数を**次数**といいます。有向グラフの場合、頂点から出ていく辺の本数を**出次数**、頂点に入っていく辺の本数を**入次数**といい、その2つは区別されます。

無向グラフの場合は、次数の合計が必ず辺の本数の2倍となります。また、有向グラフの場合は、入次数の合計・出次数の合計両方が必ず辺の本数と等しくなります。

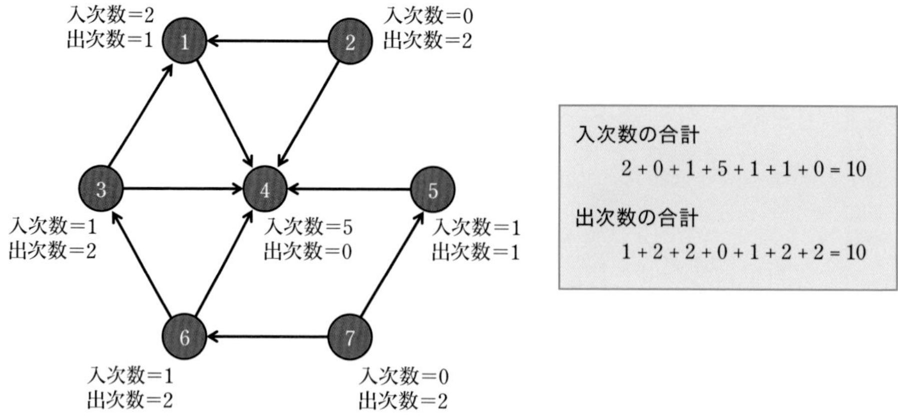

多重辺と自己ループ

同じ頂点間に複数の辺があるとき、その辺を**多重辺**（または**平行辺**）といいます。また、同じ頂点を結んでいる辺のことを**自己ループ**といいます。具体例は以下の通りです。

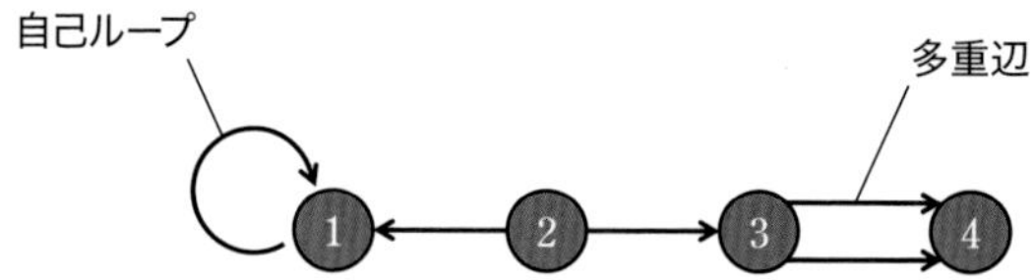

最短経路について

あるグラフにおける頂点sから頂点tまでの**最短経路**を次のように定義することができます。

- 重みなしグラフの場合：sからtへ移動する経路のうち、通る辺の本数が最小であるもの
- 重み付きグラフの場合：sからtへ移動する経路のうち、通る辺の重みの総和が最小であるもの

たとえば下図左側のグラフにおいて、頂点1から頂点2までの最短経路は「1→5→4→2」であり、その長さは3です。また、下図右側のグラフにおいて、頂点1から頂点2までの最短経路は「1→3→4→7→2」であり、その長さは2800です。

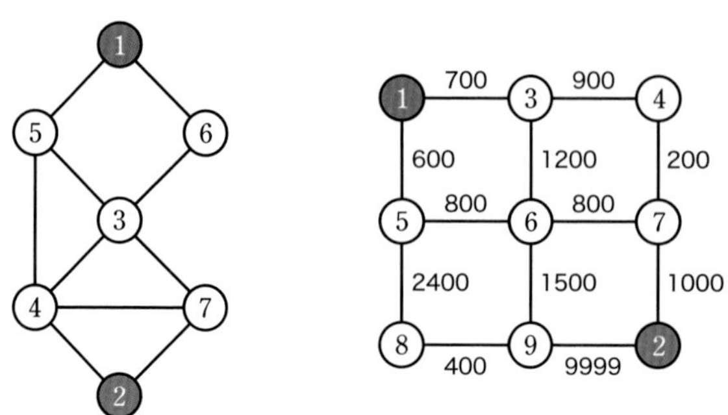

4.5.5 グラフを実装する方法

グラフの種類と基本的な用語の解説が終わったので、次にグラフを実装する方法について紹介します。先にグラフを使ったアルゴリズムを知りたい場合、いったん飛ばして4.5.6項に進み、必要に応じて参照しても良いでしょう。

代表的な実装方法として、各頂点について隣接する頂点のリストだけを管理する**隣接リスト表現**があります。下図は、具体的なグラフに対する隣接リスト表現の例を示しています[注4.5.2]。

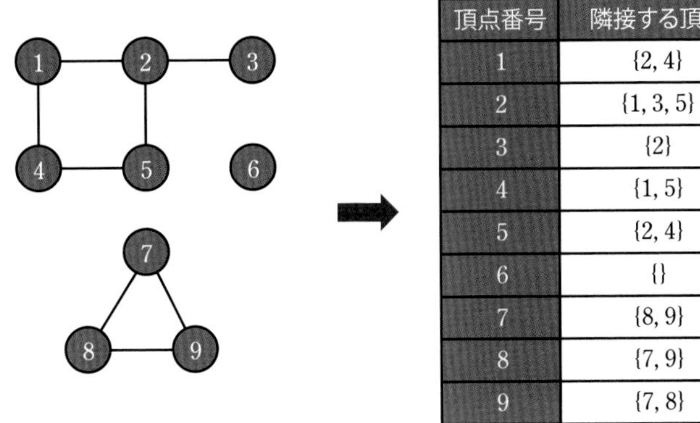

頂点番号	隣接する頂点
1	{2, 4}
2	{1, 3, 5}
3	{2}
4	{1, 5}
5	{2, 4}
6	{}
7	{8, 9}
8	{7, 9}
9	{7, 8}

隣接リスト表現は、(頂点数) + (辺の数) に比例するメモリ容量しか要求しないため、辺の数が数百万程度の巨大なグラフを管理しても、消費するのは高々100MB程度です。近年の家庭用コンピュータでは1GB以上のメモリを利用することができるため、十分現実的といえます。

リストを実装する方法は多種多様ですが、C++の場合は標準ライブラリ`std::vector`を使うと楽に実装することができます[注4.5.3]。**コード4.5.1**は、無向グラフを入力として受け取った後、各頂点について隣接する頂点の番号を出力するプログラムになっています。C++の標準ライブラリを知らない人でも理解できるように、リストに対して行う操作をコメントに記していますので、ぜひご活用ください。

なお、本節に掲載されているすべてのソースコードでは、隣接リスト表現を利用します。また、以下の形式でグラフを入力します。

$N \quad M$
$A_1 \quad B_1$
$A_2 \quad B_2$
$\vdots$
$A_M \quad B_M$

※ただし、グラフの頂点数をN、辺の数をMとし、i番目の辺 ($1 \leqq i \leqq M$) は頂点A_iと頂点B_iを双方向に結んでいるものとします。

コード4.5.1　隣接リスト形式を利用した例

```
#include <iostream>
#include <vector>
using namespace std;
```

注4.5.2　他にも**隣接行列表現**を使う方法がありますが、頂点数の2乗に比例するメモリを要求するため、あまり効率的ではありません。
注4.5.3　Python・Java・Cでの実装例は、GitHubのページ (1.3節) をご覧ください。

```
int N, M, A[100009], B[100009];
vector<int> G[100009]; // G[i] は頂点 i に隣接する頂点のリスト

int main() {
    // 入力
    cin >> N >> M;
    for (int i = 1; i <= M; i++) {
        cin >> A[i] >> B[i];
        G[A[i]].push_back(B[i]); // 頂点 A[i] に隣接する頂点として B[i] を追加
        G[B[i]].push_back(A[i]); // 頂点 B[i] に隣接する頂点として A[i] を追加
    }

    // 出力 (G[i].size() は頂点 i に隣接する頂点のリストの大きさ = 次数)
    for (int i = 1; i <= N; i++) {
        cout << i << ": {";
        for (int j = 0; j < (int)G[i].size(); j++) {
            if (j >= 1) cout << ","; // コンマ区切りで出力する
            cout << G[i][j]; // G[i][j] は頂点 i に隣接する頂点のうち j 番目のもの
        }
        cout << "}" << endl;
    }
    return 0;
}
```


4.5.6 深さ優先探索

4.5.6項・4.5.7項では、本格的なグラフアルゴリズムの例として、深さ優先探索と幅優先探索を紹介します。どちらもやや難易度が高いトピックですが、この2つのアルゴリズムを上手く使えるようになると、最短経路問題に代表される、グラフを用いた多数の問題が解けるようになります。一歩足を踏み出して、さらなる問題解決の手段を増やしていきましょう。

まず**深さ優先探索**は、「進めるだけ進み、行き止まりに到達したら一歩戻る」というアイデアでグラフを探索するアルゴリズムです。英語ではDepth First Searchと書かれ、略称としてDFSと呼ばれることもあります。

深さ優先探索の考え方を応用して解ける問題はさまざまですが、たとえばグラフが連結であるかどうかを判定する問題では、次のようなアルゴリズムになります。

手順1. すべての頂点を白色で塗る。
手順2. 一番最初に頂点1を訪問し、頂点1を灰色で塗る。
手順3. その後、以下の操作を繰り返す。頂点1で以下のaが当てはまったら探索終了。
- a. 隣接する頂点がすべて灰色である場合、一歩だけ戻る。
- b. そうでない場合、隣接する白色頂点のうち番号が最小の頂点[注4.5.4]を訪問する。新たに頂点を訪問する際には、その頂点を灰色で塗る。

手順4. 最終的にすべての頂点が灰色で塗られた場合、グラフは連結である。

このアルゴリズムを具体的なグラフに適用すると、次ページの図のようになります。太線は移動経路の跡を示しており、一歩戻ったときに跡が消える仕様になっています。

注4.5.4 ここでは説明の都合上このようにしていますが、番号が最小の頂点でなくても、隣接する白色頂点の中から適当に1つ選べばアルゴリズムは正しく動作します。

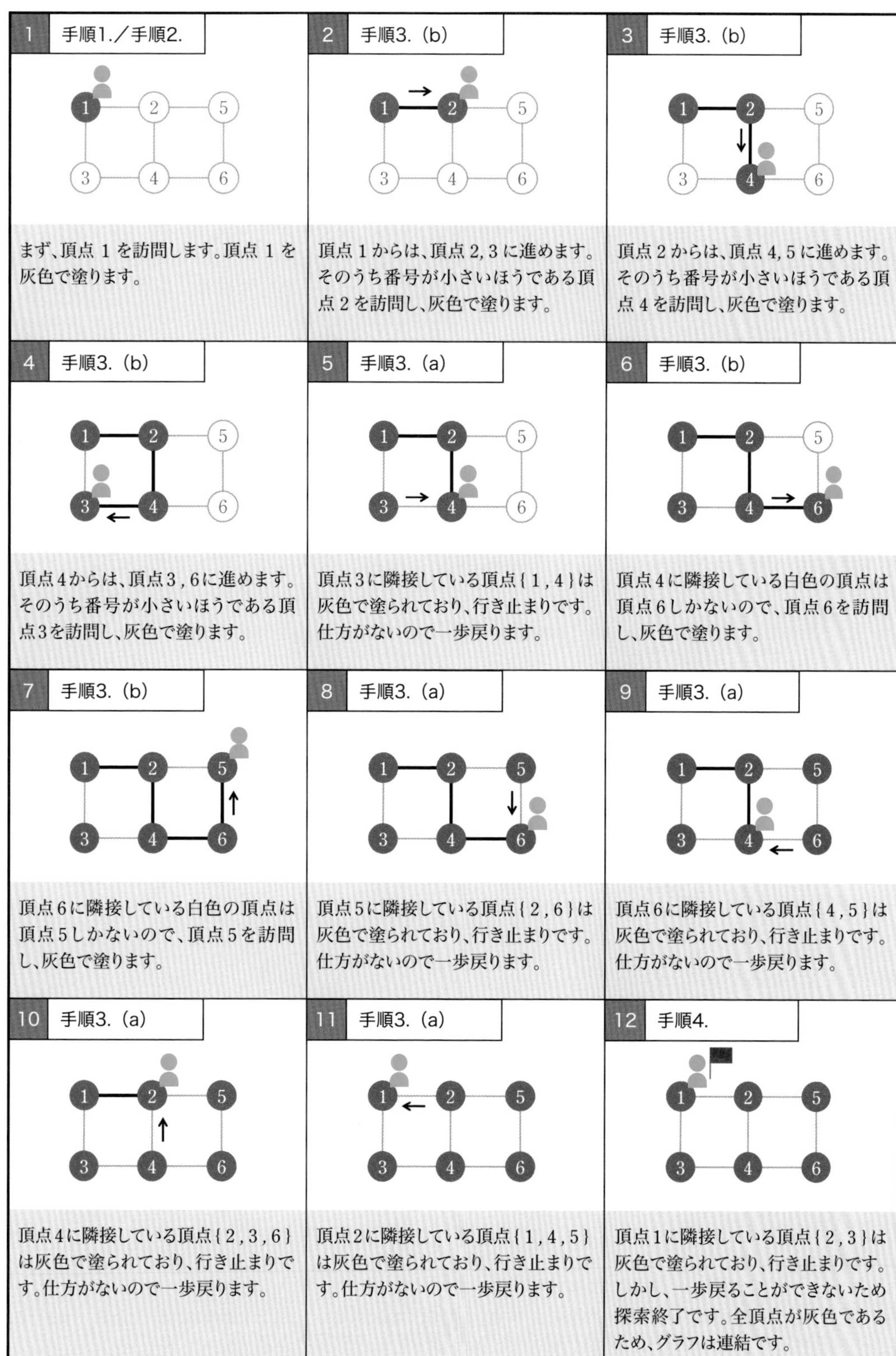
1 手順1.／手順2.
1
2
5
3
4
6
まず、頂点 1 を訪問します。頂点 1 を灰色で塗ります。
2 手順3.（b）
頂点 1 からは、頂点 2, 3 に進めます。そのうち番号が小さいほうである頂点 2 を訪問し、灰色で塗ります。
3 手順3.（b）
頂点 2 からは、頂点 4, 5 に進めます。そのうち番号が小さいほうである頂点 4 を訪問し、灰色で塗ります。
4 手順3.（b）
頂点4からは、頂点3，6に進めます。そのうち番号が小さいほうである頂点3を訪問し、灰色で塗ります。
5 手順3.（a）
頂点3に隣接している頂点｛1，4｝は灰色で塗られており、行き止まりです。仕方がないので一歩戻ります。
6 手順3.（b）
頂点4に隣接している白色の頂点は頂点6しかないので、頂点6を訪問し、灰色で塗ります。
7 手順3.（b）
頂点6に隣接している白色の頂点は頂点5しかないので、頂点5を訪問し、灰色で塗ります。
8 手順3.（a）
頂点5に隣接している頂点｛2，6｝は灰色で塗られており、行き止まりです。仕方がないので一歩戻ります。
9 手順3.（a）
頂点6に隣接している頂点｛4，5｝は灰色で塗られており、行き止まりです。仕方がないので一歩戻ります。
10 手順3.（a）
頂点4に隣接している頂点｛2，3，6｝は灰色で塗られており、行き止まりです。仕方がないので一歩戻ります。
11 手順3.（a）
頂点2に隣接している頂点｛1，4，5｝は灰色で塗られており、行き止まりです。仕方がないので一歩戻ります。
12 手順4.
頂点1に隣接している頂点｛2，3｝は灰色で塗られており、行き止まりです。しかし、一歩戻ることができないため探索終了です。全頂点が灰色であるため、グラフは連結です。

深さ優先探索を実装する代表的な方法として、以下の2つが挙げられます。

1. 配列やスタック[注4.5.5]を用いて「移動経路の跡」を記録することで、一歩戻ったときにどの頂点に移動するかを求める。
2. 再帰関数（➡3.6節）を使って実装する。

コード4.5.2は、2.の再帰関数を用いる方法で計算量$O(N+M)$で連結性判定を行うプログラムです[注4.5.6]。本書ではページ数の都合上1つしか実装例を記すことができませんが、配列やスタックを用いた実装例はGitHubに掲載していますので、ぜひご覧ください。GitHubのリンク・対応しているプログラミング言語などは、「本書の構成／本書による学習について（➡1.3節）」を参考にしてください。

コード4.5.2　再帰関数を用いた深さ優先探索の実装

```
#include <iostream>
#include <vector>
#include <algorithm>
using namespace std;

int N, M, A[100009], B[100009];
vector<int> G[100009];
bool visited[100009]; // visited[pos]=false のとき頂点 x が白色、true のとき灰色

void dfs(int pos) {
    visited[pos] = true;
    // for (int i : G[pos]) のような書き方を「範囲 for 文」といいます。(APG4b 2.01 節)
    for (int i : G[pos]) {
        if (visited[i] == false) dfs(i);
    }
}

int main() {
    // 入力
    cin >> N >> M;
    for (int i = 1; i <= M; i++) {
        cin >> A[i] >> B[i];
        G[A[i]].push_back(B[i]);
        G[B[i]].push_back(A[i]);
    }

    // 深さ優先探索
    dfs(1);

    // 連結かどうかの判定 (Answer=true のとき連結)
    bool Answer = true;
    for (int i = 1; i <= N; i++) {
        if (visited[i] == false) Answer = false;
    }
    if (Answer == true) cout << "The graph is connected." << endl;
    else cout << "The graph is not connected." << endl;
    return 0;
}
```

注4.5.5　「一番上に要素を積む」「一番上の要素を調べる」「一番上に積まれた要素を取り除く」という3種類の操作ができるデータ構造です。本書では詳しく扱いませんが、本書巻末に掲載されている推薦図書などで調べてみてください。

注4.5.6　このプログラムは、番号が最小の頂点から訪問するとは限りませんが、正しく判定します（注4.5.4参照）。

4.5.7 幅優先探索

幅優先探索は、「出発地点に近い頂点から順番に調べる」というアイデアでグラフを探索するアルゴリズムです。英語ではBreadth First Searchと書かれ、略称としてBFSと呼ばれることもあります。幅優先探索ではキューというデータ構造を使うので、まずこれについて学びましょう。

キューとは

キュー(Queue)は、以下の3つの操作を行うことができるデータ構造です。

> 操作1：キューの最後尾に要素xを追加する。
> 操作2：キューの先頭の要素を調べる。
> 操作3：キューの先頭の要素を取り出す。

ラーメン店に行列ができていることを想像するとイメージしやすいのではないかと思います。操作1は行列の最後尾に人が並ぶこと、操作2は行列の先頭にいる人の名前を調べること、操作3は先頭にいる人を店内に入れることに対応します。下図は、キューが変化していく様子の例を示しています。

キューの実装方法はさまざまです。配列を用いた実装も可能ですが、C++の場合は標準ライブラリ`std::queue`を使うと楽に実装することができます。詳しいプログラムの書き方については、後述する幅優先探索のソースコードをご覧ください。

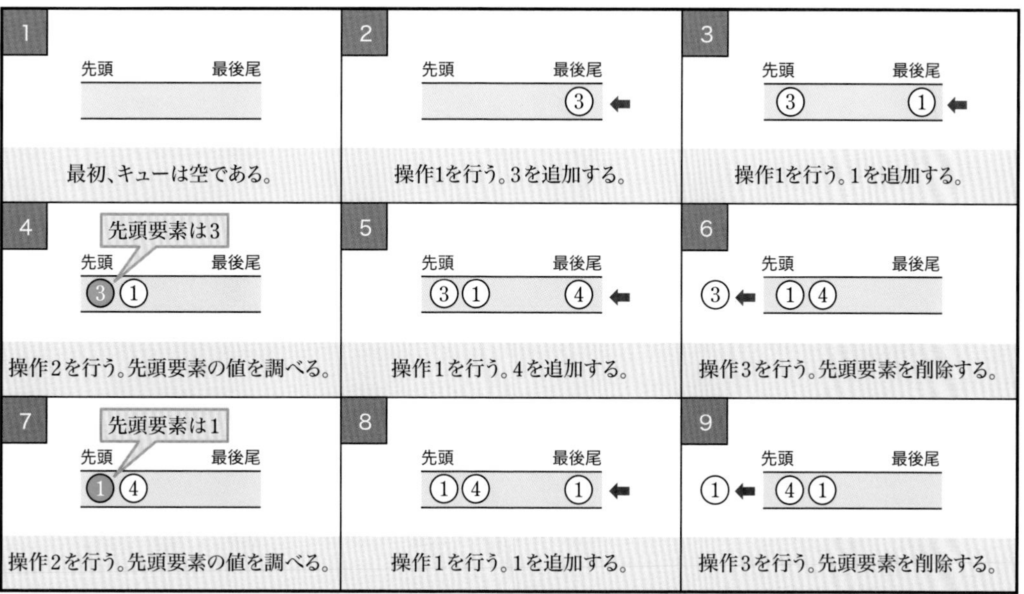

幅優先探索の流れ

次に、幅優先探索のアルゴリズムの流れを解説します。幅優先探索の考え方を応用して解ける問題はさまざまですが、たとえば頂点1から各頂点までの最短経路長 (➡**4.5.4項**) を求める問題では、次のようなアルゴリズムになります。ただし、配列`dist[x]`に頂点1から頂点xまでの最短経路長を記録します。

手順1. すべての頂点を白色で塗る。
手順2. キューQに頂点1を追加する。`dist[1]=0`とし、頂点1を灰色で塗る。
手順3. キューQが空になるまで、以下の操作を繰り返す。

- Qの先頭の要素`pos`を調べる。
- Qの先頭の要素を取り出す。
- 頂点`pos`に隣接し白色で塗られている頂点`nex`について、`dist[nex]`を`dist[pos]+1`に更新し、Qに`nex`を追加する。キューに頂点を追加する際には、その頂点を灰色で塗る。

このアルゴリズムを具体的なグラフに適用すると、以下のようになります。この図では、頂点の左上に最短経路長が書かれており、人間の位置は現在探索中の頂点`pos`を示しています。

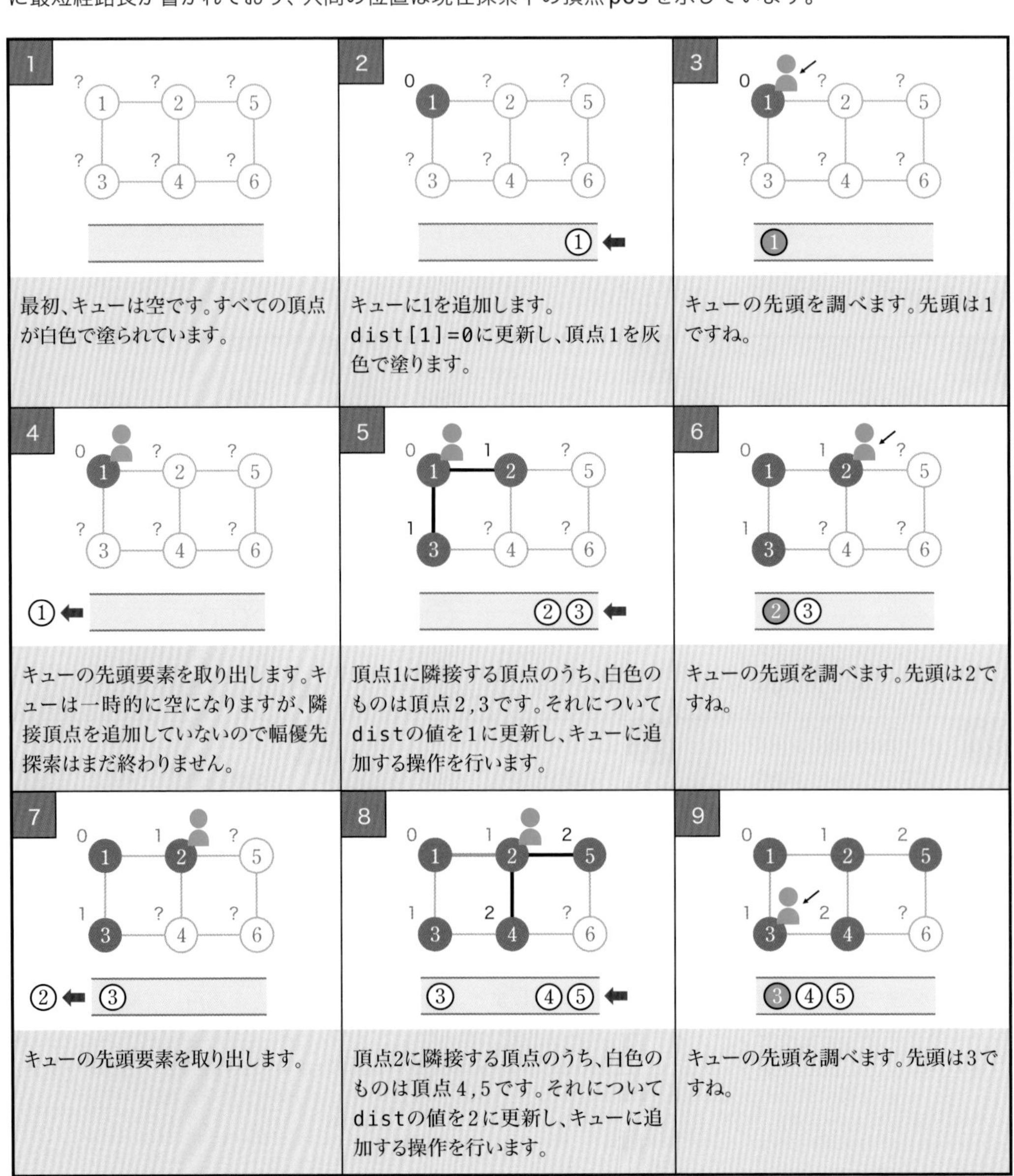

1
最初、キューは空です。すべての頂点が白色で塗られています。
2
キューに1を追加します。dist[1]=0に更新し、頂点1を灰色で塗ります。
3
キューの先頭を調べます。先頭は1ですね。
4
キューの先頭要素を取り出します。キューは一時的に空になりますが、隣接頂点を追加していないので幅優先探索はまだ終わりません。
5
頂点1に隣接する頂点のうち、白色のものは頂点2,3です。それについてdistの値を1に更新し、キューに追加する操作を行います。
6
キューの先頭を調べます。先頭は2ですね。
7
キューの先頭要素を取り出します。
8
頂点2に隣接する頂点のうち、白色のものは頂点4,5です。それについてdistの値を2に更新し、キューに追加する操作を行います。
9
キューの先頭を調べます。先頭は3ですね。

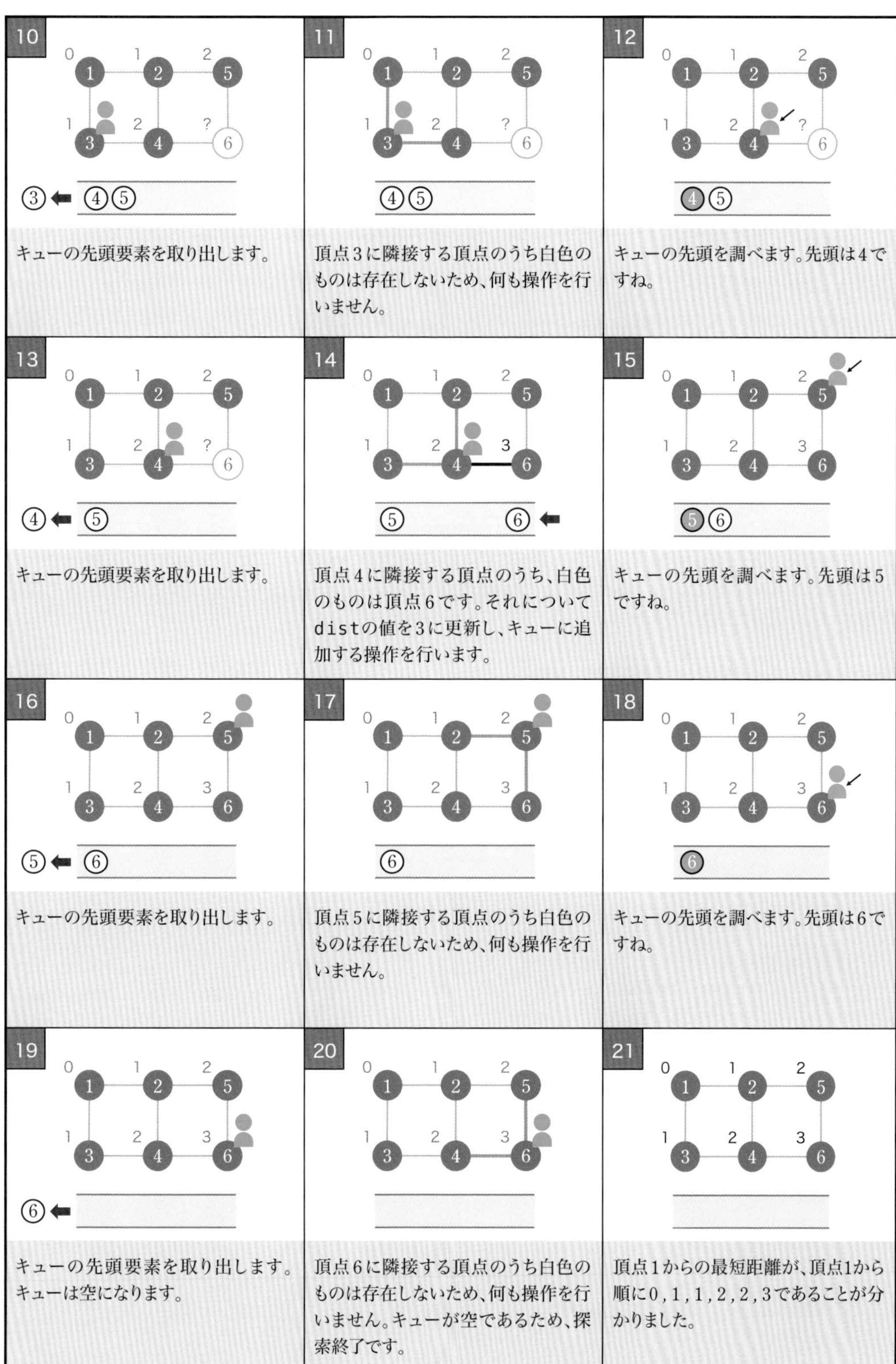
10
キューの先頭要素を取り出します。
11
頂点3に隣接する頂点のうち白色のものは存在しないため、何も操作を行いません。
12
キューの先頭を調べます。先頭は4ですね。
13
キューの先頭要素を取り出します。
14
頂点4に隣接する頂点のうち、白色のものは頂点6です。それについてdistの値を3に更新し、キューに追加する操作を行います。
15
キューの先頭を調べます。先頭は5ですね。
16
キューの先頭要素を取り出します。
17
頂点5に隣接する頂点のうち白色のものは存在しないため、何も操作を行いません。
18
キューの先頭を調べます。先頭は6ですね。
19
キューの先頭要素を取り出します。キューは空になります。
20
頂点6に隣接する頂点のうち白色のものは存在しないため、何も操作を行いません。キューが空であるため、探索終了です。
21
頂点1からの最短距離が、頂点1から順に0,1,1,2,2,3であることが分かりました。

幅優先探索では、以下のように最短経路長が小さい頂点からキューに追加されていきます。

- まず、最短経路長0の頂点がキューに追加される
- posが最短経路長0の頂点であるとき、最短経路長1の頂点がキューに追加される
- posが最短経路長1の頂点であるとき、最短経路長2の頂点がキューに追加される
- posが最短経路長2の頂点であるとき、最短経路長3の頂点がキューに追加される

このことが、幅優先探索で正しい最短経路長が求められる理由になっています。

幅優先探索の実装

それではアルゴリズムを実装しましょう。プログラミングでは実際に頂点を灰色で塗ることはできないので、代わりに以下のような工夫をします。

- 最初、dist[x]の値をあり得ない値（例：-1）に設定する。
- そうすると、dist[x]があり得ない値のとき頂点xが白色であり、そうでないとき頂点xが灰色であると分かる。

コード4.5.3はC++の標準ライブラリ**std::queue**を用いた実装例であり、グラフの頂点数をN、辺の数をMとするとき、計算量は$O(N+M)$です。C++の標準ライブラリを知らない人でも読みやすくするため、キューに対して行う操作をコメントに記しています。なお、他のプログラミング言語での実装例は、GitHubに掲載しています。

コード4.5.3　キューを用いた幅優先探索の実装

```
#include <iostream>
#include <vector>
#include <queue>
using namespace std;

int N, M, A[100009], B[100009];
int dist[100009];
vector<int> G[100009];

int main() {
    // 入力
    cin >> N >> M;
    for (int i = 1; i <= M; i++) {
        cin >> A[i] >> B[i];
        G[A[i]].push_back(B[i]);
        G[B[i]].push_back(A[i]);
    }

    // 幅優先探索の初期化 (dist[i]=-1 のとき、未到達の白色頂点である)
    for (int i = 1; i <= N; i++) dist[i] = -1;
    queue<int> Q; // キュー Q を定義する
    Q.push(1); dist[1] = 0; // Q に 1 を追加 (操作 1)

    // 幅優先探索
    while (!Q.empty()) {
        int pos = Q.front(); // Q の先頭を調べる (操作 2)
        Q.pop(); // Q の先頭を取り出す (操作 3)
        for (int i = 0; i < (int)G[pos].size(); i++) {
            int nex = G[pos][i];
```

次ページ

```
            if (dist[nex] == -1) {
                dist[nex] = dist[pos] + 1;
                Q.push(nex); // Q に nex を追加 (操作 1)
            }
        }
    }

    // 頂点 1 から各頂点までの最短距離を出力
    for (int i = 1; i <= N; i++) cout << dist[i] << endl;
    return 0;
}
```

4.5.8 その他の代表的なグラフアルゴリズム

ここまで、深さ優先探索によるグラフの連結判定、幅優先探索による最短距離の計算の2つを紹介しましたが、他にもグラフを使った問題は多数知られています。本節の最後に、代表的な例をいくつかリストアップします。ただし、計算量におけるNは頂点数、Mは辺の数を意味します。

単一始点最短経路問題

ある始点から各頂点までの最短経路長を求める問題です。重みなしグラフの場合は、幅優先探索（➡**4.5.7項**）により$O(N+M)$時間で解けます。重み付きグラフの場合は、Dijkstra法により$O(N^2)$時間で解くことができ、優先度付きキューというデータ構造を使うと、計算量が$O(M \log N)$になります[注4.5.7]。

全点対間最短経路問題

すべての2頂点間について最短経路長を求める問題です。Warshall–Floyd法により$O(N^3)$時間で解けます。キューなどのデータ構造を一切使わず、単純な三重ループで実装できるのが特徴です。

最小全域木問題

複数の都市があって、「ある都市とある都市を結ぶ道路を作るためには○○円必要」といった形式の情報がいくつか与えられるとき、最小の金額でどの都市間も行き来可能にする方法を求める問題です。Prim法、Kruskal法などのアルゴリズムを使うと、情報の数が数十万程度であっても1秒以内に答えを出せます。

最大フロー問題

複数のタンクがあって、「あるタンクからあるタンクへ向かうパイプラインが繋がれており、毎秒○○リットルの水を流すことができる」といった形式の情報がいくつか与えられるとき、始点から終点へ毎秒最大何リットルの水を流すことが可能かを求める問題です。Ford–Fulkerson法、Dinic法など多数のアルゴリズムが考案されています。

二部マッチング問題

二部グラフが与えられるとき、頂点を共有しない条件の下で最も多くの辺を選ぶ方法を求める問題です。Hopcroft–Karpのアルゴリズムを使うと、$O(M\sqrt{N})$時間で解けることが知られています。

特に競技プログラミング（➡**コラム1**）では、このようなアルゴリズムが使える問題が多数出題されます。ページ数の都合上、アルゴリズムの解説は省略しますが、興味のある人は本書巻末に掲載されている推薦図書などを読んで調べてみてください。

注4.5.7　重さが負の辺があった場合、Dijkstra法では上手くいきません。その代わりにBellman-Ford法を使うことで$O(NM)$時間で解けます。

節末問題

問題4.5.1 ★

下図のA〜Dそれぞれのグラフについて、重みなし無向グラフ・重みなし有向グラフ・重み付き無向グラフ・重み付き有向グラフのどれに分類されるかを答えてください。また、次数（有向グラフの場合は出次数）が最大となる頂点の番号を答えてください。

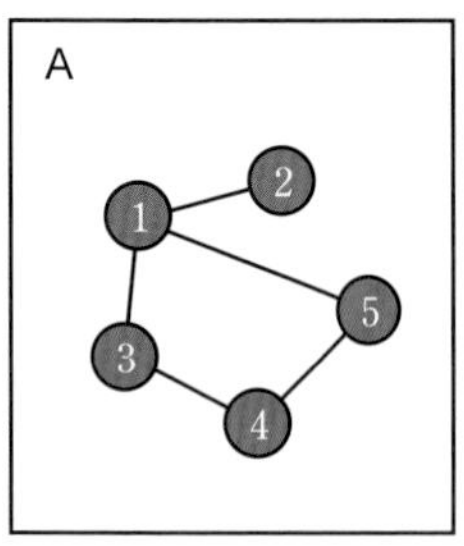

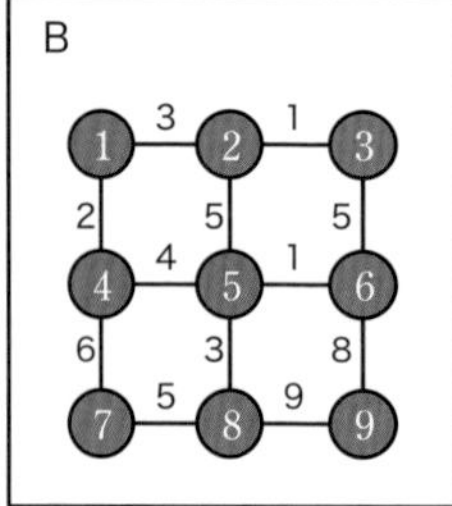

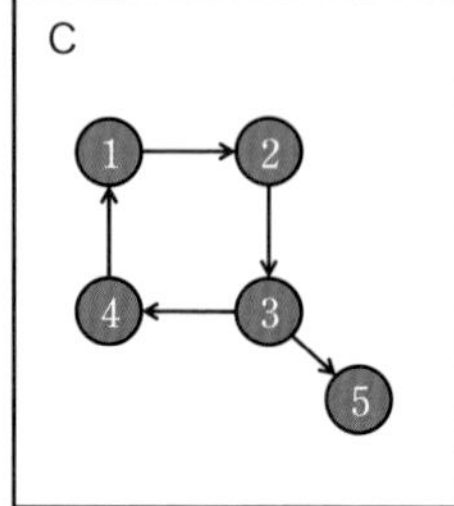

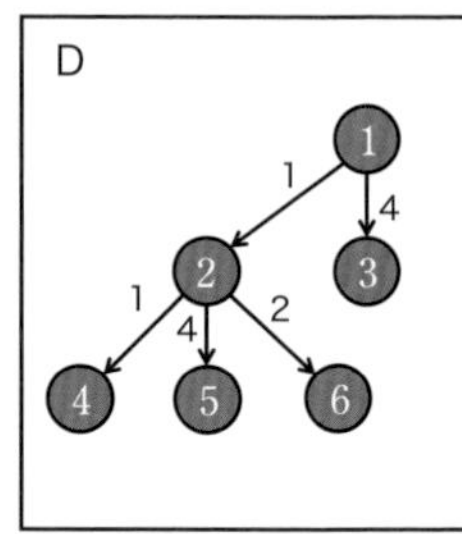

問題4.5.2 ★★

下図のE・Fそれぞれのグラフについて、ある頂点から出発し、すべての辺を一度ずつ通って元の頂点へ戻る経路が存在するかどうかを判定してください。もし存在するならば、このような経路を1つ求めてください。

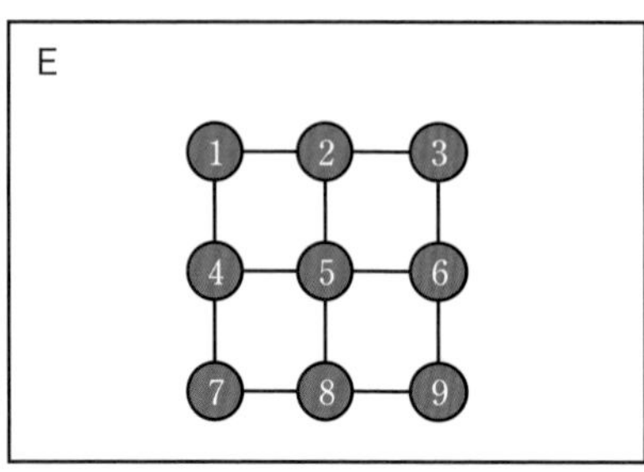

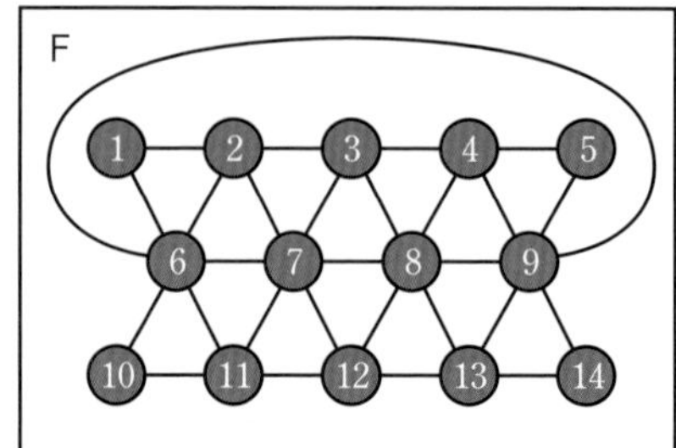

問題4.5.3 ★★

下図のグラフについて、次の問いに答えてください。

1. 隣接する頂点が同じ色にならないように、グラフの頂点を赤・青の2色で塗り分ける方法が存在しないことを証明してください。
2. 隣接する頂点が同じ色にならないように、グラフの頂点を赤・青・緑の3色で塗る方法を1つ構成してください。

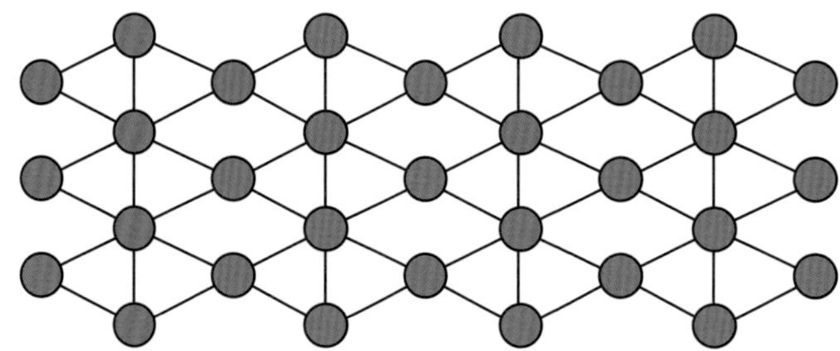

問題4.5.4 ★★★

深さ優先探索を次のグラフに適用するとき、訪問する頂点番号の順序はどうなりますか。ただし、頂点1から出発し、未訪問の隣接頂点の中で最も小さい番号であるものに訪問するとします。

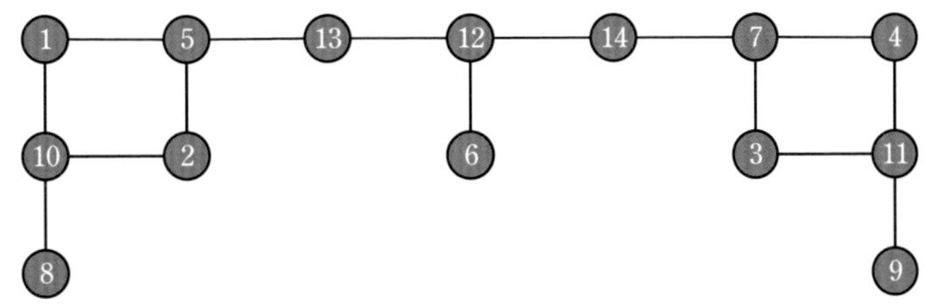

問題4.5.5 問題ID：045 ★★★

頂点数がN、辺の数がMのグラフが与えられます。各頂点には1からNまでの番号が付けられており、i番目の辺（$1 \leq i \leq M$）は頂点A_iと頂点B_iを双方向に結んでいます。

隣接する頂点の中で自分自身より頂点番号が小さいものがちょうど1つある、頂点の数を出力するプログラムを作成してください。計算量は$O(N+M)$であることが望ましいです。（出典：競プロ典型90問 078 – Easy Graph Problem）

問題4.5.6 問題ID：046 ★★★

4.5.3項で見たような迷路について、スタートからゴールまで最短何手で行けるかを求めるプログラムを作成してください。迷路の大きさを$H \times W$とするとき、計算量は$O(HW)$であることが望ましいです。下図は迷路の具体例を示しています。（出典：AtCoder Beginner Contest 007 C – 幅優先探索）

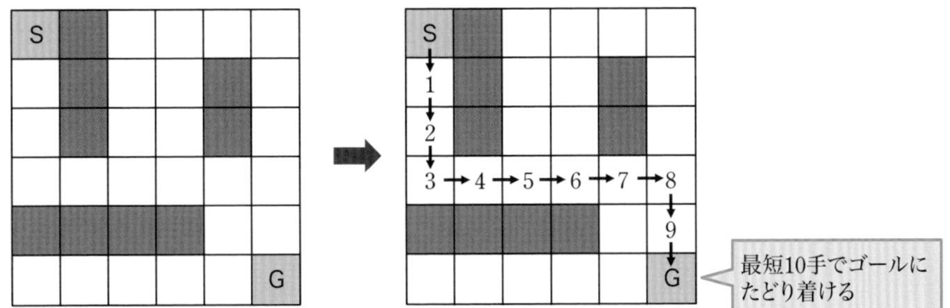

問題4.5.7 問題ID：047 ★★★★

頂点数がN、辺の数がMのグラフが与えられます。各頂点には1からNまでの番号が付けられており、i番目の辺（$1 \leq i \leq M$）は頂点A_iと頂点B_iを双方向に結んでいます。
グラフが二部グラフであるかどうかを判定するプログラムを作成してください。計算量は$O(N+M)$であることが望ましいです。

問題4.5.8 問題ID：048 ★★★★★

整数Kが与えられるので、Kの正の倍数について、10進法での各桁の和としてあり得る最小の値を求めるプログラムを作成してください。計算量は$O(K)$であることが望ましいです。（出典：AtCoder Regular Contest 084 D – Small Multiple）

4.6 効率的な余りの計算

プログラミングで問題を解決していくにあたって、「大きい整数を適当な数で割った余り」を求めることは少なくありません。競技プログラミングで度々出題されるだけでなく、RSA暗号など実社会の中でも使われます。本節では、余りを求めるために重要な「モジュラ逆数」などの知識を解説した後、3つの例題を紹介します。なお、4.6.2項から4.6.4項までは難易度が高いため、難しいと感じたら読み飛ばしても構いません。

4.6.1 足し算・引き算・掛け算と余り

足し算・引き算・掛け算しか使わない式の値をMで割った余りを計算するとき、**計算途中の好きなタイミングで余りをとっても正しく計算できる**という性質があります。たとえば$12 \times (34+56+78-91)$を10で割った余りの計算を考えると、

- 直接計算すると、$12 \times (34+56+78-91) \rightarrow 12 \times 77 = 924$（余り4）
- 計算前にすべて余りをとると、$2 \times (4+6+8-1) \rightarrow 2 \times 17 = 34$（余り4）
- 計算の途中にも余りをとると、$2 \times (4+6+8-1) \rightarrow 2 \times 7 = 14$（余り4）

となり、確かに一致しています。下図は他の3つの例を示していますが、すべて正しく計算できています。左から3番目の例のように、適当なタイミングで余りをとることで計算途中で巨大な数を扱う必要がなくなり、計算が楽になることもあります。

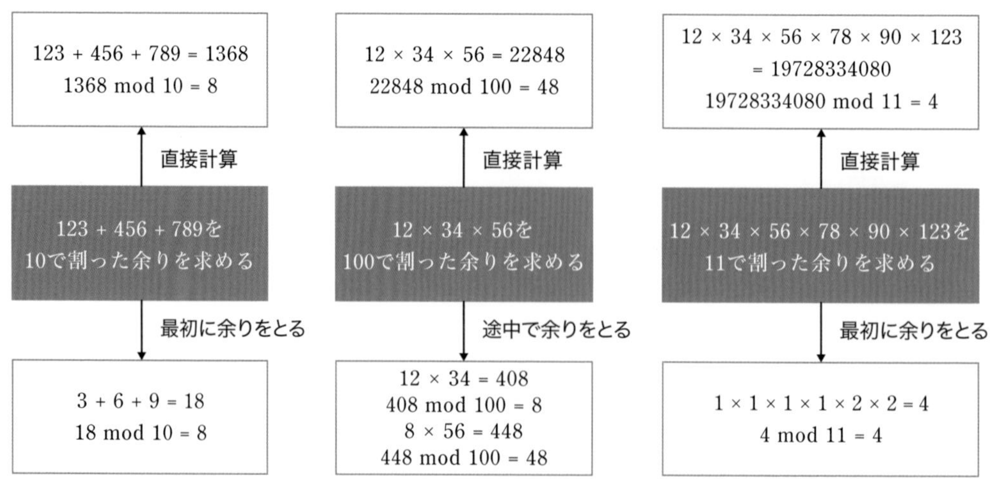

この性質を数式で表すと以下のようになります。ただし、c, dはa, bをMで割った余りとします。

- $a + b \equiv c + d \pmod{M}$
- $a - b \equiv c - d \pmod{M}$
- $a \times b \equiv c \times d \pmod{M}$
- ただし≡は合同式であり、$x \equiv y \pmod{M}$のとき$|x-y|$の値がMの倍数であることを指す。特にx, y

が非負整数の場合、$x \bmod M = y \bmod M$である。

これは、左辺と右辺の差に着目すると証明できます。たとえば足し算の式の場合、$a - c = V_1, b - d = V_2$とするとき、左辺と右辺の差は$V_1 + V_2$です。ここでV_1, V_2は両方Mの倍数であるため、左辺と右辺の差もMの倍数であることが分かります。引き算、掛け算の場合も同じように証明することができるので、ぜひ考えてみましょう。

4.6.2 割り算で同じことができるのか?

前項では、足し算・引き算・掛け算からなる式について、途中で余りをとっても正しく計算でき、場合によっては計算途中で巨大な数を扱う必要がなくなることを解説しました。それに対して、割り算は普通に計算することができません。たとえば$100 \div 50$を11で割った余りは2ですが、最初に余りをとってから計算すると$1 \div 6$となり、残念ながら割り切れなくなってしまいます。

しかし、諦めるのはまだ早いです。実は、整数a, bが以下の3つの条件を満たすとき、下図に示すように$a \div b$を11で割った余りは必ず2になります。

- aを11で割ると1余る
- bを11で割ると6余る
- aはbで割り切れる

そこで「mod 11の世界では$1 \div 6 = 2$である」といったように割り算を上手く定義することはできないのでしょうか。Mが素数のときは、次項で紹介する「モジュラ逆数」を使うと定義することができます。

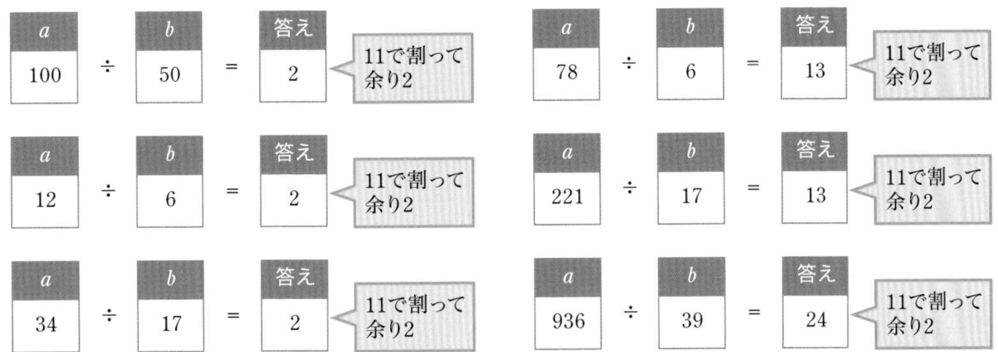

4.6.3 割り算の余りとモジュラ逆数

Mを素数として$\bmod M$における割り算を定義するにあたって重要なことは、**掛け算の逆が割り算であるということ**です。たとえば、

- $4 \times 2 \equiv 8 \pmod{11}$であるため、$8 \div 2 \equiv 4 \pmod{11}$
- $2 \times 6 \equiv 1 \pmod{11}$であるため、$1 \div 6 \equiv 2 \pmod{11}$

でなければなりません(4.6.1項で説明した通り、≡で繋がれた式は合同式です)。さもなければ、ある数を掛けた後に同じ数で割ったときに、元の数が変わってしまいます。

では、この規則に基づいてmod 11における「÷2」を考えてみましょう。次ページの図のようになります。

1×2を11で割った余りが2であることを意味します

$1 \times 2 \equiv 2 \pmod{11}$	→ $2 \div 2 \equiv 1 \pmod{11}$
$2 \times 2 \equiv 4 \pmod{11}$	→ $4 \div 2 \equiv 2 \pmod{11}$
$3 \times 2 \equiv 6 \pmod{11}$	→ $6 \div 2 \equiv 3 \pmod{11}$
$4 \times 2 \equiv 8 \pmod{11}$	→ $8 \div 2 \equiv 4 \pmod{11}$
$5 \times 2 \equiv 10 \pmod{11}$	→ $10 \div 2 \equiv 5 \pmod{11}$

1÷2を11で割った余りが6であることを意味します

$6 \times 2 \equiv 1 \pmod{11}$	→ $1 \div 2 \equiv 6 \pmod{11}$
$7 \times 2 \equiv 3 \pmod{11}$	→ $3 \div 2 \equiv 7 \pmod{11}$
$8 \times 2 \equiv 5 \pmod{11}$	→ $5 \div 2 \equiv 8 \pmod{11}$
$9 \times 2 \equiv 7 \pmod{11}$	→ $7 \div 2 \equiv 9 \pmod{11}$
$10 \times 2 \equiv 9 \pmod{11}$	→ $9 \div 2 \equiv 10 \pmod{11}$

これで割り算が定義できましたが、このままでは実際に計算するのが難しいです。たとえばmod 11の意味で9÷2を計算するとき、「1×2を11で割った余りは9か？」「2×2を11で割った余りは9か？」…「10×2を11で割った余りは9か？」と全部調べなければなりません。

そこで、mod 11**における「÷2」は「×6」と等価である**という大変面白い性質があります。たとえば

- $9 \div 2 \equiv 10 \pmod{11}$ に対し、$9 \times 6 \equiv 10 \pmod{11}$
- $4 \div 2 \equiv 2 \pmod{11}$ に対し、$4 \times 6 \equiv 2 \pmod{11}$
- $5 \div 2 \equiv 8 \pmod{11}$ に対し、$5 \times 6 \equiv 8 \pmod{11}$

となります。この性質を使うと、1回の掛け算で「÷2」の計算ができます。

次に、mod 11における「÷3」を考えてみましょう。これも÷2の場合と同じように、掛け算の逆が割り算であるという規則に従って決めていくと、下図のようになります。

$1 \times 3 \equiv 3 \pmod{11}$	→ $3 \div 3 \equiv 1 \pmod{11}$
$2 \times 3 \equiv 6 \pmod{11}$	→ $6 \div 3 \equiv 2 \pmod{11}$
$3 \times 3 \equiv 9 \pmod{11}$	→ $9 \div 3 \equiv 3 \pmod{11}$
$4 \times 3 \equiv 1 \pmod{11}$	→ $1 \div 3 \equiv 4 \pmod{11}$
$5 \times 3 \equiv 4 \pmod{11}$	→ $4 \div 3 \equiv 5 \pmod{11}$

$6 \times 3 \equiv 7 \pmod{11}$	→ $7 \div 3 \equiv 6 \pmod{11}$
$7 \times 3 \equiv 10 \pmod{11}$	→ $10 \div 3 \equiv 7 \pmod{11}$
$8 \times 3 \equiv 2 \pmod{11}$	→ $2 \div 3 \equiv 8 \pmod{11}$
$9 \times 3 \equiv 5 \pmod{11}$	→ $5 \div 3 \equiv 9 \pmod{11}$
$10 \times 3 \equiv 8 \pmod{11}$	→ $8 \div 3 \equiv 10 \pmod{11}$

そこで、mod 11**における「÷3」は「×4」と等価である**という大変面白い性質があります。たとえば、

- $8 \div 3 \equiv 10 \pmod{11}$ に対し、$8 \times 4 \equiv 10 \pmod{11}$
- $9 \div 3 \equiv 3 \pmod{11}$ に対し、$9 \times 4 \equiv 3 \pmod{11}$
- $10 \div 3 \equiv 7 \pmod{11}$ に対し、$10 \times 4 \equiv 7 \pmod{11}$

が成り立ちます。この性質を使うと、1回の掛け算で「÷3」の計算ができます。

ここで「÷3」が「×4」と等価である理由は、$3 \times 4 \equiv 1 \pmod{11}$ を満たすからです。これは実数の世界で互いに逆数[注4.6.1]になっている3と1/3について、「÷3」が「×1/3」と等価であることと同じようなものです。

一般の自然数bについても、$b \times b^{-1} \equiv 1 \pmod{11}$ を満たすとき、mod 11の意味でb^{-1}をbの逆数だとみなすことができ、「÷b」は「×b^{-1}」と等価であるといえます。なお、modの逆数は通常の逆数とは区別され、**モジュラ逆数**と呼ばれます。次ページの表は「÷4」「÷5」などと等価な掛け算を示しています。

注4.6.1　実数aの逆数は$1/a$です。ここで$a \times (1/a) = 1$を満たします。

割り算	÷4	÷5	÷6	÷7	÷8	÷9	÷10
等価な掛け算	×3	×9	×2	×8	×7	×5	×10
理由	4 × 3 = 12	5 × 9 = 45	6 × 2 = 12	7 × 8 = 56	8 × 7 = 56	9 × 5 = 45	10 × 10 = 100

ここまで理解できれば、mod 11における割り算を、以下のように1回の掛け算で求められます。

- 7 ÷ 9 (mod 11) の値は、7 × 5 = 35を11で割った余りである「2」
- 8 ÷ 4 (mod 11) の値は、8 × 3 = 24を11で割った余りである「2」
- 9 ÷ 5 (mod 11) の値は、9 × 9 = 81を11で割った余りである「4」
- 10 ÷ 7 (mod 11) の値は、10 × 8 = 80を11で割った余りである「3」

一般のmod Mにおける割り算（Mは素数）についても同じことがいえます。$b \times b^{-1} \equiv 1 \pmod{M}$ を満たすような整数b^{-1}を「整数bのmod Mに関するモジュラ逆数」といい、bで割る操作はb^{-1}を掛ける操作と等価です。したがって、mod Mにおける$a \div b$の値は$a \times b^{-1}$をMで割った余りと一致するため、モジュラ逆数の値さえ分かれば割り算ができます。

4.6.4 フェルマーの小定理によるモジュラ逆数の計算

次に、bのmod Mに関するモジュラ逆数を計算する方法を紹介します。単純な方法として、

- $b \times 1 \equiv 1 \pmod{M}$ ですか？
- $b \times 2 \equiv 1 \pmod{M}$ ですか？
- $b \times 3 \equiv 1 \pmod{M}$ ですか？

  ⋮
- $b \times (M-1) \equiv 1 \pmod{M}$ ですか？

と一つずつ調べていく方法がありますが、計算量が$O(M)$となり遅いです。

そこで「素数Mと1以上$M-1$以下の整数bについて$b^{M-1} \equiv 1 \pmod{M}$が成り立つ」という**フェルマーの小定理**を使うと、$b \times b^{M-2} = b^{M-1}$より、求めるモジュラ逆数は$b^{M-2}$を$M$で割った余りであることが分かります。この値は繰り返し二乗法（➡4.6.7項）を使うと、$O(\log M)$時間で計算することができます。

4.6.5 余りの計算方法まとめ

ここまで、mod Mに関する四則演算について扱いましたが、長くなったので以下にまとめます。ただし、割り算の計算方法はMが素数でなければ使えないことに注意してください。

演算	計算方法
$a + b \pmod{M}$	計算途中に余りをとっても良い（4.6.1項）
$a - b \pmod{M}$	計算途中で余りをとっても良い（4.6.1項）
$a \times b \pmod{M}$	計算途中で余りをとっても良い（4.6.1項）
$a \div b \pmod{M}$	$a \times b^{M-2}$ mod Mを繰り返し二乗法（4.6.7項）で計算する

4.6.6項以降では、このような計算手法が使える問題の例について、実装を含めて解説します。

4.6.6 例題1：フィボナッチ数列の余り

問題ID：049

整数Nが与えられます。フィボナッチ数列$a_1 = 1, a_2 = 1, a_n = a_{n-1} + a_{n-2}$ $(n \geqq 3)$ の第N項a_Nを1000000007で割った余りを求めてください。

制約：$3 \leqq N \leqq 10^7$

実行時間制限：1秒

まず、a_Nの値を直接計算してから、最後に1000000007で割った余りを求める方法があります。自然に実装すると、**コード4.6.1**のようになります。

コード4.6.1　フィボナッチ数の計算方法①

```
#include <iostream>
using namespace std;

int N, a[10000009];

int main() {
    cin >> N;
    a[1] = 1; a[2] = 1;
    for (int i = 3; i <= N; i++) a[i] = a[i - 1] + a[i - 2];
    cout << a[N] % 1000000007 << endl;
    return 0;
}
```

さて、このプログラムを$N = 1000$で実行してみましょう。フィボナッチ数列の第1000項は

43466557686937456435688527675040625802564660517371780402481729089536555
41794905189040387984007925516929592259308032263477520968962323987332
2471161642996440906533187938298969649928516003704476137795166849228875

という209桁の数になるため、本来であればこれを1000000007で割った余り517691607が出力されるはずです。しかし上のプログラムは556111428という間違った値を出力してしまいます。

なぜなら、計算の途中で値が非常に大きくなり、コンピュータが扱える限界を超える**オーバーフロー**という現象を起こしてしまったからです。たとえばC++の`int`型では$2^{31}-1$以下、`long long`型では$2^{63}-1$以下の整数しか扱えず、上限値を超えると正しく計算されません。Pythonの場合は大きな数を扱うことができますが、大きな数は四則演算にすら大量の時間を要求します。今回の問題では、$N = 10^7$のとき200万桁を超える巨大な数を計算する必要があり、1秒以内に答えを出すことができません。

そこで、4.6.1項で述べたように計算途中で余りをとると、オーバーフローを防ぐことができます。実装例として、**コード4.6.2**が考えられます。

コード4.6.2　フィボナッチ数の計算方法②

```
#include <iostream>
using namespace std;

int N, a[10000009];
```

次ページ

```
int main() {
    cin >> N;
    a[1] = 1; a[2] = 1;
    for (int i = 3; i <= N; i++) a[i] = (a[i - 1] + a[i - 2]) % 1000000007;
    cout << a[N] % 1000000007 << endl;
    return 0;
}
```

4.6.7 例題2：aのb乗の余り

問題ID：050

整数a, bが与えられます。a^bを1000000007で割った余りを計算してください。

制約：$1 \leqq a \leqq 100, 1 \leqq b \leqq 10^9$

実行時間制限：1秒

出典：AOJ NTL_1_B - Power

まず、a^bを直接計算してから1000000007で割った余りをとる方法がありますが、残念ながらオーバーフローを起こしてしまいます。たとえば$a = 100, b = 10^9$のとき、100の10億乗（約20億桁）を計算する必要があり、もはや絶望的です。そこで、**コード4.6.3**のように掛け算をするたびに余りをとると、オーバーフローを防ぐことができます。

しかし、この方法にも問題点があります。計算量が$O(b)$であり、この問題の制約では最大10^9回、余りをとる計算を行います。余りの計算は足し算・引き算に比べ時間がかかるので、ギリギリですが1秒以内に実行を終えることができません。

コード4.6.3　aのb乗の計算方法①

```
#include <iostream>
using namespace std;

const long long mod = 1000000007;
long long a, b, Answer = 1; // a の 0 乗は 1 なので、Answer=1 に初期化しておく

int main() {
    cin >> a >> b;
    for (int i = 1; i <= b; i++) {
        Answer = (Answer * a) % mod;
    }
    cout << Answer << endl;
    return 0;
}
```

そこで、以下の**繰り返し二乗法**を使うと、計算量を$O(\log b)$に削減できます。

1. $a^2 = a^1 \times a^1$を1000000007で割った余りを計算する。
2. $a^4 = a^2 \times a^2$を1000000007で割った余りを計算する。
3. $a^8 = a^4 \times a^4$を1000000007で割った余りを計算する。
4. $a^{16}, a^{32}, a^{64}, \ldots$についても、同じ要領で計算する。
5. 指数法則（➡**2.3.9項**）より、a^bは$a^1, a^2, a^4, a^8, \ldots$の積で表せるため、これらを掛け算する。た

とえば$a^{14} = a^2 \times a^4 \times a^8$である。

※ 5. では、bを2進法で表したときの2^iの位が1のときに限りa^{2^i}が積に含まれる

下図は、繰り返し二乗法を用いてa^{14}, a^{20}, a^{25}を計算する過程を示しています。

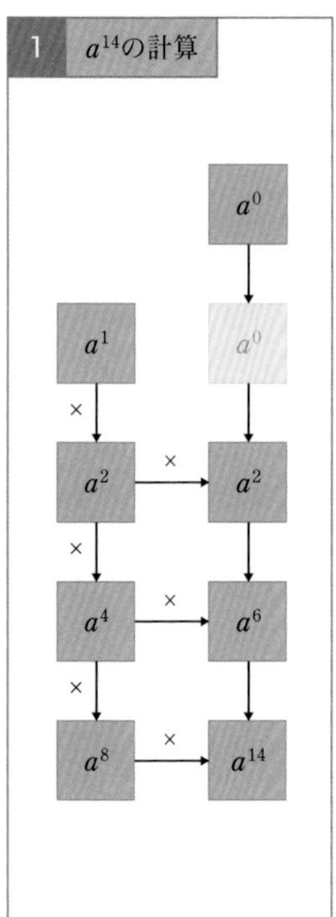

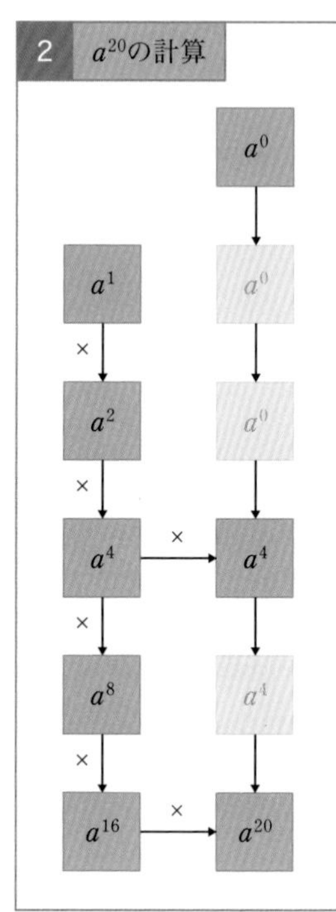

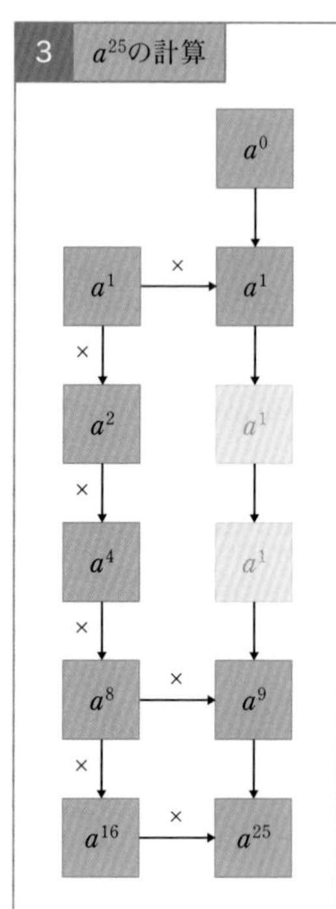

整数bを2進法表記したときの2^iの位が1となることと、b AND $2^i \neq 0$であることは同値なので、繰り返し二乗法は**コード4.6.4**のように実装することができます。

なお、本問題の制約からbの値は2^{30}未満であるため、$a^1, a^2, a^4, \ldots, a^{2^{29}}$まで計算しておけば十分であることに注意してください（これがループ回数を30回に設定している理由です）。

コード4.6.4　aのb乗の計算方法②

```
#include <iostream>
using namespace std;

long long modpow(long long a, long long b, long long m) {
    // 繰り返し二乗法 (p は a^1, a^2, a^4, a^8, ... といった値をとる)
    long long p = a, Answer = 1;
    for (int i = 0; i < 30; i++) {
        if ((b & (1 << i)) != 0) { Answer *= p; Answer %= m; }
        p *= p; p %= m;
    }
    return Answer;
}

const long long mod = 1000000007;
long long a, b;
```

次ページ

```
int main() {
    cin >> a >> b;
    cout << modpow(a, b, mod) << endl;
    return 0;
}
```

4.6.8 例題3：経路の数の余り

問題ID：051

下図のような十分大きいマス目があり、左下のマスに1つのコマが置かれています。最初にコマが置かれたマスから右にa個分動かした後、上にb個分動かしたマスを(a, b)とします。

このとき、マス$(0, 0)$から出発し、上か右に隣り合うマスへの移動を繰り返すことでマス(X, Y)にたどり着く方法は何通りありますか。整数X, Yが与えられるので、答えを1000000007（素数）で割った余りを求めてください。

制約：$1 \leqq X, Y \leqq 100000$

実行時間制限：1秒

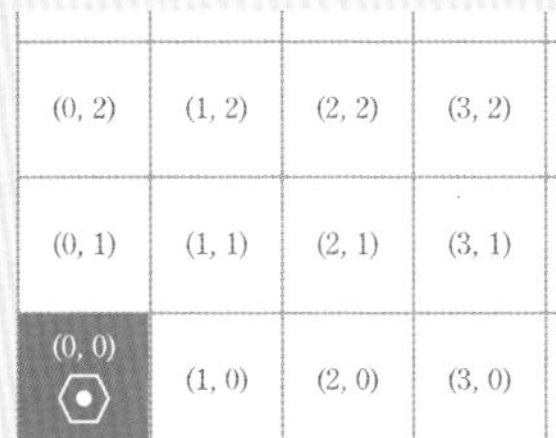

マス目の例

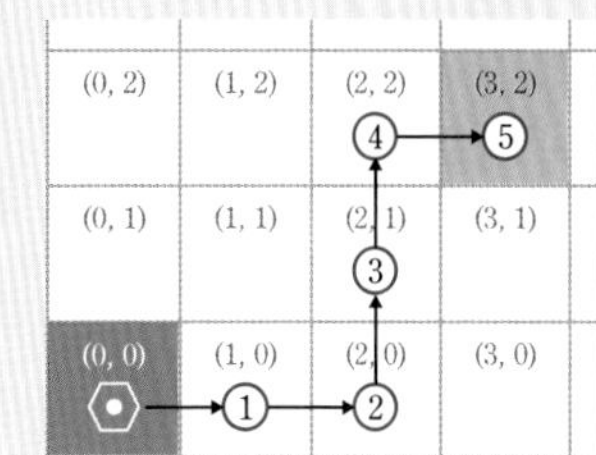

$(X, Y) = (3, 2)$のときの移動経路の例

まず、コマをマス(X, Y)に移動させるには、全体で$X + Y$回の移動を行い、それらのうちY回が上方向である必要があります。逆に、この条件さえ満たせば、必ず目的の場所にたどり着きます。

したがって、求める場合の数は$X + Y$個の中からY個を選ぶ方法の数${}_{X+Y}C_Y$通りです（➡3.3.5項）。下図は$(X, Y) = (3, 2)$の場合の移動経路を示しており、全部で${}_5C_2 = 10$通りあります。

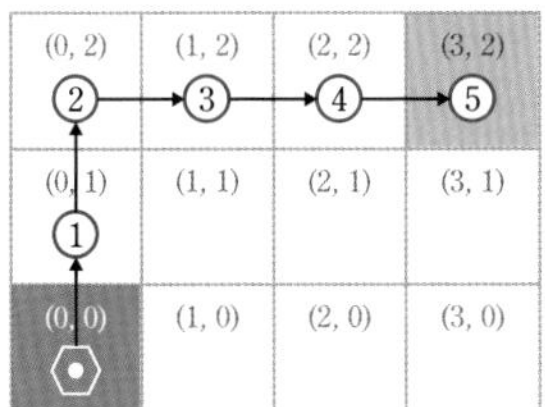
上、上、右、右、右の場合

上、右、上、右、右の場合

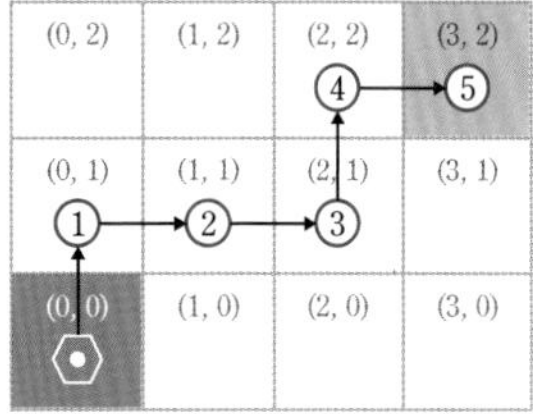
上、右、右、上、右の場合

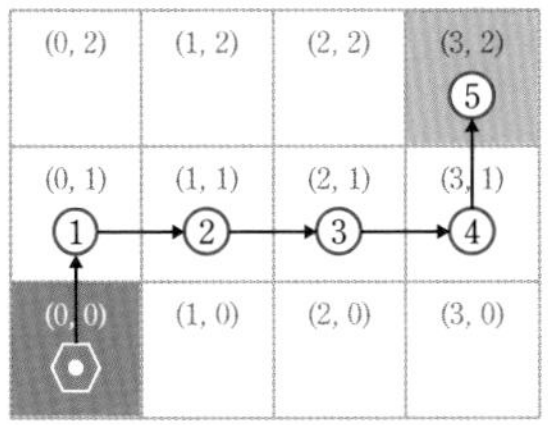
上、右、右、右、上の場合

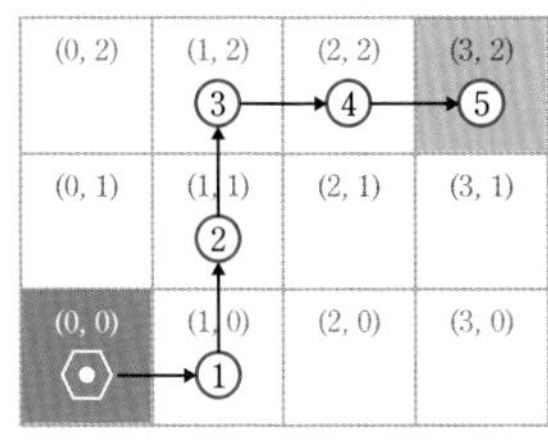
右、上、上、右、右の場合

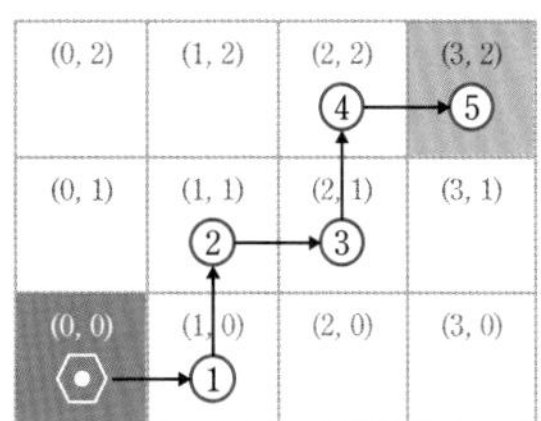
右、上、右、上、右の場合

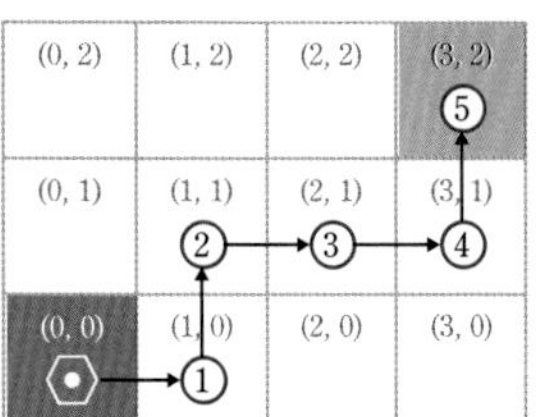

右、上、右、右、上の場合

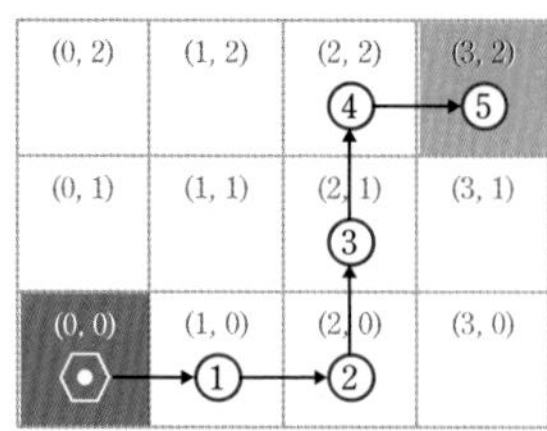

右、右、上、上、右の場合

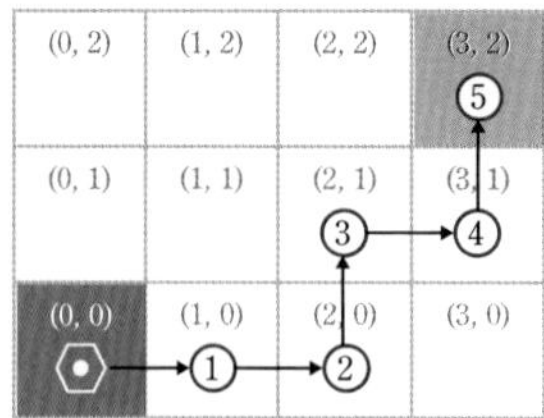

右、右、上、右、上の場合

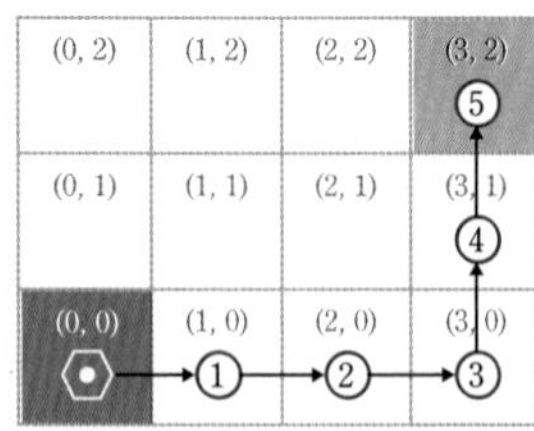

右、右、右、上、上の場合

そこで、求める二項係数の値は次式で表されます。

$$ {}_{X+Y}\mathrm{C}_Y = \frac{(X+Y)!}{X! \times Y!} $$

また、1000000007は素数であるため、割り算には4.6.4項で紹介した方法が使えます。したがって、以下のアルゴリズムにより、答えを1000000007で割った余りを計算することができます。

1. 分子 $(X+Y)!$ を1000000007で割った余りを計算し、これを a とする
2. 分母 $X! \times Y!$ を1000000007で割った余りを計算し、これを b とする
3. $a \div b \pmod{1000000007}$ の値を、$a \times b^{1000000005}$ を1000000007で割った余りを求めることで計算する。

$M = 1000000007$ とすると、アルゴリズム全体の計算量は $O(X+Y+\log M)$ です。コード4.6.5のように実装すると、1秒以内に正しい答えを出すことができます。なお、`Division(a, b, m)` は $a \div b \pmod{m}$ を求める関数です。

コード4.6.5　経路の数を求めるプログラム①

```
#include <iostream>
using namespace std;

const long long mod = 1000000007;
int X, Y;

// Division(a, b, m) は a÷b mod m を返す関数
long long Division(long long a, long long b, long long m) {
    // 関数 modpow はコード 4.6.4 参照（ここでは省略）
    return (a * modpow(b, m - 2, m)) % m;
}

int main() {
    // 入力
    cin >> X >> Y;
```

次ページ

```
    // 二項係数の分子と分母を求める（手順 1./手順 2.）
    long long bunshi = 1, bunbo = 1;
    for (int i = 1; i <= X + Y; i++) { bunshi *= i; bunshi %= mod; }
    for (int i = 1; i <= X; i++) { bunbo *= i; bunbo %= mod; }
    for (int i = 1; i <= Y; i++) { bunbo *= i; bunbo %= mod; }

    // 答えを求める（手順 3.）
    cout << Division(bunshi, bunbo, mod) << endl;
    return 0;
}
```

もう1つの実装方法として、**コード4.6.6**のように階乗の値$1!, 2!, 3!, 4!, \ldots$を1000000007で割った余りをあらかじめ計算しておくことが考えられます。たとえば今回の問題の場合、$X+Y$の最大値が200000であるため、200000!までをあらかじめ計算すると良いです。そうすると、以下の値が定数時間で求められます。

- 二項係数${}_{X+Y}\mathrm{C}_Y$の分母$a = (X+Y)!$を$M = 1000000007$で割った余り
- 二項係数${}_{X+Y}\mathrm{C}_Y$の分子$b = X! \times Y!$を$M = 1000000007$で割った余り

そこで、$a \div b \pmod{M}$の値は繰り返し二乗法により計算できるため、二項係数を計算量$O(\log M)$で求められます。今回の問題では二項係数を1回しか計算しないため、階乗の前計算が計算時間のボトルネックになり、2つのプログラムの実行時間に大きな差が出ません。しかし、二項係数の計算を複数回行う場面では有効です（➡**5.7節**）。

コード4.6.6　経路の数を求めるプログラム②

```
#include <iostream>
using namespace std;

const long long mod = 1000000007;
long long X, Y;
long long fact[200009];

long long Division(long long a, long long b, long long m) {
    // 関数 modpow はコード 4.6.4 参照（ここでは省略）
    return (a * modpow(b, m - 2, m)) % m;
}

long long ncr(int n, int r) {
    // ncr は n! を r! × (n-r)! で割った値
    return Division(fact[n], fact[r] * fact[n - r] % mod, mod);
}

int main() {
    // 配列の初期化（fact[i] は i の階乗を 1000000007 で割った余り）
    fact[0] = 1;
    for (int i = 1; i <= 200000; i++) fact[i] = 1LL * i * fact[i - 1] % mod;

    // 入力 → 答えの出力
    cin >> X >> Y;
    cout << ncr(X + Y, Y) << endl;
    return 0;
}
```

4.6.9 発展：RSA暗号について

最後に、余りの計算と関連が深いトピックの1つである「RSA暗号」を紹介します。

まず、それぞれの受信者には別々の**公開鍵**と**秘密鍵**のペアが用意されており、公開鍵は正の整数の組(n, e)、秘密鍵は正の整数dです。nは2つの相異なる素数p, qの積で表されます。ここで、$n-1$以下のすべての非負整数mについて$m^{ed} \equiv m \pmod{n}$となるように、公開鍵と秘密鍵の組が設定されます[注4.6.2]。公開鍵は送信者から見えますが、秘密鍵は送信者が知ることはできません。

さて、送信者Xが受信者Yにメールを送信したいとします。このとき、以下のようなRSA暗号と呼ばれる手法を使うと、安全に送信することができます。

1. 送信者Xが受信者Yの公開鍵を入手する
2. メールの文章を数値で表したものをmとし、m^eをnで割った余りxを計算する。
3. 2. で計算した値xを受信者Yに送信する
4. x^dをnで割った余りを計算する。そこで$x^d = m^{ed} \equiv m \pmod{n}$であるため、元の文章が得られる。

ここで重要な点は**非対称性**です。2021年現在、公開鍵n, eが500桁程度の大きな数であっても、公開鍵から秘密鍵dを現実的な時間で求めるアルゴリズムは発見されていません。一方、素数p, qを列挙したり、累乗を計算したりすることは可能です。これこそが、暗号が安全なものになっている理由です。

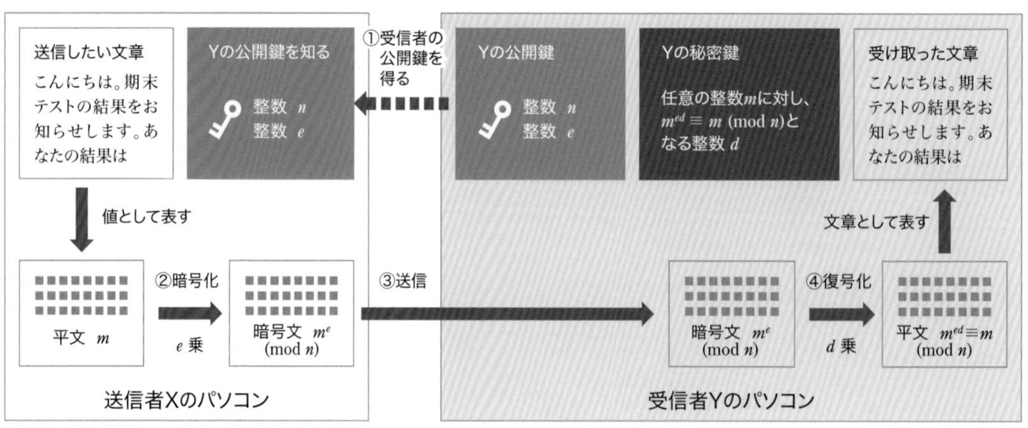

注4.6.2 $ed \equiv 1 \pmod{(p-1)(q-1)}$となるように整数$e, d$を決めれば、必ずすべての非負整数$m$について$m^{ed} \equiv m \pmod{n}$となることが知られています。このような整数の組は、拡張ユークリッドアルゴリズムにより求めることができます。

節末問題

問題4.6.1 ★

1. $21 \times 41 \times 61 \times 81 \times 101 \times 121$ を20で割った余りを計算してください。
2. 202112^5 を100で割った余りを計算してください。

問題4.6.2 問題ID：052 ★★★★

二次元グリッド上の原点 $(0, 0)$ にチェスのナイトの駒があります。ナイトの駒はマス (i, j) にあるとき $(i+1, j+2)$ または $(i+2, j+1)$ のどちらかのマスにのみ動かすことができます。ナイトの駒をマス (X, Y) まで移動させる方法は何通りありますか。答えを1000000007で割った余りを求めるプログラムを作成してください。(出典：AtCoder Beginner Contest 145 D – Knight)

問題4.6.3 問題ID：053 ★★★★

正の整数 N が与えられるので、$4^0 + 4^1 + \cdots + 4^N$ を1000000007で割った余りを出力するプログラムを作成してください。$N \leqq 10^{18}$ を満たす入力で1秒以内に実行が終わることが望ましいです。

行列の累乗 ～フィボナッチ数列の高速計算～

第4章もいよいよ最終節です。ここでは、フィボナッチ数列の第N項を求める問題を考えますが、フィボナッチ数列は指数関数的に増加するため、答えが巨大な数になり現実的ではありません。その代わりに、答えの下9桁を求めることは可能でしょうか。

4.6.6項で述べたように、漸化式に従って余りをとりながら計算すると、計算量が$O(N)$となり効率が悪いですが、行列を使うと計算量$O(\log N)$まで高速化できます。本節では、行列の演算や基本的な性質について解説した後、行列の累乗を求めるアルゴリズムを紹介します。

4.7.1 行列とは

数などを縦と横に並べたものを**行列**といい、縦N行・横M列の形で並べられたものを$N \times M$**行列**といいます。たとえば以下の行列Aは3×5行列、Bは4×7行列です。

$$A = \begin{bmatrix} 3 & 1 & 4 & 1 & 5 \\ 9 & 2 & 6 & 5 & 3 \\ 5 & 8 & 9 & 7 & 9 \end{bmatrix} \qquad B = \begin{bmatrix} 1 & 2 & 4 & 8 & 6 & 2 & 4 \\ 1 & 3 & 9 & 7 & 1 & 3 & 9 \\ 1 & 4 & 6 & 4 & 6 & 4 & 6 \\ 1 & 5 & 5 & 5 & 5 & 5 & 5 \end{bmatrix}$$

(2, 7) 成分は9

上からi行目（$1 \leqq i \leqq N$）、左からj列目（$1 \leqq j \leqq M$）の値を(i, j)成分といい、$A_{i,j}$, $B_{i,j}$などと表記します。たとえば行列Bの上から2行目、左から7列目の値は9なので、$B_{2,7} = 9$です。

4.7.2 行列の足し算・引き算

行数と列数がともに等しい行列A, Bは、足し算$A + B$と引き算$A - B$ができます。下図のように、対応する成分を足し引きして計算します。**行数または列数が合っていない場合、加算・減算を行うことができない**ことに注意してください。

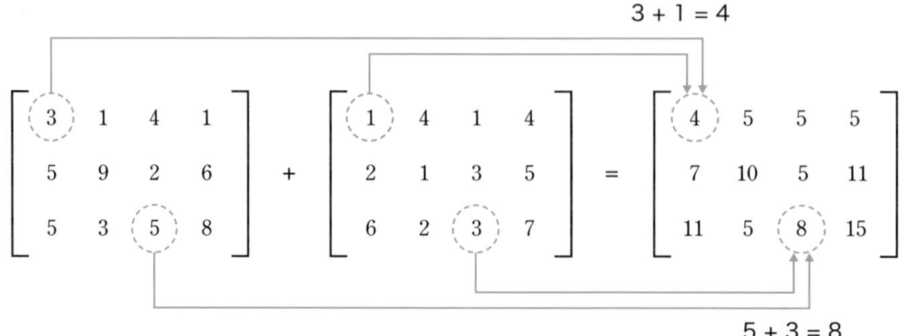

4.7.3 行列の掛け算

行列Aの列数と行列Bの行数が等しいときに限り、積ABを計算することができます。行列A, Bの大きさがそれぞれ$N \times M, M \times L$であるとき、積ABは$N \times L$行列となり、積の(i, j)成分は次式で計算されます。

$$\sum_{k=1}^{M} A_{i,k}B_{k,j} = (A_{i,1}B_{1,j} + A_{i,2}B_{2,j} + \cdots + A_{i,M}B_{M,j})$$

少し難しいですが、イメージとしては、**Aのi行目とBのj列目の対応する成分同士を掛け合わせた後、全部足す**といった感じです。下図は4 × 5行列と5 × 3行列の積の計算例を示しています（計算結果は4 × 3行列になります）。

$$\begin{bmatrix} 3 & 1 & 4 & 1 & 5 \\ 9 & 2 & 6 & 5 & 3 \\ 5 & 8 & 9 & 7 & 9 \\ 3 & 2 & 3 & 8 & 4 \end{bmatrix} \begin{bmatrix} 1 & 4 & 1 \\ 4 & 2 & 1 \\ 3 & 5 & 6 \\ 2 & 3 & 7 \\ 3 & 0 & 9 \end{bmatrix} = \begin{bmatrix} 36 & 37 & 80 \\ 54 & 85 & 109 \\ 105 & 102 & 197 \\ 48 & 55 & 115 \end{bmatrix}$$

4.7.4 行列の掛け算に関する重要な性質

行列の積に関して**交換法則**$AB = BA$は成立しません。たとえば、行列Aが3 × 5行列、行列Bが5 × 7行列である場合、ABは計算できますがBAは計算できません。また、次の例のようにABとBA両方が計算可能であっても、$AB \neq BA$となることがあります。

$$A = \begin{bmatrix} 1 & 1 \\ 0 & 0 \end{bmatrix} \quad B = \begin{bmatrix} 1 & 0 \\ 1 & 0 \end{bmatrix} \text{のとき} \quad AB = \begin{bmatrix} 2 & 0 \\ 0 & 0 \end{bmatrix} \quad BA = \begin{bmatrix} 1 & 1 \\ 1 & 1 \end{bmatrix}$$

一方、行列の積に関して**結合法則**$(AB)C = A(BC)$は成立します。たとえば、

$$\left(\begin{bmatrix} 1 & 2 \\ 3 & 4 \end{bmatrix}\begin{bmatrix} 3 & 1 \\ 4 & 1 \end{bmatrix}\right)\begin{bmatrix} 1 & 0 \\ 2 & 4 \end{bmatrix} = \begin{bmatrix} 11 & 3 \\ 25 & 7 \end{bmatrix}\begin{bmatrix} 1 & 0 \\ 2 & 4 \end{bmatrix} = \begin{bmatrix} 17 & 12 \\ 39 & 28 \end{bmatrix}$$

$$\begin{bmatrix} 1 & 2 \\ 3 & 4 \end{bmatrix}\left(\begin{bmatrix} 3 & 1 \\ 4 & 1 \end{bmatrix}\begin{bmatrix} 1 & 0 \\ 2 & 4 \end{bmatrix}\right) = \begin{bmatrix} 1 & 2 \\ 3 & 4 \end{bmatrix}\begin{bmatrix} 5 & 4 \\ 6 & 4 \end{bmatrix} = \begin{bmatrix} 17 & 12 \\ 39 & 28 \end{bmatrix}$$

となり、確かに一致します。したがって、複数の行列の積は、どのような順序で計算しても結果が変わりません。

4.7.5 行列の累乗

実数と同様、行列にも累乗を定義することができます。行数と列数が等しい行列Aをn回掛けた行列$A \times A \times A \times \cdots \times A$を「$A$の$n$乗」といい、$A^n$と書きます。たとえば、

$$A = \begin{bmatrix} 1 & 1 \\ 1 & 0 \end{bmatrix}$$

とするとき、$A^2, A^3, A^4, A^5, A^6, A^7$の値は以下のようになります。なお、結合法則が成り立つため、行列の累乗はどんな順番で計算しても計算結果が変わりません。たとえばA^4を求める際に、$A^2 \times A^2$を計算しても良いです。

A^2の値 $A \times A = \begin{bmatrix} 1 & 1 \\ 1 & 0 \end{bmatrix}\begin{bmatrix} 1 & 1 \\ 1 & 0 \end{bmatrix} = \begin{bmatrix} 2 & 1 \\ 1 & 1 \end{bmatrix}$	**A^5の値** $A^4 \times A = \begin{bmatrix} 5 & 3 \\ 3 & 2 \end{bmatrix}\begin{bmatrix} 1 & 1 \\ 1 & 0 \end{bmatrix} = \begin{bmatrix} 8 & 5 \\ 5 & 3 \end{bmatrix}$
A^3の値 $A^2 \times A = \begin{bmatrix} 2 & 1 \\ 1 & 1 \end{bmatrix}\begin{bmatrix} 1 & 1 \\ 1 & 0 \end{bmatrix} = \begin{bmatrix} 3 & 2 \\ 2 & 1 \end{bmatrix}$	**A^6の値** $A^5 \times A = \begin{bmatrix} 8 & 5 \\ 5 & 3 \end{bmatrix}\begin{bmatrix} 1 & 1 \\ 1 & 0 \end{bmatrix} = \begin{bmatrix} 13 & 8 \\ 8 & 5 \end{bmatrix}$
A^4の値 $A^3 \times A = \begin{bmatrix} 3 & 2 \\ 2 & 1 \end{bmatrix}\begin{bmatrix} 1 & 1 \\ 1 & 0 \end{bmatrix} = \begin{bmatrix} 5 & 3 \\ 3 & 2 \end{bmatrix}$	**A^7の値** $A^6 \times A = \begin{bmatrix} 13 & 8 \\ 8 & 5 \end{bmatrix}\begin{bmatrix} 1 & 1 \\ 1 & 0 \end{bmatrix} = \begin{bmatrix} 21 & 13 \\ 13 & 8 \end{bmatrix}$

4.7.6 フィボナッチ数列の下9桁を計算しよう

さて、行列を使った本格的な問題を解いてみましょう。

問題ID：054

整数Nが与えられます。フィボナッチ数列$a_1 = 1, a_2 = 1, a_n = a_{n-1} + a_{n-2}$ $(n \geqq 3)$の第N項a_Nの下9桁を求めてください。

制約：$3 \leqq N \leqq 10^{18}$

実行時間制限：1秒

まず、4.7.5項で求めた行列の累乗に着目してみましょう。フィボナッチ数列は1, 1, 2, 3, 5, 8, 13, 21, 34, 55, 89, 144, ... と続くので、何らかの関係がありそうですね。

- A^2の2行目の総和は$1 + 1 = 2$
- A^3の2行目の総和は$2 + 1 = 3$
- A^4の2行目の総和は$3 + 2 = 5$
- A^5の2行目の総和は$5 + 3 = 8$
- A^6の2行目の総和は$8 + 5 = 13$
- A^7の2行目の総和は$13 + 8 = 21$

結論から述べると、1, 1, 1, 0からなる2×2行列をAとするとき、**フィボナッチ数列の第N項はA^{N-1}の2行目の総和**となります（行列累乗を高速に計算する手法は、本項の後半で扱います）。

行列累乗となる理由

次に、a_NがA^{N-1}を用いて表される理由を解説します。まず、(a_2, a_3)は次のようにして(a_1, a_2)を使った式で表すことができます。左辺の(1, 1)成分は「$a_3 = a_2 + a_1$であること」、(2, 1)成分は「$a_2 = a_2$であること」を意味します。

$$\begin{bmatrix} a_3 \\ a_2 \end{bmatrix} = \begin{bmatrix} 1 & 1 \\ 1 & 0 \end{bmatrix} \begin{bmatrix} a_2 \\ a_1 \end{bmatrix}$$

次に、(a_3, a_4)は以下のようにして(a_1, a_2)を使った式で表すことができます。左辺の$(1, 1)$成分は「$a_4 = a_3 + a_2$であること」、$(2, 1)$成分は「$a_3 = a_3$であること」を意味します。

$$\begin{bmatrix} a_4 \\ a_3 \end{bmatrix} = \begin{bmatrix} 1 & 1 \\ 1 & 0 \end{bmatrix} \begin{bmatrix} a_3 \\ a_2 \end{bmatrix}$$

$$= \begin{bmatrix} 1 & 1 \\ 1 & 0 \end{bmatrix} \left(\begin{bmatrix} 1 & 1 \\ 1 & 0 \end{bmatrix} \begin{bmatrix} a_2 \\ a_1 \end{bmatrix} \right) = \begin{bmatrix} 1 & 1 \\ 1 & 0 \end{bmatrix}^2 \begin{bmatrix} a_2 \\ a_1 \end{bmatrix}$$

同じような計算を(a_4, a_5)以降についても繰り返すと、以下のようになります。このことから、a_Nの値がA^{N-1}の$(2, 1)$成分と$(2, 2)$成分を足した値であることが分かります。

$$\begin{bmatrix} a_{N+1} \\ a_N \end{bmatrix} = \begin{bmatrix} 1 & 1 \\ 1 & 0 \end{bmatrix}^{N-1} \begin{bmatrix} a_2 \\ a_1 \end{bmatrix} = A^{N-1} \begin{bmatrix} 1 \\ 1 \end{bmatrix}$$

以下の図は、行列とフィボナッチ数列の関係を表したものです。

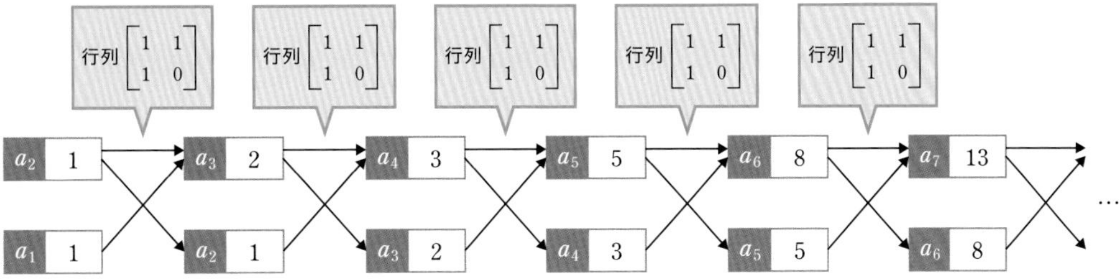

行列を高速に計算する方法

最後に、A^{N-1}の値は繰り返し二乗法（➡**4.6.7項**）を行列に適用することで、計算量$O(\log N)$で求められます。具体的にアルゴリズムを記述すると、以下の通りです。

1. $A^2 = A^1 \times A^1$を計算する。
2. $A^4 = A^2 \times A^2$を計算する。
3. $A^8 = A^4 \times A^4$を計算する。
4. $A^{16}, A^{32}, A^{64}, \ldots$についても同じ要領で、必要なところまで計算する。
5. A^{N-1}は$A^1, A^2, A^4, A^8, \ldots$の積で表せるため、これらを掛け算する。たとえば$A^{11} = A^1 \times A^2 \times A^8$である。

※5.では、$N-1$を2進法で表したときの2^iの位が1のときに限りA^{2^i}が積に含まれる

次ページの図は、フィボナッチ数列の第12項を計算するために、A^{11}を求める過程を示しています。フィボナッチ数列の第12項は144ですので、確かに正しく計算できています。

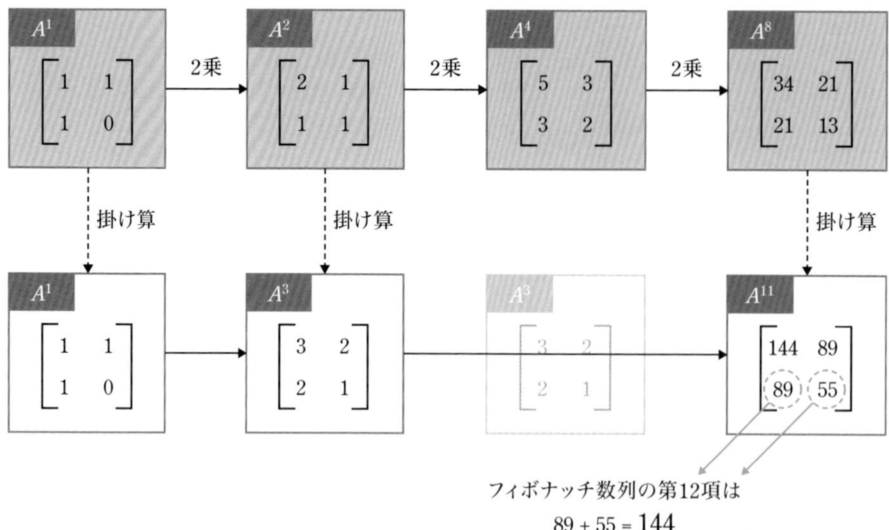

以上のことから、コード4.7.1のように実装すると、答えを高速に求めることができます。たとえば$N = 10^{12}$の場合、漸化式に従って直接計算すると著者環境で121分を要しましたが、繰り返し二乗法を使うと0.0001秒以内で計算が終わりました。

実装上の注意として、「ある数の下9桁」は「ある数を10億で割った余り」と同じようなものなので、計算の途中では10億で割った余りをとっています。また、本問題の制約から$N < 2^{60}$であるため、$A^1, A^2, A^4, \ldots, A^{2^{59}}$まで計算しておけば十分です。

コード4.7.1　フィボナッチ数列の計算

```
#include <iostream>
using namespace std;

struct Matrix {
    long long p[2][2] = { {0, 0}, {0, 0} };
};
Matrix Multiplication(Matrix A, Matrix B) { // 2×2 行列 A, B の積を返す関数
    Matrix C;
    for (int i = 0; i < 2; i++) {
        for (int k = 0; k < 2; k++) {
            for (int j = 0; j < 2; j++) {
                C.p[i][j] += A.p[i][k] * B.p[k][j];
                C.p[i][j] %= 1000000000;
            }
        }
    }
    return C;
}
Matrix Power(Matrix A, long long n) { // A の n 乗を返す関数
    Matrix P = A, Q; bool flag = false;
    for (int i = 0; i < 60; i++) {
        if ((n & (1LL << i)) != 0LL) {
            if (flag == false) { Q = P; flag = true; }
            else { Q = Multiplication(Q, P); }
        }
        P = Multiplication(P, P);
```

次ページ

```
    }
    return Q;
}

int main() {
    // 入力 → 累乗の計算 (N が 2 以上でなければ正しく動作しないので注意)
    long long N;
    cin >> N;
    Matrix A; A.p[0][0] = 1; A.p[0][1] = 1; A.p[1][0] = 1;
    Matrix B = Power(A, N - 1);
    // 出力 (下から 9 桁目が 0 の場合、最初に 0 を含まない形で出力していることに注意)
    cout << (B.p[1][0] + B.p[1][1]) % 1000000000 << endl;
    return 0;
}
```

節末問題

問題4.7.1 ★

以下の式を計算してください。

$$\begin{bmatrix}1 & 0 & 1\\0 & 0 & 1\end{bmatrix}\begin{bmatrix}1 & 0 & 1\\1 & 1 & 1\\1 & 0 & 1\end{bmatrix}+\begin{bmatrix}1\\2\end{bmatrix}\begin{bmatrix}1 & 1 & 1\end{bmatrix}$$

問題4.7.2 問題ID：055 ★★

以下の漸化式を満たす数列の第N項a_Nを1000000007で割った余りを計算量$O(\log N)$で求めるプログラムを作成してください。

- $a_1 = 1, a_2 = 1$
- $a_n = 2a_{n-1} + a_{n-2}\ (n \geqq 3)$

問題4.7.3 問題ID：056 ★★★

以下の漸化式を満たす数列の第N項a_Nを1000000007で割った余りを計算量$O(\log N)$で求めるプログラムを作成してください。なお、このような数列を**トリボナッチ数列**といいます（ヒント：(a_1, a_2, a_3)と(a_2, a_3, a_4)の関係を考えましょう）。

- $a_1 = 1, a_2 = 1, a_3 = 2$
- $a_n = a_{n-1} + a_{n-2} + a_{n-3}\ (n \geqq 4)$

問題4.7.4 問題ID：057 ★★★★★

以下の値を1000000007で割った余りを求めるプログラムを、それぞれ作成してください。

1. $2 \times N$の長方形を1×2または2×1の長方形で完全に敷き詰める方法の数
2. $3 \times N$の長方形を1×2または2×1の長方形で完全に敷き詰める方法の数
3. $4 \times N$の長方形を1×2または2×1の長方形で完全に敷き詰める方法の数

$N \geqq 5$を仮定してよいです。計算量は$O(\log N)$であることが望ましいです。

コラム4

三角関数

4.1節では計算幾何学のアルゴリズムを紹介しましたが、特に円が関係する問題を解く場合、ベクトルのみならず三角関数の知識が必要になることが多いです。そこで、本コラムでは三角比と三角関数を紹介します。なお、ページ数の都合上、応用例などは扱わないことにします。興味のある人はインターネットなどで調べてみてください。

三角比とは

sin, cos, tanのようなものを**三角比**といいます。二次元平面上において、原点を中心とする半径1の円と、「x軸の正の部分を反時計回りにθだけ回転させた線」との交点の座標を$(\cos\theta, \sin\theta)$と表します。たとえば下図に示すように、半径1の円と「x軸の正の部分を反時計回りに90度回転させた線」との交点の座標は$(0, 1)$であるため、$\cos 90° = 0, \sin 90° = 1$です。

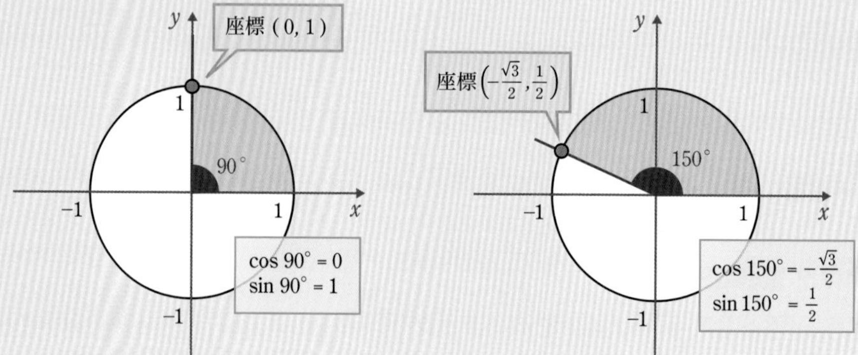

また、$\sin\theta$を$\cos\theta$で割った値を$\tan\theta$とし、座標$(0, 0)$と$(\cos\theta, \sin\theta)$を結ぶ直線の傾き(➡2.3.5項)を意味します。たとえば、以下のように計算されます。

$$\tan 0° = \sin 0° \div \cos 0° = 0 \div 1 = 0$$
$$\tan 150° = \sin 150° \div \cos 150° = \frac{1}{2} \div \left(-\frac{\sqrt{3}}{2}\right) = -\frac{\sqrt{3}}{3} \fallingdotseq -0.577$$

典型的な角度θに対する三角比の値は以下のようになります。ただし、$\cos\theta = 0$のときは$\tan\theta$を考えないことにします。なお、$\frac{\sqrt{3}}{3}$は約0.577、$\frac{\sqrt{2}}{2}$は約0.707、$\frac{\sqrt{3}}{2}$は約0.866です。

角度	0°	30°	45°	60°	90°	120°	135°	150°	180°
$\sin\theta$	0	$\frac{1}{2}$	$\frac{\sqrt{2}}{2}$	$\frac{\sqrt{3}}{2}$	1	$\frac{\sqrt{3}}{2}$	$\frac{\sqrt{2}}{2}$	$\frac{1}{2}$	0
$\cos\theta$	1	$\frac{\sqrt{3}}{2}$	$\frac{\sqrt{2}}{2}$	$\frac{1}{2}$	0	$-\frac{1}{2}$	$-\frac{\sqrt{2}}{2}$	$-\frac{\sqrt{3}}{2}$	-1
$\tan\theta$	0	$\frac{\sqrt{3}}{3}$	1	$\sqrt{3}$	−	$-\sqrt{3}$	-1	$-\frac{\sqrt{3}}{3}$	0

弧度法とは

30°, 60°のように「°」を使って角度を表す方法を度数法といいます。それに対して、弧度法は半径と弧の長さの比で角度を表す方法であり、単位はラジアン(rad)ですが、単位は書かないこともあります。

一般に、度数法で表された角度に $\frac{\pi}{180}$ を掛けると、単位を「°」からradに変換することができます。変換の具体例は以下のようになります。

- 30°を弧度法で表すと、$30 \times \frac{\pi}{180} = \frac{\pi}{6}$ rad（約0.524）
- 45°を弧度法で表すと、$45 \times \frac{\pi}{180} = \frac{\pi}{4}$ rad（約0.785）
- 60°を弧度法で表すと、$60 \times \frac{\pi}{180} = \frac{\pi}{3}$ rad（約1.047）

なお、$\frac{\pi}{180}$ という中途半端な値で掛ける理由は、半径1で弧の長さが1である扇形の中心角が1radになるように決められているからです。

三角関数とは

関数 $y = \sin x$、$y = \cos x$、$y = \tan x$ を**三角関数**といいます。それぞれのグラフは以下の通りであり、特にsin, cosのグラフは波のようになっています（正弦波と呼ばれます）。ここで、xの単位はradであることに注意してください[注4.8.1]。

また、三角関数はC++では`sin(x)`、`cos(x)`、`tan(x)`を用いて、Pythonでは`math.sin(x)`、`math.cos(x)`、`math.tan(x)`を用いて計算することができます。➡節末問題4.1.4を含む多数の計算幾何学の問題で利用されるので、ぜひ慣れておきましょう。

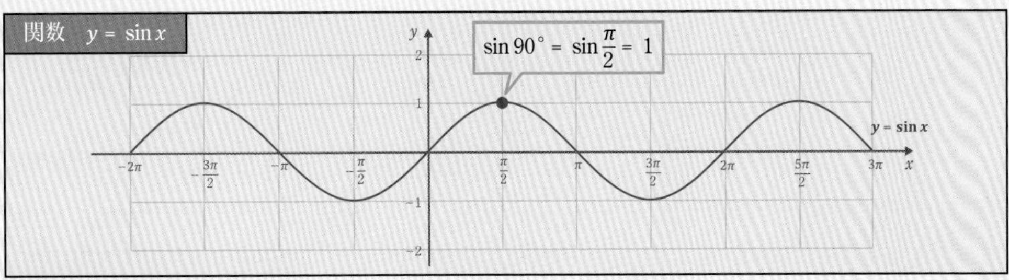

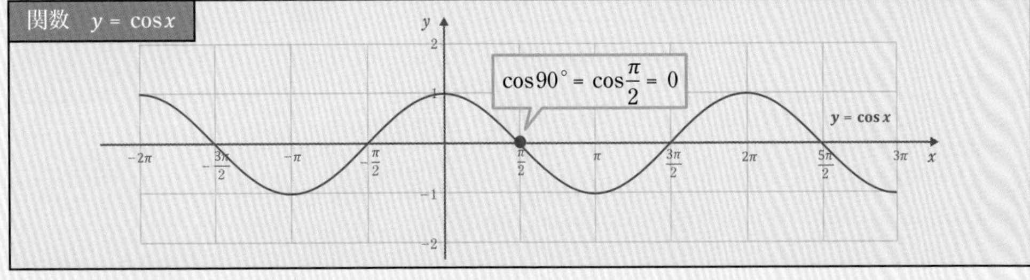

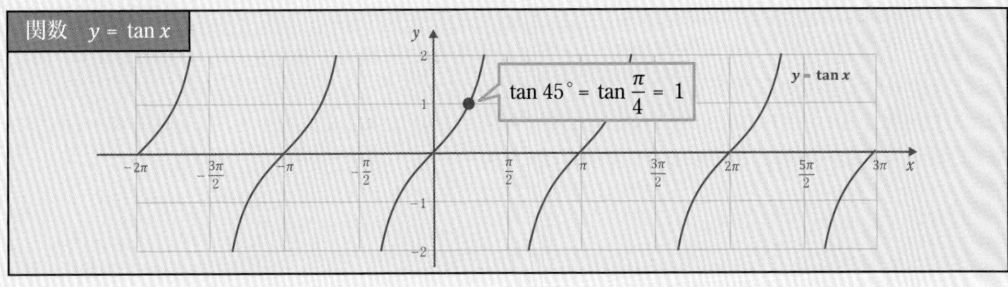

注4.8.1　$\sin x, \cos x, \tan x$は、xが負の場合や2πを超える場合にも計算することができます。

コラム5

勾配降下法

勾配降下法は、山を下っていくようにして関数$f(x)$の最小値を求めるアルゴリズムです。勾配降下法の基本的な考え方は以下のようになります。

1. 定数αと初期値Xを決める
2. 「Xの値に$\alpha \times f'(X)$を減算する」という処理を繰り返す

※ただし、$f'(X)$は関数$f(x)$の$x = X$における傾きである（➡4.3節）

ここでαは、1回の処理でどれだけXの値を変化させるかを表すパラメータです。小さすぎるとXが$f(x)$の最小値になかなか近づいてくれませんが、大きすぎるとXが最小値を飛び越えてしまうため、取り扱う問題に応じて調整することが大切です。下図は$\alpha = 0.05$で関数$f(x) = x^4 - x + 1$の最小値を求める過程を示しています。

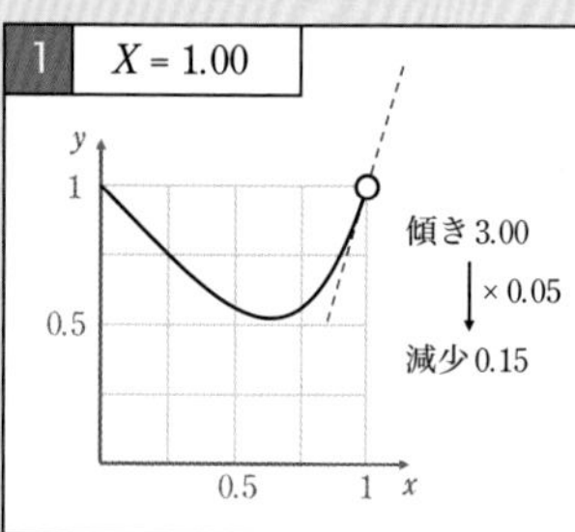

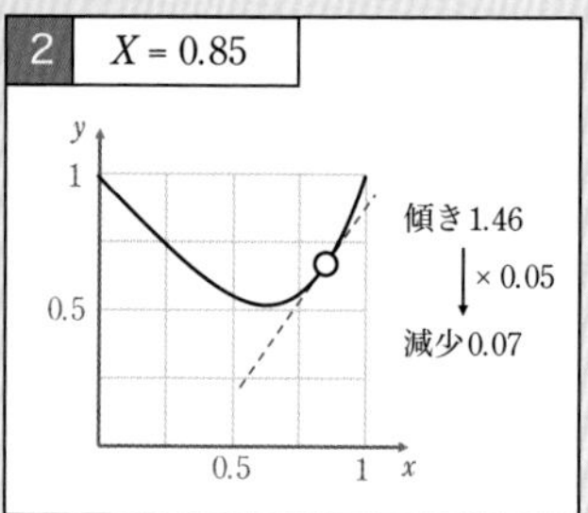

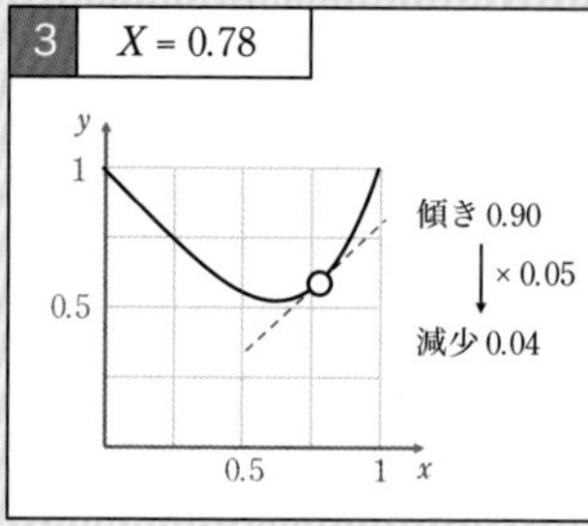

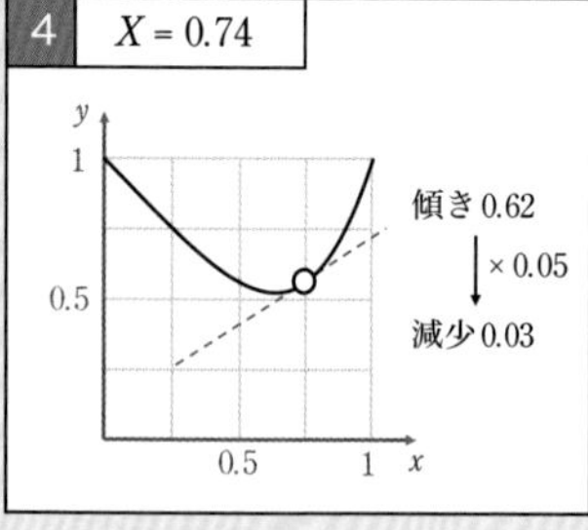

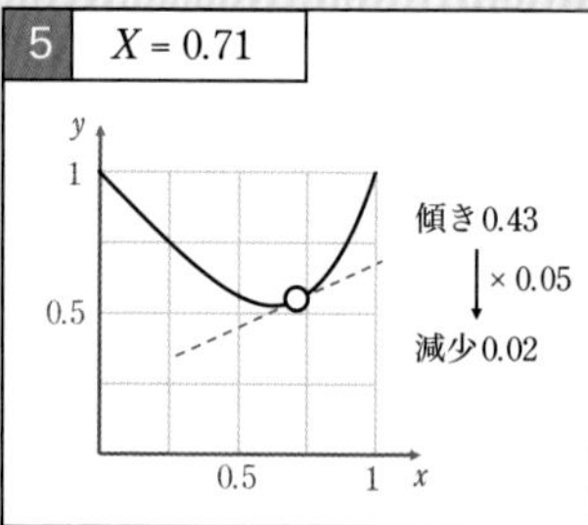

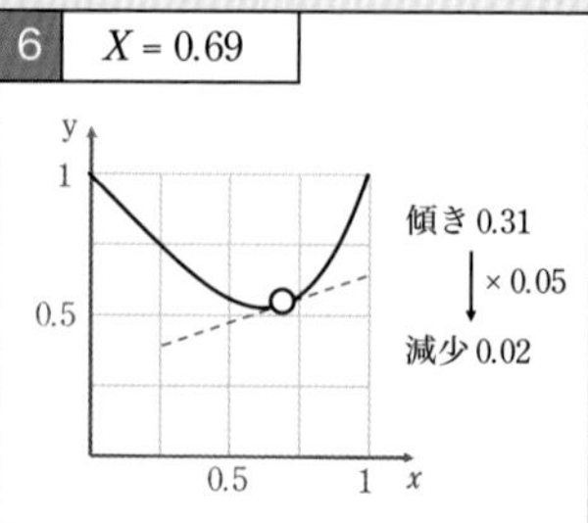

勾配降下法は、$f(x, y) = xy$のような複数のパラメータをもつ関数にも適用することができます。たとえばx, yからなる2変数関数の場合、「x方向の断面図における傾き」「y方向の断面図における傾き」をそれぞれ計算すると、どの方向に移動すれば山を下れるかが分かります。次ページの図がその一例です。なお、断面図における傾きを求める操作は**偏微分**といいます。

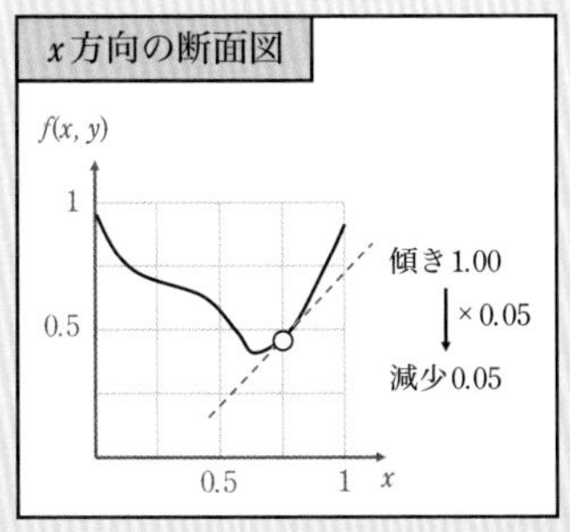

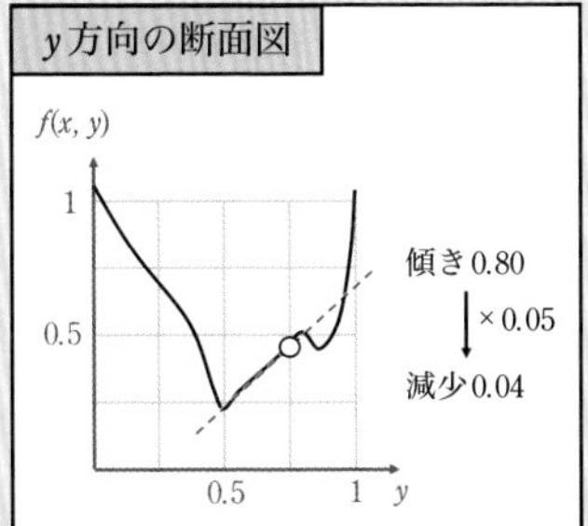

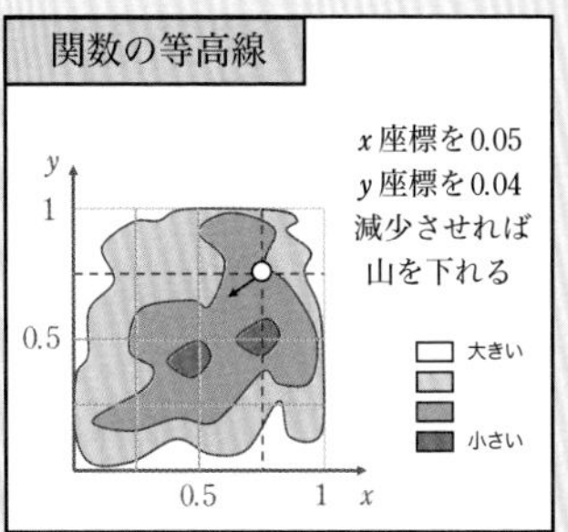

勾配降下法の応用例

勾配降下法はさまざまな最適化問題に応用することができます。たとえば、二次元平面上に白い点がいくつかあって、合計距離が最小になるように赤い点を1つ打つ問題を考えます。赤い点の座標を(x, y)とするとき、合計距離はx, yの関数$f(x, y)$で表されるため、2変数の勾配降下法を適用すると答えを求めることができます。

もう1つの例として、2つの量x, yで表されるデータに最も適合する直線（回帰直線という）を求める問題を考えます。2つのパラメータa, bを使って直線を$y = ax + b$という式で表すとき、誤差（例：直線との距離の2乗の総和）$f(a, b)$を最小にするa, bの値を求める問題に言い換えられます。これは、2変数の勾配降下法により解決可能です。

また、近年ホットな分野である深層学習でも、勾配降下法が利用されています。

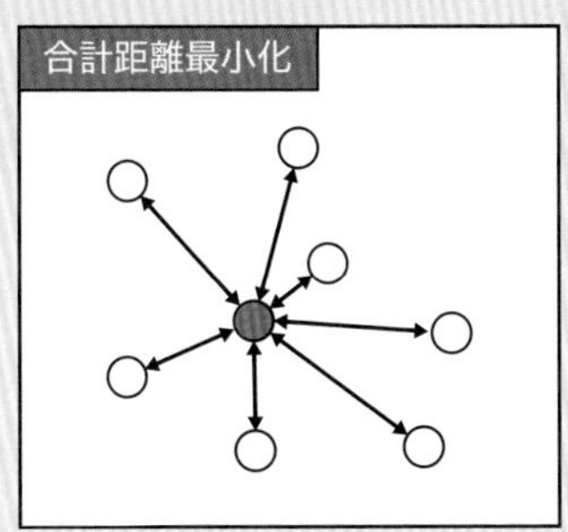

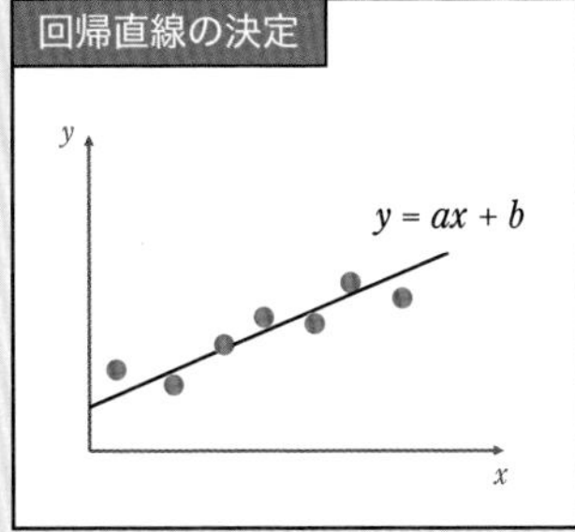

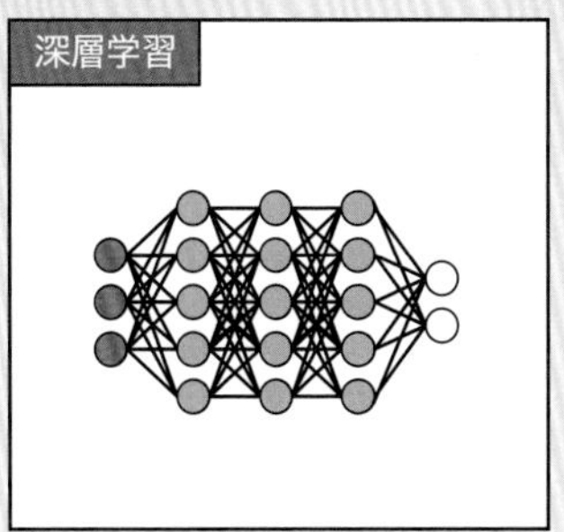

勾配降下法の問題点

まず、勾配降下法は必ずしも最適解を導くとは限りません。たとえば下図に示すように谷底（局所的最適解といいます）が2つあり、これらのうち高い方に向かってしまった場合、残念ながら何ステップかけても大域的な最適解を求めることができません。それを回避するために、複数の初期値から探索を行ったり、関数にランダム性を加える**確率的勾配降下法**を使ったりするなどの対策が取られる場合があります。

また、世の中の最適化問題は、パラメータが連続的な値をとる**連続最適化問題**と、パラメータが整数などとびとびの値をとる**離散最適化問題**の2つに大別されますが、後者の場合は微分を計算することができないため、勾配降下法が使いづらいです。そこで離散最適化問題で類似のアプローチを行いたいとき、**山登り法・焼きなまし法**などが利用されることがあります。本書では扱いませんが、興味のある人はぜひ調べてみてください。

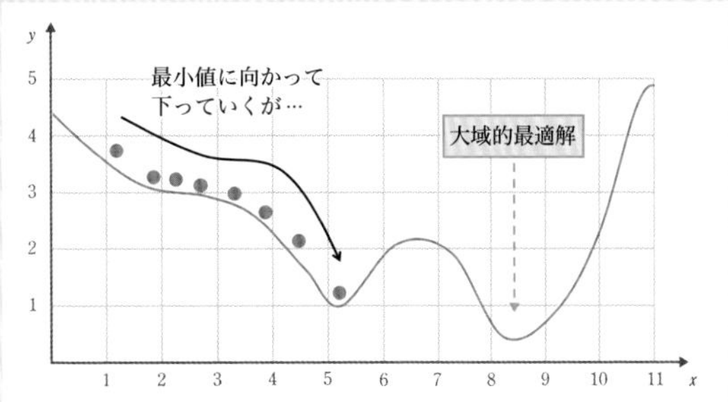

コラム5 勾配降下法

4章のまとめ

4.1 ベクトルと計算幾何

ベクトルとは
大きさと向きを持つ矢印のようなもの

計算幾何学とは
幾何学的な問題をコンピュータで解くための効率的なアルゴリズムを求める学問
代表的な問題：凸包の構築、最近点対問題など

4.2 階差と累積和

階差
列$[A_1, A_2, \ldots, A_N]$に対し
$B_i = A_i - A_{i-1}$
（または$B_i = A_{i+1} - A_i$）

累積和
列$[A_1, A_2, \ldots, A_N]$に対し
$B_i = A_1 + \cdots + A_i$

4.3 微分法とニュートン法

微分法とは
ある点における接線の傾きを求める操作
$x = a$における関数$f(x)$の微分係数は$f'(a)$で表す

ニュートン法
$f(x) = r$となるxの近似値を計算するアルゴリズム
実数aを次の値に更新することを繰り返す：
点$(a, f(a))$における接線と直線$y = r$の交点のx座標

4.4 積分法と逆数の和、エラトステネスのふるい

積分法とは
ある関数$f(x)$から得られる領域の面積を求める操作

逆数の和の性質
$1/1 + 1/2 + \cdots + 1/N = O(\log N)$
$1/x$の積分から導出可能

エラトステネスのふるい
N以下の素数を$O(N \log \log N)$で列挙する方法

4.5 グラフ理論

グラフとは
モノとモノの間の関係性を表す構造
「頂点」と「辺」からなる

グラフの分類
有向グラフ：辺に向きがある
無向グラフ：辺に向きがない
二部グラフ：2色で塗り分け可能である
木構造：閉路が存在しない連結なグラフ

グラフを使ったアルゴリズム
深さ優先探索：可能な限り隣接する頂点を訪問することで、グラフを探索していく
幅優先探索：最短距離が近い頂点から順番に訪問することで、グラフを探索していく

その他の代表的な問題
最短経路問題・最小全域木問題・二部マッチングなど

4.6 余りの計算、モジュラ逆数

Mで割った余りを計算する方法
+/−/×：計算途中で余りをとって良い
÷：Mが素数のとき、$a \div b \equiv a \times b^{M-2} \pmod{M}$

繰り返し二乗法
$a^b \bmod M$を計算するときに
$a^1, a^2, a^4, a^8, \ldots$を先に計算する

4.7 行列とその累乗

行列とは
要素が縦と横に並んだもの
結合法則は成立、しかし交換法則は不成立

行列の計算
足し算$A+B$：同じ成分同士を足す
掛け算AB：(i, j)成分は$A_{i,1}B_{1,j} + \cdots + A_{i,M}B_{M,j}$
累乗A^nは繰り返し二乗法で計算可能

第5章

問題解決のための数学的考察

5.1 なぜ数学的考察が大切か

2・3・4章では、さまざまなアルゴリズムを紹介しただけでなく、それらを理解するために必要な数学的知識を整理しました。このような知識を得ることは、プログラミングで問題を解決していくにあたって重要です。しかし、アルゴリズムや数学的知識をやみくもに学んでいくだけでは解けず、数学的考察力が求められる問題も少なくありません。具体例を1つ紹介しましょう。

5.1.1 例題：コマを動かす問題

問題ID：058

下図のような無限に広がるマス目に、1つのコマが置かれています。あなたはこれから、「コマを上下左右に隣り合うマスに動かす」という操作を**ちょうど** N 回行わなければなりません。
最初にコマが置かれたマスから右に a 個分動かした後、上に b 個分動かした場所をマス (a, b) とするとき、コマを最終的にマス (X, Y) に移動させることが可能か判定してください。

制約：$1 \leqq N \leqq 10^9$, $-10^9 \leqq X, Y \leqq 10^9$

実行時間制限：2秒

(−4, 2)	(−3, 2)	(−2, 2)	(−1, 2)	(0, 2)	(1, 2)	(2, 2)	(3, 2)	(4, 2)
(−4, 1)	(−3, 1)	(−2, 1)	(−1, 1)	(0, 1)	(1, 1)	(2, 1)	(3, 1)	(4, 1)
(−4, 0)	(−3, 0)	(−2, 0)	(−1, 0)		(1, 0)	(2, 0)	(3, 0)	(4, 0)
(−4, −1)	(−3, −1)	(−2, −1)	(−1, −1)	(0, −1)	(1, −1)	(2, −1)	(3, −1)	(4, −1)

たとえば $(N, X, Y) = (10, 2, 2)$ のとき、下図のような経路でコマを動かせば目的を達成できるため、答えはYesです。一方、$(N, X, Y) = (9, 3, 1)$ のとき、答えはNoです。

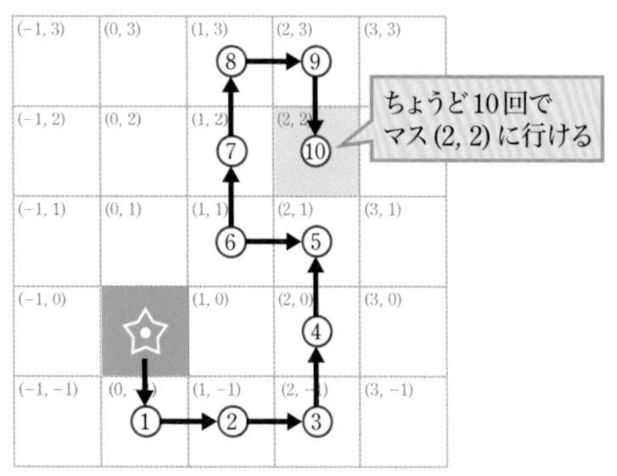

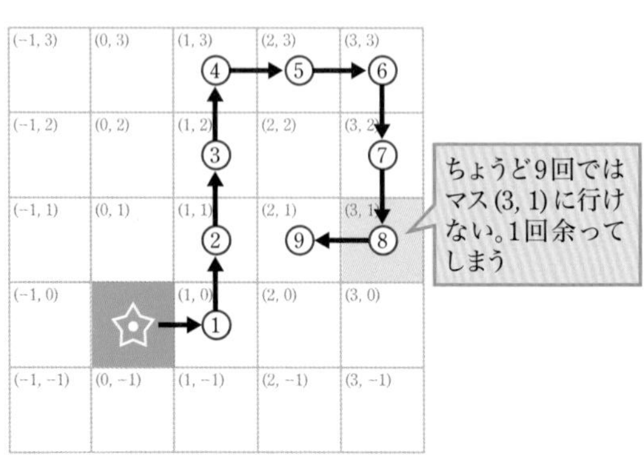

ちょうど9回では
マス(3, 1)に行け
ない。1回余って
しまう

この問題は全探索などを行うと膨大な実行時間がかかります[注5.1.1]が、実は以下の性質が成り立ちます。

> 以下の2つの条件を両方満たす場合に限り答えはYes、そうでない場合Noである。
>
> 条件1　$|X| + |Y| \leqq N$である。
> 条件2　$X + Y$の偶奇とNの偶奇が同じである。

したがって、単純な条件分岐を用いて計算量$O(1)$で解くことができます。しかし、こんな条件をどうやって思いつくのでしょうか。

5.1.2 解法の導出

いきなり解法を導出するのは難しいので、以下のようなことを、手を動かして考えてみましょう。

- ちょうど1回の操作で到達可能なマスはどれか？
- ちょうど2回の操作で到達可能なマスはどれか？
- ちょうど3回の操作で到達可能なマスはどれか？

まず、ちょうど1回で到達可能なマスは、マス$(0, 1), (0, -1), (1, 0), (-1, 0)$のみです。次に、ちょうど2回で到達可能なマスは、以下のような樹形図を描いてみると、座標$(-2, 0), (-1, -1), (-1, 1), (0, -2), (0, 0), (0, 2), (1, -1), (1, 1), (2, 0)$のみであることが分かります。

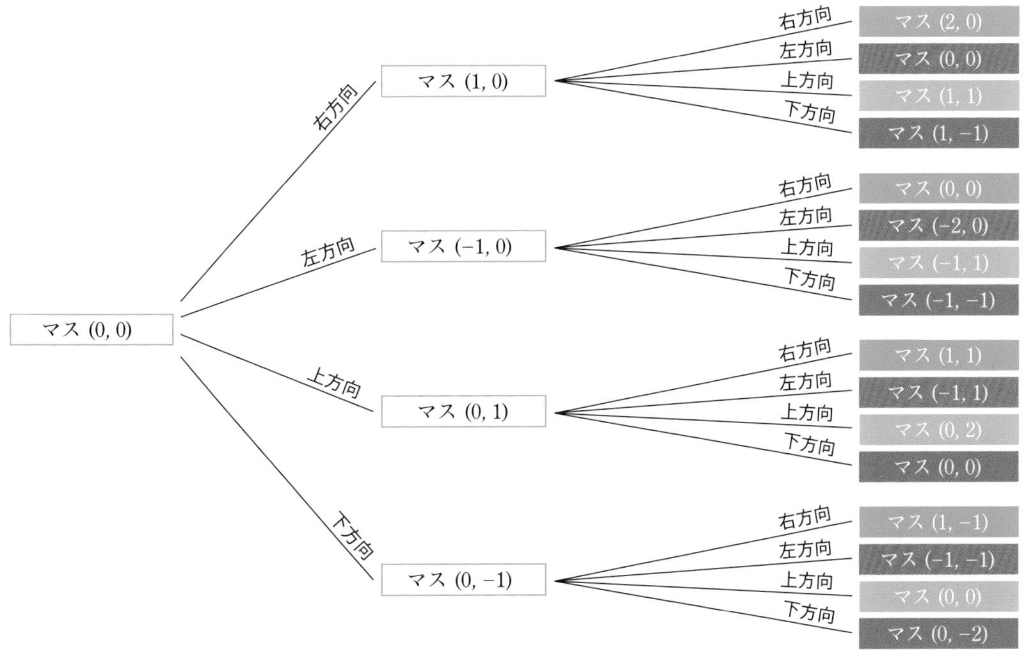

注5.1.1　1回の操作で4通りのコマの動かし方があるので、N回の操作では4^N通りの動かし方があります。これらすべてを探索すると、$N = 30$の時点で答えを出すのに天文学的な時間がかかってしまいます。

そして、ちょうど1・2・3回の操作で到達可能なマスをまとめると、下図のようになります。図を観察すると、到達できるマスの範囲が徐々に広がっていることが分かります。この広がり具合を数式で表すことで、**条件1**が導出できます。

また、$a + b$が偶数であるマス(a, b)のみを緑色で塗ってみると、

- ちょうど1回の操作で到達可能なマスはすべて白色
- ちょうど2回の操作で到達可能なマスはすべて緑色
- ちょうど3回の操作で到達可能なマスはすべて白色

となります。何らかの規則性がありそうですね。

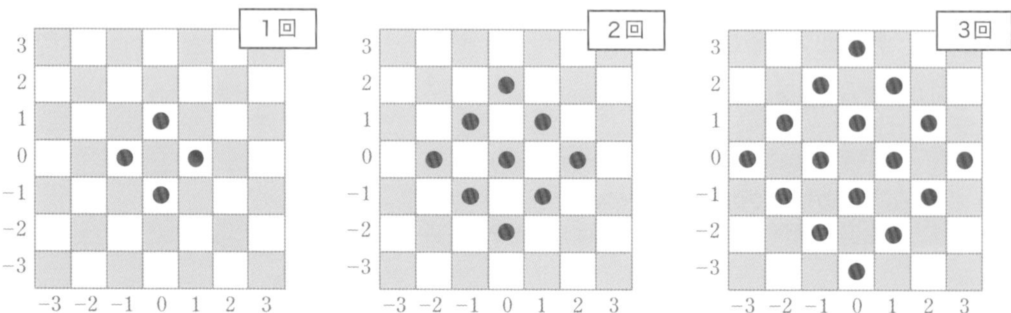

この規則性は、操作回数Nが大きくても成り立つのでしょうか。まず、次の性質が成り立ちます。

- 緑色のマスから1回の操作を行うと、コマは必ず白色のマスに移動する
- 白色のマスから1回の操作を行うと、コマは必ず緑色のマスに移動する

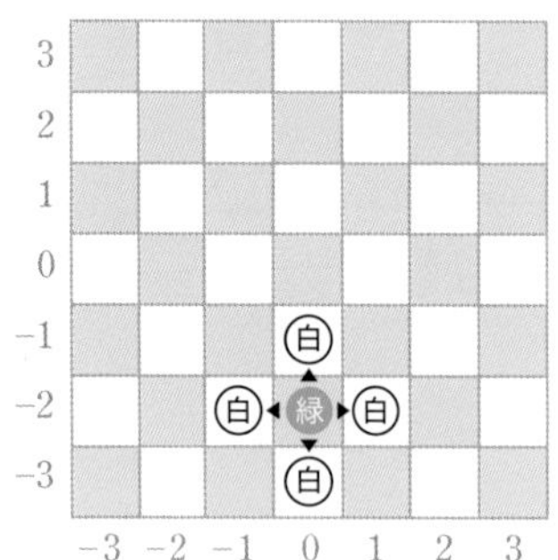

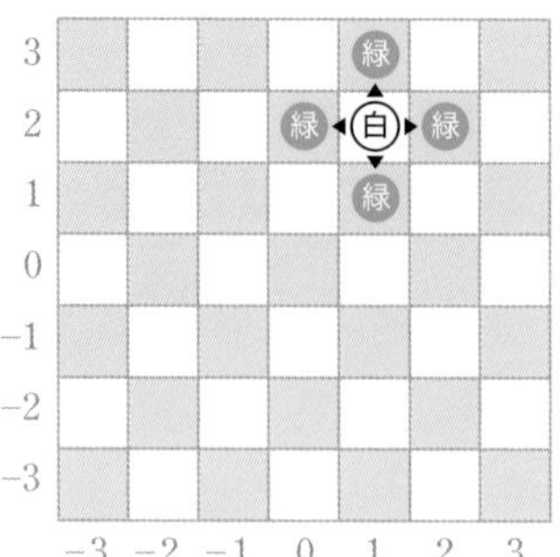

また、最初コマが置かれているマス(0, 0)は緑色なので、操作を行うと**緑色→白色→緑色→白色→緑色**→…と変わっていくことが分かり、**条件2**が導出できます。

このようにして、条件1・2の片方でも満たしていなければ答えがNoであることが証明できました。両方満たす場合にYesとなる証明は読者への課題としますが、前ページの図から「おそらくそうだろう」と見当を付けることができます。

5.1.3 数学的考察が重要な理由

この問題は、全探索・二分探索・動的計画法・ソートといった典型的なアルゴリズムや、関連する数学的知識を使わずに解くことができます。しかし、考察の際に以下の点に気づかなければ解けません。

- $N = 1, 2, 3$のような小さいケースを考える（➡5.2節）
- 偶奇に着目する（➡5.3 節）

今回紹介した問題の他にも、このような道筋をたどって初めて本質に気づけるということも少なくありません。

さて、皆さんの中には「天才的なひらめきがなければこの種の問題は解けない」といったネガティブなイメージを持つ人がいるかもしれません。しかし、実は典型的な思考の筋道、いわゆる「考察の王道」があります。これは、重要なアルゴリズムの知識を理解した上で、思考パターンを身に付けることで、解ける問題の幅がさらに広がることを意味します。

そこで5章では、具体的な問題を解きながら、典型的な数学的考察を9個のポイントに分けて整理します。

5.2 規則性を考える

最初に紹介する数学的考察は規則性です。一見難しく思える問題でも、小さいケースで調べて規則性や周期性を見つけることで簡単に解ける場合があります。本節では、ゲームの必勝法を求める問題を含めた2つの例題を通して、このようなテクニックを解説します。

5.2.1 例題1：2のN乗の一の位

最初に紹介する問題は、累乗を求める計算問題です。

> 問題ID：059
>
> 正の整数Nが与えられます。2^Nの一の位を求めてください。
>
> **制約**：$1 \leqq N \leqq 10^{12}$
>
> **実行時間制限**：1秒

まず、「$2^{10} = 1024$だから一の位は4だ」といったように2^Nを直接計算する方法がありますが、$N = 10^{12}$のとき求める値は3000億桁を超えるため、計算に時間がかかってしまいます。また、繰り返し二乗法（➡4.6.7項）を使って解くことも可能ですが、実装がやや大変です。

そこで、$N = 1, 2, 3, \ldots, 16$について2^Nの一の位を見ていくと、下図の通りになります。2→4→8→6→…が周期的に繰り返されていますね。

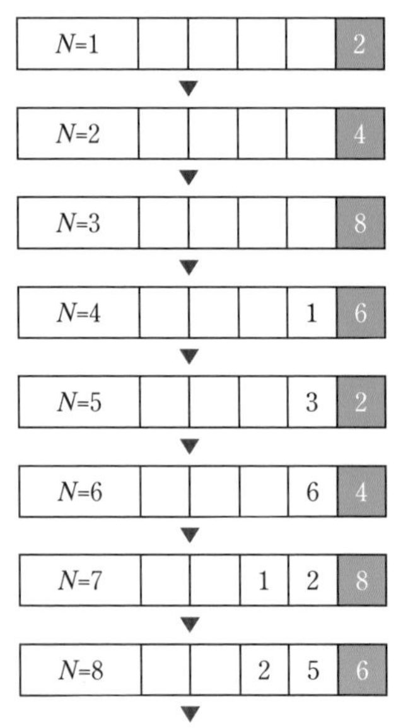

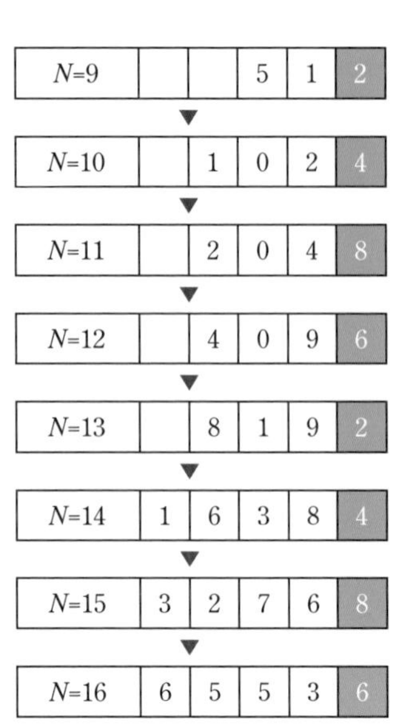

実は、この周期性はNが大きくなっても成り立ちます。理由としては以下が挙げられます。

- 一の位が2である数に2を掛けると、一の位の数が必ず4になる

- 一の位が4である数に2を掛けると、一の位の数が必ず8になる
- 一の位が8である数に2を掛けると、一の位の数が必ず6になる
- 一の位が6である数に2を掛けると、一の位の数が必ず2になる

したがって、Nを4で割った余りが$1, 2, 3, 0$のとき、答えは$2, 4, 8, 6$となります。**コード5.2.1**のように条件分岐を用いて実装すると、計算量$O(1)$で正しい答えを出すことができます。このように、**規則性**や**周期性**に着目することで、アルゴリズムを効率化することができる場合があります。

コード5.2.1　例題1を解くプログラム

```
#include <iostream>
using namespace std;

int main() {
    long long N;
    cin >> N;
    if (N % 4 == 1) cout << "2" << endl;
    if (N % 4 == 2) cout << "4" << endl;
    if (N % 4 == 3) cout << "8" << endl;
    if (N % 4 == 0) cout << "6" << endl;
    return 0;
}
```

5.2.2 例題2：ゲームの勝者を求める

次に紹介する問題は、両者が最善を尽くした場合のゲームの勝者を求める問題です。

> **問題ID：060**
>
> N個の石があり、プレイヤー2人が交互に石を取り合います。各ターンでは1〜3個の石を取る必要があり、初めて石を取れなくなったほうが負けです。両者が最善を尽くしたとき、どちらが勝つかを求めてください。先手必勝の場合First、後手必勝の場合Secondと出力してください。
>
> **制約**：$1 \leqq N \leqq 10^{12}$
>
> **実行時間制限**：1秒

この問題もNが小さいケースから順に考えていきましょう。まず、Nが3以下の場合は、先手が最初のターンですべての石を取ることができるため、**先手必勝**です。

次に、$N = 4$のとき、先手には以下の3通りの選択肢があります。

- 先手が1個石を取り、石の数を3個に減らす
- 先手が2個石を取り、石の数を2個に減らす
- 先手が3個石を取り、石の数を1個に減らす

ここで、どれを選んでも後手が石の数を0に減らすことができるため、**後手必勝**です。

ここまでの結果をまとめると、次ページの図のようになります。後手必勝となる石の数がある状態で自分のターンが回ってくると負けるので、これ以降は先手必勝であることを「勝ちの状態」、後手必勝であることを「負けの状態」と呼ぶことにしましょう。

石の数	0	1	2	3	4	5	6	7	8	9	10	11
盤面の状態	負	勝	勝	勝	負							

次に、Nが5以上の場合を考えます。ゲームの基本的な戦略として、相手にとって勝ちの状態に遷移すると自分が負けてしまうため、**負けの状態に遷移するような手を打つのが最適**です。そこで、

- $N = 5$の場合、石を1個取ると負けの状態（4個）になる
- $N = 6$の場合、石を2個取ると負けの状態（4個）になる
- $N = 7$の場合、石を3個取ると負けの状態（4個）になる

ため、$N = 5, 6, 7$は勝ちの状態であることが分かります。

石の数	0	1	2	3	4	5	6	7	8	9	10	11
盤面の状態	負	勝	勝	勝	負	勝	勝	勝				

次は$N = 8$です。石が8個ある状態から操作する方法として、以下の3つが考えられます。

- 石を1個取り、石の数を7個に減らす
- 石を2個取り、石の数を6個に減らす
- 石を3個取り、石の数を5個に減らす

しかし、残念ながら5, 6, 7個はすべて勝ちの状態です。言い換えると、8個の石がある状態でターンが回ってきたプレイヤーは、負けの状態に遷移するような手を打つことはできません。よって$N = 8$は負けの状態であることが分かります。

石の数	0	1	2	3	4	5	6	7	8	9	10	11
盤面の状態	負	勝	勝	勝	負	勝	勝	勝	負			

次に$N = 9, 10, 11$ですが、いずれの場合も石の数を8個（負けの状態）に減らすことができるため、これらは勝ちの状態です。

ここまでの時点で$N = 4, 8$の場合のみ後手必勝（負けの状態）であるため、「Nが4の倍数のときに限り後手必勝ではないか」という周期性が頭に浮かぶと思います。

石の数	0	1	2	3	4	5	6	7	8	9	10	11
盤面の状態	負	勝	勝	勝	負	勝	勝	勝	負	勝	勝	勝

この周期性はNが大きくなっても成り立つのでしょうか。答えはYesです。以下のような戦略を取ると、Nが4の倍数のとき後手が、そうでないとき先手が必ず勝ちます。

Nが4の倍数の場合の後手の戦略

- 先手が直前に取った石の数をxとするとき、$4-x$個の石を取る。

Nが4の倍数ではない場合の先手の戦略

- 最初のターンでは、残った石の数が4の倍数となるように石を取る。
- 2回目以降では、後手が直前に取った石の数をxとするとき、$4-x$個の石を取る。

下図は両者が最善を尽くした場合の$N=12, 17$でのゲーム進行の一例を示しています。勝つプレイヤーが石を取った後、石の数が常に4の倍数となっています。

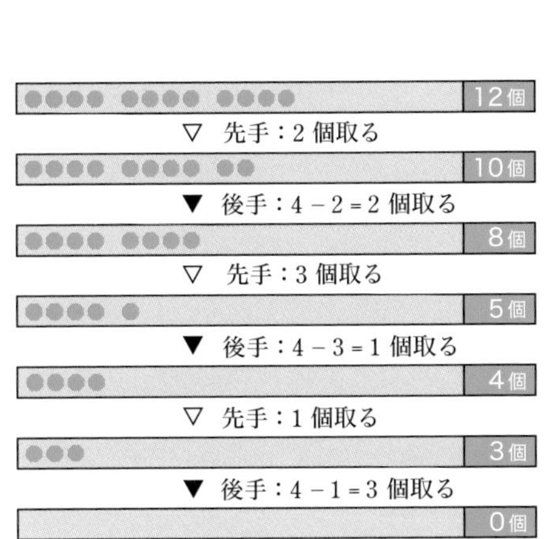

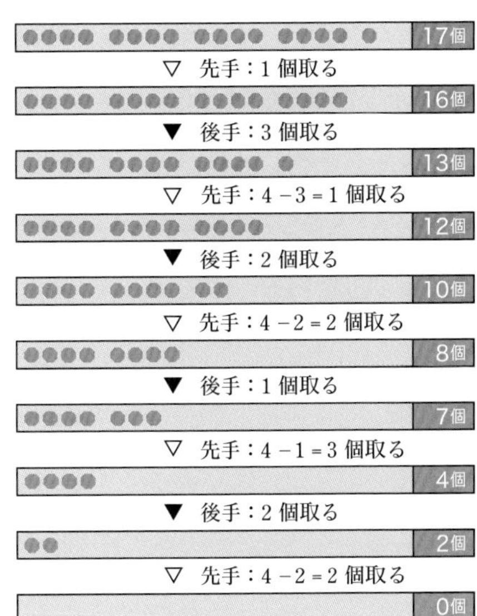

したがって、**コード5.2.2**のように実装すると正解が得られます。このように、Nが小さいケースを調べて規則性を見つけることが、解法や証明のヒントになる場合があります。Nが大きい場合における最適な戦略を見出すのは難しいですが、前述したように「ゲームは負けの状態に遷移すると勝つ」といったことを考えると分かりやすいです。

コード5.2.2　例題2を解くプログラム

```
#include <iostream>
using namespace std;

int main() {
    long long N;
    cin >> N;
    if (N % 4 == 0) cout << "Second" << endl; // 後手必勝
    else cout << "First" << endl; // 先手必勝
    return 0;
}
```

節末問題

問題5.2.1 ★★

以下の問題を手計算で解いてください。

1. フィボナッチ数列（➡3.7.2項）の第1項から第12項までを4で割った余りをそれぞれ求めてください。
2. フィボナッチ数列の第10000項を4で割った余りはいくつですか。

問題5.2.2 問題ID：061 ★★★

N個の石があります。各ターンでは、今残っている石の数をa個とするとき、1個以上$\frac{a}{2}$個以下の石を取らなければなりません。また、初めて石を取れなくなったほうが負けです。両者が最善を尽くしたとき、先手と後手どちらが勝つかを求めるプログラムを作成してください。計算量は$O(\log N)$であることが望ましいです。

問題5.2.3 問題ID：062 ★★★★

N個の町があり、町は1からNまでの番号が付けられています。それぞれの町にはテレポーターが1台ずつ設置されており、町i $(1 \leqq i \leqq N)$のテレポーターの転送先は町A_iです。
町1から出発してテレポーターをちょうどK回使ったときに、どの町に到着するかを出力するプログラムを作成してください。$N \leqq 200000, K \leqq 10^{18}$を満たすケースで1秒以内に答えを出せることが望ましいです。（出典：AtCoder Beginner Contest 167 D – Teleporter）

5.3 偶奇に着目する

次に紹介する数学的考察は偶奇（パリティ）です。全探索などの手法を使うと計算回数が爆発してしまうような問題でも、偶奇で場合分けしたり、ある量が偶奇交互に変わる性質を使ったりすれば、一瞬で解ける場合があります。本節では2つの例題を通して、このようなテクニックを解説します。

5.3.1 例題1：マス目を一筆書きする経路

最初に紹介する問題は、マス目を一筆書きする問題です。

問題ID：063

$N \times N$のマス目があります。左上のマスから出発し、上下左右に隣り合うマスに移動することを繰り返しながら出発地点に戻る経路のうち、すべてのマスを（最初と最後を除き）**ちょうど1回ずつ**通るものが存在するか、判定してください。

制約：$2 \leqq N \leqq 100$

実行時間制限：1秒

まず、ビット全探索（➡**コラム2**）、深さ優先探索（➡**4.5.6項**）などを使って、あり得る経路を全探索する方法があります。しかし、マス目を移動する経路の数は7×7の時点で190億通りを超え、100×100となれば答えを出すのに天文学的な時間がかかってしまいます。

そこで、Nの偶奇で場合分けしてみましょう。まずNが偶数のとき、答えは必ずYesです。下図のように2行目とN行目の間を往復しながら右に進んでいくと、すべてのマスを一度ずつ通ることができます。「この時点で自分には思いつかないだろう」と感じた人は、2×2や4×4などの小さいケースから順番に考えていくと、思いつきやすいです。

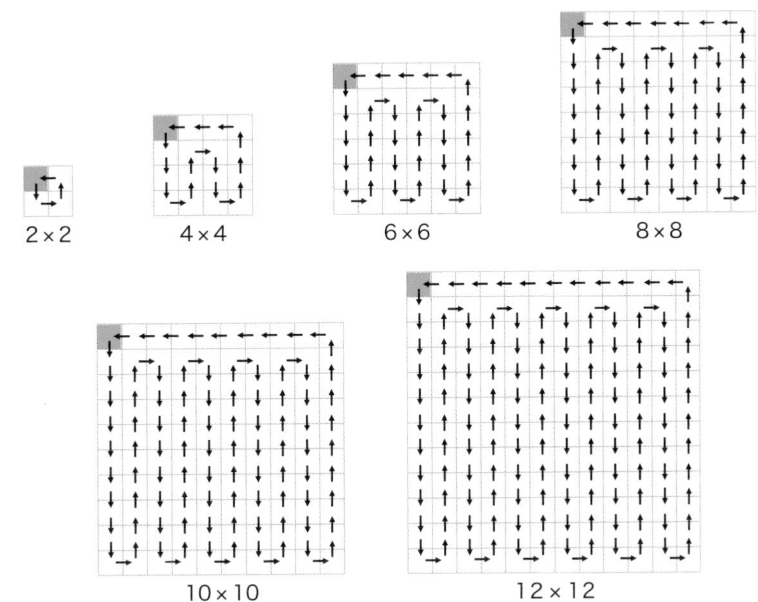

次に、Nが奇数のときはどうでしょう。答えは必ずNoです。下図は3×3の経路の例を示していますが、出発地点に戻れないか、すべてのマスを通れないかのいずれかが、どうしても起こってしまいます。

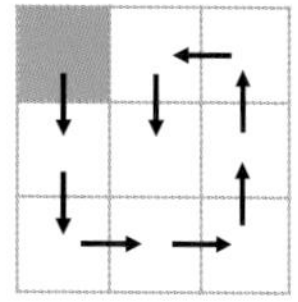
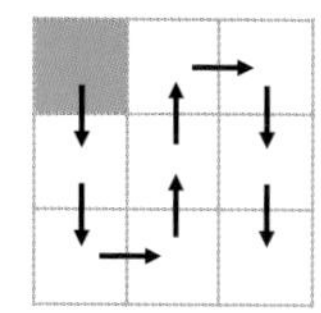
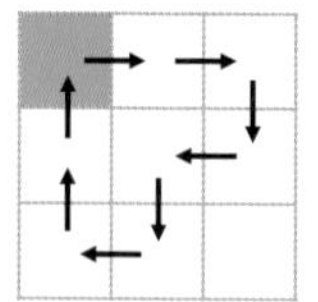
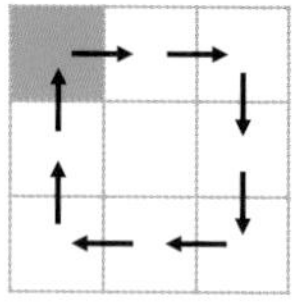

では、なぜNoなのでしょうか。**最初に$N = 3$の場合を証明します。**

まず、マス目を市松模様のように、つまり上からi行目・左からj列目のマスを(i, j)として、$i + j$が偶数のマスのみ緑色で塗りましょう。このとき、下図に示すように緑色で塗られているスタート地点から移動を行うと、緑色→白色→緑色→白色→緑色→…と交互にマス目の色が変わります。

そこで、一筆書きの経路が存在することを仮定し、通ったマスを順に、スタート地点を含めて1マス目、2マス目、...と数えていくことを考えます。マスは全部で9個あるので、ゴール地点は10マス目です。10は偶数なので、ゴール地点は白色であるはずです。しかし、スタート地点とゴール地点は同じマスなので、ゴール地点は緑色でなければなりません。

したがって、矛盾が生じ、一筆書きが存在しないことが分かります（参考：背理法➡3.1節）。

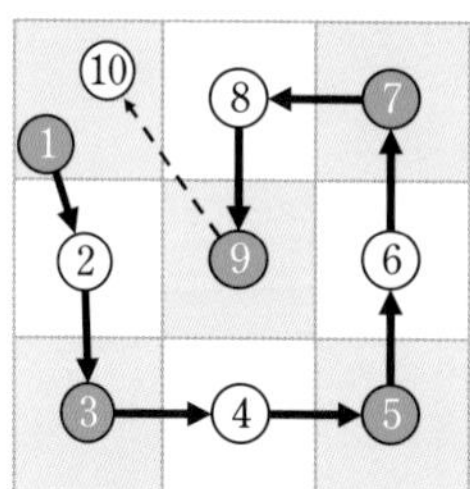
10
8
7
1
2
9
6
3
4
5
もし一筆書きの経路が存在する場合、ゴールのマス(10マス目)は白色になるはずなのに、スタートのマスは緑色。あれ、おかしいなあ……ということは、一筆書きは存在しないのか！

次に、一般の奇数Nの場合も同じように証明することができます。ゴール地点は$N^2 + 1$マス目ですが、Nが奇数のとき$N^2 + 1$は偶数であるため、規則性に従うとゴール地点は白色です。これはスタート地点が緑色であることに矛盾し、一筆書きが存在しないことが証明できました。

ここまでの内容をまとめると、Nが偶数のときはYes、奇数のときはNoとなるため、**コード5.3.1**のように実装すると正解が得られます。このように、偶奇での場合分けが解法のヒントになることがあります。

コード5.3.1　例題1を解くプログラム

```
#include <iostream>
using namespace std;

int main() {
    int N;
    cin >> N;
    if (N % 2 == 0) cout << "Yes" << endl;
    else cout << "No" << endl;
    return 0;
}
```

5.3.2 例題2：数列の書き換え

次に紹介する問題は、5.1節で扱った問題を一般化したものです。

問題ID：064

長さNの数列$A = (A_1, A_2, \ldots, A_N)$が与えられます。あなたは「1以上$N$以下の整数$x$を選び、$A_x$に+1または−1を加算する」という操作を**ちょうど**K回行います。
数列の要素をすべてゼロにすることができるか、すなわち$(A_1, A_2, \ldots, A_N) = (0, 0, \ldots, 0)$にできるか判定してください。

制約：$1 \leqq N \leqq 50, 1 \leqq K \leqq 50, 0 \leqq A_i \leqq 50$

実行時間制限：1秒

出典：競プロ典型90問 024 – Select +/– One改題

この問題も全探索などの解法が考えられますが、操作方法は全部で$(2N)^K$通り（➡3.3.2項）あるため、計算回数が爆発します。たとえば$N = K = 50$の場合、操作方法の数が10^{100}通りという恐ろしい数になってしまいます。

そこで、数列の要素の総和$A_1 + A_2 + \cdots + A_N$の偶奇に着目しましょう。下図のように、1回操作を行うごとに偶奇が反転している、すなわち「奇数→ 偶数→奇数→偶数→奇数→偶数→…」と変化していることが分かります。全操作が終了した時点で総和がゼロ（偶数）でなければならないので、操作回数Kの偶奇と$A_1 + A_2 + \cdots + A_N$の偶奇が一致しなければ、その時点で答えはNoです。

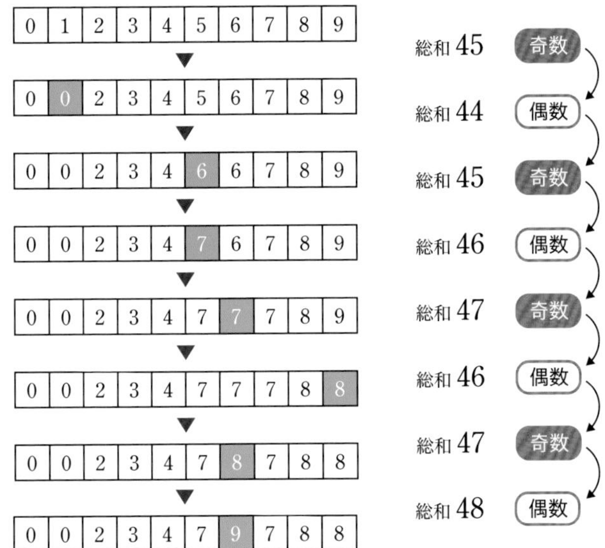

次に偶奇が一致した場合を考えます。数列の要素の総和は1回の操作で最大1しか減らないので、$A_1 + A_2 + \cdots + A_N > K$の場合の答えはNoです。そうでない場合は、以下の手順で操作を行うと、必ずすべての要素をゼロにすることができます。

1. まず、−1を加算する操作のみを行い、最短回数（$A_1 + A_2 + \cdots + A_N$回）で全部ゼロにする
2. 余った回数で「A_1に+1を加算した後、−1を加算する」という操作を繰り返す

たとえば$N=3, K=7, (A_1, A_2, A_3) = (1, 0, 2)$の場合の操作方法は下図の通りです。

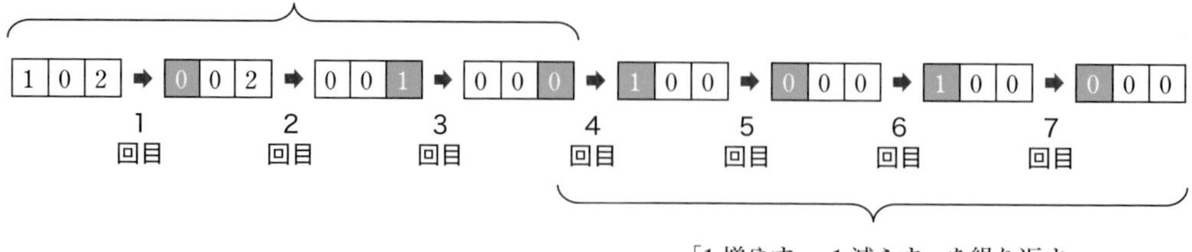

したがって、**コード5.3.2**のように実装すると、計算量$O(N)$で問題を解くことができます。このように、ある量の偶奇が交互に変わる性質に着目すると、一見解決不能に思える問題も楽に解ける場合があります。

コード5.3.2　例題2を解くプログラム

```
#include <iostream>
using namespace std;

int N, K, A[59];
int sum = 0; // A[1] + A[2] + ... + A[N] の値

int main() {
    // 入力 → 数列の要素の総和 sum を求める
    cin >> N >> K;
    for (int i = 1; i <= N; i++) cin >> A[i];
    for (int i = 1; i <= N; i++) sum += A[i];

    // 答えの出力
    if (sum % 2 != K % 2) cout << "No" << endl;
    else if (sum > K) cout << "No" << endl;
    else cout << "Yes" << endl;
    return 0;
}
```

節末問題

問題5.3.1 問題ID：065 ★★

$H \times W$のマス目があります。左上のマスに将棋の角行（斜め方向にのみ自由に動ける）が置かれています。角行を何回か動かすことでたどり着けるマスの数を出力するプログラムを作成してください。（出典：パナソニックプログラミングコンテスト 2020 B – Bishop）

問題5.3.2 ★★★

1, 2, 3, 4, 5, 6, 7, 8, 9, 10の中から0個以上を選ぶ方法は$2^{10} = 1024$通りありますが、それらのうち選んだ整数の合計が奇数となるものは何通りありますか。

5.4 集合を上手く扱う

次に紹介する数学的考察は集合（➡2.5.5項）を上手く扱うテクニックです。代表的なものとして、「余事象に着目する」「包除原理を使う」という2つの方法があります。本節では具体的な例題を通して、これらのテクニックを解説します。

5.4.1 余事象とは

“ある場合”以外の事象を**余事象**といいます。たとえば「サイコロを2回投げて総和が3以下になること」の余事象は「サイコロを2回投げて総和が4以上になること」です。数学の用語を用いて説明すると、全事象Uに対して、事象Aの余事象は「Uに含まれるがAに含まれないすべての要素」であり、A^cと書きます。

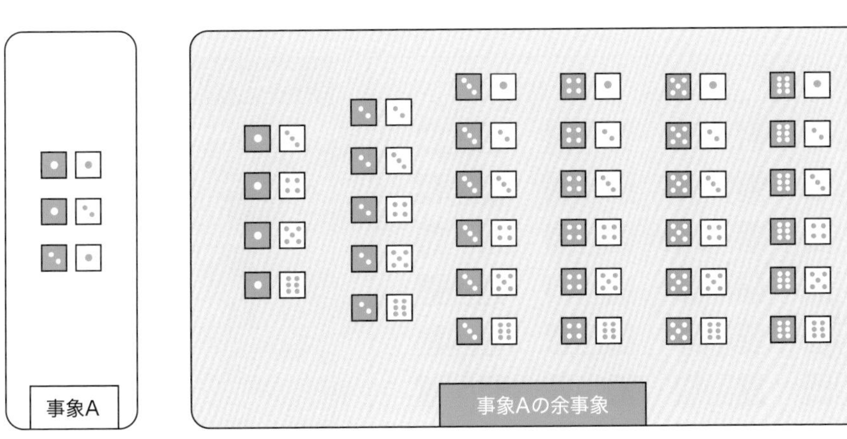

言葉の使い方を少し広げて、ある条件に対して「条件を満たさないもの」も余事象ということができます。しかし、プログラミングの問題において実際にどうやって使うのか、よく分からないと思うので、具体例を1つ見ていきましょう。

5.4.2 例題1：条件を満たすカードの組み合わせ

問題ID：066

赤色・白色・青色のカードが1枚ずつあります。整数NとKが与えられるので、以下の条件のうち1つ以上を満たすように、各カードに1以上N以下の整数を書き込む方法が何通りあるかを求めてください。

- 赤色のカードと白色のカードに書かれている整数の差の絶対値はK以上
- 赤色のカードと青色のカードに書かれている整数の差の絶対値はK以上
- 白色のカードと青色のカードに書かれている整数の差の絶対値はK以上

制約：$1 \leqq N \leqq 100000, 1 \leqq K \leqq 5$

実行時間制限：2秒

最初に思いつく方法として、3枚のカードに書く数を全探索することが考えられます。しかし、カードに整数を書く方法は全部でN^3通りもあり（➡**3.3.2項**）、計算に時間がかかってしまいます。

そこで、余事象を使うと計算時間を減らすことができます。ここでは説明のため、答えに数えられる書き方を「事象A」、そうでない書き方（余事象）を「事象B」と呼ぶことにします。

まずは事象Bとなるための条件を考えてみましょう。一般に、「複数の条件のうち1つ以上がYesとなること」の余事象は「すべてNoであること」ですから、事象Bは以下をすべて満たすことです。

条件1　赤色のカードと白色のカードに書かれている整数の差の絶対値は$K-1$以下
条件2　赤色のカードと青色のカードに書かれている整数の差の絶対値は$K-1$以下
条件3　白色のカードと青色のカードに書かれている整数の差の絶対値は$K-1$以下

次に、すべての書き方は事象Aと事象Bのいずれか一方に属するため、答え（事象Aとなるパターンの数）は全体のパターンの数N^3から事象Bとなるパターンの数を引いた値です。したがって、事象Bさえ計算できれば答えが求められます。たとえば$N=3, K=1$の場合、事象Bは3通りあるため、事象Aは$3^3-3=24$通りあると分かります。

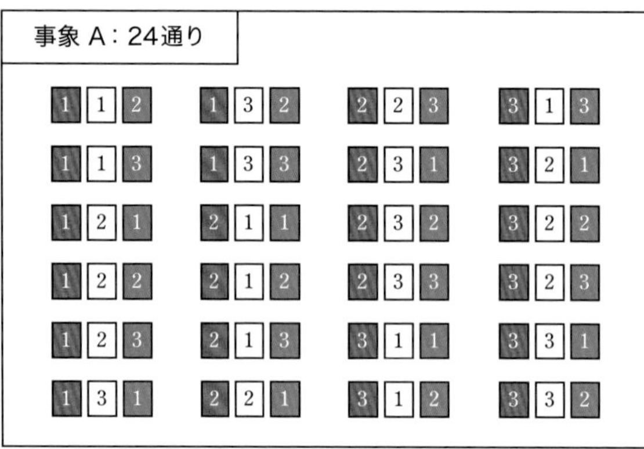

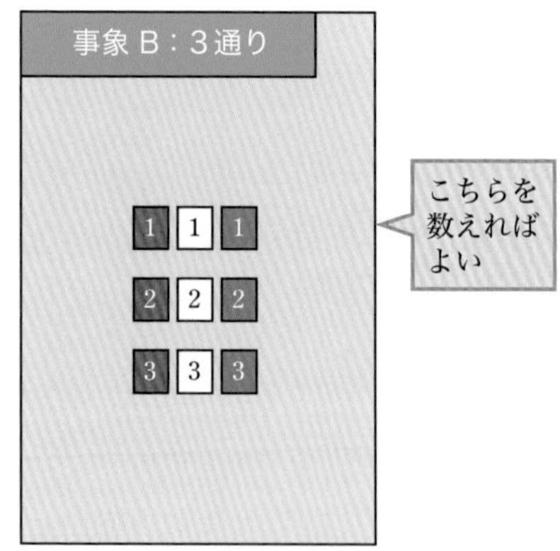

最後に、事象Bとなるパターンの数を求めるアルゴリズムを考えます。赤色・白色・青色のカードに書かれている数をそれぞれa, b, cとするとき、条件1・2より以下の2式が成り立ちます。

- $\max(1, a-(K-1)) \leqq b \leqq \min(N, a+(K-1))$
- $\max(1, a-(K-1)) \leqq c \leqq \min(N, a+(K-1))$

この時点で、aの選択肢をN通り、b, cの選択肢を高々$2K-1$通りに絞り込むことができます。$N=100000, K=5$のとき、探索すべき書き方の数は全部で$100000 \times 9 \times 9 = 8.1 \times 10^6$通りしかありません。したがって、**コード5.4.1**のように、それぞれの書き方が条件3を満たすかどうかを三重ループを用いて調べると、2秒以内に答えを出すことができます。

このように、条件を満たさないパターンの数が少ない場合、余事象を数えたほうが計算が早くなることがあります。テストで満点に近いとき、失点を数えたほうが簡単に得点計算ができるのと同じです。

コード5.4.1　例題1を解くプログラム

```
#include <iostream>
#include <cmath>
#include <algorithm>
using namespace std;
```

次ページ

```
int main() {
    // 入力
    int N, K;
    cin >> N >> K;

    // 事象 B の個数 yojishou を数える → 答えの出力
    long long yojishou = 0;
    for (int a = 1; a <= N; a++) {
        for (int b = max(1, a-(K-1)); b <= min(N, a+(K-1)); b++) {
            for (int c = max(1, a-(K-1)); c <= min(N, a+(K-1)); c++) {
                if (abs(b - c) <= K - 1) yojishou += 1;
            }
        }
    }
    cout << (long long)N * N * N - yojishou << endl;
    return 0;
}
```

5.4.3 包除原理とは

集合Pと集合Qの和集合（➡**2.5.5項**）の要素数は、「各集合の要素数を足し合わせた後、2つの集合の共通部分の大きさを引いた値」と一致すること、すなわち次式が成り立つことを**包除原理**といいます。

$$|P \cup Q| = |P| + |Q| - |P \cap Q|$$

たとえば、1以上30以下の整数の中で3の倍数または5の倍数であるものの個数を求めたいとします。直接計算すると面倒ですが、3の倍数は$3, 6, 9, \ldots, 30$の**10個**、5の倍数は$5, 10, 15, 20, 25, 30$の**6個**、3の倍数かつ5の倍数（15の倍数）は$15, 30$の**2個**なので、求める答えは**10 + 6 − 2 = 14個**となります。この考え方が包除原理です。

包除原理が成り立つ理由は、「単純に和集合の大きさを2つの集合の大きさの和として計算すると、共通部分が2回数えられてしまうので、答えから引き算しなければならない」と考えると分かりやすいです。

なお、包除原理は3つ以上の集合の和集合を求める場合にも拡張することができます。本書では詳しく扱いませんが、節末問題5.4.3、5.4.4で扱います。

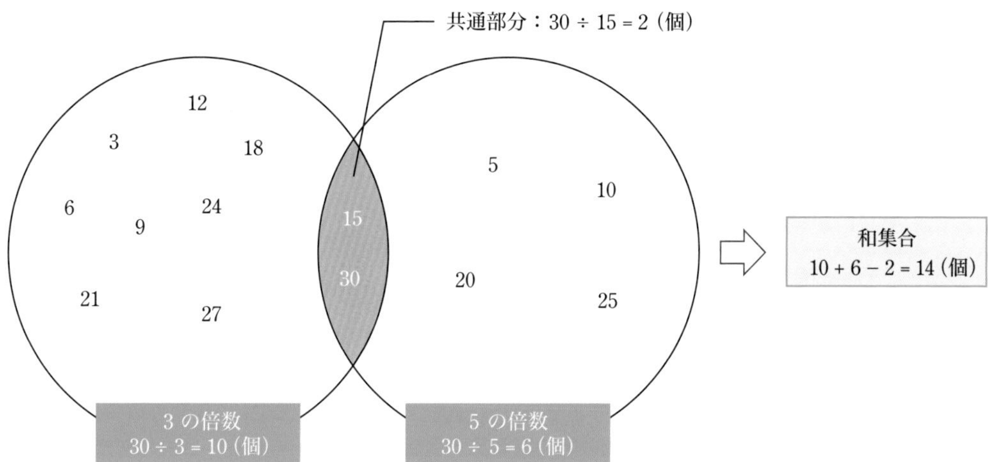

5.4.4 例題2：特殊な百マス計算

包除原理が使える例として、プログラミングを使わない以下の問題を考えてみましょう。

以下の10×10のマス目があります。それぞれのマスについて、同じ行または同じ列にあるマスに書かれた整数の総和を、手計算で求めてください。たとえば上から3行目または左から5列目のマスに書かれた整数は5, 9, 6, 2, 6, 4, 3, 3, 8, 3, 2, 7, 8, 9, 0, 3, 8, 8, 1であるため、3行目・5列目のマスに対する答えは、これらすべてを足した値95です。

3	1	4	1	5	9	2	6	5	3
5	8	9	7	9	3	2	3	8	4
6	2	6	4	3	3	8	3	2	7
9	5	0	2	8	8	4	1	9	7
1	6	9	3	9	9	3	7	5	1
0	5	8	2	0	9	7	4	9	4
4	5	9	2	3	0	7	8	1	6
4	0	6	2	8	6	2	0	8	9
9	8	6	2	8	0	3	4	8	2
5	3	4	2	1	1	7	0	6	7

82	81	96	65	88	78	82	69	95	86
99	93	110	78	103	103	[illegible]	[illegible]	[illegible]	[illegible]
84	85	99	67	95	[illegible]	[illegible]	[illegible]	[illegible]	[illegible]
90	91	114	78	99	93	94	88	105	96
98	90	105	77	98	92	95	82	109	102
94	86	101	73	102	87	86	80	100	94
87	83	97	70	96	93	83	73	105	89
87	88	100	70	91	87	88	81	98	86
87	85	105	75	96	98	92	82	103	98
77	76	93	61	89	83	74	72	91	79

$5+9+6+2+6+4+3+3+8+3$
$+2+7+8+9+0+3+8+8+1=95$

まず、各マスについて直接計算するという方法がありますが、1つのマスに対して19個の数の足し算が必要です。これを100個のマスに対して毎回行うことを考えると、気が遠くなることでしょう。

そこで、包除原理を使うと、求める答えは「同じ行の合計と同じ列の合計の和から、そのマスに書かれた整数を引いた値」であることが分かります。たとえば上から3行目・左から5列目のマスに対する答えを求めるときのイメージ図は以下の通りです。

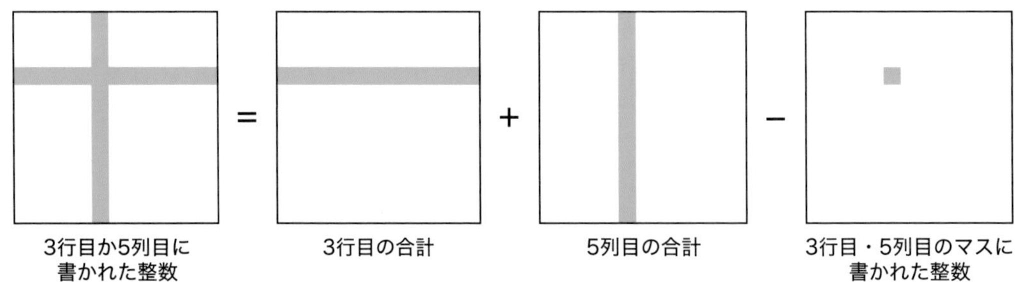

したがって、**各行・各列の合計をあらかじめ計算**しておけば、各マスの答えが簡単に求められます。たとえば、上から3行目・左から5列目のマスに対する答えは、

- 上から3行目の合計：44（すでに計算済み）
- 上から5列目の合計：54（すでに計算済み）
- 上から3行目・左から5列目のマス：3

であるため、答えが$44+54-3=95$だと分かります。最初に紹介した方法では19個の数の足し算が必要でしたが、包除原理を使うと**たった3個の数の足し算・引き算**で答えを求めることができます。

39	3	1	4	1	5	9	2	6	5	3
58	5	8	9	7	9	3	2	3	8	4
44	6	2	6	4	3	3	8	3	2	7
53	9	5	0	2	8	8	4	1	9	7
53	1	6	9	3	9	9	3	7	5	1
48	0	5	8	2	0	9	7	4	9	4
45	4	5	9	2	3	0	7	8	1	6
45	4	0	6	2	8	6	2	0	8	9
50	9	8	6	2	8	0	3	4	8	2
36	5	3	4	2	1	1	7	0	6	7
	46	43	61	27	54	48	45	36	61	50

82	81	96	65	88	78	82	69	95	86
99	93	110	78	103	103				
84	85	99	67	95	89				
90	91	114	78	99	93	94	88	105	96
98	90	105	77	98	92	95	82	109	102
94	86	101	73	102	87	86	80	100	94
87	83	97	70	96	93	83	73	105	89
87	88	100	70	91	87	88	81	98	86
87	85	105	75	96	98	92	82	103	98
77	76	93	61	89	83	74	72	91	79

44 + 54 − 3 = 95
簡単に計算できた！

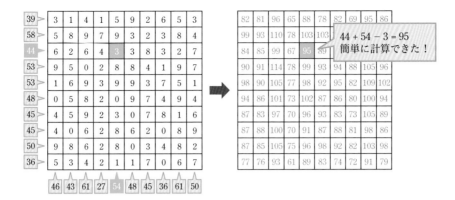

さて、事前の計算を含めた全体の計算回数を考えてみましょう。まず、各行の合計を計算するのに10個の数の足し算を10回行う必要があります。次に、各列の合計を計算するのに10個の数の足し算を10回行う必要があります。最後に、各マスの答えを求めるためには、行の合計と列の合計を足して重複を引く計算を100回行う必要があります。

したがって、n個の数の計算にかかる計算回数をn回とするとき、計算回数の合計は

$$
\begin{aligned}
&10 \times 10 + 10 \times 10 + 3 \times 100 \\
&= 100 + 100 + 300 \\
&= 500
\end{aligned}
$$

回です。これは、直接計算する場合（$19 \times 100 = 1900$回）に比べ格段に速いと言えます。

5.4.5 例題2の計算量を考える

最後に、10 × 10の問題を一般化した、以下の問題を考えてみましょう。

問題ID：067

$H \times W$のマス目があります。上からi行目・左からj列目（$1 \leqq i \leqq H, 1 \leqq j \leqq W$）のマスには整数$A_{i,j}$が書かれています。整数$H, W, A_{1,1}, A_{1,2}, \ldots, A_{H,W}$が与えられるので、各マスに対して、同じ行または同じ列に書かれている整数の総和を求めるプログラムを作成してください。

制約：$2 \leqq H, W \leqq 2000, 1 \leqq A_{i,j} \leqq 99$

実行時間制限：2秒

出典：競プロ典型90問 004 − Cross Sum

まず、直接計算する場合、各マスに対して$H + W - 1$個の数の足し算を行う必要があるため、計算量は$O(HW(H + W))$となります。一方、5.4.4項で述べたように包除原理を使うと、

- 各行の合計の計算：W個の数の足し算をH回
- 各列の合計の計算：H個の数の足し算をW回
- 各マスの答えの計算：3個の数の足し算・引き算をHW回

行う必要があるため、計算回数の合計は$5HW$回、すなわち計算量は$O(HW)$となります。このように、包除原理を使うと、定数倍にとどまらない計算量の改善ができる場合があります。なお、具体的なプロ

グラムの実装は節末問題5.4.2で扱います。

節末問題

問題5.4.1 ★★

1～6の目が等確率で出るサイコロを3つ同時に振ります。どれか1つでも6の目が出る確率を手計算で求めてください。

問題5.4.2 問題ID：067 ★★

5.4.5項の問題（Cross Sum）を解くプログラムを作成してください。

問題5.4.3 ★★★

1以上1000以下の整数の中で3・5・7のいずれかの倍数であるものの個数を求める問題（以下、問題Pとする）について、次の問いに答えてください。

1. 1以上1000以下の整数の中で、3・5・7・15・21・35・105の倍数であるものの個数を順にA_1, $A_2, A_3, A_4, A_5, A_6, A_7$とします。それぞれの値を求めてください。
2. 太郎君は「問題Pの答えは$A_1+A_2+A_3$個である」と答えましたが、これは間違っています。どのような数が複数回数えられているかを指摘してください。
3. 次郎君は「問題Pの答えは$A_1+A_2+A_3-A_4-A_5-A_6$個である」と答えました。たとえば15という数はA_1, A_2で2回分足されていますが、A_4で1回分引かれているため、一見正しく計算できているように思えます。しかし、実は間違っています。どのような数が正しく数えられていないかを指摘してください。
4. 問題Pの答えを$A_1, A_2, A_3, A_4, A_5, A_6, A_7$を使った式で表してください。
5. 問題Pの答えを求めてください。

問題5.4.4 ★★★

4つ以上の数の包除原理について、インターネットなどで調べてみてください。

問題5.4.5 問題ID：068 ★★★★

正の整数$N, K, V_1, V_2, \dots, V_K$が与えられます。1以上$N$以下の整数の中で、$V_1, V_2, \dots, V_K$のいずれかの倍数であるものの個数を求めるプログラムを作成してください。$N \leqq 10^{12}, K \leqq 10, V_i \leqq 50$の制約下で、1秒以内で実行が終わることが望ましいです（ヒント：ビット全探索➡**コラム2**）。

5.5 ギリギリを考える

次に紹介する数学的考察は「境界値を考えるテクニック」です。すべてのパターンを試すと現実的な時間で答えを出せないような問題でも、境界値のみに絞って探索することで計算回数を減らせる場合があります。本節では2つの例題を通して、このようなテクニックを解説します。

5.5.1 例題1：2つの数の積の最大値

最初に紹介する問題は、2つの数の積として考えられる最大値を求めるものです。

問題ID：069

整数a, b, c, dが与えられます。$a \leqq x \leqq b, c \leqq y \leqq d$を満たす整数$x, y$について、$xy$の最大値はいくつですか。

制約：$-10^9 \leqq a \leqq b \leqq 10^9, -10^9 \leqq c \leqq d \leqq 10^9$

実行時間制限：2秒

出典：AtCoder Beginner Contest 178 B – Product Max

一番簡単な方法は、あり得る(x, y)の組み合わせを全探索することです。しかし、全部で$(b - a + 1)(d - c + 1)$通りを調べる必要があります。残念ながら、この問題の制約下では10^{18}通り以上を調べるケースもあり、現実的な解法ではありません。

そこで、どのようなx, yのときにxyが最大となるのか、具体的な例で試してみましょう。たとえば、

- $(a, b, c, d) = (-3, 2, 5, 17)$の場合は$(x, y) = (b, d)$
- $(a, b, c, d) = (-7, -4, 1, 13)$の場合は$(x, y) = (b, c)$

で最大となります。どちらのケースでも、次の図のすみの部分で最大になっています。

		yの値												
		5	6	7	8	9	10	11	12	13	14	15	16	17
xの値	−3	−15	−18	−21	−24	−27	−30	−33	−36	−39	−42	−45	−48	−51
	−2	−10	−12	−14	−16	−18	−20	−22	−24	−26	−28	−30	−32	−34
	−1	−5	−6	−7	−8	−9	−10	−11	−12	−13	−14	−15	−16	−17
	0	0	0	0	0	0	0	0	0	0	0	0	0	0
	1	5	6	7	8	9	10	11	12	13	14	15	16	17
	2	10	12	14	16	18	20	22	24	26	28	30	32	34

最大値

		y の値												
		1	2	3	4	5	6	7	8	9	10	11	12	13
x の値	−7	−7	−14	−21	−28	−35	−42	−49	−56	−63	−70	−77	−84	−91
	−6	−6	−12	−18	−24	−30	−36	−42	−48	−54	−60	−66	−72	−78
	−5	−5	−10	−15	−20	−25	−30	−35	−40	−45	−50	−55	−60	−65
	−4	−4	−8	−12	−16	−20	−24	−28	−32	−36	−40	−44	−48	−52

最大値

実はどのようなケースでも、x, yが境界値のとき、すなわち$(x, y) = (a, c), (a, d), (b, c), (b, d)$のいずれかのときに$xy$が最大になります。なぜなら、$x$と$y$の一方を固定すると一次関数（➡**2.3.5項**）となるため、各行・各列で単調増加または単調減少になるからです。

したがって、求める答えは$\max(ac, ad, bc, bd)$となり、**コード5.5.1**のように実装することができます。境界値のみを探索することで、調べるパターンの数が10^{18}個以上から4個まで減りました。

コード5.5.1　例題1を解くプログラム

```
#include <iostream>
#include <algorithm>
using namespace std;

int main() {
    long long a, b, c, d;
    cin >> a >> b >> c >> d;
    cout << max({a * c, a * d, b * c, b * d}) << endl;
    return 0;
}
```

5.5.2　例題2：K個の点を囲む長方形

次に、少し難易度を上げた問題を紹介します。

問題ID：070

2次元平面上にN個の点があります。i番目の点$(1 \leqq i \leqq N)$は座標(X_i, Y_i)にあります。K個以上の点を囲む長方形について、面積の最小値を求めてください。ただし、長方形の各辺はx軸またはy軸に平行である必要があります。

制約：$2 \leqq K \leqq N \leqq 50, -10^9 \leqq X_i, Y_i \leqq 10^9, X_i \neq X_j, Y_i \neq Y_j\ (i \neq j)$

実行時間制限：2秒

出典：AtCoder Beginner Contest 075 D - Axis-Parallel Rectangle

最初に思いつく方針として、あり得る長方形を全探索することが考えられます。しかし、長方形は無数に存在するため、残念ながら上手くいきません。

そこで、「最適である可能性がある長方形」に絞って調べましょう。重要な性質として、点とぶつからないギリギリまで縮めていない長方形は、絶対に最適ではありません。なぜなら、縮めていくことによって、囲まれている点の数を減らさずとも長方形の面積を削減できるからです。

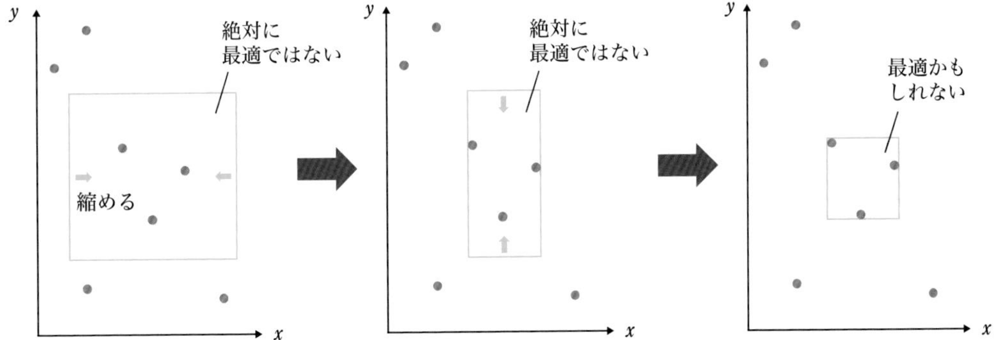

また、ギリギリまで縮めているためには、長方形のすべての辺上に点が1個以上存在する必要があります。つまり、少なくとも以下の条件をすべて満たさなければなりません。

- 長方形左端のx座標：$X_1, X_2, X_3, \dots, X_N$のいずれかと一致
- 長方形右端のx座標：$X_1, X_2, X_3, \dots, X_N$のいずれかと一致
- 長方形下端のy座標：$Y_1, Y_2, Y_3, \dots, Y_N$のいずれかと一致
- 長方形上端のy座標：$Y_1, Y_2, Y_3, \dots, Y_N$のいずれかと一致

このような長方形はN^4通りしかないため、本問題の制約下ではこれらを全探索することができます。囲まれている点の数の計算（関数`check_numpoints`）に計算量$O(N)$かかるため、アルゴリズム全体の計算量は$O(N^5)$です。実装例として**コード5.5.2**が考えられます。

コード5.5.2　例題2を解くプログラム

```
#include <iostream>
#include <algorithm>
using namespace std;

long long N, K, X[59], Y[59];
long long Answer = (1LL << 62); // あり得ない値に設定

int check_numpoints(int lx, int rx, int ly, int ry) {
    int cnt = 0;
    for (int i = 1; i <= N; i++) {
        // 点 (X[i], Y[i]) が長方形に含まれているかどうかを判定する
        if (lx <= X[i] && X[i] <= rx && ly <= Y[i] && Y[i] <= ry) cnt++;
    }
    return cnt;
}

int main() {
    // 入力
    cin >> N >> K;
    for (int i = 1; i <= N; i++) cin >> X[i] >> Y[i];

    // 左端 x、右端 x、下端 y、上端 y を全探索 (それぞれの番号が i, j, k, l)
    for (int i = 1; i <= N; i++) {
        for (int j = 1; j <= N; j++) {
            for (int k = 1; k <= N; k++) {
                for (int l = 1; l <= N; l++) {
```

次ページ

```
                int cl = X[i]; // 左端の x 座標
                int cr = X[j]; // 右端の x 座標
                int dl = Y[k]; // 下端の y 座標
                int dr = Y[l]; // 上端の y 座標
                if (check_numpoints(cl, cr, dl, dr) >= K) {
                    long long area = 1LL * (cr - cl) * (dr - dl);
                    Answer = min(Answer, area);
                }
            }
        }
    }
}

// 答えの出力
cout << Answer << endl;
return 0;
}
```

このように、何も考えずに全探索するとパターン数が無限大になってしまう問題でも、境界値となる場合のみを探索することで、アルゴリズムが改善されることがあります。本節では2つの問題を紹介しましたが、このようなテクニックが使える他の有名問題として、**線形計画問題**（➡節末問題5.5.1）、**最小包含円問題**などがあります。

節末問題

問題5.5.1 ★★

以下の条件式をすべて満たす実数の組(x, y)の中で、$x+y$の最大値を手計算で求めてください（ヒント：関数のグラフを描きましょう）。

- $3x+y \leqq 10$
- $2x+y \leqq 7$
- $3x+4y \leqq 19$
- $x+2y \leqq 9$

なお、このように一次式の条件がいくつか与えられる中で別の一次式の最大値（あるいは最小値）を求める問題は、**線形計画問題**と呼ばれます。

問題5.5.2 問題ID：071 ★★★

正の整数Nと正の整数の組$(a_1, b_1, c_1), (a_2, b_2, c_2), \dots, (a_N, b_N, c_N)$が与えられます。以下の条件式をすべて満たす実数の組(x, y)の中で、$x+y$の最大値を求めるプログラムを作成してください。

- $a_1x+b_1y \leqq c_1$
- $a_2x+b_2y \leqq c_2$

  ⋮
- $a_Nx+b_Ny \leqq c_N$

この問題は$O(N)$時間で解けますが、ここでは$O(N^3)$時間まで許容できるものとします。なお、この問題は節末問題5.5.1の一般化です。

5.6 小問題に分解する

次に紹介する数学的考察は「いくつかの小さい問題に分ける考え方」です。プログラミングで解ける問題の中には、複雑で解法が見えにくいものも少なくありません。しかし、以下のような手順でいくつかの問題に分解してみることで、問題が明快で扱いやすいものに変わる場合があります。

1. 問題をいくつかの解きやすい小問題に分割する
2. 小問題を効率的な計算量で解く
3. 小問題の答えを全部足すなどして合成し、元の問題の答えを求める

本節では2つの例題を通して、このようなテクニックを解説します。

5.6.1 例題1：コンマの数を数える

最初に紹介する問題は、プログラミングを使わない計算問題です。

> 1以上3141592以下の整数を1つずつ黒板に書いたとき、コンマはいくつ現れるかを手計算で求めてください。ただし、コンマは下から3桁ごとに区切るものとします。

下図のように1つずつコンマの数を計算し、すべて足し算する方法が最も単純です。しかし、300万個以上の数を調べるのは、人間の力だけではとても無理があります。

数	コンマ	累計
1	0	0
2	0	0
3	0	0
4	0	0
5	0	0
6	0	0
7	0	0
8	0	0
9	0	0
10	0	0
11	0	0
12	0	0
13	0	0
14	0	0
15	0	0

………

数	コンマ	累計
995	0	0
996	0	0
997	0	0
998	0	0
999	0	0
1,000	1	1
1,001	1	2
1,002	1	3
1,003	1	4
1,004	1	5
1,005	1	6
1,006	1	7
1,007	1	8
1,008	1	9
1,009	1	10

………

数	コンマ	累計
3,141,578	2	5,282,158
3,141,579	2	5,282,160
3,141,580	2	5,282,162
3,141,581	2	5,282,164
3,141,582	2	5,282,166
3,141,583	2	5,282,168
3,141,584	2	5,282,170
3,141,585	2	5,282,172
3,141,586	2	5,282,174
3,141,587	2	5,282,176
3,141,588	2	5,282,178
3,141,589	2	5,282,180
3,141,590	2	5,282,182
3,141,591	2	5,282,184
3,141,592	2	5,282,186

そこで、次のように問題を分解することを考えます。

- 小問題0：コンマが0回書かれる3141592以下の数の中に、コンマはいくつあるか？
- 小問題1：コンマが1回書かれる3141592以下の数の中に、コンマはいくつあるか？
- 小問題2：コンマが2回書かれる3141592以下の数の中に、コンマはいくつあるか？

各小問題は比較的簡単に解くことができます。3141592以下の整数の中で、

- コンマが0個である範囲は1〜999 (999個)
- コンマが1個である範囲は1000〜999999 (999000個)
- コンマが2個である範囲は1000000〜3141592 (2141593個)

であるため、小問題0の答えは$999 \times 0 = 0$、小問題1の答えは$999000 \times 1 = 999000$、小問題2の答えは$2141593 \times 2 = 4283186$です。求める元の問題の答えは「小問題の答えの合計」であるため、$0 + 999000 + 4283186 = 5282186$となります。

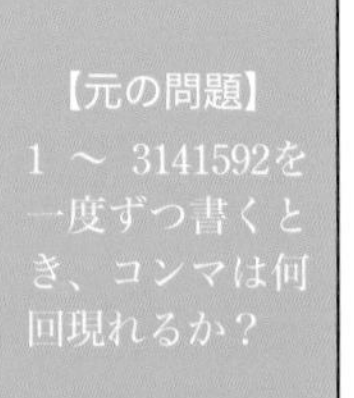

【元の問題】
1 〜 3141592を一度ずつ書くとき、コンマは何回現れるか？

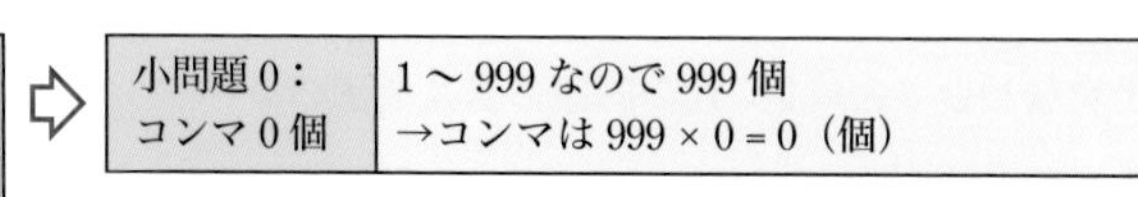

小問題1：コンマ1個	1,000 〜 999,999 なので 999000 個 →コンマは 999000 × 1 = 999000（個）
小問題2：コンマ2個	1,000,000 〜 3,141,592 なので 2141593 個 →コンマは 2141593 × 2 = 4283186（個）

元の問題の答えは
小問題の合計
0 + 999000 + 4283186
= 5282186（個）

5.6.2 例題2：最大公約数の最大値

小問題に分ける考え方は抽象的で難しいので、具体例をもう1つ紹介しましょう。

問題ID：072

A以上B以下の中から相異なる2つの整数x, yを選びます。xとyの最大公約数（➡2.5.2項）として考えられる最大の値を求めてください。たとえば$(A, B) = (9, 15)$の場合の答えは5です（$x = 10, y = 15$を選ぶのが最適です）。

制約：$1 \leqq A < B \leqq 200000$

実行時間制限：2秒

出典：第二回日本最強プログラマー学生選手権C – Max GCD 2

まず、直接x, yを全探索する方法がありますが、ユークリッドの互除法（➡3.2節）を使って最大公約数を求めても、計算量が$O((B-A)^2 \log B)$となり遅いです。

そこで、答えが必ずB以下であることを使って、以下のような小問題に分解することを考えます。

- 小問題1：x, yが両方1の倍数になるように選べるか？
- 小問題2：x, yが両方2の倍数になるように選べるか？
- 小問題3：x, yが両方3の倍数になるように選べるか？
  ⋮
- 小問題B：x, yが両方Bの倍数になるように選べるか？

このとき、Yesとなった最大の小問題番号が、求める最大公約数の最大値です。次ページの図は$A = 9$, $B = 15$の場合の例ですが、小問題1・2・3・5ではYes、小問題4・6・7・8・9・10・11・12・13・14・15ではNoであるため、答えは5だと分かります。

【元の問題】
難しそうな
見た目をしている

小問題 1：x, y 両方 1 の倍数	Yes：$(x, y) = (11, 13)$
小問題 2：x, y 両方 2 の倍数	Yes：$(x, y) = (10, 14)$
小問題 3：x, y 両方 3 の倍数	Yes：$(x, y) = (12, 15)$
小問題 4：x, y 両方 4 の倍数	No
小問題 5：x, y 両方 5 の倍数	Yes：$(x, y) = (10, 15)$
小問題 6：x, y 両方 6 の倍数	No
小問題 7：x, y 両方 7 の倍数	No
小問題 8：x, y 両方 8 の倍数	No
小問題 9：x, y 両方 9 の倍数	No
小問題 10：x, y 両方 10 の倍数	No
小問題 11：x, y 両方 11 の倍数	No
小問題 12：x, y 両方 12 の倍数	No
小問題 13：x, y 両方 13 の倍数	No
小問題 14：x, y 両方 14 の倍数	No
小問題 15：x, y 両方 15 の倍数	No

答えは
Yesとなった
最大の番号 5

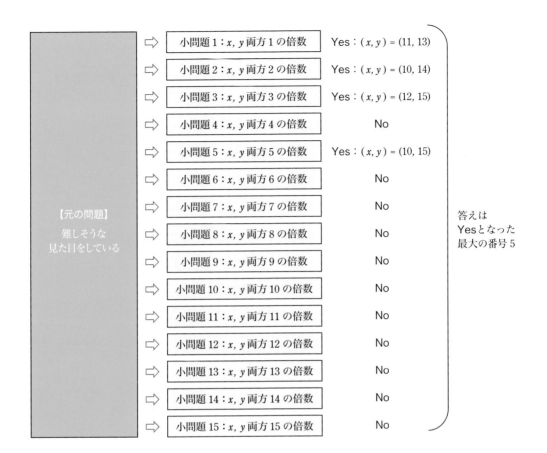

次に、小問題を解きやすい形に言い換えてみましょう。A以上B以下のtの倍数が0個または1個の場合、明らかに小問題の答えはNoです。逆に2個以上ある場合、tの倍数の中から2つを選んでそれぞれx, yに割り当てることで、x, y両方をtの倍数にすることができます。

たとえば$(A, B, t) = (9, 15, 5)$の場合、9以上15以下の整数の中で5の倍数であるものは10, 15の2個であり、下図に示すように$x = 10$, $y = 15$とすれば、両方5の倍数にできます。

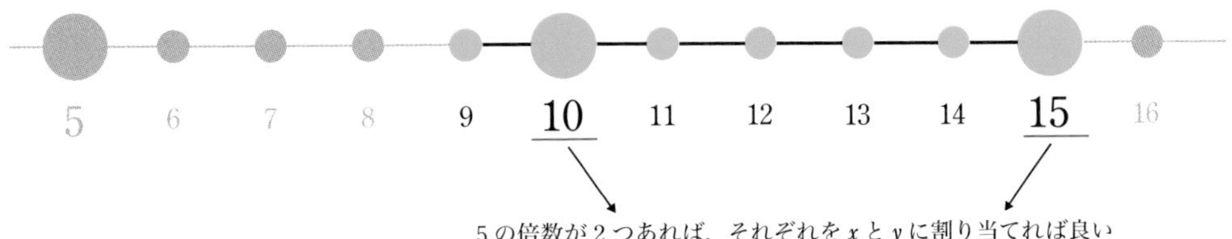

ですから、各小問題は以下のように言い換えることができます[注5.6.1]。

- **小問題1**：$\lfloor B/1 \rfloor - \lceil A/1 \rceil \geqq 1$ですか？
- **小問題2**：$\lfloor B/2 \rfloor - \lceil A/2 \rceil \geqq 1$ですか？
- **小問題3**：$\lfloor B/3 \rfloor - \lceil A/3 \rceil \geqq 1$ですか？

注5.6.1　B以下で最大のtの倍数は$\lfloor B/t \rfloor \times t$、$A$以上で最小の$t$の倍数は$\lceil A/t \rceil \times t$です。このことから、「$A$以上$B$以下の$t$の倍数が2個以上ある」という条件が$\lfloor B/t \rfloor - \lceil A/t \rceil \geqq 1$と言い換えられます。

⋮

- 小問題B：$\lfloor B/B \rfloor - \lceil A/B \rceil \geqq 1$ですか？

したがって、**コード5.6.1**のように実装すると、計算量$O(B)$でこの問題を解くことができます。

コード5.6.1　例題2を解くプログラム

```
#include <iostream>
using namespace std;

int A, B, Answer = 0;

// 小問題 t を解く関数
bool shou_mondai(int t) {
    int cl = (A + t - 1) / t; // A÷t の小数点以下切り上げ
    int cr = B / t; // B÷t の小数点以下切り捨て
    if (cr - cl >= 1) return true;
    return false;
}

int main() {
    cin >> A >> B;
    for (int i = 1; i <= B; i++) {
        if (shou_mondai(i) == true) Answer = i;
    }
    cout << Answer << endl;
    return 0;
}
```

節末問題

問題5.6.1 ★★

50・100・500円玉を使って1000円を支払う方法について、次の問いに答えてください。

1. 500円玉を2枚使って支払う方法は何通りですか。
2. 500円玉を1枚使って支払う方法は何通りですか。
3. 500円玉を0枚使って支払う方法は何通りですか。
4. 全体の支払い方は何通りですか。

なお、この問題は硬貨の種類が多くなっても、本節で扱った「小問題に分解するテクニック」を利用した、動的計画法（➡**3.7節**）で解くことができます。

問題5.6.2 問題ID：073 ★★★★

小さい順に整列されているN個の正の整数$A_1, A_2, \ldots, A_N$から1個以上を選ぶ方法は$2^N - 1$通りあります。これらについて「選んだ整数の最大値」の総和を計算量$O(N)$で求めるプログラムを作成してください。答えは非常に大きくなる可能性があるため、1000000007で割った余りを出力してください。

たとえば$N = 2, A_1 = 3, A_2 = 5$の場合は$\{3\}, \{5\}, \{3, 5\}$の3通りの選び方があるため、求める答えは$3 + 5 + 5 = 13$です。

5.7 足された回数を考える

次に紹介する数学的考察は「足された回数を考えるテクニック」です。この手法は汎用性が高く、小学校算数の教科書に掲載されている足し算ピラミッドなど、広範囲に応用することができます。しかし、これまで触れたことのない場合、抽象的な考え方を難しく感じるかもしれません。本節では易しい問題と難しい問題をセットにして、段階的に学べるように5つの例題を用意しました。これらの例題を通して、このテクニックに慣れていきましょう。

5.7.1 導入：テクニックの紹介

総和や期待値を計算する際に、直接計算するのではなく、「各パーツが何回足されたか」あるいは「各パーツがどれだけ答えに影響するのか」を考えると、計算が早く終わる場合があります。たとえば次のケースを考えてみましょう。

以下の5つの値をすべて足した値を求めてください。

- 値1：1 + 10 + 100
- 値2：1 + 100
- 値3：1 + 10
- 値4：10 + 100
- 値5：1

この問題は、次のようにして単純に計算すると答えを出せますが、計算が少し面倒です。

$$
\begin{aligned}
&(1 + 10 + 100) + (1 + 100) + (1 + 10) + (10 + 100) + 1\\
&= 111 + 101 + 11 + 110 + 1\\
&= 334
\end{aligned}
$$

そこで「1は4回足された」「10は3回足された」「100は3回足された」ことを利用すると、

$$
\begin{aligned}
&(1 \times 4) + (10 \times 3) + (100 \times 3)\\
&= 4 + 30 + 300\\
&= 334
\end{aligned}
$$

と簡単に答えを計算することができます。イメージが湧かない人は、次ページの図のように**横で見るものを縦で見る**と良いでしょう。単純な方法では行の総和を計算していますが、改良した方法では列の総和を計算しています[注5.7.1]。

注5.7.1　なお、このようなテクニックは競技プログラミングでは**主客転倒**と呼ばれています。

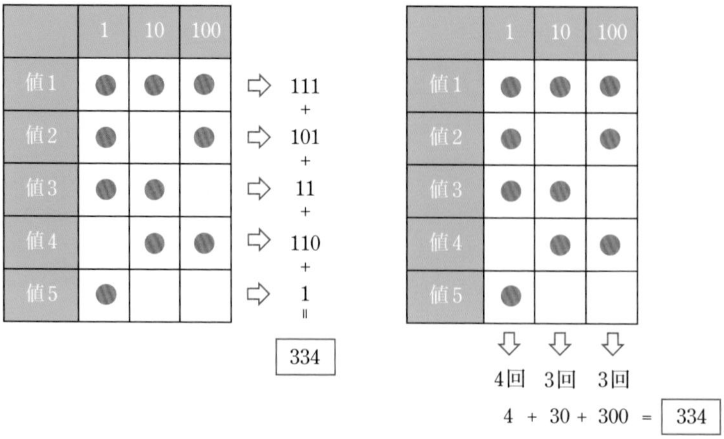

	1	10	100		
値1	●	●	●	⇨	111 +
値2	●		●	⇨	101 +
値3	●	●		⇨	11 +
値4		●	●	⇨	110 +
値5	●			⇨	1 =
					334

	1	10	100
値1	●	●	●
値2	●		●
値3	●	●	
値4		●	●
値5	●		
	⇩	⇩	⇩
	4回	3回	3回

4 + 30 + 300 = 334

5.7.2 例題1：差の合計を求める（Easy）

足された回数を考えるテクニックに慣れていただくため、ここから5.7.6項までは具体例をいくつか紹介します。最初の問題は、一見簡単に思える計算問題です。

$N = 10$のときの次式の値を、手計算で求めてください。

$$\sum_{i=1}^{N}\sum_{j=i+1}^{N}(j-i)$$

この問題は、シグマ記号（➡2.5.9項）を展開して直接計算すると解けます。しかし、全部で${}_{10}C_2 = 45$回の引き算を行う必要があり、プログラミングを使わなければ面倒です。

式	累計
2 − 1 = 1	1
3 − 1 = 2	3
4 − 1 = 3	6
5 − 1 = 4	10
6 − 1 = 5	15
7 − 1 = 6	21
8 − 1 = 7	28
9 − 1 = 8	36
10 − 1 = 9	45
3 − 2 = 1	46
4 − 2 = 2	48
5 − 2 = 3	51
6 − 2 = 4	55
7 − 2 = 5	60
8 − 2 = 6	66

式	累計
9 − 2 = 7	73
10 − 2 = 8	81
4 − 3 = 1	82
5 − 3 = 2	84
6 − 3 = 3	87
7 − 3 = 4	91
8 − 3 = 5	96
9 − 3 = 6	102
10 − 3 = 7	109
5 − 4 = 1	110
6 − 4 = 2	112
7 − 4 = 3	115
8 − 4 = 4	119
9 − 4 = 5	124
10 − 4 = 6	130

式	累計
6 − 5 = 1	131
7 − 5 = 2	133
8 − 5 = 3	136
9 − 5 = 4	140
10 − 5 = 5	145
7 − 6 = 1	146
8 − 6 = 2	148
9 − 6 = 3	151
10 − 6 = 4	155
8 − 7 = 1	156
9 − 7 = 2	158
10 − 7 = 3	161
9 − 8 = 1	162
10 − 8 = 2	164
10 − 9 = 1	165 ← 答え

そこで、以下のように問題を複数のパーツに分解し、何が何回足されたかを考えてみましょう。

- パーツ1：1は何回足されたか？
- パーツ2：2は何回足されたか？
- パーツ3：3は何回足されたか？

  ⋮
- パーツ10：10は何回足されたか？

下図に示すように、パーツ1は−9回、パーツ2は−7回、パーツ3は−5回、...、パーツ10は9回足されていることが分かります。なお、引き算は−1回の足し算として考えています。

1		2−1	3−1	4−1	5−1	6−1	7−1	8−1	9−1	10−1	▷ −9 回足された
2	2−1		3−2	4−2	5−2	6−2	7−2	8−2	9−2	10−2	▷ −7 回足された
3	3−1	3−2		4−3	5−3	6−3	7−3	8−3	9−3	10−3	▷ −5 回足された
4	4−1	4−2	4−3		5−4	6−4	7−4	8−4	9−4	10−4	▷ −3 回足された
5	5−1	5−2	5−3	5−4		6−5	7−5	8−5	9−5	10−5	▷ −1 回足された
6	6−1	6−2	6−3	6−4	6−5		7−6	8−6	9−6	10−6	▷ +1 回足された
7	7−1	7−2	7−3	7−4	7−5	7−6		8−7	9−7	10−7	▷ +3 回足された
8	8−1	8−2	8−3	8−4	8−5	8−6	8−7		9−8	10−8	▷ +5 回足された
9	9−1	9−2	9−3	9−4	9−5	9−6	9−7	9−8		10−9	▷ +7 回足された
10	10−1	10−2	10−3	10−4	10−5	10−6	10−7	10−8	10−9		▷ +9 回足された

次に、答えを求めてみましょう。答えは**（その数）×（何回足されたか）の総和**なので、以下のようにして計算することができます。

$$
\begin{aligned}
&(1 \times (-9)) + (2 \times (-7)) + (3 \times (-5)) + (4 \times (-3)) + (5 \times (-1)) \\
&+ (6 \times 1) + (7 \times 3) + (8 \times 5) + (9 \times 7) + (10 \times 9) \\
&=(-9) + (-14) + (-15) + (-12) + (-5) + 6 + 21 + 40 + 63 + 90 \\
&=165
\end{aligned}
$$

また、Nが100まで増えたとき、計算回数の差はさらに広がります。直接計算すると${}_{100}C_2 = 4950$回の引き算を行う必要がありますが、足された回数を考えて計算すると、足し算・掛け算合わせて200回程度の計算しか行いません[注5.7.2]。

注5.7.2　この問題の答えは整数Nを用いて$(N^3 - N) / 6$と表すことができるため、この式に$N = 10$や$N = 100$を代入すると、たった数回の計算で問題を解くことができます。しかし、このような方法は一般化した例題2では通用しません。

5.7.3 例題2：差の合計を求める(Hard)

次に、例題1を一般化した以下の問題を考えましょう。

問題ID：074

N個の整数$A_1, A_2, \ldots, A_N$が与えられます。ここで、$A_1 < A_2 < \cdots < A_N$を満たします。以下の式の値を計算してください。

$$\sum_{i=1}^{N}\sum_{j=i+1}^{N}(A_j - A_i)$$

制約：$2 \leqq N \leqq 200000,\ 1 \leqq A_i \leqq 10^6$

実行時間制限：2秒

この問題もシグマ記号を展開して直接計算する方法が考えられますが、計算量が$O(N^2)$となってしまいます。残念ながら、$N = 200000$のケースでは2秒以内で答えを出すことはできません。

そこで、例題1と同じようにそれぞれの値が何回足されたかを考えてみましょう。次表の通りになります。

値	A_1	A_2	A_3	…	A_i	…	A_N
足し算によって足される回数	0	1	2	…	$i-1$	…	$N-1$
引き算によって足される回数	$-N+1$	$-N+2$	$-N+3$	…	$-N+i$	…	0
全体で足される回数	$-N+1$	$-N+3$	$-N+5$	…	$-N+2i-1$	…	$N-1$

求める答えAnswerは**(その数)×(何回足されたか)の総和**なので、次式で表されます。

$$\text{Answer} = \sum_{i=1}^{N} A_i(-N + 2i - 1)$$

この式は計算量$O(N)$で計算することができ、直接計算した場合より効率的です。なお、別解として、累積和(➡**4.2節**)を使って計算量$O(N)$で解くこともできます。

コード5.7.1　例題2を解くプログラム

```
#include <iostream>
using namespace std;

long long N, A[200009], Answer = 0;

int main() {
    // 入力
    cin >> N;
    for (int i = 1; i <= N; i++) cin >> A[i];

    // 答えを求める → 答えの出力
    for (int i = 1; i <= N; i++) Answer += A[i] * (-N + 2LL * i - 1LL);
    cout << Answer << endl;
    return 0;
}
```

5.7.4 例題3：足し算ピラミッド（Easy）

次に紹介する問題は、「足し算ピラミッド」という有名な問題です。

下図に示すような5段のピラミッドがあります。最下段には整数20, 22, 25, 43, 50が書かれています。「隣り合った2つの数を足した答えを上の段に書く」という操作を繰り返したときに一番上に書かれる整数を、手計算で求めてください。

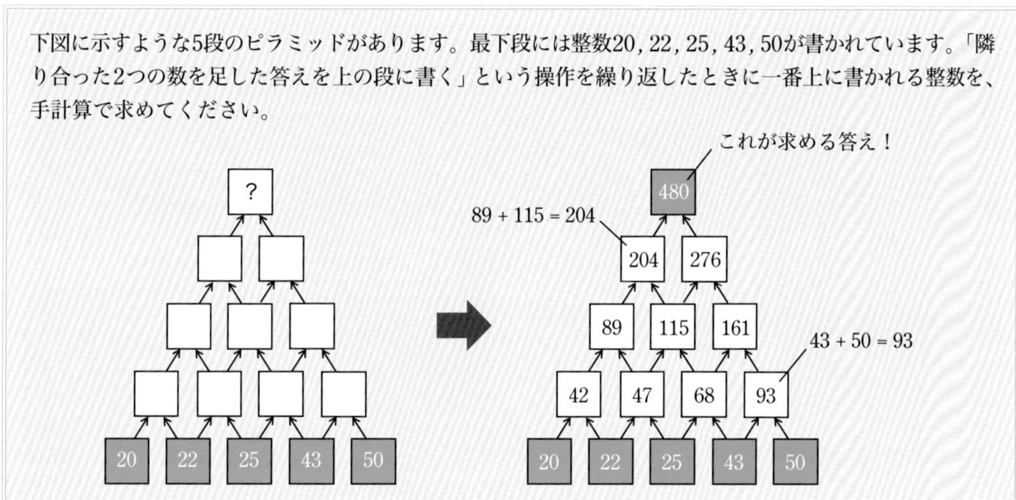

これは上図のように直接計算しても解けるのですが、足し算を10回も行う必要があり面倒です。そこで、以下のように問題を複数のパーツに分解し、何が何回足されたかを考えてみましょう。

- パーツ1：左から1番目の数（ここでは20）が何回足されたか？
- パーツ2：左から2番目の数（ここでは22）が何回足されたか？
- パーツ3：左から3番目の数（ここでは25）が何回足されたか？
- パーツ4：左から4番目の数（ここでは43）が何回足されたか？
- パーツ5：左から5番目の数（ここでは50）が何回足されたか？

次ページの図に示すように、一番下の数をa, b, c, d, eという文字で置いたうえで、足し算の形で表した式を書いていきます。そうすると最上段が$a + 4b + 6c + 4d + e$となるため、それぞれ1, 4, 6, 4, 1回足されることが分かります。

したがって、一番上に書かれる整数は以下のようにして計算することが可能です。

$$(20 \times 1) + (22 \times 4) + (25 \times 6) + (43 \times 4) + (50 \times 1)$$
$$= 20 + 88 + 150 + 172 + 50$$
$$= 480$$

2段目・3段目などの途中の値を計算せずとも、楽に答えを求めることができました。なお、この方法は最下段が20, 22, 25, 43, 50の場合に限らず、どんなケースでも通用します。

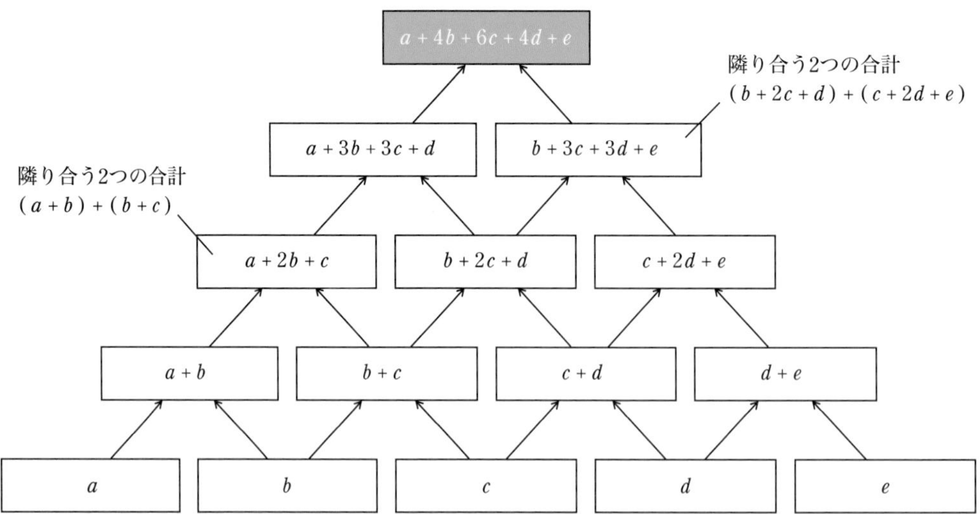

次に、足された回数が1, 4, 6, 4, 1となっている別の理由を考えましょう。実は、**あるマスの数が足された回数は「矢印を通ってこのマスから一番上に行く経路の数」と一致します。**たとえば最下段の左から2番目のマスから一番上に行く経路は「左→右→右→右」「右→左→右→右」「右→右→左→右」「右→右→右→左」の4通りであり、左から2番目の数は4回足されています[注5.7.3]。

また、最下段の左からi番目のマスから一番上まで行くには、4回の移動の中で左を$i-1$回選ばなければならないので、あり得る経路の数は${}_4C_{i-1}$通りであり、すなわち

- 左から1番目の数が足された回数：${}_4C_0=1$回
- 左から2番目の数が足された回数：${}_4C_1=4$回
- 左から3番目の数が足された回数：${}_4C_2=6$回
- 左から4番目の数が足された回数：${}_4C_3=4$回
- 左から5番目の数が足された回数：${}_4C_4=1$回

であると分かります。この考え方は、次項で紹介する「一般の足し算ピラミッド」で使います。

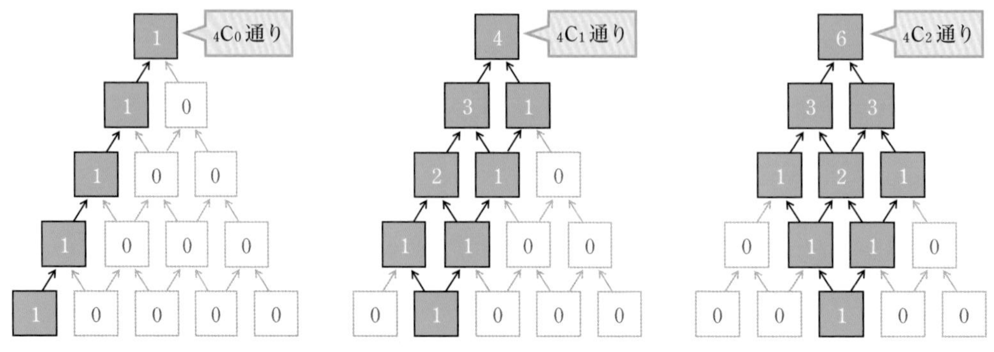

注5.7.3　これは動的計画法の考え方から導出できます。分からない人は、節末問題3.7.2／節末問題3.7.3に戻って確認しましょう。

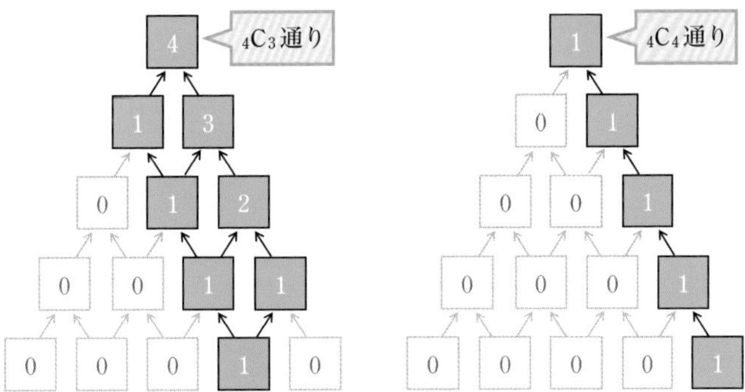

5.7.5 例題4：足し算ピラミッド（Hard）

次は例題3を一般化した問題をプログラミングで解いてみましょう。やや難しいです。

問題ID：075

N段のピラミッドがあり、最下段には左から順に整数$A_1, A_2, \ldots, A_N$が書かれています。「隣り合った2つの数を足した答えを上の段に書く」という操作を繰り返したときに一番上に書かれる整数はいくつですか。答えを1000000007で割った余りを求めてください。

制約：$2 \leqq N \leqq 200000, 1 \leqq A_i \leqq 10^9$

実行時間制限：2秒

直接計算すると計算量が$O(N^2)$となり効率が悪いので、「どのマスの数が何回足されたか」を考えてみましょう。左からi番目の数は${}_{N-1}C_{i-1}$回足されるため、求める答えAnswerは次式で表されます。

$$\text{Answer} = \sum_{i=1}^{N} (A_i \times {}_{N-1}C_{i-1})$$

ここまで理解できればほとんど正解です。二項係数${}_nC_r$の値はモジュラ逆数を使って計算することができるので（➡**4.6.8項**）、**コード5.7.2**のような実装をすると、$P = 1000000007$として計算量$O(N \log P)$で正しい答えを求めることができます。なお、二項係数の値を1000000007で割った余りを返す関数`ncr(n, r)`は紙面の都合上省略しています。詳しい実装は**コード4.6.6**をご覧ください。

このように、何が何回足されたかを考えることで、途中の値をいちいち計算しなくても、答えが求められる場合があります。

コード5.7.2　例題4を解くプログラム

```
#include <iostream>
using namespace std;

const long long mod = 1000000007;
long long N, A[200009], Answer = 0;

int main() {
    // 入力
    cin >> N;
    for (int i = 1; i <= N; i++) cin >> A[i];

    // 答えを求める → 答えの出力
```

次ページ

```
    // 関数 ncr(n, r) [nCr mod 1000000007 を返す関数] は省略 (コード 4.6.6 参照)
    for (int i = 1; i <= N; i++) {
        Answer += A[i] * ncr(N-1, i-1);
        Answer %= mod;
    }
    cout << Answer << endl;
    return 0;
}
```

5.7.6 例題5：賞金の期待値を求める

これまでは合計を求める問題のみを扱ってきましたが、足された回数を考えるテクニックは、期待値（➡3.4節）にも応用することができます。以下の問題を手計算で解いてみましょう。

太郎君は50%の確率で表が出るコインを7回続けて投げる賭けに参加します。この賭けでは、表が3回連続で出るごとに1万円もらえます。たとえば「表→表→表→表→裏→表→表」という順番で出た場合、1〜3回目・2〜4回目がすべて表なので、もらえる賞金は2万円です。彼がもらえる賞金の期待値を求めてください。

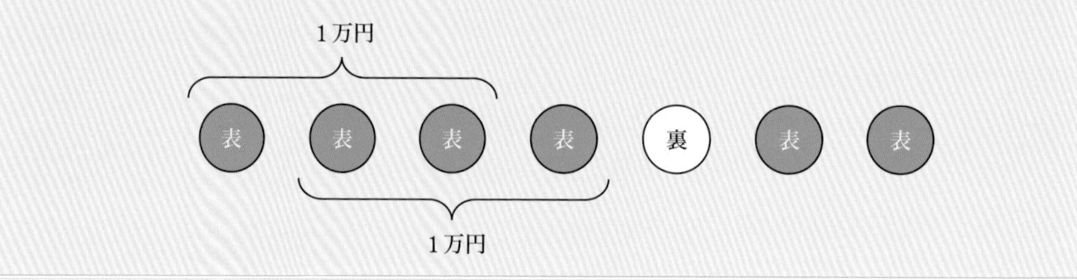

コインの表裏を全探索すると$2^7 = 128$通りを調べる必要があり大変なので、もらえる賞金の期待値を複数のパーツに分解してみましょう。

- パーツ1：1・2・3回目の出方により、平均何回（1万円が）足されるか？
- パーツ2：2・3・4回目の出方により、平均何回（1万円が）足されるか？
- パーツ3：3・4・5回目の出方により、平均何回（1万円が）足されるか？
- パーツ4：4・5・6回目の出方により、平均何回（1万円が）足されるか？
- パーツ5：5・6・7回目の出方により、平均何回（1万円が）足されるか？

そこで、3回連続で表が出る確率は$0.5 \times 0.5 \times 0.5 = 0.125$なので、すべてのパーツについて、

1万円が足される確率：0.125
1万円が足されない確率：0.875

となり、足される回数の期待値は0.125回であることが分かります。したがって、求める答えは

$$(10000 \times 0.125) + (10000 \times 0.125) + \cdots + (10000 \times 0.125)$$
$$= 1250 + 1250 + 1250 + 1250 + 1250$$
$$= 6250$$

となります。全探索と比べると、計算が圧倒的に楽です。

最後に、「期待値問題でも足される回数を考えて本当に良いのだろうか」という疑問を持っている人もいるかもしれませんが、期待値の線形性（➡3.4.3項）がどのような条件でも成り立つため、このテクニックを使うことができます。

節末問題

問題5.7.1 ★

2021 + 2021 + 1234 + 2021 + 1234 + 1234 + 1234 + 2021 + 1234を計算してください。

問題5.7.2 ★★

サイコロをいくつか投げたときの「美しさ」を、2つの異なるサイコロの組のうち同じ目が出ているものの数で定義します。たとえばサイコロの出目が[1, 5, 1, 6, 6, 1]のとき、1番目と3番目、1番目と6番目、3番目と6番目、4番目と5番目の4つの組が同じ目であるため、美しさは4です。1〜6の目が等確率で出るサイコロを4つ振ったときの美しさの期待値を手計算で求めてください。

問題 5.7.3 問題ID：076 ★★★

N個の正の整数$A_1, A_2, A_3, \ldots, A_N$が与えられます。以下の値を計算量$O(N \log N)$で求めるプログラムを作成してください（ヒント：配列のソート➡3.6節）。（出典：AtCoder Beginner Contest 186 D – Sum of difference）

$$\sum_{i=1}^{N} \sum_{j=i+1}^{N} |A_i - A_j|$$

問題5.7.4 問題ID：077 ★★★★

2次元座標上にN個の点があります。i番目の点の座標は(X_i, Y_i)です。dist (i, j)をi番目の点とj番目の点の間のマンハッタン距離とするとき、次式の値を求めるプログラムを作成してください。ただし、座標(x_1, y_1)と座標(x_2, y_2)の間のマンハッタン距離は$|x_1 - x_2| + |y_1 - y_2|$で定義されます。

$$\sum_{i=1}^{N} \sum_{j=i+1}^{N} \mathrm{dist}(i, j)$$

5.8 上界を考える

一般に、考えられる解の中で最適なものを求める問題を最適化問題といいます。この種の問題では、どれくらい最適に近いかを表す指標を評価値とするとき、評価値の上界、すなわち「絶対にある値を超える評価値になり得ないこと」を考えるテクニックが利用できる場合があります。

たとえば自分が思いついた解法が最適だと思っても確信が持てないとき、上界の見積もりによって最適性を証明できることがあります。また、解法が分からなくても、「実は求めた上界がそのまま答えなのではないか」といったように、解法のヒントになることも少なくありません。本節では例題を通して、このテクニックに慣れていきましょう。

5.8.1 例題1：おもりの重さ

まずは次の問題を考えてみましょう。本節では最適性の証明に重点を置いているため、他の節に比べてプログラミングを使わない問題が多くなっています。

A・B・C・Dの4つのおもりがあり、以下の条件を満たしています。

- おもりAとおもりBのうち、重いほうは6kg以下である
- おもりBとおもりCのうち、重いほうは3kg以下である
- おもりCとおもりDのうち、重いほうは4kg以下である

4つのおもりの合計重量として考えられる最大値を求めてください。

さっそくですが答えから記しましょう。おもりA・B・C・Dの重さがそれぞれ6kg、3kg、3kg、4kgである場合、合計重量が最大値16kgとなります。それでは、なぜ17kg以上にはなり得ないといえるのでしょうか。これは以下のように上界を見積もることによって、証明することができます。

- 1つ目の条件は「おもりA・B両方が6kg以下」と言い換えられる
- 2つ目の条件は「おもりB・C両方が3kg以下」と言い換えられる
- 3つ目の条件は「おもりC・D両方が4kg以下」と言い換えられる
- これらの条件を満たすためには、おもりA・B・C・Dは順に6kg、3kg、3kg、4kg以下でなければならない。したがって最大でも$6+3+3+4=16$ (kg) にしかなり得ない。

なお、最適解が自力で思いつかなかった場合も、たとえば「すべてのおもりで上限値を当てはめると全条件を満たすので、これが最適だ」といったように、上界をヒントに使うこともできます。

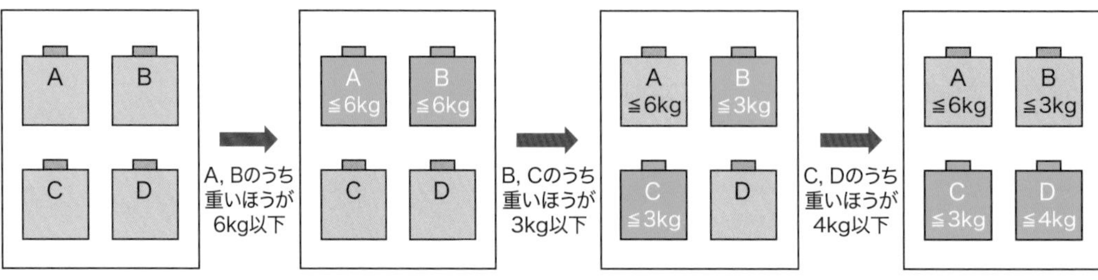

5.8.2 例題2：年齢の最大値(Easy)

次に、やや本格的な問題の例として、以下の問題を考えてみましょう。

> ALGO家は6人家族であり、各人には1から6までの番号が付けられています。あなたは人1の年齢が0歳であり、その他の人の年齢も0以上120以下の整数であることを知っています。また、以下の7つの条件を満たすことが分かっています。
>
> - 人1と人2の年齢は0歳差または1歳差である
> - 人1と人3の年齢は0歳差または1歳差である
> - 人2と人4の年齢は0歳差または1歳差である
> - 人2と人5の年齢は0歳差または1歳差である
> - 人3と人4の年齢は0歳差または1歳差である
> - 人4と人6の年齢は0歳差または1歳差である
> - 人5と人6の年齢は0歳差または1歳差である
>
> 人1,2,3,4,5,6の年齢として考えられる最大値を求めてください。

まず、家族の年齢の組み合わせを全探索する方法があります。しかし、何も工夫を行わなければ、$121^5 = 25937424601$通りを調べる必要があります。手計算どころか、プログラミングを使ってもなお厳しいです。

そこで、年齢差の関係をグラフ(➡4.5節)で表すことを考えます。一般に、2つのモノの関係を扱う問題では、グラフを用いて表現すると解法が見えやすくなる場合があります。

条件

- 人1と人2の年齢差は1歳以下
- 人1と人3の年齢差は1歳以下
- 人2と人4の年齢差は1歳以下
- 人2と人5の年齢差は1歳以下
- 人3と人4の年齢差は1歳以下
- 人4と人6の年齢差は1歳以下
- 人5と人6の年齢差は1歳以下

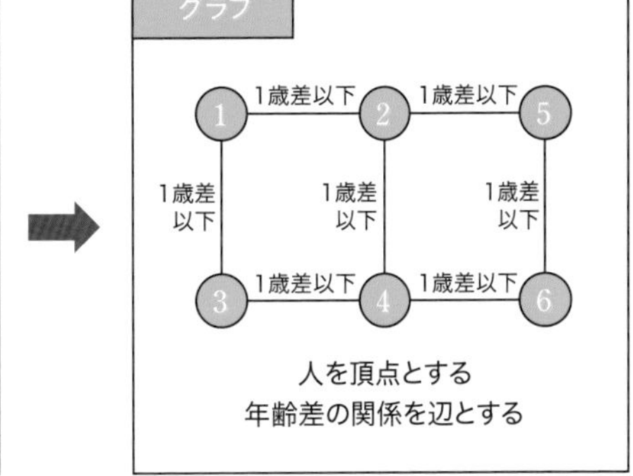

さて、分かるところから順番に考えていくと、以下のようになります。

1. 問題文の条件より、人1は0歳
2. 「0歳以下」であることが分かっている者は人1のみ
    - 人1と人2の年齢差は1以下なので、人2は$0+1=1$歳以下
    - 人1と人3の年齢差は1以下なので、人3は$0+1=1$歳以下
3. 「1歳以下」であることが分かっている者は人2・人3
    - 人3と人4の年齢差は1以下なので、人4は$1+1=2$歳以下
    - 人2と人5の年齢差は1以下なので、人5は$1+1=2$歳以下

4.「2歳以下」であることが分かっている者は人4・人5
    • 人4と人6の年齢差は1以下なので、**人6は2 + 1 = 3歳以下**
5. あり得る上限値（上界）は、人1から順に[0, 1, 1, 2, 2, 3]歳である。一方、この組み合わせは問題文の条件をすべて満たすため、答えは[0, 1, 1, 2, 2, 3]歳

下図は一連の過程をまとめたものです。0歳以下の隣に1歳以下、1歳以下の隣に2歳以下、2歳以下の隣に3歳以下、と書かれています。ここで重要な点は、1以上N以下のすべての整数iについて、**人iの年齢が頂点1から頂点iまでの最短経路長（⇒4.5.4項）と一致している**ということです。

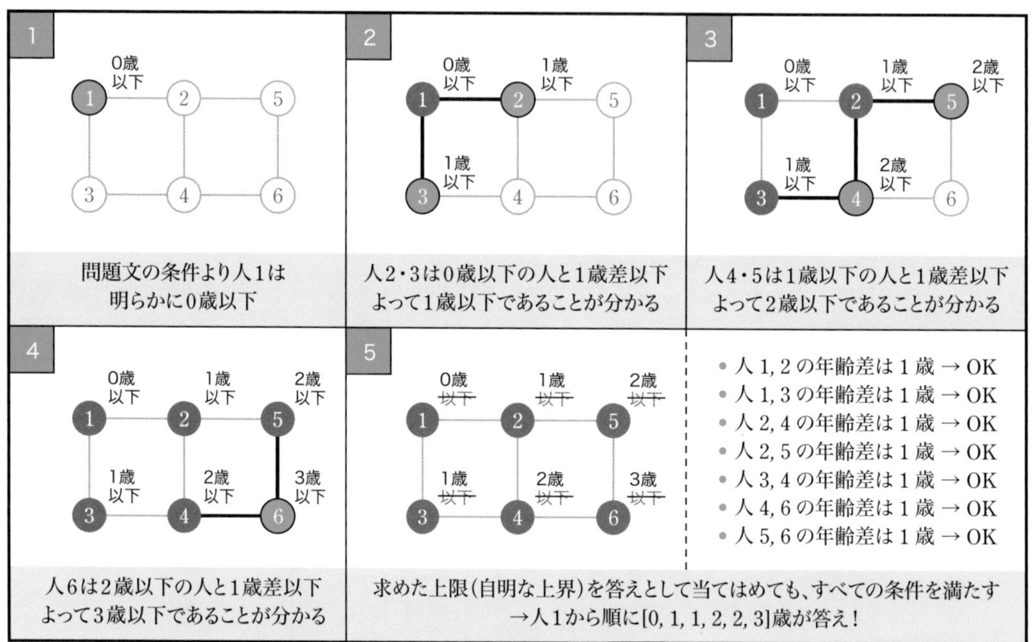

5.8.3 例題3：年齢の最大値(Hard)

次に、例題2を一般化した以下の問題をプログラミングで解いてみましょう。

問題ID：078

ALGO家はN人家族であり、各人には1からNまでの番号が付けられています。あなたは人1の年齢が0歳であり、その他の人の年齢も0以上120以下の整数であることを知っています。また、以下のM個の条件を満たすことが分かっています。

- 人A_1と人B_1の年齢は0歳差または1歳差である
- 人A_2と人B_2の年齢は0歳差または1歳差である
- ⋮
- 人A_Mと人B_Mの年齢は0歳差または1歳差である

人$1, 2, 3, \ldots, N$の年齢として考えられる最大値を求めてください。なお、次のケースでは例題2とまったく同一の問題になります。

- $N=6, M=7$
- $(A_i, B_i) = (1, 2), (1, 3), (2, 4), (2, 5), (3, 4), (4, 6), (5, 6)$

制約：$2 \leqq N \leqq 100000, 1 \leqq M \leqq 100000, 1 \leqq A_i < B_i \leqq M$

実行時間制限：1秒

さて、年齢差の関係をグラフとして表現すると、例題2のケースでは人iの年齢の最大値が「頂点1から頂点iまでの最短経路長」と一致しました。そこで、他のケースでもこのようになるのでしょうか。実は、年齢が120歳以下であることを無視すると、答えはYesです。

証明の方法はさまざまです。たとえば「x歳以下と書かれた頂点の最短距離がxであると仮定したとき、$x+1$歳以下と書かれた頂点の最短距離は$x+1$となる」といった流れで証明することもできますが（このような証明技法を**数学的帰納法**といいます）、ここではもう少し簡単な方法を紹介します。

[1] 最短経路長を超える解はあり得ないことの証明

頂点1から頂点iまでの最短経路長がxであるとします。これはx本の辺を通って頂点1から頂点iまで行く経路が存在することを意味しますが、もし人iの年齢を$x+1$歳にした場合、経路のどこかで2歳差以上になる場所が出てしまいます。

たとえば例題2のケースで人6が4歳であったとします。ここで「1→2→5→6」という長さ3の経路が存在しますが、下図に示すように、人1と人2の年齢差、人2と人5の年齢差、人5と人6の年齢差のいずれかが必ず2歳差以上になってしまいます。

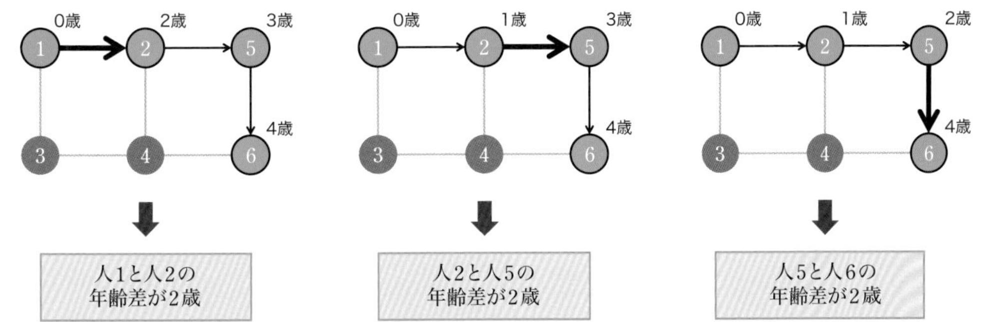

[2] 最短経路長がM個の条件すべてを満たすことの証明

頂点1から頂点iまでの最短経路長を$\mathrm{dist}[i]$とします。ここで、頂点のペア(u, v)が互いに隣接しているにも関わらず人uと人vの年齢差が2歳以上、すなわち$\mathrm{dist}[v] \geqq \mathrm{dist}[u]+2$を満たすと仮定します（背理法 ➡**3.1節**を使っています）。

このとき、頂点1から頂点vまで行くために$1 \to \cdots \to u \to v$という経路を通れば、長さ$\mathrm{dist}[u]+1$で移動可能です。したがって仮定と矛盾し、[2] が証明できます。

[1], [2] より、人iの年齢としてあり得る最大値は、グラフにおける頂点1から頂点iまでの最短経路長と一致します。

次に、120歳以下の条件を加えた場合ですが、最短経路長が120を超えた人の年齢をすべて120歳にすれば良いです。したがって、幅優先探索（➡**4.5.7項**）を用いて頂点1から各頂点への最短経路長を計算すれば、計算量$O(N+M)$で答えを出すことができます。実装は節末問題としますが、**コード4.5.3**

を少し変更するだけで解くことができます。

このように、2つの値の差に関する条件が与えられたときに最大値などを求める問題を**差分制約系の最適化問題**といいます。なお、重み付きグラフの最短経路長を求めるDijkstra法 (➡**4.5.8項**) を使うと、差が2以下や3以下などの条件が混ざっている場合も解決可能です (➡**節末問題5.8.3**)。

節末問題

問題5.8.1 問題ID：078 ★★★

例題3 (5.8.3項) を解くプログラムを作成してください。

問題5.8.2 問題ID：079 ★★★

正の整数Nが与えられます。1からNまでの整数を並び替えた順列$(P_1, P_2, \dots, P_N)$について、以下で定義される**スコア**の最大値を計算量$O(1)$で求めるプログラムを作成してください。(出典：AtCoder Beginner Contest 139 D – ModSum)

$$\sum_{i=1}^{N}(i \bmod P_i) = (1 \bmod P_1) + \cdots + (N \bmod P_N)$$

問題5.8.3 問題ID：080 ★★★★★

整数$x_1, x_2, \dots, x_N$は以下の条件をすべて満たします。

- $x_1 = 0$である。
- $1 \leqq i \leqq M$について、$|x_{A_i} - x_{B_i}| \leqq C_i$を満たす。

x_Nの値として考えられる最大値を求めるプログラムを作成してください。ただし、どんなに大きい値の可能性もある場合はその旨を出力してください。計算量は$O(M \log N)$であることが望ましいです。

5.9 次の手だけを考える 〜貪欲法〜

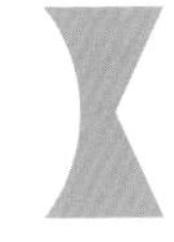

次に紹介する数学的考察は「次の手だけを考えたときに最善手を選び続けるテクニック」であり、**貪欲法**とも呼ばれます。リバーシ[注5.9.1]の対戦に例えると、いま自分が打てる手の中でひっくり返す駒の数が最大となる手を打つ戦略のようなイメージです。

もちろん世の中のすべての問題が貪欲法で解けるとは限らず、たとえば10手先まで読んで初めて最適な答えが得られることもよくあります。したがって、貪欲法を使う際には、解法の正当性の証明も重要になります。本節では2つの例題を通して、このようなテクニックに慣れていきましょう。

5.9.1 例題1：お金の支払い方

問題ID：081

1000円札、5000円札、10000円札を使ってN円を支払いたいです。最小何枚で支払うことができるかを求めてください。ただし、使える紙幣の数は十分多いものとします。

たとえば$N = 29000$の場合、10000円札を2枚、5000円札を1枚、1000円札を4枚使うことで、最小枚数である合計7枚の紙幣で支払うことができます。

制約：$1000 \leqq N \leqq 200000$、$N$は1000の倍数

実行時間制限：1秒

皆さんの中にも日常的に考えている人がいるかもしれませんが、以下のように支払うと、必ず合計枚数が最小となります。「いま払える中で一番金額の大きい紙幣を使う」という貪欲法です。

- 残り支払い金額が10000円を下回るまで、10000円札を使う。
- 残り支払い金額が5000円を下回るまで、5000円札を使う。
- 最後に、残った金額を1000円札で支払う。

したがって、**コード5.9.1**のようなプログラムを書くと、正しい答えを出すことができます。なお、この方法を使った場合、5000円札は高々1枚、1000円札は高々4枚しか使わないことに注意してください（この事実は、後述する正当性の証明で役立ちます）。

コード5.9.1　例題1を解くプログラム

```
#include <iostream>
using namespace std;

int main() {
    // 入力
    long long N, Answer = 0;
    cin >> N;

    // 支払い方のシミュレーション → 答えの出力
    while (N >= 10000) { N -= 10000; Answer += 1; }
```

次ページ

注5.9.1　相手の駒をはさんで裏に返し、自分の駒とするゲームです。オセロとも呼ばれます。

```
    while (N >= 5000) { N -= 5000; Answer += 1; }
    while (N >= 1) { N -= 1000; Answer += 1; }
    cout << Answer << endl;
    return 0;
}
```

それでは、このアルゴリズムの正当性を証明してみましょう。今回の問題の場合、以下のように証明することができます。**貪欲法で得られたもの以外のすべての支払い方は、枚数を少なくする改善方法が存在すること**を示すといった方針です。

まず、貪欲法で得られた解（解Xとする）以外は、以下のいずれかの条件を満たします（これは、1000円札4枚以下、5000円札1枚以下で支払う方法が解Xの1通りしかないことから説明できます）。

- 1000円札を5枚以上使っている
- 5000円札を2枚以上使っている

そこで1000円札5枚は、5000円札1枚に交換することで枚数を4つ減らせます。また、5000円札2枚は、10000円札1枚に交換することで枚数を1つ減らせます。したがって、解X以外には改善方法が存在するため、解Xが最適だと分かります。

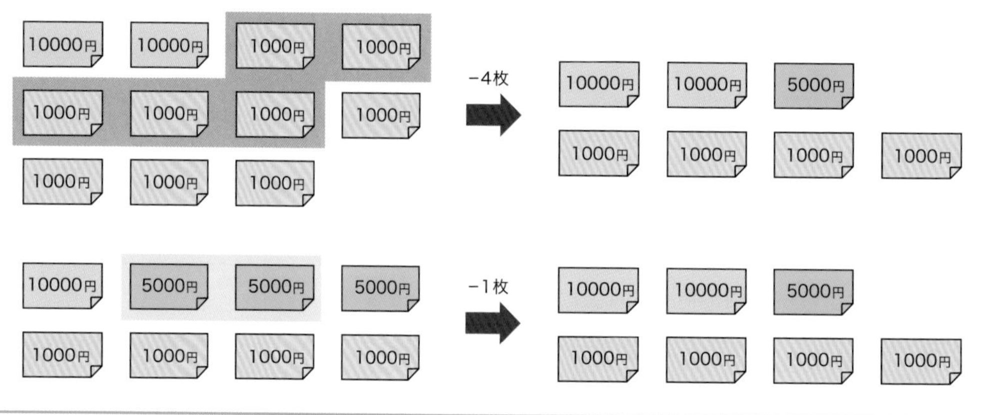

5.9.2 例題2：区間スケジューリング問題

次に、以下の問題を考えてみましょう。やや本格的な問題です。

問題ID：082

今日はN本の映画が上映されます。i番目の映画は時刻L_iに開始し、時刻R_iに終了します。最大いくつの映画を、最初から最後まで見ることができるかを求めてください。
ただし、映画を見終わった直後に次の映画を見始めることはできますが、同時に複数の映画を見ることはできないものとします。

制約：$1 \leqq N \leqq 2000, 0 \leqq L_i < R_i \leqq 86400$

実行時間制限：1秒

初めてこの問題を知った人にとっては非直感的かもしれませんが、今見られる映画の中で終了時刻が最も早いものを選び続けることで、最も多くの映画を見ることができます。以下がその一例です。

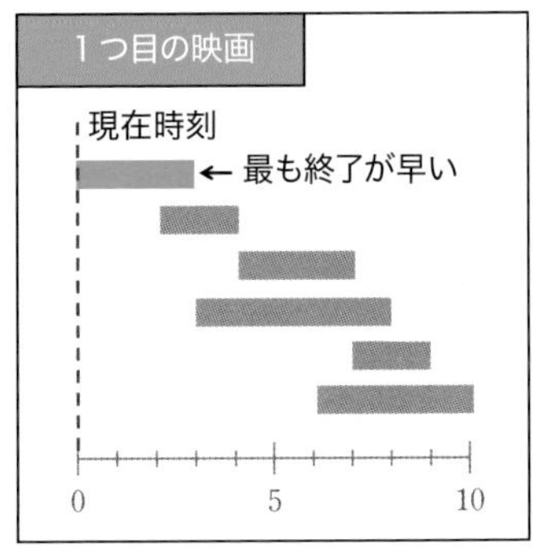

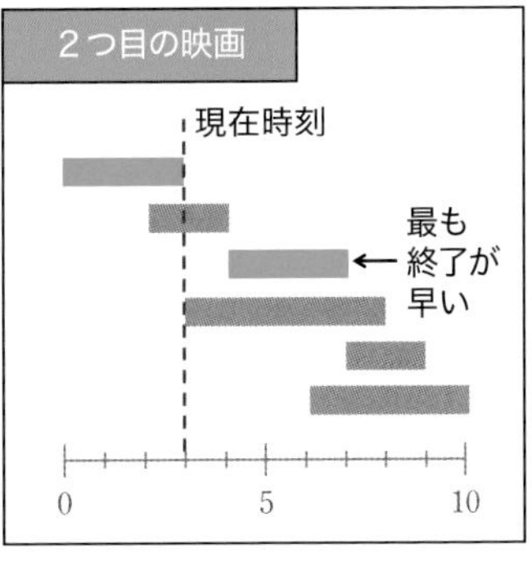

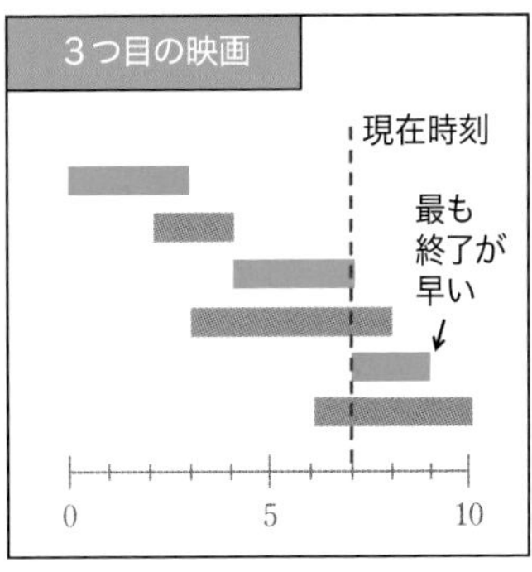

したがって、「最も終了の早いものを選ぶ」という操作を、見られる映画がなくなるまで続けるプログラムを書くと、正しい答えを出すことができます。

実装方法はさまざまで、**コード5.9.2**のようにそのままシミュレーションすると、最悪ケースでの計算量が$O(N^2)$となります。また、あらかじめ映画を終了時刻の早い順にソート（➡**3.6節**）しておくなどの工夫を施すことによって、計算量を$O(N \log N)$まで削減することも可能です（➡**節末問題5.9.3**）。

コード5.9.2　例題2を解くプログラム

```
#include <iostream>
#include <algorithm>
using namespace std;

int N, L[2009], R[2009];
int Current_Time = 0, Answer = 0; // Current_Time は現在時刻（直前に見た映画の終了時刻）

int main() {
    // 入力
    cin >> N;
    for (int i = 1; i <= N; i++) cin >> L[i] >> R[i];

    // 映画の選び方のシミュレーション
    // 見れる映画の終了時刻の最小値 min_endtime は最初 1000000 のようなあり得ない値に設定する
    while (true) {
        int min_endtime = 1000000;
        for (int i = 1; i <= N; i++) {
            if (L[i] < Current_Time) continue;
            min_endtime = min(min_endtime, R[i]);
        }
        if (min_endtime == 1000000) break;
        Current_Time = min_endtime;
        Answer += 1;
    }

    // 答えの出力
    cout << Answer << endl;
    return 0;
}
```

それでは、このアルゴリズムの正当性を証明してみましょう。**直前の選択が良いほど未来の選択肢も良い**ことを利用する方針です。

まず、映画を上映時刻の早い順から選んでいくことを考えるとき、1つ目に選択する映画については、終了時刻が最も早いもの（映画Aとする）を選んで損することは絶対にありません。この理由は以下のように説明することができます。

- 問題の答え（見られる映画の数の最大値）がkであり、映画$p_1, p_2, \dots, p_k$の順に選ぶのが最適であるとする。ここでp_1は映画Aではないとする。
- このとき、映画Aと映画$p_2, \dots, p_k$を選択することで、同時に複数の映画を見ることなく、最適解と同じk本の映画を見ることができる。

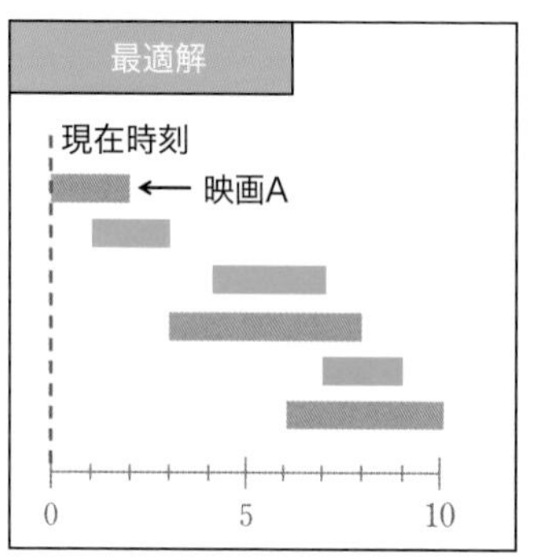

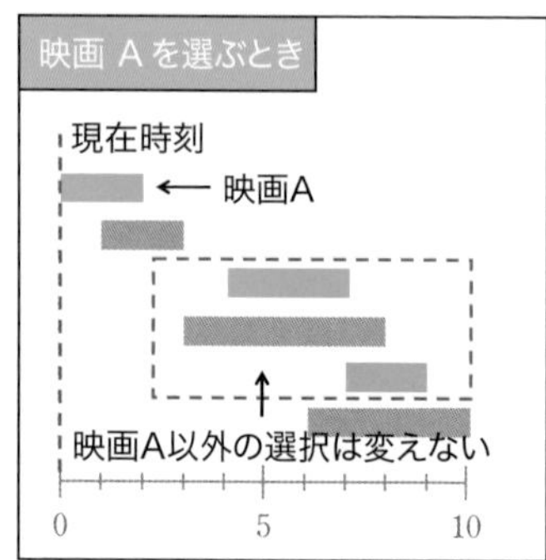

また、2個目に選択する映画も、見られる中で終了時刻が最も早いもの（映画Bとする）を選んで損することは絶対にありません。この理由は以下のように説明することができます。

- 問題の答え（見られる映画の数の最大値）をkとして、映画A, $p_2, p_3, \dots, p_k$の順に選ぶのが最適であるとする。ここでp_2は映画Bではないとする。
- このとき、映画A, Bと映画$p_3, \dots, p_k$を選択することで、同時に複数の映画を見ることなく、最適解と同じk本の映画を見ることができる。

3個目以降も同様のことがいえます。したがって、終了時刻が最も早いものを選び続けるのが最適であることが分かります。

このように、区間スケジューリング問題を含む一部の問題は、1手先のみを考えることで最適解を出すことができる場合があります。一方、このような貪欲法では解決不可能な問題も少なくありません。

たとえば1000円札、3000円札、4000円札を使って6000円を支払うことを考えます。金額の大きい紙幣から使っていくと、4000円札と1000円札2枚（合計3枚）を使うことになりますが、3000円札を2枚使った方が得です。このような場面では、全探索（➡2.4節）、動的計画法（➡3.7節）などの別の方針を検討する必要があります。

節末問題

問題5.9.1 問題ID：081 ★★

例題1（5.9.1項）を計算量$O(1)$で解くプログラムを作成してください。なお、コード5.9.1はおよそ$N/10000$回の計算を行うため、計算量は$O(N)$です（ヒント：割り算とその余りを使います）。

問題5.9.2 問題ID：083 ★★★

とある街道にはN人の小学生の家とN校の小学校があります。小学生の家は位置$A_1, A_2, \ldots, A_N$に、小学校は位置$B_1, B_2, \ldots, B_N$に建てられています。この街道の小学生は仲が悪いため、どの生徒も別の学校に通わなければなりません。

位置uと位置vの距離を$|u-v|$とするとき、家と通う学校の距離の合計として考えられる最小値を計算量$O(N \log N)$で求めるプログラムを作成してください。（出典：競プロ典型 90 問 014 – We Used to Sing a Song Together）

問題5.9.3 問題ID：082 ★★★★

例題2（5.9.2項）を計算量$O(N \log N)$で解くプログラムを作成してください（有名問題なので、この問題に関しては特に、自力で思いつかなくても解説を読んで理解することをお勧めします）。

5.10 その他の数学的考察

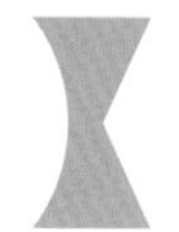

いよいよ第5章も最終節に入ります。本書では5.2節から5.9節にかけて、規則性・偶奇性・集合の扱い方・部分問題に分ける考え方など、重要度の高い考察パターンに絞って紹介しました。しかし、解く問題の難易度が上がるにつれ、これまでの内容では対応できないものも増えていきます。そこで本節では、まだ解説していない数学的考察を6個リストアップし、解法の選択肢を増やすことを目標にします。

5.10.1 誤差とオーバーフロー

最初に紹介する問題は、一見簡単にも思える判定問題です。

問題ID：084

整数a, b, cが与えられます。$\sqrt{a} + \sqrt{b} < \sqrt{c}$かどうか判定してください。

制約：$1 \leqq a, b, c \leqq 10^9$

実行時間制限：2秒

出典：パナソニックプログラミングコンテスト 2020 C – Sqrt Inequality

まず、sqrt関数（➡**2.2.4項**）を使うという方法があります。自然に実装すると、**コード 5.10.1**のようになります。

コード 5.10.1　Sqrt Inequalityを解くプログラム（sqrt関数を使用）

```
#include <iostream>
#include <cmath>
using namespace std;

int main() {
    long long a, b, c;
    cin >> a >> b >> c;
    if (sqrt(a) + sqrt(b) < sqrt(c)) cout << "Yes" << endl;
    else cout << "No" << endl;
    return 0;
}
```

かなり衝撃的かもしれませんが、このプログラムは一部のケースで間違った答えを出力してしまいます。たとえば$(a, b, c) = (249999999, 250000000, 999999998)$の場合、

$$\sqrt{249999999} + \sqrt{250000000} < \sqrt{999999998}$$

であるはずなのに、なぜか間違ってNoと出力されます。原因として、sqrt関数の計算には**浮動小数点数**が用いられるため、実数が近似的に扱われていることが挙げられます[注5.10.1]。したがって、実数aとbの値にほとんど差がない場合、等しくなくても「等しい」と判定されてしまうのです。

たとえば実用上最もよく使われている**倍精度浮動小数点数**の場合、aとbの相対誤差（➡**2.5.7項**）が

注5.10.1　実数は、整数と違っていくらでも細かく刻めるので、厳密に扱うことは不可能です。したがって、適当なタイミング（例：小数点以下第〇〇位）で近似しなければなりません。

第5章 問題解決のための数学的考察

およそ10^{-15}未満になると、間違って等しいと判定される可能性が出てきます。今回のケースの場合は、

$$\sqrt{249999999} + \sqrt{250000000} = 31622.77657006101668\cdots$$
$$\sqrt{999999998} = 31622.77657006101670\cdots$$

であり、相対誤差はおよそ10^{-18}となるため、浮動小数点数の限界を超えてしまいます。プログラミング言語で使える基本的な演算にすら頼れないとなると、一体どうすれば良いのでしょうか。

1つの解決策として、**全部整数で処理する**方法があります。たとえば今回の問題の場合、以下のように式変形を行うことで、すべて整数で処理することが可能です。

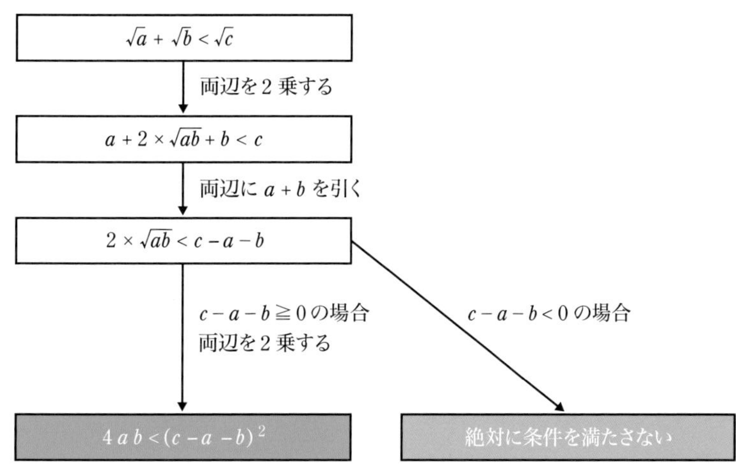

したがって、**コード 5.10.2**のように実装すると、正しい答えを出すことができます。

コード 5.10.2　Sqrt Inequalityを解くプログラム(整数で処理)

```
#include <iostream>
using namespace std;

int main() {
    long long a, b, c;
    cin >> a >> b >> c;
    if (c - a - b < 0LL) cout << "No" << endl;
    else if (4LL * a * b < (c - a - b) * (c - a - b)) cout << "Yes" << endl;
    else cout << "No" << endl;
    return 0;
}
```

このように、非常に細かい誤差によって答えが変わるような問題では、すべて整数で計算することを検討するのが大切です。

また、間違った答えを出してしまうもう1つの要因として**オーバーフロー**があります。これは計算の途中で値が非常に大きくなり、コンピュータが扱える限界を超えてしまうことを指します。

たとえばC++の場合、4.6節で述べたように2^{64}以上の整数を表すことができません。Pythonの場合はどんなに大きい整数も扱うことができますが、10^{19}より大きい数を扱うとなると、計算に時間がかかってしまいます。したがって、計算順序を変更するなど、実装の工夫を行うことが求められます。

5.10.2 分配法則を使う

次に紹介する問題は、単純な計算問題です。

以下の九九表には81個の整数が書かれています。それらの総和を手計算で求めてください。

	1	2	3	4	5	6	7	8	9
1の段	1	2	3	4	5	6	7	8	9
2の段	2	4	6	8	10	12	14	16	18
3の段	3	6	9	12	15	18	21	24	27
4の段	4	8	12	16	20	24	28	32	36
5の段	5	10	15	20	25	30	35	40	45
6の段	6	12	18	24	30	36	42	48	54
7の段	7	14	21	28	35	42	49	56	63
8の段	8	16	24	32	40	48	56	64	72
9の段	9	18	27	36	45	54	63	72	81

もちろん、81個の値をすべて足せば答えが分かりますが、手計算では少し面倒です。
そこで、高速に計算するために、以下の**分配法則**を使うことができます。

実数$A, x_1, x_2, \dots, x_n$に対して、次の式が成り立ちます。

$$Ax_1 + Ax_2 + Ax_3 + \cdots + Ax_n = A(x_1 + x_2 + x_3 + \cdots + x_n)$$

たとえば、次のような計算を行うときに使えます。

$$\begin{aligned}&6 \times 3 + 6 \times 7 + 6 \times 10\\&= 6 \times (3 + 7 + 10)\\&= 6 \times 20\\&= 120\end{aligned}$$

イメージが湧かない人は、以下の長方形の面積を計算することを想像すると良いです。

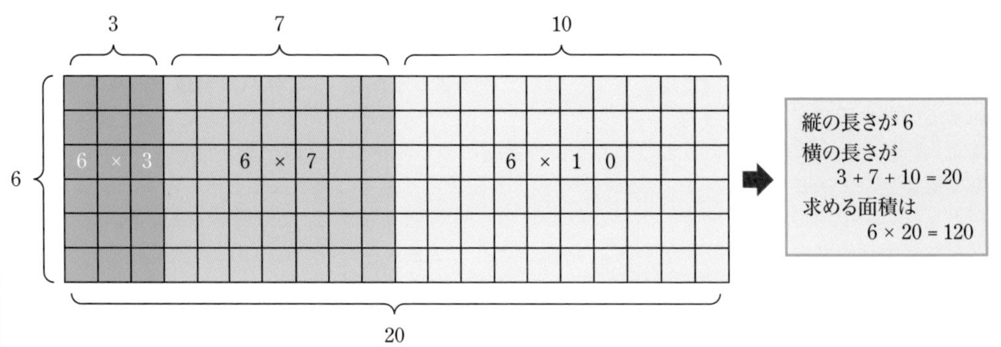

それでは、この問題で分配法則を適用してみましょう。まず、段ごとの総和を考えます。

- 1の段の総和：$(1 \times 1) + (1 \times 2) + \cdots + (1 \times 9) = 1 \times (1 + 2 + \cdots + 9) = 1 \times 45$
- 2の段の総和：$(2 \times 1) + (2 \times 2) + \cdots + (2 \times 9) = 2 \times (1 + 2 + \cdots + 9) = 2 \times 45$
- 3の段の総和：$(3 \times 1) + (3 \times 2) + \cdots + (3 \times 9) = 3 \times (1 + 2 + \cdots + 9) = 3 \times 45$

  ⋮
- 9の段の総和：$(9 \times 1) + (9 \times 2) + \cdots + (9 \times 9) = 9 \times (1 + 2 + \cdots + 9) = 9 \times 45$

次に、答えは段ごとの総和を足した値なので、以下のように計算することができます。

$$
\begin{aligned}
&(1 \times 45) + (2 \times 45) + (3 \times 45) + \cdots + (9 \times 45) \\
&= (1 + 2 + 3 + \cdots + 9) \times 45 \\
&= 45 \times 45 \\
&= 2025
\end{aligned}
$$

このように、分配法則を使うと計算回数を減らせる場合があります。イメージが湧かない人は、下図の正方形の面積を考えると理解しやすいです。

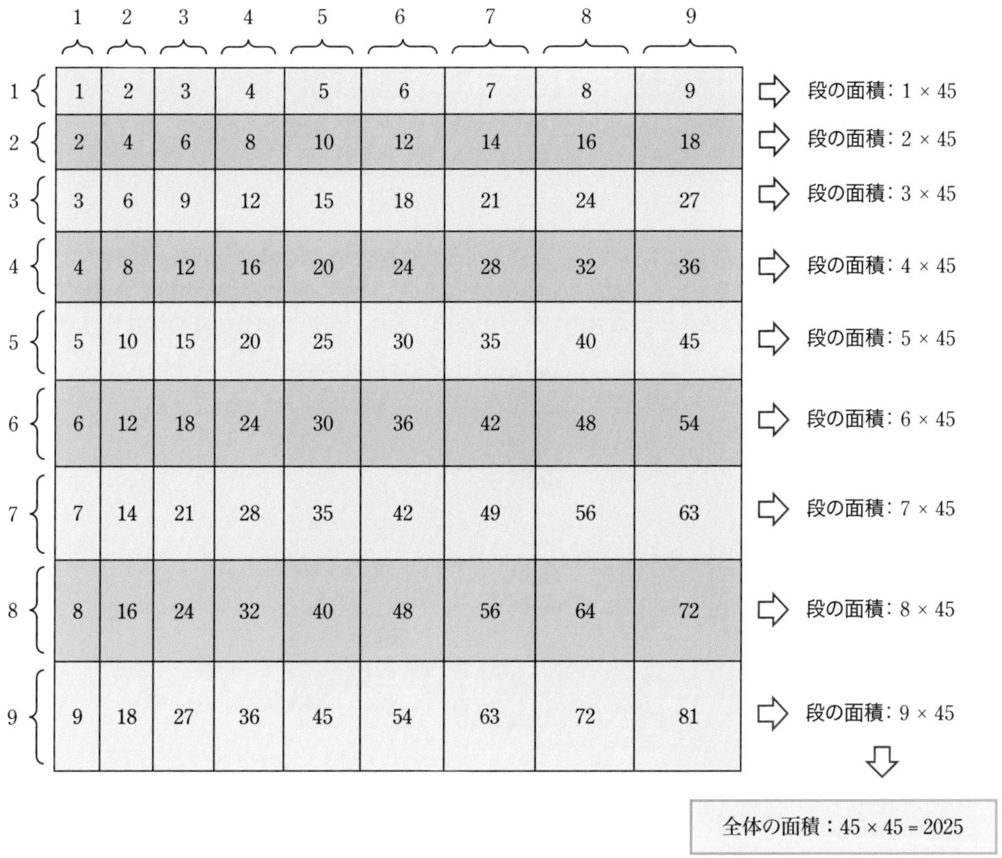

	1	2	3	4	5	6	7	8	9	
1	1	2	3	4	5	6	7	8	9	⇨ 段の面積：1×45
2	2	4	6	8	10	12	14	16	18	⇨ 段の面積：2×45
3	3	6	9	12	15	18	21	24	27	⇨ 段の面積：3×45
4	4	8	12	16	20	24	28	32	36	⇨ 段の面積：4×45
5	5	10	15	20	25	30	35	40	45	⇨ 段の面積：5×45
6	6	12	18	24	30	36	42	48	54	⇨ 段の面積：6×45
7	7	14	21	28	35	42	49	56	63	⇨ 段の面積：7×45
8	8	16	24	32	40	48	56	64	72	⇨ 段の面積：8×45
9	9	18	27	36	45	54	63	72	81	⇨ 段の面積：9×45

⇩

全体の面積：$45 \times 45 = 2025$

今回は9×9までの掛け算の総和を計算しましたが、これが10×10あるいは100×100までになっても、同じような方法が使えます。直接計算した場合、一般のNに対して$N \times N$までの掛け算の総和を求めたときの計算量は$O(N^2)$ですが、分配法則を使うと、これを計算量$O(1)$にすることができます（➡節末問題5.10.2）。

5.10.3 対称性を使う

次に紹介する問題も計算問題です。プログラミングを使わない問題が連続していますが、テクニックに慣れていくためには、自分の頭で計算してみることも同じくらい大切だと筆者は考えています。

以下の九九表には81個の整数が書かれていますが、それらのうち掛ける数より掛けられる数のほうが大きいもの（下図の赤色で示した部分）の総和を求めてください。

	1	2	3	4	5	6	7	8	9
1の段	1	2	3	4	5	6	7	8	9
2の段	2	4	6	8	10	12	14	16	18
3の段	3	6	9	12	15	18	21	24	27
4の段	4	8	12	16	20	24	28	32	36
5の段	5	10	15	20	25	30	35	40	45
6の段	6	12	18	24	30	36	42	48	54
7の段	7	14	21	28	35	42	49	56	63
8の段	8	16	24	32	40	48	56	64	72
9の段	9	18	27	36	45	54	63	72	81

もちろん、赤色部分のマス36個をすべて足せば答えが分かりますが、手計算では少し面倒です。

そこで**対称性**を使います。実数a, bに対して$ab = ba$が成り立つため、掛ける数と掛けられる数を入れ替えても答えは同じです。つまり、下図の赤色で示した部分と青色で示した部分の総和は等しいです。

	1	2	3	4	5	6	7	8	9
1の段	1	2	3	4	5	6	7	8	9
2の段	2	4	6	8	10	12	14	16	18
3の段	3	6	9	12	15	18	21	24	27
4の段	4	8	12	16	20	24	28	32	36
5の段	5	10	15	20	25	30	35	40	45
6の段	6	12	18	24	30	36	42	48	54
7の段	7	14	21	28	35	42	49	56	63
8の段	8	16	24	32	40	48	56	64	72
9の段	9	18	27	36	45	54	63	72	81

したがって、以下の式が成り立ちます。

（上図のマス全体の総和）＝（赤色部分の総和）＋（青色部分の総和）＋（白色部分の総和）
＝ 2 ×（赤色部分の総和）＋（白色部分の総和）

さて、マス全体の総和は、5.10.2項で求めた通り2025です。また、白色部分の総和は$1+4+9+16+25+36+49+64+81=285$です。そこで、求める答え（赤色で示した部分の総和）をxとすると、以下のようになります。

$$2025 = 2x + 285$$

これを解くと、答えxが870であることが分かります。このように、「2つの数を逆にしても答えが変わらない」などの対称性を使うことで、計算回数を減らせる場合があります。

5.10.4 一般性を失わない

次に紹介する問題は、プログラミングを使って解く問題です。

問題ID：085

1以上N以下の整数の組(a, b, c, d)であって、以下の条件を満たすものが存在するか、判定してください。

- $a+b+c+d=X$である
- $abcd=Y$である

制約：$1 \leqq N \leqq 300, 1 \leqq X, Y \leqq 10^9$

実行時間制限：5秒

まず、整数の組(a, b, c, d)を全探索するという方法があります。あり得る整数の組は全部でN^4通りであるため、$N=300$のとき$300^4=8.1\times10^9$通りを調べることになります。これでは5秒以内に答えを出すことができません。

そこで重要になるのは**一般性を失わない**というキーワードです。判定問題を解いたり、物事の証明を行ったりする際、ある特定のパターンだけに絞って調べても問題がないときに、「○○としても一般性を失わない」といった形で使います。

今回の場合は$a \leqq b \leqq c \leqq d$としても一般性を失いません。なぜなら、$a, b, c, d$を入れ替えても、下図に示すように和も積も変わらないからです。

	和 $a+b+c+d$	積 $abcd$
$(a,b,c,d)=(1,3,5,6)$	$1+3+5+6=15$	$1\times3\times5\times6=90$
$(a,b,c,d)=(1,3,6,5)$	$1+3+6+5=15$	$1\times3\times6\times5=90$
$(a,b,c,d)=(1,5,3,6)$	$1+5+3+6=15$	$1\times5\times3\times6=90$
$(a,b,c,d)=(1,5,6,3)$	$1+5+6+3=15$	$1\times5\times6\times3=90$
$(a,b,c,d)=(1,6,3,5)$	$1+6+3+5=15$	$1\times6\times3\times5=90$
$(a,b,c,d)=(1,6,5,3)$	$1+6+5+3=15$	$1\times6\times5\times3=90$
$(a,b,c,d)=(3,1,5,6)$	$3+1+5+6=15$	$3\times1\times5\times6=90$
$(a,b,c,d)=(3,1,6,5)$	$3+1+6+5=15$	$3\times1\times6\times5=90$
$(a,b,c,d)=(3,5,1,6)$	$3+5+1+6=15$	$3\times5\times1\times6=90$
：	：	：

したがって、全パターンを調べる必要はなく、$1 \leqq a \leqq b \leqq c \leqq d \leqq N$を満たす整数の組$(a, b, c, d)$のみを調べて条件を満たすものが存在しない場合、答えはNoだと言い切って良いです。

このようにして、調べるパターンの数を${}_{N+3}C_4$通り（$N = 300$のとき約3.4億）まで削減することができます。実装例として、**コード5.10.3**が考えられます[注5.10.2]。

コード5.10.3　和がXかつ積がYとなるN以下の4つの整数が存在するかを判定するプログラム

```
#include <iostream>
using namespace std;

long long N, X, Y;

int main() {
    // 入力
    cin >> N >> X >> Y;

    // 4 つの整数 (a, b, c, d) の全探索 → 答えの出力
    for (int a = 1; a <= N; a++) {
        for (int b = a; b <= N; b++) {
            for (int c = b; c <= N; c++) {
                for (int d = c; d <= N; d++) {
                    if (a + b + c + d == X && 1LL * a * b * c * d == Y) {
                        cout << "Yes" << endl;
                        return 0; // プログラムの実行を終了させる
                    }
                }
            }
        }
    }
    cout << "No" << endl; // 1 つも見つからなかったら No
    return 0;
}
```

5.10.5 条件の言い換え

次に紹介する問題は、カッコ列が正しいかどうかの判定を行う問題です。

問題ID：086

N文字の (,) からなるカッコ列Sが与えられるので、Sが**正しいカッコ列**であるかどうかを判定してください。ただし、正しいカッコ列とは、次のうちいずれかの条件を満たすものを指します。

- 空文字列
- 空文字列でない正しいカッコ列A, Bが存在し、A, Bをこの順に連結した文字列
- ある正しいカッコ列Aが存在し、(, A,) をこの順に連結した文字列

たとえば、(()())() は正しいカッコ列ですが、))()((は正しいカッコ列ではありません。

制約：$1 \leqq N \leqq 500000$

実行時間制限：2秒

注5.10.2　本書では扱いませんが、$O(N)$などの計算量で解く方法もあります。また、Pythonなどの実行速度の遅い言語では、${}_{N+3}C_4$通り探索する解法では実行時間制限に間に合わず、より良いオーダーの解法が求められる可能性があります。

衝撃的かもしれませんが、Sが正しいカッコ列であることと、以下の条件をすべて満たすことは同値です。

- Sに含まれる (の数と) の数は同じである
- Sの１文字目までの時点で、(の数は) の数以上である
- Sの２文字目までの時点で、(の数は) の数以上である
- Sの３文字目までの時点で、(の数は) の数以上である
  ：
- SのN文字目までの時点で、(の数は) の数以上である

たとえばカッコ列 (( ) ( )) ( ) を考えましょう。下図は (の数から) の数を引いた値の変化を表したグラフですが、一度も負になっておらず、最後がゼロであるため、正しいカッコ列です。

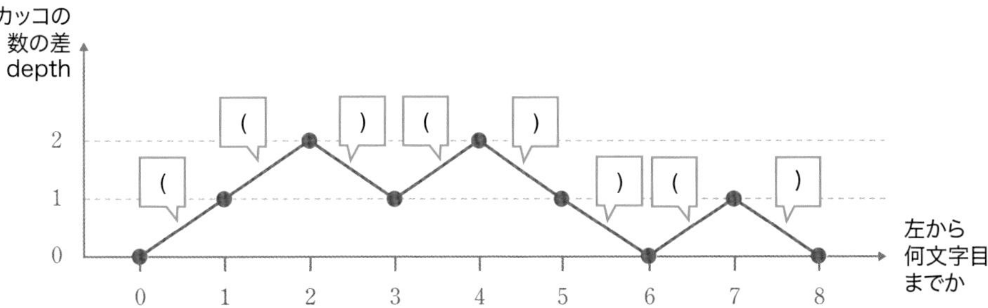

このように**条件の言い換え**を行うと、(の数から) の数を引いた値depthを左から累積的に計算していけば、計算量$O(N)$で判定することができます。実装の一例として、**コード5.10.4**が考えられます。

コード5.10.4　カッコ列が正しいかどうかを判定するプログラム

```
#include <iostream>
#include <string>
using namespace std;

int N, depth = 0;
string S;

int main() {
    // 入力
    cin >> N >> S;

    // '(' の数 - ')' の数を depth とする
    // 途中で depth が負になったらこの時点で No
    for (int i = 0; i < N; i++) {
        if (S[i] == '(') depth += 1;
        if (S[i] == ')') depth -= 1;
        if (depth < 0) {
            cout << "No" << endl;
            return 0;
        }
    }

    // 最後、depth = 0 ['(' と ')' の数が同じ] かどうかで場合分け
    if (depth == 0) cout << "Yes" << endl;
    else cout << "No" << endl;
    return 0;
}
```

さて、この非自明な言い換えをどうやって思いつけば良いのでしょうか。今回扱った問題は有名問題なので、この機会に豆知識として身に付けるのも良いでしょう。しかし、自力で導出したい場合は、**必要条件（➡2.5.6項）を列挙する方法**があります。たとえば今回の問題では、以下のようなものが思いつきやすいでしょう。

- 「1文字目が (であること」は正しいカッコ列であるための必要条件
- 「最初の3文字が ()) ではないこと」は正しいカッコ列であるための必要条件
- 前2個に共通する特徴を抜き出して、「最初の3文字の時点で (のほうが) より多いこと」は正しいカッコ列であるための必要条件

このように考察を進めていくと、列挙した条件が解法のヒントになったり、運が良ければ「列挙した条件が実は十分条件（➡2.5.6項）にもなっている」といった状態になったりするかもしれません[注5.10.3]。

5.10.6 "状態数"を考える

本書最後の例題は、おもりを小さい順に並べる問題です。

机の上に4つのおもりが置かれています。おもりにはA・B・C・Dと名前が付けられています。あなたは1kg, 2kg, 3kg, 4kgのおもりが1個ずつあることを知っていますが、それぞれのおもりの重さは知りません。「2つのおもりを天秤にかけ、どちらが重いかを比べる」という操作をできるだけ少ない回数行うことで、すべてのおもりの重さを当ててください。

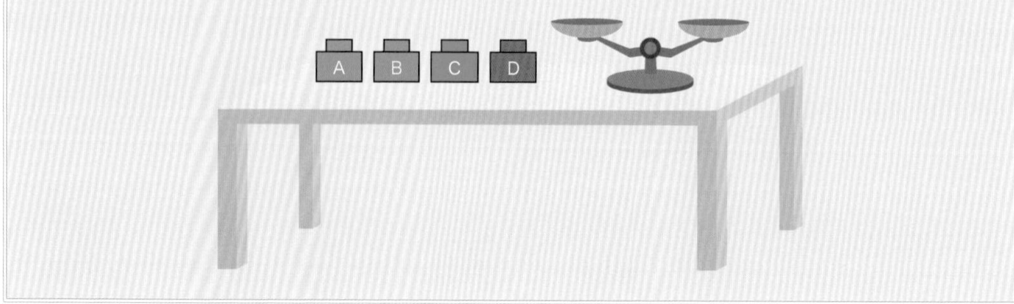

まず、すべてのおもりのペアについて比較を行うことを考えます。そのとき、それぞれのおもりが3回ずつ天秤にかけられることになりますが、

- 3回中3回「重いほう」と判定されたものは4kg
- 3回中2回「重いほう」と判定されたものは3kg
- 3回中1回「重いほう」と判定されたものは2kg
- 3回中0回「重いほう」と判定されたものは1kg

であることが分かるため、この方法は上手くいきます。合計で${}_4C_2 = 6$回の比較が必要です。次ページの図は、おもりの重さを当てる過程の一例を示しています。

注5.10.3　なお、アルゴリズムの正当性の証明を行う際には、十分性を満たしていること、つまり列挙した条件を全部満たしても正しいカッコ列にならないカッコ列が存在しないことも示す必要があります。ページ数の都合上、本書では扱いませんが、興味のある人はインターネットなどで調べてみてください。

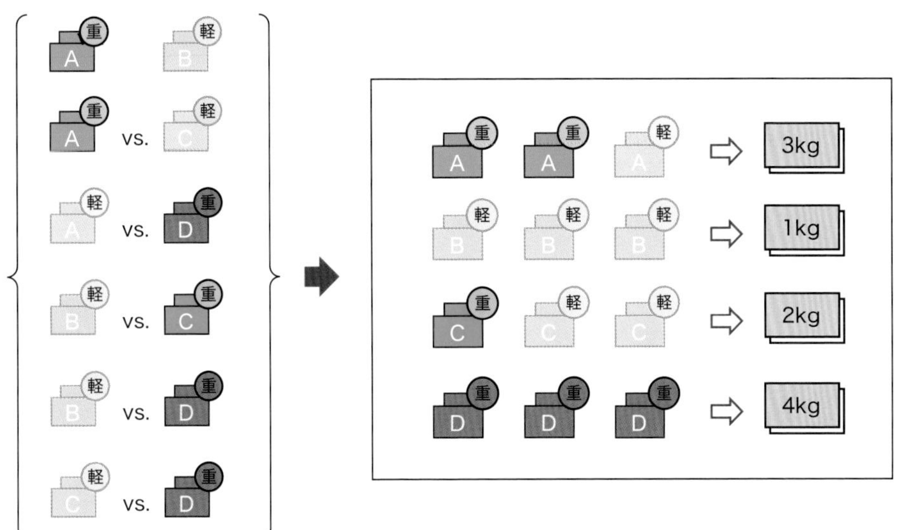

次に、5回で当てることは可能でしょうか。実は、以下のアルゴリズムで比較を行うことによって、5回の比較で確実におもりの重さを当てることができます。

- **手順1**：おもりAとおもりBを比較する
- **手順2**：おもりCとおもりDを比較する
- **手順3**：手順1で重かったほうと手順2で重かったほうを比較し、重いほうが4kgである
- **手順4**：手順1で軽かったほうと手順2で軽かったほうを比較し、軽いほうが1kgである
- **手順5**：手順3で軽かったほうと手順4で重かったほうを比較し、重いほうが3kgである

一連の過程をトーナメント表の形で表すと、以下の通りです。

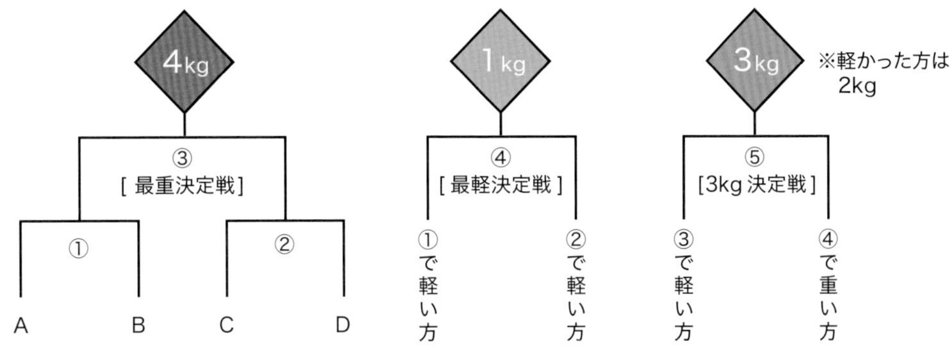

さて、4回で確実に当てることは可能かどうかを考えてみましょう。答えはNoです。この事実は、「最終的な結果として何通りの状態があり得るか」を考えることで、次のように証明することができます。

まず、おもりの重さの組み合わせは$4! = 24$通りがあり得ます。一方、4回の大小比較の結果は、以下の組み合わせとして表すことができます。

- 1回目の大小比較で、左側の皿と右側の皿のうちどちらが重かったか
- 2回目の大小比較で、左側の皿と右側の皿のうちどちらが重かったか
- 3回目の大小比較で、左側の皿と右側の皿のうちどちらが重かったか
- 4回目の大小比較で、左側の皿と右側の皿のうちどちらが重かったか

これらの組み合わせは$2^4 = 16$通りありますが、答えとなるパターンの数（＝おもりの重さの組み合わせ）のほうが多いです。したがって、下図のように「4回の比較が終わっても、まだ結果が1つに定まっていないケース」が必ず存在します。これが、4回で確実に当てることが不可能である理由です。

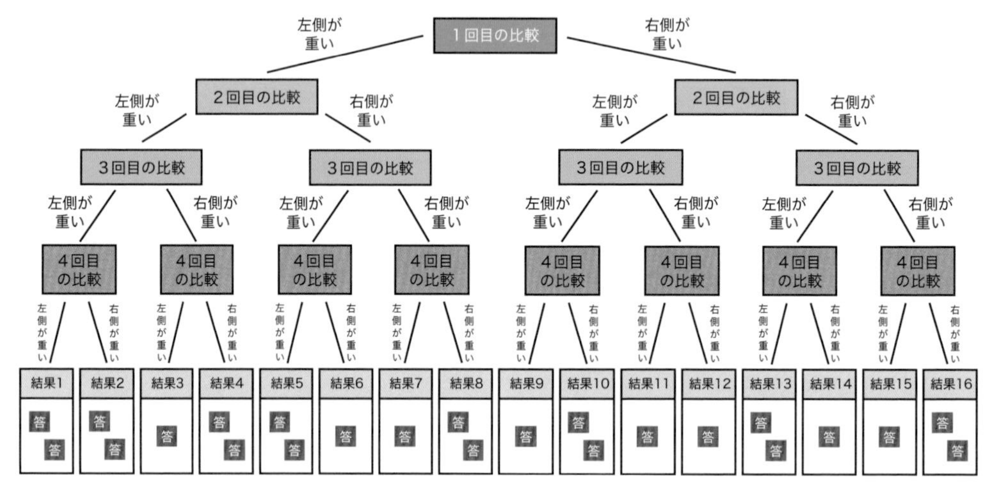

これでようやく、先程紹介した5回で当てる方法が最適であることが分かりました。このように、答えとなるパターンの数を考えることによって、今以上に効率的なアルゴリズムが絶対に存在しないことが証明できる場合があります。

最後に、おもりが4個ではなくN個の場合を考えてみましょう。まず、答えとなるパターンの数は$N!$通りです。一方、x回の大小比較の結果として2^x通りがあり得ます。したがって、x回で確実に当てるには、少なくとも以下の式を満たす必要があります。

$$2^x \geqq N!$$
$$(\Leftrightarrow)\ x \geqq \log_2 N!$$

そこで、$\log_2 N!$の値はおよそ$N \log_2 N$であることが知られています[注5.10.4]。このことから、N個のおもりの重さを確実に当てるには、少なくとも$O(N \log N)$回の比較を行う必要があることが証明できました。

今回扱った「おもりの重さを当てる問題」は、実質的には配列をソートする問題（➡**3.6節**）と同じです。2つの数の比較を$O(N \log N)$回繰り返してソートを行うアルゴリズムとして、3.6節で取り上げたマージソートなどが有名ですが、上の議論により、これらより計算量の良い、比較をベースとしたソートアルゴリズムが存在しないことが証明できます。

注5.10.4　スターリングの公式と呼ばれています。

節末問題

問題5.10.1 ★

次の計算をしてください。

1. $37 \times 39 + 37 \times 61$
2. $2021 \times 333 + 2021 \times 333 + 2021 \times 334$

問題5.10.2 問題ID：087 ★★

正の整数Nが与えられます。以下の値を1000000007で割った余りを出力するプログラムを作成してください。計算量は$O(1)$であることが望ましいです（ヒント：➡2.5.10項）。

$$\sum_{i=1}^{N}\sum_{j=1}^{N} ij$$

問題5.10.3 問題ID：088 ★★

正の整数A, B, Cが与えられます。以下の値を998244353で割った余りを出力するプログラムを作成してください。計算量は$O(1)$であることが望ましいです。（出典：AtCoder Regular Contest 107 A – Simple Math）

$$\sum_{a=1}^{A}\sum_{b=1}^{B}\sum_{c=1}^{C} abc$$

問題5.10.4 ★★

2.4.7項で扱った問題（太郎君の思い浮かべている数を1～8の中から当てる問題）で、2回以内に確実に当てる方法が存在しないことを証明してください。

問題5.10.5 問題ID：089 ★★★

正の整数a, b, cが与えられます。$\log_2 a < b \log_2 c$かどうかを判定するプログラムを作成してください。$1 \leqq a, b, c \leqq 10^{18}$の制約下で正確に判定できることが望ましいです。（出典：競プロ典型 90 問 020 – Log Inequality 改題）

問題5.10.6 問題ID：090 ★★★★★

整数xの各位の数字の積を$f(x)$とします。たとえば$f(352) = 3 \times 5 \times 2 = 30$です。正の整数$N$と$B$が与えられるので、1以上$N$以下の整数$m$の中で$m - f(m) = B$となるものの個数を求めるプログラムを作成してください。$N, B < 10^{11}$を満たすケースに対して2秒以内で答えを出せることが望ましいです。（出典：競プロ典型 90 問 025 – Digit Product Equation）

問題5.10.7 †

5.10.6項で扱った問題について、次の問いに答えてください。

1. 5個のおもりの重さを、7回以内の比較で全部当てる方法を構成してください。
2. 5個のおもりの重さを、6回の比較で確実に全部当てるのが不可能なことを証明してください。
3. 16個のおもりの重さを、最小回数の比較で全部当てる方法を構成し、これ未満の回数で確実に当てるのが不可能なことを証明してください。（2021年9月現在、未解決問題です。）

コラム6

A* アルゴリズム

グラフの最短経路を求める問題も、数学的考察により計算回数を減らせる問題の1つです。通常の幅優先探索（➡4.5.7項）では、始点からの最短距離が小さい頂点から順に調べていきますが、以下のようなアイデアを使うと、調べる箇所を絞り込むことができます。

- たとえ始点からの距離が小さくても、明らかに終点から遠そうな頂点は調べない。
- そこで、始点から頂点 v までの距離を $f(v)$、頂点 v から終点までの距離の予測値を $g(v)$ とするとき、$f(v)+g(v)$ の小さい頂点から順に調べていく。
- なお、$g(v)$ はヒューリスティックコストと呼ばれる。

この手法はA*と呼ばれています。アルゴリズムのイメージ図は以下の通りです。

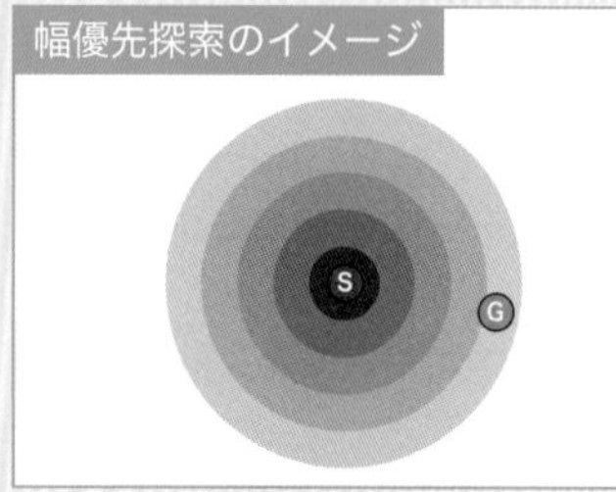

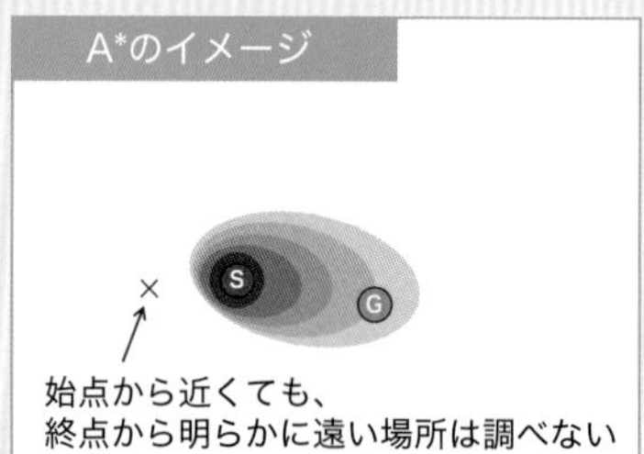

A* アルゴリズムの具体例

たとえば以下の6×6の迷路について、上下左右に隣り合うマスに移動することで、最短何手でスタートからゴールまでたどり着けるかを求めてみましょう。上から i 行目、左から j 列目のマスを (i, j) とするとき、マス (a, b) から終点 $(5, 6)$ まで行くには少なくとも $|5-a|+|6-b|$ 手必要です[注5.11.1]。そのため、各マスのヒューリスティックコストを $g(a,b)=|5-a|+|6-b|$ としましょう。

このとき、A*アルゴリズムは以下のように動作します。この図では、始点からの最短距離をマスの中央に、ヒューリスティックコストをマス右下の三角形の中に記しています。このケースでは、A*を使うと全体の1/3程度のマスしか調べる必要がなく、効率的です。

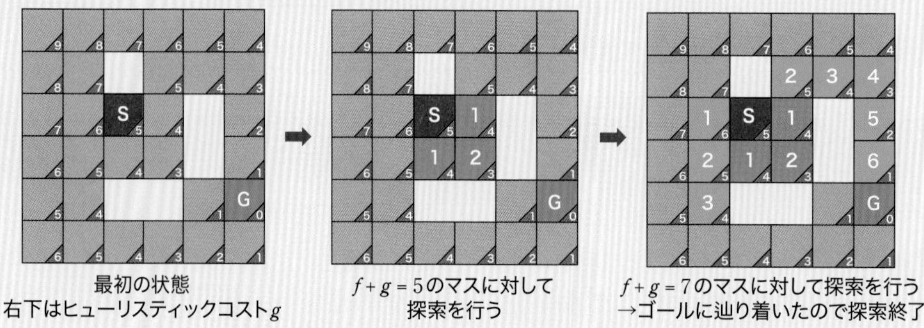

最初の状態
右下はヒューリスティックコスト g

$f+g=5$ のマスに対して
探索を行う

$f+g=7$ のマスに対して探索を行う
→ゴールに辿り着いたので探索終了

なお、A*アルゴリズムを実装する際は、優先度付きキューというデータ構造を使うことが多いです。本書では扱いませんが、興味のある人は本書巻末の推薦図書などを参照してください。

注5.11.1　マス (a, b) からマス $(5, 6)$ までのマンハッタン距離（➡節末問題 5.7.4）です。

5章のまとめ

5.2 規則性を考える

テクニックの概要

分からないときは、小さいケースを試してみる
規則性や周期性が見つかる場合がある

周期性の例

2のN乗の一の位は
$2 \to 4 \to 8 \to 6 \to 2 \to \cdots$と変化

5.3 集合を上手く扱う

余事象

「ある場合」以外の事象。条件を満たさないものが少ないとき、余事象を数えた方が計算が早い

包除原理

集合A, Bに対し、以下の式が成り立つ
$|A \cup B| = |A| + |B| - |A \cap B|$

5.4 偶奇に着目する

パターン1：偶奇で場合分け

Nなどが奇数のとき、偶数のときをそれぞれ考えると解法のヒントになることがある

パターン2：偶奇交互に変化

何らかの量が「偶数→奇数→偶数…」と交互に変化することを使う

5.5 ギリギリを考える

テクニックの概要

境界値が必ず答えになる場合、境界値のみに絞って探索すると計算回数が減らせる

応用例

線形計画問題・最小包含円問題など

5.6 小問題に分解する

テクニックの手順

1. 問題をいくつかの解きやすい問題に分割する
2. 小問題を効率的な計算量で解く
3. 小問題の答えを、全部足すなどして合成する

5.7 足された回数を考える

テクニックの概要

「何が何回足されたか」を考えると計算が速くなる
横で見るものを縦で見る考え方

応用例

足し算ピラミッドなど

5.8 答えの上界を考える

テクニックの概要

解の良さを評価値とするとき、絶対これ以上の評価値にならないといったことを示す

応用例

差分制約系の問題など

5.9 次の手だけを考える

貪欲法とは

次の手だけを考えたときの最善手を選び続けるテクニック

応用例

支払う紙幣の枚数の最小化・区間スケジューリングなど

5.10 その他の数学的考察テクニック

- 誤差は整数で処理
- オーバーフローは計算順序の工夫
- 分配法則
  $ax_1 + \cdots + ax_n = a(x_1 + \cdots + x_n)$
- $ab = ba$などの対称性を使う
- 「一般性を失わない」で探索を絞る
- 条件を適切に言い換える
- 状態数を考えて最適性を証明

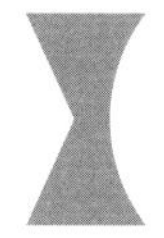

最終確認問題

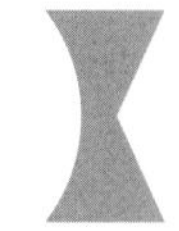

本書の最後に、最終確認問題を30問出題します。前半15問は手計算で解く問題、後半15問は実際にプログラムを書く問題です。難易度は幅広く、数学の基礎知識を問う簡単なものから、3〜4段階の考察ステップを要するものまであります。本書で習得した知識の確認・復習に役立てることが最大の目的であり、全問正解を前提としていないことに注意してください。また、30問の中には未解決問題も含まれています。腕に覚えのある方は、ぜひチャレンジしてみてください。なお、解説は**1.3節**に記した通り、GitHubに掲載されています。

問題1 ★

$a = 12, b = 34, c = 56, d = 78$とします。これについて、次の問いに答えてください。

1. $a + 2b + 3c + 4d$の値を計算してください。
2. $a^2 + b^2 + c^2 + d^2$の値を計算してください。
3. $abcd \bmod 10$の値を計算してください。
4. $\sqrt{b + d - a}$の値を計算してください。

問題2 ★

1. $y = x^2 - 2x + 1$のグラフを描いてください。
2. $y = 1.2^x$のグラフを描いてください。
3. $y = \log_3 x + 2$のグラフを描いてください。
4. $y = 2^{3x}$のグラフを描いてください。

問題3 ★

1. ${}_4\mathrm{P}_3, {}_{10}\mathrm{P}_5, {}_{2021}\mathrm{P}_1$の値をそれぞれ計算してください。
2. ${}_4\mathrm{C}_3, {}_{10}\mathrm{C}_5, {}_{2021}\mathrm{C}_1, {}_{2021}\mathrm{C}_{2020}$の値をそれぞれ計算してください。
3. 情報高校には一年生が160人、二年生が250人、三年生が300人います。各学年から代表を1人ずつ選ぶ方法は何通りありますか。
4. 互いに区別できる5枚のカードがあります。各カードに1以上4以下の整数を書き込む方法は何通りありますか。
5. 1から8までの整数が1つずつ出現する、長さ8の数列は何通りありますか。

問題4 ★

情報大学のバスケットボールチーム「ALGO-MASTER」には10人の部員がいます。各部員の身長は、低いほうから順に182, 183, 188, 191, 192, 195, 197, 200, 205, 217cmです。部員の身長の平均値と標準偏差を求めてください。

問題5 ★

1. 高速な素数判定法を用いて、313が素数かどうかを手計算で求めてください。
2. ユークリッドの互除法を用いて、723と207の最大公約数を手計算で求めてください。

問題6 ★★

1. 定積分 $\int_1^{10000} \frac{1}{x} dx$ の値を計算し、小数第一位を四捨五入して整数で表してください。計算には電卓を使っても構いません。
2. 以下のプログラムの計算量をO記法で表してください。

```
for (int i = 1; i <= N; i++) {
    for (int j = 1; j <= (N / i) + 1000; j++) {
        cout << i << " " << j << endl;
    }
}
```

問題7 ★★

次の表は、それぞれの関数の値が初めて1億、5億、10億に達する自然数Nの値を表しています。表を完成させてください。

関数	N^2	N^3	2^N	3^N	$N!$
1億	10000				
5億	22361				
10億	31623				

問題8 ★★

以下の行列A, Bに対し、次の問いに答えてください。

1. 漸化式$a_1 = 1, a_2 = 1, a_n = a_{n-1} + 4a_{n-2}$ $(n \geqq 3)$ を満たす数列について、第1項から第10項までの値を計算してください。
2. $A + B$の値、ABの値を計算してください。
3. A^2, A^3, A^4, A^5の値を計算してください。
4. 前の問いで求めたA^2, A^3, A^4, A^5の$(1, 1)$成分は、1.で求めた数列に出現する値になっています。この理由を考えてみてください。

$$A = \begin{bmatrix} 1 & 4 \\ 1 & 0 \end{bmatrix} \quad B = \begin{bmatrix} 5 & 8 \\ 10 & 20 \end{bmatrix}$$

問題9 ★★★

1 XOR 2 XOR 3 XOR … XOR 1000000007の値を計算してください。

問題10 ★★★

以下の表に書かれている64個の整数をすべて足した値と、緑色で示されている32個の整数をすべて足した値を、それぞれ計算してください。ただし、上からi行目・左からj列目のマスには、整数$4i+j$が書かれています。

5	6	7	8	9	10	11	12
9	10	11	12	13	14	15	16
13	14	15	16	17	18	19	20
17	18	19	20	21	22	23	24
21	22	23	24	25	26	27	28
25	26	27	28	29	30	31	32
29	30	31	32	33	34	35	36
33	34	35	36	37	38	39	40

問題11 ★★★

以下のような8×8のマス目があります。太郎君は各マスについて独立に「50％の確率で白マル、50％の確率で黒マルを描く」という操作を行います。これについて、次の問いに答えてください。

1. 1行目がすべて白マルとなる確率を求めてください。
2. [白マルの個数] × 2 + [黒マルの個数] の期待値を求めてください。
3. 行・列・対角線は計8 + 8 + 2 = 18個あります。それらのうち、すべて白マルとなるものの個数の期待値を求めてください。
4. 白マルの個数が24個以上40個以下となる確率は、およそ何パーセントですか。

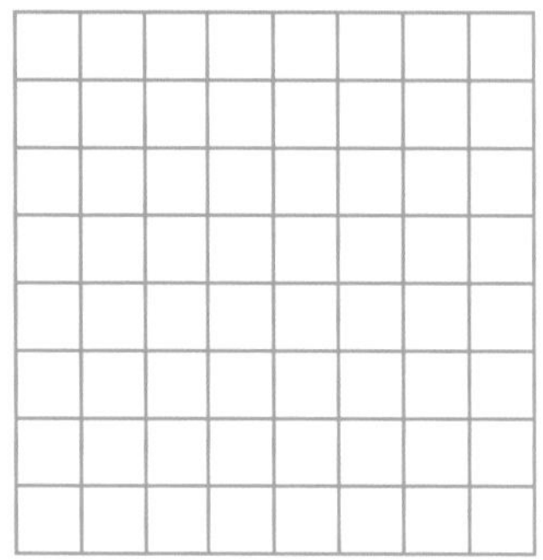

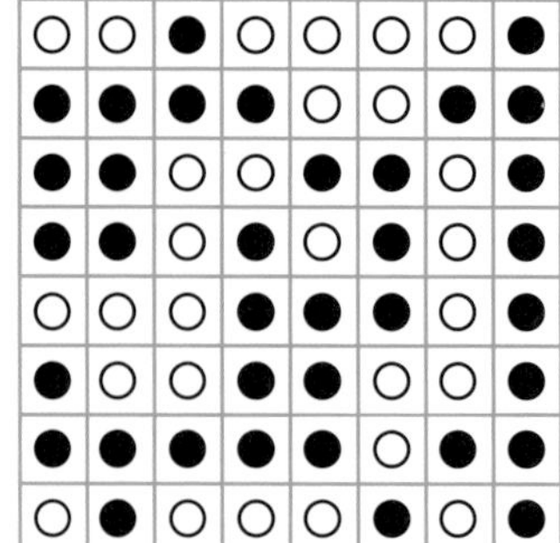

問題12 ★★★

123を含まない数を**ラッキー数**と呼ぶことにします。たとえば869120、112233はラッキー数ですが、771237はラッキー数ではありません。1以上999999以下の整数のうち、ラッキー数であるものはいくつありますか。

問題13 ★★★★

以下の再帰関数func(N)を呼び出したときの計算量をO記法で表してください。

```
long long func(int N) {
    if (N <= 3) return 1;
    return func(N - 1) + func(N - 2) + func(N - 3) + func(N - 3);
}
```

問題14 ★★★★

A・B・C・D・Eの5人の選手が100メートル走に参加しました。あなたは同着がいなかったことを知っていますが、誰がどの順位であるかを知りません。順位を知るために、以下の形式の質問を行うことができます。

- 3人の選手を選び、その中で誰が一番速かったかを聞く。
- 3人の選手を選び、その中で誰が二番目に速かったかを聞く。
- 3人の選手を選び、その中で誰が一番遅かったかを聞く。

これについて、次の問いに答えてください。

1. 合計4回以内の質問で、全員の順位を確実に当てる方法がないことを証明してください。
2. 合計5回以内の質問で、全員の順位を確実に当てる方法を構成してください。

問題15 ★★★★★

すべての平面的グラフ（➡**4.5.2項**）は、隣接する頂点が同じ色にならないように、頂点を5色で塗ることが可能であることを証明してください。

なお、このような定理を**五色定理**といいます。かなり難しいですが、4色で塗り分け可能であることも1976年に証明されています。

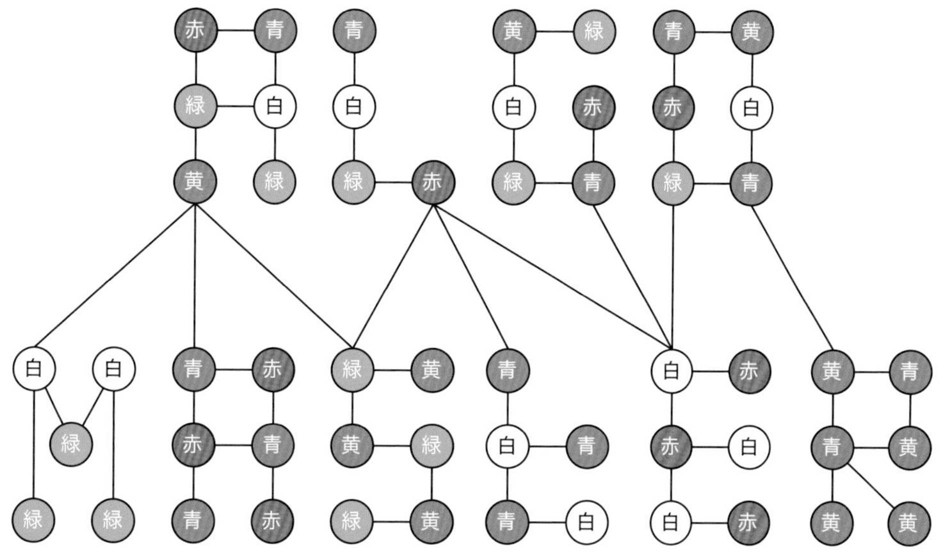

問題16 問題ID：091 ★★

整数N, Xが与えられます。整数の組(a, b, c)であって、$1 \leqq a < b < c \leqq N$かつ$a + b + c = X$を満たすものの個数を求めるプログラムを作成してください。$3 \leqq N \leqq 100$、$0 \leqq X \leqq 300$を満たすケースで1秒以内に実行が終わることが望ましいです。（出典：AOJ ITP1_7_B – How many ways?）

問題17 問題ID：092 ★★

縦の長さと横の長さが整数である面積Nの長方形について、周の長さの最小値を求めるプログラムを作成してください。$1 \leqq N \leqq 10^{12}$を満たす入力で1秒以内に実行が終わることが望ましいです。

問題18 問題ID：093 ★★★

整数A, Bが与えられるので、AとBの最小公倍数を求めるプログラムを作成してください。ただし、答えが10^{18}を超える場合は`Large`と出力してください。$1 \leqq A, B \leqq 10^{18}$を満たす入力で2秒以内に実行が終わることが望ましいです。（出典：競プロ典型90問 038 – Large LCM）

問題19 問題ID：094 ★★★

N個の正の整数$A_1, A_2, \dots, A_N$は以下の$N-1$個の条件をすべて満たします。

- $\max(A_1, A_2) \leqq B_1$
- $\max(A_2, A_3) \leqq B_2$
- ⋮
- $\max(A_{N-1}, A_N) \leqq B_{N-1}$

$A_1 + A_2 + \cdots + A_N$としてあり得る最大値を求めるプログラムを作成してください。計算量は$O(N)$であることが望ましいです。（出典：AtCoder Beginner Contest 140 C – Maximal Value）

問題20 問題ID：095 ★★★

情報大学にはN人の一年生が在籍しており、クラスは2つあります。学籍番号i番（$1 \leqq i \leqq N$）の生徒はC_i組で、期末試験の点数はP_i点でした。

以下の形式の質問がQ個与えられるので、$j = 1, 2, \dots, Q$それぞれについて答えるプログラムを作成してください。

- 学籍番号$L_j \sim R_j$の1組生徒における、期末試験点数の合計
- 学籍番号$L_j \sim R_j$の2組生徒における、期末試験点数の合計

計算量は$O(N + Q)$であることが望ましいです。（出典：競プロ典型90問 010 – Score Sum Queries）

問題21 ★★★

太郎君は、eを自然対数の底（約2.718281828）として$\log_e 2$の値を求めたいです。これについて、以下の問いに答えてください。

1. 「関数$y = e^x$を微分してもe^xのままである」という性質があります。これを使って、$y = e^x$上の点$(1, e)$における接線の方程式を求めてください。
2. 直前の問いで求めた接線と、直線$y = 2$の交点のx座標を求めてください。
3. ニュートン法を用いて、$\log_e 2$の近似値を求めてください。実際の値との絶対誤差が10^{-7}未満であることが望ましいです。

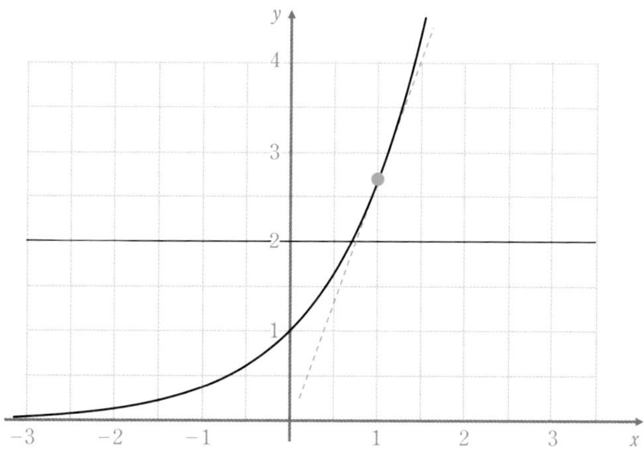

問題22 問題ID：096 ★★★★

太郎君は料理1からNまでのN品の料理を作ろうとしています。料理iはオーブンを連続したT_i分間使うことで作れます。1つのオーブンを2つ以上の料理のために同時に使うことはできません。

2つのオーブンを使えるとき、N品の料理をすべて作るのに最短で何分かかるかを求めるプログラムを作成してください。$1 \leqq N \leqq 100, 1 \leqq T_i \leqq 1000$を満たす入力で2秒以内に実行が終わることが望ましいです。（出典：AtCoder Beginner Contest 204 D – Cooking）

問題23 問題ID：097 ★★★★

整数L, Rが与えられるので、L以上R以下の素数の個数を求めるプログラムを作成してください。$1 \leqq L \leqq R \leqq 10^{12}, R-L \leqq 500000$を満たす入力で1秒以内に実行が終わることが望ましいです。

問題24 問題ID：098 ★★★★

N個の点$P_1, P_2, \ldots, P_N$を頂点とする多角形があります。点P_iの座標は(X_i, Y_i)であり、すべてのi $(1 \leqq i \leqq N-1)$についてP_iとP_{i+1}を結ぶ線分は多角形の辺です。また、P_NとP_1を結ぶ線分も多角形の辺です。

座標(A, B)が多角形の内部に含まれているかどうかを判定するプログラムを作成してください。計算量は$O(N)$であることが望ましいです。

（出典：AOJ CGL_3_C – Polygon-Point Containment改題）

問題25 問題ID：099 ★★★★

N頂点$N-1$辺の連結な重みなしグラフが与えられます。頂点には1からNまでの番号が付けられており、i番目の辺は頂点A_iとB_iを双方向に結びます。すべての頂点のペアについて最短経路長を足し合わせた値を、計算量$O(N)$で求めるプログラムを作成してください。（出典：競プロ典型90問 039 – Tree Distance）

問題26 問題ID：100 ★★★★

3つの物質A, B, Cがそれぞれa, b, cグラム入っているとき、1秒後にはそれぞれ$a(1-X)+bY, b(1-Y)+cZ, c(1-Z)+aX$グラムになるとします。整数$T$と実数$X, Y, Z$が与えられるので、試験管に物質A, B, Cを1グラムずつ入れたとき、T秒後にはそれぞれ何グラムになるかを、計算量$O(\log T)$で求めるプログラムを作成してください。

問題27 問題ID：101 ★★★★★

N個のボールがあり、それぞれ1からNまでの整数が書かれています。整数Nが与えられるので、$k=1, 2, 3, \ldots, N$それぞれについて、以下の質問に答えるプログラムを作成してください。

- N個のボールから1個以上のボールを選ぶ方法は2^N-1通り存在するが、その中で次の条件を満たす選び方は何通りか、1000000007で割った余りを求めよ。
- 条件：どの選んだ2つのボールについても、書かれている整数の差はk以上である。

$1 \leqq N \leqq 100000$を満たす入力で2秒以内に実行が終わることが望ましいです。（出典：競プロ典型90問 015 – Don't be too close）

問題28 問題ID：102 ★★★★★

下図のようなN段のピラミッドがあります。最下段のブロックには最初から色が塗られており、左からi番目のブロックの色は文字c_iで表され、Bは青、Wは白、Rは赤に対応します。

以下のような規則で下のブロックから順番に、青・白・赤のいずれかの色を塗っていくとき、最上段のブロックはどの色になるでしょうか？

- 直下にある2つのブロックの色が同じ場合：それと同じ色で塗る
- 直下にある2つのブロックの色が異なる場合：そのどちらでもない色で塗る

整数N、文字$c_1, c_2, \ldots, c_N$が与えられるので、答えを求めるプログラムを作成してください。$2 \leqq N \leqq 400000$を満たす入力で2秒以内に実行が終わることが望ましいです。（出典：AtCoder Regular Contest 117 C – Tricolor Pyramid）

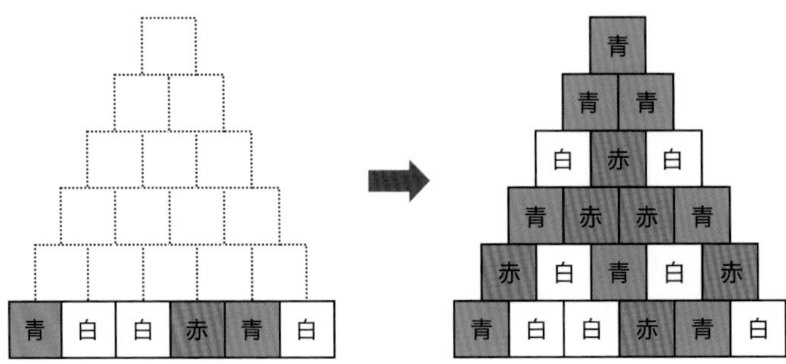

問題29 問題ID：103 †

中心座標が(0, 0)である半径1の円に、等しい半径の円をN=100個敷き詰める方法のうち、円の半径ができるだけ大きいものを求めてください。なお、記録は21世紀に入ってからも塗り替えられており、いまだ解決されていない難問です。

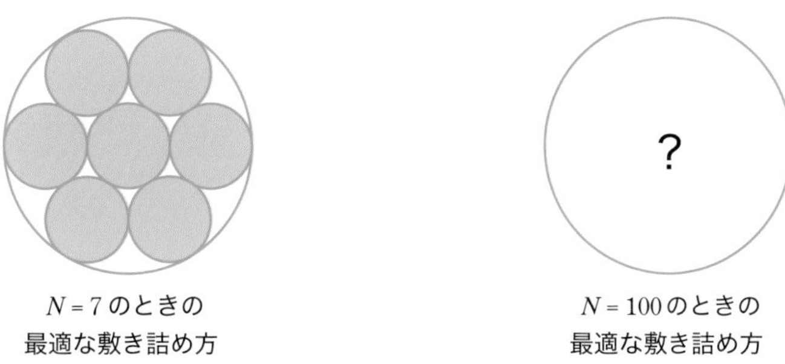

N = 7のときの最適な敷き詰め方

N = 100のときの最適な敷き詰め方

問題30 問題ID：104 †

以下の条件を満たす重みなし無向グラフのうち、頂点数ができるだけ大きいものを構成してください。解を出すにあたって、プログラミングを使っても構いません。

1. すべての頂点の次数が4以下である
2. すべての2頂点間の最短経路長が4以下である（ただし、最短経路長は通る辺の数の最小値とする）

たとえば以下の22頂点のグラフは両方の条件を満たします。なお、2021年9月時点で最大98頂点の構成が知られていますが、これが最大であるかどうかはいまだ証明されていません。

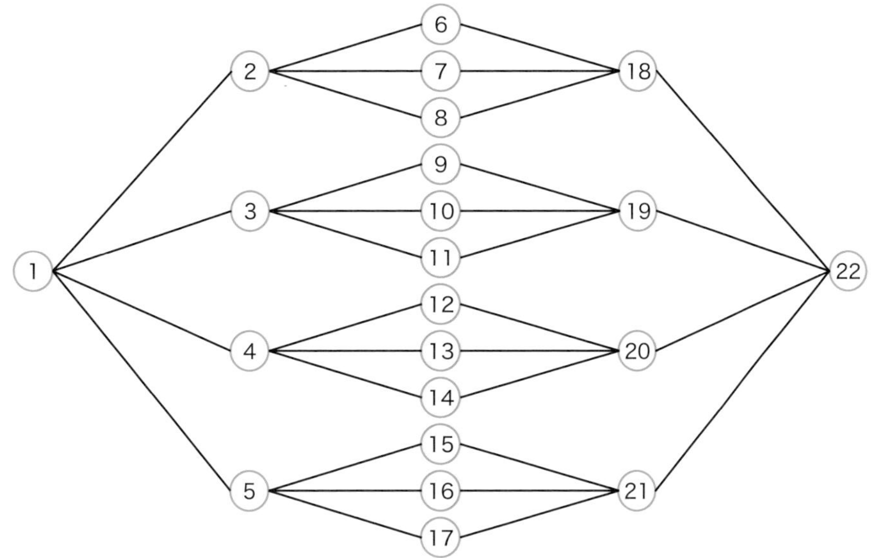

おわりに

約280ページにわたる本書も、いよいよ壮大なフィナーレを迎えることになりました。節末問題など難解な内容もあったと思いますが、本書を最後までお読みいただき、誠にありがとうございました。

さて、本書を通して最も伝えたいことは、より少ない計算処理で問題を解くことも大切だということです。近年ITに関わる分野は発展の一途をたどっており、Google検索やカーナビなどをはじめとした、コンピュータを用いた便利なサービスも増えています。また、人工知能（AI）の発展もすさまじく、たとえば囲碁や将棋ではトップ選手らを完膚なきまでに倒すレベルに到達しています。

そのため、コンピュータに頼ればすべてが解決できる、と思っている人もいたかもしれません。しかし、第1章で述べた通り、コンピュータの計算速度には限界があり、場合によってはアルゴリズムの改善が求められることもあります。また、先ほど挙げた便利なサービスや人工知能も、実はアルゴリズムの恩恵を受けています。

一方、アルゴリズムの理解と応用には数学が必要であるため、本書はアルゴリズムと数学を同時に学ぶことができる方針をとりました。振り返ってみると、第2章では前提となる数学的知識を扱いました。第3章・第4章では有名なアルゴリズムを紹介し、関連する数学的知識を並行して学びました。第5章ではさまざまな問題を解くための数学的考察を扱いました。

これらの中にはあまり理解できなかった章もあるかもしれませんが、皆さんがこの本を通して、何か一つでもためになることを得られれば、筆者としてはとても嬉しいです。

最後に、本書はアルゴリズムと数学を約280ページにまとめた都合上、扱っていないアルゴリズムとデータ構造も少なくありません。特に、データの集まりを上手く管理するデータ構造は、高度なアルゴリズムを実装する上で欠かせません。本書を読破した後は、巻末に掲載されている推薦図書などを読み、知識をさらに広げていただきたいです。学習の助けとなるよう、本書で扱っていない重要なアルゴリズムとデータ構造を以下に10個記します。

- スタック
- ハッシュテーブル
- 連結リスト
- Union-Find
- ヒープ
- 挿入ソート
- クイックソート
- Dijkstra法
- Kruskal法
- クラスタリング（k-means法など）

では、次のステップを、始めましょう。

謝辞

まず、技術評論社の鷹見成一郎氏に感謝します。Qiitaに投稿された記事を読んで、実績の少ない19歳の筆者に声を掛けてくださいました。それから、お忙しいにもかかわらず、本書への推薦の言葉をくださった河原林健一教授には大変感謝しております。

次に、さまざまな視点から原稿に対するコメントをくださったほか、自動採点システムの作成に協力してくださった以下の方々に感謝します。おかげさまで、本書のクオリティと分かりやすさが大幅に改善されたと思っています(氏名は五十音順に掲載しております)。

青山昂生氏　揚妻慶斗氏　尼丁祥伍氏
井上誠大氏　小倉拳氏　塚本祥太氏
中村聡志氏　平木康傑氏　山口勇太郎氏
米田寛峻氏　kaede2020氏　kirimin氏

また、筆者は「日本情報オリンピック」という大会をきっかけにアルゴリズムを本格的に学び始め、プログラミングコンテストサイト「AtCoder」に参加することで自身のスキルに磨きをかけ、国立情報学研究所(NII)が主催する「情報科学の達人プロジェクト」の受講によってコンピュータサイエンスに対する世界観が一気に広がりました。このような環境で得られた知識は、本書の執筆に直接的に活かすことができました。大変感謝しております。

最後に、経済的・心身的に支援してくれた家族に深く感謝し、お礼を申し上げます。

2021年12月2日　米田優峻

推薦図書

本書の最後に、今後アルゴリズムなどをより深く勉強したい人のために、おすすめの参考書をリストアップします。ぜひご活用ください。

「プログラミングコンテスト攻略のためのアルゴリズムとデータ構造」

渡部有隆［著］／Ozy、秋葉拓哉［協力］／ISBN:978-4-8399-5295-2／マイナビ／2015年

会津大学の渡部有隆氏によって執筆された、アルゴリズムとデータ構造の基礎を体系的に学ぶことができる入門書です。図が豊富であるほか、本に掲載されているすべての例題が「AIZU ONLINE JUDGE」という自動採点システムに登録されており、演習を進めやすいなどの特徴があります。競技プログラミングを始めた中学1年の頃、私が最初に手に取ったアルゴリズムの本でもあります。

「問題解決力を鍛える！アルゴリズムとデータ構造」

大槻兼資［著］／秋葉拓哉［監修］／ISBN:978-4-06-512844-2／講談社／2020年

2021年現在、日本で最も売れているアルゴリズム入門書の1つです。他のアルゴリズムの本とは異なり、全探索・二分探索・動的計画法・貪欲法などの設計技法に重点を置いているため、アルゴリズムを自分の道具にしたい人には最適です。一部の大学では教科書としても採用されています。

「アルゴリズム実技検定 公式テキスト〔エントリー～中級編〕」

岩下真也、中村謙弘［著］／AtCoder株式会社、高橋直大［監修］／ISBN:978-4-8399-7277-6／マイナビ出版／2021年

AtCoderが主催する検定試験「アルゴリズム実技検定（PAST）」の対策用テキストとして出版された本です。Pythonでの実装方法が丁寧に解説されているため、Pythonでアルゴリズムを学びたい人にはおすすめです。また、数式がそれほど多くないため、数学に苦手意識があっても読みやすいです。

「プログラミングコンテストチャレンジブック 第2版」～問題解決のアルゴリズム活用力とコーディングテクニックを鍛える～

秋葉拓哉、岩田陽一、北川宜稔［著］／ISBN:978-4-8399-4106-2／マイナビ／2012年

世界トップレベルの競技プログラミング参加者らによって執筆された本です。競技プログラミングに必要な知識が体系的にまとめられています。内容が非常に濃く、難易度の高い内容まで扱っているため、アルゴリズム上級者でも読みごたえがあると思います。

「アルゴリズム図鑑 絵で見てわかる26のアルゴリズム」

石田保輝、宮崎修一［著］／ISBN:978-4-7981-4977-6／翔泳社／2017年

さまざまなアルゴリズムの手順について、フルカラーのイラストを用いて解説した本です。イメージをつかみやすいほか、全部で200ページ程度と短く、読みやすい構成になっています。本書には載っていないアルゴリズムも扱っていますが、数式などがほぼ使われておらず、推薦図書に掲載されている本の中では最も簡単です。

「アルゴリズムイントロダクション 第3版総合版」

T.コルメン、C.ライザーソン、R.リベスト、C.シュタイン［著］／浅野哲夫、岩野和生、梅尾博司、山下雅史、和田幸一［訳］／ISBN:978-4-7649-0408-8／近代科学社／2013年

世界各地でアルゴリズムとデータ構造の教科書として利用されている世界的名著です。アルゴリズムの原理や正当性に重点を置いており、総ページ数は1000ページを超えます。

参考文献

本書の執筆にあたって参考にした書籍を以下にまとめます。

[1]「プログラミングコンテスト攻略のためのアルゴリズムとデータ構造」
渡部有隆［著］／Ozy、秋葉拓哉［協力］／ISBN:978-4-8399-5295-2／マイナビ／2015年

[2]「問題解決力を鍛える！アルゴリズムとデータ構造」
大槻兼資［著］／秋葉拓哉［監修］／ISBN:978-4-06-512844-2／講談社／2020年

[3]「アルゴリズム実技検定 公式テキスト［エントリー〜中級編］」
岩下真也、中村謙弘［著］／AtCoder株式会社、高橋直大［監修］／ISBN:978-4-8399-7277-6／マイナビ出版／2021年

[4]「プログラミングコンテストチャレンジブック 第2版」
〜問題解決のアルゴリズム活用力とコーディングテクニックを鍛える〜
秋葉拓哉、岩田陽一、北川宜稔［著］／ISBN:978-4-8399-4106-2／マイナビ／2012年

[5]「アルゴリズム図鑑 絵で見てわかる26のアルゴリズム」
石田保輝、宮崎修一［著］／ISBN:978-4-7981-4977-6／翔泳社／2017年

[6]「アルゴリズムイントロダクション 第3版総合版」
T.コルメン、C.ライザーソン、R.リベスト、C.シュタイン［著］／浅野哲夫、岩野和生、梅尾博司、山下雅史、和田幸一［訳］／ISBN:978-4-7649-0408-8／近代科学社／2013年

[7]「アルゴリズムデザイン」
Jon Kleinberg、Eva Tardos［著］／浅野孝夫、浅野泰仁、小野孝男、平田富夫［訳］／ISBN: 978-4-320-12217-8／共立出版／2008年

[8]「データ構造とアルゴリズム」
杉原厚吉［著］／ISBN:978-4-320-12034-1／共立出版／2001年

[9]「アルゴリズムとデータ構造 基礎のツールボックス」
K.メールホルン、P.サンダース［著］／浅野哲夫［訳］／ISBN:978-4-621-06187-9／丸善出版／2012年

[10]「プログラミングの宝箱 アルゴリズムとデータ構造 第2版」
紀平拓男、春日伸弥［著］／ISBN:978-4-7973-6328-9／SBクリエイティブ／2011年

[11]「なっとく！アルゴリズム」
アディティア・Y・バーガバ［著］／株式会社クイープ［監訳］／ISBN:978-4-7981-4335-4／翔泳社／2017年

[12]「アルゴリズムビジュアル大事典 〜図解でよくわかるアルゴリズムとデータ構造〜」
渡部有隆、ニコライ・ミレンコフ［著］／ISBN:978-4-8399-6827-4／マイナビ出版／2020年

[13]「最強最速アルゴリズマー養成講座 プログラミングコンテストTopCoder攻略ガイド」
高橋直大［著］／ISBN:978-4-7973-6717-1／SBクリエイティブ／2012年

[14]「みんなのデータ構造」
Pat Morin［著］／堀江慧、陣内佑、田中康隆［訳］／ISBN:978-4-908686-06-1／ラムダノート／2018年

[15]「プログラマの数学 第2版」
結城浩［著］／ISBN:978-4-7973-9545-7／SBクリエイティブ／2018年

[16]「しっかり学ぶ数理最適化 モデルからアルゴリズムまで」
梅谷俊治［著］／ISBN:978-4-06-521270-7／講談社／2020年

[17]「暗号理論入門 原書第3版」
J.A.ブーフマン［著］／林芳樹［訳］／ISBN:978-4-621-06186-2／丸善出版／2012年
[18]「コンピュータ・ジオメトリ―計算幾何学：アルゴリズムと応用」
M.ドバーグ、O.チョン、M.ファン クリベルド、M.オーバマーズ［著］／浅野哲夫［訳］／ISBN:978-4-7649-0388-3／近代科学社／2010年
[19]「数学II 改訂版」
数研出版／ISBN: 978-4-410-80133-4／2018年
[20]「数学B 改訂版」
数研出版／ISBN: 978-4-410-80148-8／2018年
[21]「数学III 改訂版」
数研出版／ISBN: 978-4-410-80163-1／2020年
[22]「大学数学ことはじめ：新入生のために」
松尾厚［著］／東京大学数学部会［編集］／ISBN:978-4-13-062923-2／東京大学出版会／2019年

本書の執筆にあたって参考にしたインターネット上の記事などを以下にまとめます（最終閲覧日：2021年11月27日）。

[23]「AtCoder」
https://atcoder.jp/
[24]「AIZU ONLINE JUDGE (AOJ)」
https://onlinejudge.u-aizu.ac.jp/home
[25]「高校数学の美しい物語」
https://manabitimes.jp/math
[26]「ITトレンド」
https://it-trend.jp/
[27]「統計WEB―統計学、調べる、学べる、BellCurve（ベルカーブ）」
https://bellcurve.jp/statistics/
[28]「微分とは何か？－中学生でもわかる微分のイメージ」／Sci-pursuit)
https://sci-pursuit.com/math/differential-1.html
[29]「超高速！多倍長整数の計算手法【前編：大きな数の四則計算を圧倒的な速度で！】」／Qiita
https://qiita.com/square1001/items/1aa12e04934b6e749962
[30]「超高速！多倍長整数の計算手法【後編：N!の計算から円周率100万桁への挑戦まで】」／Qiita
https://qiita.com/square1001/items/def73e29dd46b156c248
[31]「1000000007で割った余りの求め方を総特集！～逆元から離散対数まで～」／Qiita
https://qiita.com/drken/items/3b4fdf0a78e7a138cd9a
[32] COMBINATORICS WIKI, The Degree Diameter Problem for General Graphs
http://combinatoricswiki.org/wiki/The_Degree_Diameter_Problem_for_General_Graphs
[33] Grosso et al. (2008). "Solving the problem of packing equal and unequal circles in a circular container"
http://www.optimization-online.org/DB_HTML/2008/06/1999.html
[34] Peczarski, Marcin (2011). "Towards Optimal Sorting of 16 Elements". Acta Universitatis Sapientiae. 4 (2): 215–224.
https://arxiv.org/pdf/1108.0866.pdf
[35] 68-95-99.7 則
https://artsandculture.google.com/entity/m02plm6g?hl=ja

執筆者プロフィール

米田 優峻（よねだ まさたか）

2002年生まれ。2021年、筑波大学附属駒場高等学校を卒業し、現在東京大学に所属。

競技プログラミングでは「E869120」として活躍。国内最大の競技プログラミングコンテストサイト「AtCoder」では最高ランクである赤色の称号を持ち、2020年までに国際情報オリンピック（IOI）で金メダルを三度獲得。また、アルゴリズム関連の研究でも日本学生科学賞・MATHコンなどで数々の実績を残している。
その他、Qiitaで「レッドコーダーが教える、競プロ上達ガイドライン」記事などを執筆し、AtCoderでは毎日1つ新規問題を投稿する参加者数千人規模の企画「競プロ典型90問」を行うなど、アルゴリズムや競技プログラミングの普及活動にも取り組んでいる。

索引

INDEX

さ行

た行

な行

は行

INDEX

ま行

や行

ら行

INDEX

カバーデザイン　トップスタジオデザイン室（轟木亜紀子）
カバーイラスト　イラスト工房
本文デザイン／DTP　株式会社マップス
編集　鷹見 成一郎

問題解決のための「アルゴリズム×数学」が基礎からしっかり身につく本

2022年 1月 7日 初版 第1刷 発行
2023年 1月 5日 初版 第8刷 発行

著　者　米田 優峻
発行者　片岡 巌
発行所　株式会社技術評論社
東京都新宿区市谷左内町21-13
電話　03-3513-6150　販売促進部
　　　03-3513-6177　雑誌編集部
印刷所　図書印刷株式会社

ISBN978-4-297-12521-9 C3055
Printed in Japan

お問い合わせについて

本書に関するご質問については、本書に記載されている内容に関するもののみとさせていただきます。本書の内容と関係のないご質問につきましては、一切お答えできませんので、あらかじめご了承ください。また、電話でのご質問は受け付けておりませんので、FAX、書面、またはサポートページの「お問い合わせ」よりお送りください。

<問い合わせ先>
〒162-0846　東京都新宿区市谷左内町21-13
株式会社技術評論社　雑誌編集部
「問題解決のための「アルゴリズム×数学」が基礎からしっかり身につく本」係
FAX：03-3513-6173

なお、ご質問の際には、書名と該当ページ、返信先を明記してくださいますよう、お願いいたします。お送りいただいたご質問には、できる限り迅速にお答えできるよう努力いたしておりますが、場合によってはお答えするまでに時間がかかることがあります。また、回答の期日をご指定なさっても、ご希望にお応えできるとは限りません。あらかじめご了承くださいますよう、お願いいたします。

▶本書サポートページ
https://gihyo.jp/book/2022/978-4-297-12521-9
本書記載の情報の修正・訂正・補足については、当該Webページで行います。